2024 | 한국산업인력공단 | 국가기술자격

고시넷
고패스

건설안전산업기사 실기
필답형 + 작업형
기출복원문제 + 유형분석

gosinet
(주)고시넷

도서 소개

2024 고패스 기출+유형분석 건설안전산업기사 실기 도서는....

■ 분석기준

2005년~2023년까지 19년분의 건설안전기사&산업기사 실기 기출복원문제를 아래와 같은 기준에 입각하여 분석&정리하였습니다.

– 필기시험 합격 회차에 실기까지 한 번에 합격할 수 있도록

– 최대한 중복을 배제해서 짧은 시간동안 효율을 극대화할 수 있도록

– 시험유형(필답형/작업형)을 최대한 고려하여 꼼꼼하게 확인할 수 있도록

■ 분석대상

분석한 2005년~2023년까지 19년분의 건설안전기사&산업기사 실기 기출복원 대상문제는 다음과 같습니다.

– 필답형 문제 중 법규변경 등의 이유로 폐기한 문제를 제외한 기사 기사 850개 문항과 산업기사 807개 문항으로 총 1,657문항

– 작업형 문제 기사 1,042개 문항과 산업기사 731개 문항으로 총 1,773문항

(작업형 문제의 경우 2011년 이전에 출제된 문제들의 경우 출제근거를 확인할 방법이 없어 부득이하게 분석 대상에서 제외했습니다.)

■ 분석결과

분석한 결과

• 필답형은 최소 6~7년분의 기출을, 작업형은 4~5년분의 기출을 학습하셔야 중복출제문제의 비중이 70%에 근접할 수 있음을 확인하였습니다.

• 최근 산업기사 작업형 신출 문제의 50%가 넘는 문제가 기사 작업형에서 출제되었음을 확인하였습니다.

이에 본서에서는 이를 출제비중별로 재분류하여

- **필답형_유형별 기출복원문제 217題** : 217개의 산업기사 핵심 필답형 기출복원문제를 제시합니다. 동일한 이론이지만 출제유형이 서로 다르게 출제되는 경우 최대한 다양한 유형을 오래된 문제나 산발적으로 출제된 문제를 제외한 후 정리하였습니다. 아울러 2014년 이전에 출제된 문제 중 시험에 나올만한 문제를 선별하여 추가하였습니다.

- **필답형_회차별 기출복원문제〈Ⅰ〉** : 최근 10년(2014~2023)분의 필답형 기출복원문제를 제시합니다. 문제와 함께 모범답안을 제시하였습니다. 유형별 기출복원문제를 통해 학습한 내용이지만 회차별로 시험에 나오는 형태로 다시한번 점검하실 수 있습니다.

- **필답형_회차별 기출복원문제〈Ⅱ〉** : 최근 10년(2014~2023)분의 필답형 기출복원문제를 제시합니다. 〈Ⅰ〉과의 차이는 답안란이 비어져 있습니다. 최종마무리 평가용으로 직접 답안을 써볼 수 있도록 문제만 제시하였습니다. 모든 구성이 〈Ⅰ〉과 동일하므로 답안은 〈Ⅰ〉을 통해서 확인하실 수 있습니다.

- **작업형_유형별 기출복원문제 133題** : 133개의 산업기사 핵심 작업형 기출복원문제를 제시합니다. 동일한 이론이지만 출제유형이 서로 다르게 출제되는 경우 최대한 다양한 유형을 오래된 문제나 산발적으로 출제된 문제를 제외한 후 정리하였습니다. 아울러 2017년 이전에 출제된 문제 중 시험에 나올만한 문제를 선별하여 추가하였습니다.

- **작업형_회차별 기출복원문제** : 최근 7년(2017~2023)분의 작업형 기출복원문제를 제시합니다. 문제와 함께 모범답안을 제시하였습니다. 유형별 기출복원문제를 통해 학습한 내용이지만 회차별로 시험에 나오는 형태로 다시한번 점검하실 수 있습니다. 학습기간이 필답형에 비해 짧은 만큼 작업형은 별도로 문제만으로 구성된 회차별 기출복원문제를 제공하지는 않았습니다. 짧은 시간 최대한 집중해서 문제와 모범답안을 제공된 그림 및 사진과 함께 학습하실 수 있도록 하였습니다.

건설안전산업기사 실기 개요 및 유의사항

건설안전산업기사 실기 개요

- 필답형 60점과 작업형 40점으로 총 100점 만점에 60점 이상이어야
- 필답형 및 작업형 시험에 모두 응시하여야
- 부분점수 부여되므로 포기하지 말고 답안을 기재해야

건설안전산업기사 실기시험은 필답형과 작업형으로 구분되어 있습니다.

필답형은 보통 13문항에 각 문항 당 3점~6점의 배점으로 총 60점 만점으로 구성되어 있습니다. 문제지에 나와 있는 지문을 보고 암기한 내용을 주관식으로 간략하게 정리하여야 합니다.

병행해서 별도의 일정으로 시행되는 작업형의 경우 문제내용은 컴퓨터에서 동영상으로 나오게 됩니다. 보통 8문항에 각 문항 당 4점, 5점, 6점의 배점으로 총 40점 만점으로 구성되어 있습니다. 아울러 작업형 시험은 동영상 시험인 관계로 컴퓨터가 있어야 하고 그러다보니 동시간대에 시험을 치르는 인원이 제한될 수밖에 없어서 시험 당일 하루에 3~4차례 시간을 나눠서 시험을 치르며 시험내용은 서로 다르게 출제됩니다.

실기 준비 시 유의사항

1. 주관식이므로 관련 내용을 정확히 기재하셔야 합니다.

- 중요한 단어의 맞춤법을 틀려서는 안 됩니다. 정확하게 기재하여야 하며 3가지를 쓰라고 되어있는 문제에서 정확하게 아는 3가지만을 기재하시면 됩니다. 4가지를 기재했다고 점수를 더 주는 것도 아니고 4가지를 기재하면서 하나가 틀린 경우 오답으로 인정되는 경우도 있사오니 가능하면 정확하게 아는 것 우선으로 기재하도록 합니다.
- 특히 중요한 것으로 단위와 이상, 이하, 초과, 미만 등의 표현입니다. 이 표현들을 빼먹어서 제대로 점수를 받지 못하는 분들이 의외로 많습니다. 암기하실 때도 이 부분을 소홀하게 취급하시는 분들이 많습니다. 시험 시작할 때 우선적으로 이것부터 챙기겠다고 마음속으로 다짐하시고 시작하십시오. 알고 있음에도 놓치는 점수를 없애기 위해 반드시 필요한 자세가 될 것입니다.

• 계산 문제는 특별한 지시사항이 없는 한 소수점 아래 둘째자리까지 구하시면 됩니다. 지시사항이 있다면 지시사항에 따르면 되고 그렇지 않으면 소수점 아래 셋째자리에서 반올림하셔서 소수점 아래 둘째자리까지 구하셔서 표기하시면 됩니다.

2. 부분점수가 부여되므로 포기하지 말고 기재하도록 합니다.

필답형, 작업형 공히 부분점수가 부여되므로 전혀 모르는 내용의 新유형 문제가 나오더라도 포기하지 않고 상식적인 범위 내에서 관련된 답을 기재하는 것이 유리합니다. 공백으로 비울 경우에도 0점이고, 틀린 답을 작성하여 제출하더라도 0점입니다. 상식적으로 답변할 수 있는 수준으로 제출할 경우 부분점수를 획득할 수도 있으니 포기하지 말고 기재하도록 합니다.

3. 필답형 시험을 망쳤다고 작업형을 포기하지 마세요.

대부분의 수험생들이 필답형 시험에서 25~45점대의 분포를 갖습니다. 특히 필답형 시험에서 25점도 안된다고 작업형을 포기하는 분들이 있는데 포기하지 마시기를 권해드립니다. 부분점수도 있고 주관식이다보니 채점자의 성향에 따라 정답으로 인정되는 경우도 많습니다. 의외로 실제 시험결과를 확인한 후 원래 예상했던 점수보다 더 많이 나왔다는 분들이 많습니다. 부분점수 등이 인정되기 때문입니다. 아울러 작업형은 생각보다 점수가 잘 나옵니다. 실제로 필답형에서 25점이 되지 않았지만 작업형 점수가 기대보다 훨씬 잘나와 합격한 경우를 여럿 보았습니다. 절대 필답형을 망쳤다고 작업형을 포기하지 마시기 바랍니다.

4. 작업형 시험은 보통 1주일 정도의 기간을 정해서 공부합니다.

예전과 달리 필답형 1주일 후에 작업형 시험이 시행되는 것이 아닌 관계로 시험접수 시에 수험생이 선택한 시험 일정에 따라 본인이 학습기간을 임의로 정하여 작업형을 공부하셔야 합니다. 필답형과 분리된 시험이기는 하지만 필답형에서 학습한 내용을 기반으로 답안을 작성하셔야 하는 만큼 필기시험이 끝나고 나면 일단은 필답형 시험에 집중하시고 실기 접수를 통해서 시험일정이 확정되면 그 시험일정에 맞게 작업형 학습일정을 잡으시기 바랍니다. 보통의 수험생은 1주일정도의 기간을 정해서 작업형을 공부합니다.

5. 특히 작업형에서는 관련 동영상(혹은 실제 사진)을 많이 보셨으면 합니다.

필답형과 같이 실제 문제가 지문으로 제공되는 경우는 암기한 내용과 매칭이 어렵지 않아서 답을 적기가 수월하지만 작업형의 경우 동영상에서 이야기하는 내용이 뭔지를 몰라 답을 적지 못하는 경우도 많습니다. 주변 분 중에서 실기 작업형 시험을 준비하면서 건설용 리프트를 이용하는 작업을 하는 근로자에게 실시하는 특별안전보건교육 내용을 암기하고 있음에도 불구하고 동영상에서 나오는 건설용 리프트를 알아보지 못해서 공백으로 비우고 나왔다고 한탄을 하는 분이 있었습니다. 실제 전공자도 아니고 현직 근무자도 아닌 경우 여러분이 암기한 내용이 나오더라도 매칭을 하지 못해 답을 적지 못하는 경우가 많사오니 가능한 관련 내용의 다양한 동영상(혹은 실제 사진)을 보셨으면 합니다.

6. 작업형의 경우 정확한 답이 없습니다. 시험 친 후 올라오는 복원문제와 답에 너무 연연하지 마시기 바랍니다.

사람마다 동영상을 보는 관점이 다르고 문제점에 대한 인식의 기준도 다릅니다. 채점자가 기본적으로 모범 답안을 가지고 채점을 하겠지만 그 답이 딱 정해진 개수라고 볼 수 없습니다. 실례로 승강기 모터 부분을 청소하던 작업자가 사고를 당한 문제의 위험점을 묻는 문제가 출제된 적이 있는데 이때 사고가 나는 장면은 동영상에서 보이지 않았습니다. 사고가 나기는 했지만 회전하는 기계에서 사고가 날 가능성은 접선물림점이 될 수도 있고, 회전말림점이 될 수도 있습니다. 이 시험에서 회전말림점이라고 적은 분 중에서도, 접선물림점이라고 적은 분 중에서도 만점자가 나왔습니다. 즉, 답이 하나가 아닐 수 있다는 것입니다. 실제 동영상을 볼 때 문제 출제자가 의도하지 않았지만 불안전한 행동이나 상태가 나타날 수 있으며, 수험자가 이를 발견해서 답을 적을 수 있습니다. 그리고 채점자가 판단할 때 충분히 답이 될 수 있는 상황이라고 판단한다면 이는 정답으로 채점될 수 있다는 의미입니다. 꼼꼼히 따져보시고 상황에 맞는 답을 적도록 하시고 시험 후에 올라오는 후기에서의 정답 주장은 의미가 없으므로 크게 신경 쓰지 않도록 하셨으면 합니다.

어떻게 학습할 것인가?

앞서 도서 소개를 통해 본서가 어떤 기준에 의해서 만들어졌는지를 확인하였습니다. 이에 분석된 데이터들을 가지고 어떻게 학습하는 것이 가장 효율적인지를 저희 국가전문기술자격연구소에서 연구·검토한 결과를 제시하고자 합니다.

- 필기와 달리 실기(필답형, 작업형)는 직접 답안지에 서술형 혹은 단답형으로 그 내용을 기재하여야 하므로 정확하게 관련 내용에 대한 암기가 필요합니다. 가능한 한 직접 손으로 쓰면서 암기해주십시오.
- 작업형의 경우는 동영상에 나오는 실제 작업현장 및 시설, 설비가 무엇인지 알아야 암기하고 있던 관련 내용과 연계가 가능합니다. 관련 동영상(혹은 실제 사진)을 많이 참고해주십시오.
- 출제되는 문제는 새로운 문제가 포함되기는 하지만 80% 이상이 기출문제에서 출제되는 만큼 기출 위주의 학습이 필요합니다.

이에 저희 국가전문기술자격연구소에서는 시험에 중점적으로 많이 출제되는 문제들을 유형별로 구분하여 집중 암기할 수 있도록 하는 학습 방안을 제시합니다.

1단계 : 19년간 출제된 필답형 기출문제의 전유형을 제공한 유형별 기출복원문제 217題를 꼼꼼히 손으로 직접 쓰면서 암기해주십시오.

19년간 출제된 필답형 기출문제를 유형별로 분류하여 제공한 유형별 기출복원문제 217題를 펼치서서 직접 문제를 보며 암기해주시기 바랍니다. 시험에서는 3가지 혹은 4가지 등 배점에 맞게 적어야 할 가짓수가 유형보다는 적게 제시됩니다. 자신이 암기하기 쉬운 문장들을 우선적으로 암기하시면서 정리해주십시오. 별도의 연습장을 활용하셔서 직접 적어가면서 암기하실 것을 강력히 권고드립니다.

2단계 : 어느 정도 유형별 기출복원문제 학습이 완료되시면 실제 시험과 같이 제공된 회차별
　　　　기출복원문제(Ⅰ)를 다시 한번 확인하시면서 암기해주십시오.

유형별 기출복원문제를 충분히 암기했다고 생각되신다면 실제 시험유형과 같은 회차별 기출복원문제(Ⅰ)로 시험적응력과 암기내용을 다시 한번 점검하시기 바랍니다. 필기와 달리 실기는 같은 해에도 회차별로 중복 문제가 많이 출제되었음을 확인하실 수 있을 겁니다.

3단계 : 회차별 기출복원문제(Ⅰ)까지 완료하셨다면 실제 시험과 같이 직접 연필을 이용해서 회차별
　　　　기출복원문제(Ⅱ)를 풀어보시기 바랍니다.

별도의 답안은 제공되지 않고 (Ⅰ)과 동일하게 구성되어있으므로 직접 풀어보신 후에는 (Ⅰ)의 모범답안과 비교해 본 후 틀린 내용은 오답노트를 작성하시기 바랍니다. 그런 후 틀린 내용에 대해서 집중적으로 암기하는 시간을 가져보시기 바랍니다. 답안을 연필로 작성하신 후 지우개로 지워두시기 바랍니다. 시험 전에 다시 한번 최종 마무리 확인시간을 가지면 합격가능성은 더욱 올라갈 것입니다.

〈작업형 학습〉 작업형 역시 필답형과 동일하게 진행해주세요.

작업형은 필답형과 다르게 준비기간도 짧지만 외어야 할 내용도 그만큼 작습니다. 보통은 1주일 정도의 기간을 정해서 작업형 시험에 대비한 학습을 합니다. 유형별 기출복원문제는 133題입니다. 2일 정도는 유형별 기출복원문제를 집중적으로 암기해주시고, 나머지 4일 정도는 회차별 기출복원문제를 통해서 암기한 내용을 확인하시고 부족하신 부분을 보완하는 시간을 가지도록 하십시오. 마찬가지로 직접 손으로 적어가면서 외우셔야 합니다.

건설안전산업기사 상세정보

자격종목

자격명		관련부처	시행기관
건설안전산업기사	Industrial Engineer Construction Safety	고용노동부	한국산업인력공단

검정현황

■ 필기시험

	2013	2014	2015	2016	2017	2018	2019	2020	2021	2022	2023	합계
응시인원	4,801	4,241	3,708	3,966	4,142	4,502	5,179	4,535	6,473	9,134	10,908	61,589
합격인원	783	813	813	1,008	1,307	941	1,659	1,696	2,316	3,298	3,844	18,478
합격률	16.3%	19.2%	21.9%	25.4%	31.6%	20.9%	32.0%	37.4%	35.8%	36.1%	35.2%	30.0%

■ 실기시험

	2013	2014	2015	2016	2017	2018	2019	2020	2021	2022	2023	합계
응시인원	1,719	1,191	1,120	1,167	1,605	1,425	1,914	1,898	2,751	4,016	4,500	23,306
합격인원	637	694	561	575	922	704	1,194	1,104	1,514	2,299	3,020	13,224
합격률	37.1%	58.3%	50.1%	49.3%	57.4%	49.4%	62.4%	58.2%	55.0%	57.2%	67.1%	56.7%

■ 취득방법

구분	필답형		작업형
시험과목	건설안전실무 ① 안전관리	② 건설공사 안전	③ 안전기준
검정방법	• 서술형 및 단답형 문제 • 13~14문항 총점 60점 • 문항당 3~6점		• 동영상관련 서술형 및 단답형 문제 • 8~9문항 총점 40점 • 문항당 3~6점
합격기준	필답형 + 작업형 100점 만점에 60점 이상		
	■ 필기시험 합격자는 당해 필기시험 발표일로부터 2년간 필기시험이 면제된다.		

이 책의 구성

❶ 217題의 필답형 유형별 기출복원문제로 필답형 완벽 준비

- 최근 19년간 출제된 모든 필답형 기출문제를 분석하여 중복을 배제하고 중요도를 고려하여 다양한 유형을 빠짐없이 확인할 수 있도록 하였습니다.

217개의 유형별 기출복원문제를 제공합니다.

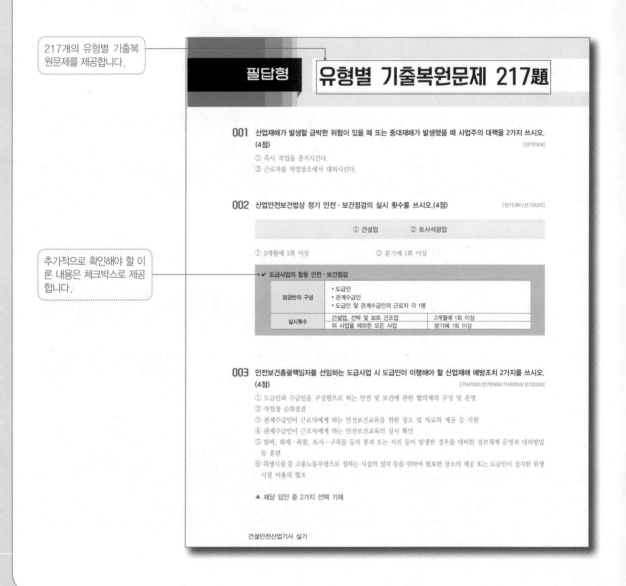

필답형 | 유형별 기출복원문제 217題

001 산업재해가 발생할 급박한 위험이 있을 때 또는 중대재해가 발생했을 때 사업주의 대책을 2가지 쓰시오.
(4점)   [산기1504]

① 즉시 작업을 중지시킨다.
② 근로자를 작업장소에서 대피시킨다.

002 산업안전보건법상 정기 안전·보건점검의 실시 횟수를 쓰시오.(4점)   [산기1301/산기2002]

① 건설업	② 토사석광업
① 2개월에 1회 이상	② 분기에 1회 이상

추가적으로 확인해야 할 이론 내용은 체크박스로 제공합니다.

✓ 도급사업의 합동 안전·보건점검

점검반의 구성	• 도급인 • 관계수급인 • 도급인 및 관계수급인의 근로자 각 1명	
실시횟수	건설업, 선박 및 보트 건조업	2개월에 1회 이상
	위 사업을 제외한 모든 사업	분기에 1회 이상

003 안전보건총괄책임자를 선임하는 도급사업 시 도급인이 이행해야 할 산업재해 예방조치 2가지를 쓰시오.
(4점)   [기사1502/산기1504/기사2003/산기2204]

① 도급인과 수급인을 구성원으로 하는 안전 및 보건에 관한 협의체의 구성 및 운영
② 작업장 순회점검
③ 관계수급인이 근로자에게 하는 안전보건교육을 위한 장소 및 자료의 제공 등 지원
④ 관계수급인이 근로자에게 하는 안전보건교육의 실시 확인
⑤ 발파, 화재·폭발, 토사·구축물 등의 붕괴 또는 지진 등이 발생한 경우를 대비한 경보체계 운영과 대피방법 등 훈련
⑥ 위생시설 등 고용노동부령으로 정하는 시설의 설치 등을 위하여 필요한 장소의 제공 또는 도급인이 설치한 위생 시설 이용의 협조

▲ 해당 답안 중 2가지 선택 기재

건설안전산업기사 실기

– 수험생의 요청에 따라 문항별 답안이 가능한 거의 모든 답안을 표시하였습니다. 문제에서 요구한 가 짓수에 맞게 학습하신 후 기재하시기 바랍니다. 아울러 부족한 이론부분은 별도의 체크박스를 통해 서 보충하였습니다.

004 기술지도는 공사기간 중 월 2회 이상 실시하여야 하며, 기술지도비가 계상된 안전관리비 총액의 20%를 초과하는 경우에는 그 이내에서 기술지도 횟수를 조정할 수 있다. 전문기술지도 또는 정기기술지도를 실시 하지 않아도 되는 공사 3가지를 쓰시오.(6점)　　　　　　　　　　　　　　　　　　[산기1801]

① 공사기간이 1개월 미만인 공사
② 육지와 연결되지 아니한 섬지역(제주특별자치도는 제외)에서 이루어지는 공사
③ 유해·위험방지계획서를 제출하여야 하는 공사
④ 사업주가 안전관리자의 자격을 가진 사람을 선임하여 안전관리자의 업무만을 전담하도록 하는 공사

▲ 해당 답안 중 3가지 선택 기재

> 문제의 출제연혁을 통해 중요
> 도를 확인할 수 있습니다.

005 구축물 또는 이와 유사한 시설물에 대하여 안전진단 등 안전성평가를 실시하여 근로자에게 미칠 위험성을 미리 제거하여야 하는 경우 3가지를 쓰시오.(단, 그 밖의 잠재위험이 예상될 경우 제외)(5점)
[산기0601/기사1004/기사1101/기사1204/산기1302/산기1404/기사1602/기사1902]

① 구축물등의 인근에서 굴착·항타작업 등으로 침하·균열 등이 발생하여 붕괴의 위험이 예상될 경우
② 구축물등에 지진, 동해(凍害)·부동침하(不同沈下) 등으로 균열·비틀림 등이 발생했을 경우
③ 구축물등이 그 자체의 무게·적설·풍압 또는 그 밖에 부가되는 하중 등으로 붕괴 등의 위험이 있을 경우
④ 화재 등으로 구축물등의 내력(耐力)이 심하게 저하됐을 경우
⑤ 오랜 기간 사용하지 않던 구축물등을 재사용하게 되어 안전성을 검토해야 하는 경우
⑥ 구축물등의 주요구조부에 대한 설계 및 시공 방법의 전부 또는 일부를 변경하는 경우

▲ 해당 답안 중 3가지 선택 기재

> 가능한 답안을 모두 제시합니
> 다. 수험생은 문제에서 제시한
> 가짓수만 작성하시면 됩니다.

006 산업안전보건법상 산업재해가 발생했을 경우 기록 및 보존해야 하는 항목을 재해 재발방지계획을 제외하고 4가지 쓰시오.(4점)　　　　　　　　　　　　[기사0501/기사0701/산기1204/기사1801/산기2002/산기2002]

① 사업장의 개요　　　　　　　　　　② 근로자의 인적사항
③ 재해 발생의 일시 및 장소　　　　　④ 재해 발생의 원인 및 과정

007 고용노동부장관에게 보고해야 하는 중대재해 3가지를 쓰시오.(3점)
[산기0502/산기0702/산기1002/산기1701/산기1704/산기2003/산기2101/산기2204]

① 사망자가 1명 이상 발생한 재해
② 3개월 이상의 요양이 필요한 부상자가 동시에 2명 이상 발생한 재해
③ 부상자 또는 직업성 질병자가 동시에 10명 이상 발생한 재해

필답형_유형별 기출복원문제 217題

❷ 133題의 작업형 유형별 기출복원문제로 작업형 완벽 준비

- 최근 19년간 출제된 모든 작업형 기출문제를 분석하여 중복을 배제하고 중요도를 고려하여 다양한 유형을 빠짐없이 확인할 수 있도록 하였습니다.

> 133개의 유형별 기출복원문제를 제공합니다.

> 가능한 답안을 모두 제시합니다. 수험생은 문제에서 제시한 가짓수만 작성하시면 됩니다.

작업형 | **유형별 기출복원문제 133題**

001 동영상은 목재가공용 둥근톱을 이용하여 작업을 하던 중 발생한 재해사례를 보여주고 있다. 동영상을 참고하여 다음 각 물음에 답하시오.(6점)

[산기1602A/기사1802A/산기1804A/기사1904C/산기2204A]

작업자가 목장갑을 착용하고 목재를 가공하고 있다. 둥근톱장치에는 반발예방장치가 설치되어 있지 않다.

가) 동영상에 보여진 재해의 발생원인을 2가지만 쓰시오.
나) 동영상에서와 같이 전동기계·기구를 사용하여 작업을 할 때 누전차단기를 반드시 설치해야 하는 작업장소를 1가지 쓰시오.

가) 재해의 발생원인
　① 회전기계 작업 중 장갑을 착용하고 작업하고 있다.
　② 분할날 등 반발예방장치가 설치되지 않은 둥근톱장치를 사용해서 작업 중이다.
나) 누전차단기를 설치해야 하는 작업장소
　① 대지전압이 150V를 초과하는 이동형 또는 휴대형 전기기계·기구를 사용할 때
　② 물 등 도전성이 높은 액체가 있는 습윤장소에서 사용하는 저압용 전기기계·기구
　③ 철판·철골 위 등 도전성이 높은 장소에서 사용하는 이동형 또는 휴대형 전기기계·기구
　④ 임시배선의 전로가 설치되는 장소에서 사용하는 이동형 또는 휴대형 전기기계·기구

▲ 나)의 답안 중 1가지 선택 기재

– 수험생의 요청에 따라 문항별 답안이 가능한 거의 모든 답안을 표시하였습니다. 문제에서 요구한 가짓수에 맞게 학습하신 후 기재하시기 바랍니다. 아울러 부족한 이론부분은 별도의 체크박스를 통해서 보충하였습니다.

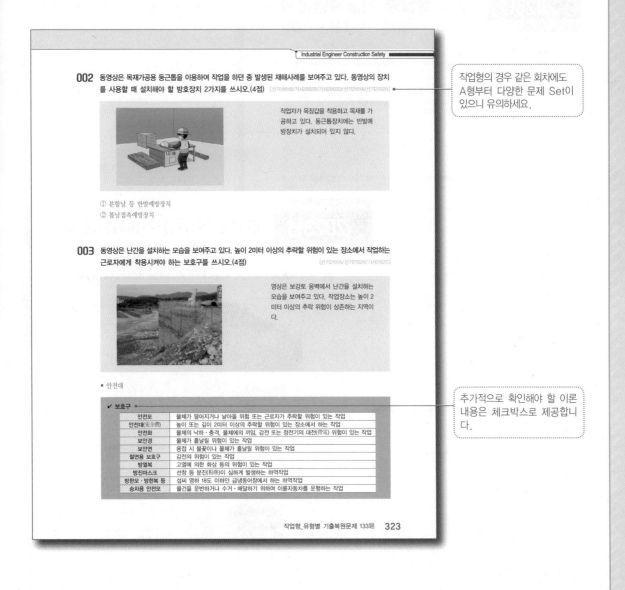

❸ 필답형 10년간+작업형 7년간 회차별 기출복원문제로 건설안전산업기사 자격증 획득!

– 유형별 기출복원문제에 추가적으로 회차별 기출복원문제로 건설안전산업기사 합격에 만전을 기할 수 있습니다.

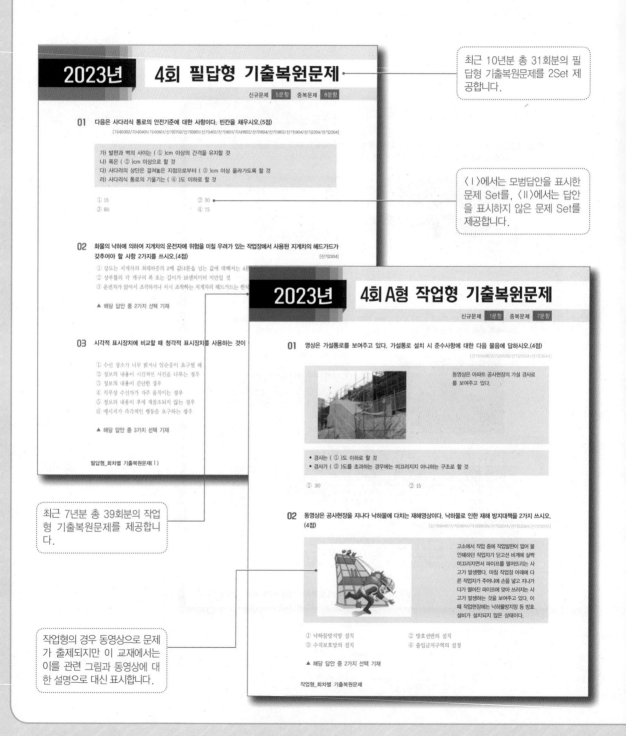

최근 10년분 총 31회분의 필답형 기출복원문제를 2Set 제공합니다.

〈Ⅰ〉에서는 모범답안을 표시한 문제 Set를, 〈Ⅱ〉에서는 답안을 표시하지 않은 문제 Set를 제공합니다.

최근 7년분 총 39회분의 작업형 기출복원문제를 제공합니다.

작업형의 경우 동영상으로 문제가 출제되지만 이 교재에서는 이를 관련 그림과 동영상에 대한 설명으로 대신 표시합니다.

시험 접수부터 자격증 취득까지

실기시험 ✏

- 원서접수: http://www.q-net.or.kr
- 각 시험의 실기시험 원서접수 일정 확인

- 필답형/작업형 시험
- 각 실기시험에 필요한 준비물 확인
- 실기시험 일정 및 응시 장소 확인

- 합격발표: http://www.q-net.or.kr
- 각 시험의 합격발표 일정 확인

- 인터넷 발급: http://www.q-net.or.kr
- 방문 발급: 신분증 지참 후 발급장소(지부/지사) 방문

시험장 스케치

건설안전산업기사 실기시험은 크게 필답형과 작업형으로 구분되어 실시됩니다. 보통의 경우 1주일의 간격을 두고 실시되는 두 시험을 모두 응시하셔야 합니다.(CBT 시험으로 변화함에 따라 작업형이 1주일에서 하루 차이로 일찍 시행되는 경우가 있었습니다. 준비가 더욱 어려워졌습니다.)

필답형은 필기시험과 유사하게 시험지에 답안을 작성하는 시험으로 시험장의 선택이 자유로운 편입니다. 작업형 시험장소와 무관하게 접근성을 고려하여 선택하시면 됩니다.

그에 반해 건설안전산업기사 작업형 실기시험은 PC를 이용해 시험을 치르는 방식으로 동시에 시험을 치르는 인원수가 제한될 수 밖에 없는 관계로 하루에 3차례씩 하루 혹은 여러 날에 걸쳐 실시됩니다. 시험장도 원래 필기시험이나 필답형 실기시험 장소보다 희소한 관계로 수험생의 집에서 더 멀 수 있으며, 전혀 모르는 지역의 시험장을 선택할 수밖에 없을 수도 있습니다. 가능하면 접수할 때 접수 첫날 10:00에 접수하셔서야 원하는 시험장과 시간을 선택할 수 있습니다.

시험 전날

1. 시험장에 가지고 갈 준비물은 하루 전날 미리 챙겨두세요.

의외로 시험장에 꼭 챙겨야 할 물품을 안 가져와서 허둥대는 분이 꽤 있습니다. 그러다 보면 마음이 급해지고, 하지 않아야 할 실수도 하는 경우가 많으니 미리 챙겨서 편안한 마음으로 좋은 결과를 만들었으면 좋겠습니다.

준비물	비고
수험표	없을 경우 여러 가지로 불편합니다. 꼭 챙기세요.
신분증	신분증 미지참자는 시험에 응시할 수 없습니다. 반드시 신분증을 지참하셔야 합니다.
검정색 볼펜	검정색 볼펜만 사용하도록 규정되었으므로 검정색 볼펜 잘 나오는 것으로 2개 정도 챙겨가도록 하는 게 좋습니다.(연필 및 다른 색 필기구 사용금지)
공학용 계산기	허용되는 공학용 계산기가 정해져 있습니다. 미리 자신의 계산기가 산업인력공단에서 허용된 계산기인지 확인하시고 초기화 방법도 익혀두시기 바랍니다. 건설안전산업기사 시험에 지수나 로그 등의 결과를 요구하는 문제가 필답형에서도 회차 별로 1문제씩 출제되고 있습니다. 간단한 문제라면 시험지 모퉁이에 계산해도 되겠지만 아무래도 정확한 결과를 간단하게 구할 수 있는 계산기만 할까요? 귀찮더라도 챙겨가는 것이 좋습니다. 단, 작업형은 계산문제가 거의 나오지 않고 나오더라도 간단한 사칙연산수준인 만큼 본인이 판단하시기 바랍니다.
기타	요약 정리집, 오답노트 등 단시간에 집중적으로 볼 수 있도록 정리한 참고서, 시침과 분침이 있는 손목시계 등 본인 판단에 따라 준비하십시오.

2. 시험시간과 장소를 다시 한 번 확인하세요.

원서 접수 시에 본인이 시험장을 선택했을 것입니다. 일반적으로 자택에서 가까운 곳을 선택했겠지만 실기 시험을 치르는 시험장이 흔하지 않은 관계로 시험장이 자신이 잘 모르는 지역에 배당되는 경우가 꽤 있습니다. 이런 경우 시험장의 위치를 정확하게 알지 못하는 경우가 많으니 해당 시험장으로 가는 교통편 등을 미리 체크해서 당일 헤매지 않도록 하여야 할 것입니다.

시험 당일

1. 시험장에 가능한 일찍 도착하도록 하세요.

집에서 공부할 때 이런저런 주변 여건이나 인터넷, 핸드폰 등으로 인해 집중적인 학습이 어려운 분들이라도 시험장에 도착해서부터는 엄청 집중해서 학습이 가능합니다. 짧은 시간이지만 시험 전 잠시 본 내용이 시험에 나오면 정말 기분 좋게 정답을 적을 수 있습니다. 특히 필답이나 작업형 시험은 출제될 영역이 비교적 좁게 특정되어 있으므로 그 효과가 더욱 큽니다. 그러니 시험 당일 조금 귀찮더라도 1~2시간 일찍 시험장에 도착해서 수험생이 대기하는 교실에 들어가서 미리 준비해 온 정리집(오답노트)으로 마무리 공부를 해보세요. 집에서 3~4시간 동안 해도 긴가민가하던 암기내용이 시험장에서는 1~2시간 만에 머리에 쏙쏙 들어올 것입니다.

2. 매사에 허둥대는 당신, 수험자 유의사항을 천천히 읽으며 마음을 가다듬도록 하세요.

필답형이던 작업형이던 시험시작에 앞서 감독관이 시험장에 들어와 인원체크, 시험지 배부 전 준비, 휴대폰 수거, 계산기 초기화 등 시험과 관련하여 사전에 처리해야 할 일들을 진행하십니다. 긴장되는 시간이기도 하고 혹은 쓸데없는 시간이라고 생각할 수도 있습니다. 하지만 감독관 입장에서는 정해진 루틴에 따라 처리해야 하는 업무이고 수험생 입장에서는 어쩔 수 없이 멍을 때리더라도 앉아서 기다려야 하는 시간입니다.

아무 생각 없이 시간을 보내지 마시고 감독관 혹은 시험장 중앙의 안내방송에 따라 시험시작 전 30분 동안 수험자 유의사항을 읽어보도록 하세요. 어차피 시험은 정해진 시간에 시작됩니다. 혹시 화장실에 다녀오지 않으신 분들은 다녀오도록 하시고, 그렇지 않으시다면 수험자 유의사항을 꼼꼼히 읽어보시면서 자신에게 해당되는 내용이 있는지 살펴보시기 바랍니다.

의외로 처음 시험보시는 분들의 경우 가장 기본적인 부분에서 실수하여 시험을 망치는 경우가 꽤 있습니다. 수험자 유의사항은 그런 분들에게 아주 좋은 조언이, 덤벙대는 분들에게는 마음의 평안을 드릴 것입니다.

3. 시험시간에 쫓기지 마세요.

국가기술자격시험은 시험시간의 절반이 지나면 퇴실이 가능해집니다. 그러다보니 실제로 시험시간은 충분히 남아 있음에도 불구하고 자꾸만 시간에 쫓기는 분이 많습니다. '혹시라도 나만 남게 되는 것은 아닌가?' 감독관이 눈치 주는 것 아닌가? 하는 생각들로 인해 시험이 끝나지도 않았는데 서두르다 충분히 해결할 수 있는 문제임에도 제대로 정답을 못 쓰고 나오는 경우가 허다합니다. 일찍 나가는 분들 중 일부는 열심히 공부해서 충분히 좋은 점수를 내는 분들도 있지만 아무리 봐도 몰라서 그냥 포기하는 분들도 꽤 됩니다. 그런 분들보다는 끝까지 남아서 문제를 풀어가는 당신이 합격하실 수 있는 확률이 훨씬 더 높습니다. 일찍 나가는 데 연연하지 마시고 당신의 페이스대로 진행하십시오. 시간이 남는다면 잘 몰라서 비워둔 문제에 일반적인 상식선에서의 답안이라도 기재하시기 바랍니다. 특히, 작업형의 경우는 상식이라는 범위 내에서 해결 가능한 문제가 거의 절반 가까이 됩니다. 동영상에서 처음 봤을 때 보지 못했던 불안전한 상태나 행동을 찾아내는 귀중한 시간일 수 있으니 시간에 쫓겨 제대로 살펴보지 못하는 어리석음을 버리고 차분히 끝까지 하나라도 더 찾아보시기 바랍니다.

4. 제발 시키는 대로 하세요.

수험자 유의사항에 기재되어 있습니다. 소수점 아래 셋째자리에서 반올림하여 둘째자리까지 구하라고요. 그런데도 꼭 소수점 아래 셋째자리까지 기재하시는 분이 있습니다. 좀 더 정확성을 보여주고자 하는 의도라고 하는데 그건 지시사항을 위반한 경우로 일부러 틀리려고 하는 행위에 지나지 않습니다. 문제에 3가지만 적으라고 되어있음에도 4가지 혹은 5가지를 적는 분도 계십니다. 그것도 정확하지도 않은 내용을. 3가지 적으라고 되어있는 경우는 위에서부터 딱 3개만 채점하니 모두 쓸데없는 행동에 지나지 않습니다. 시험지에 체크 표시라던가 본인의 인적사항 등을 기재하지 말라고 되어 있습니다. 왜냐하면 실기시험은 채점자가 직접 채점을 해야 하는 관계로 혹시나 있을 부정행위를 방지하기 위해 본인을 특정하는 정보 등을 남겨서는 안 되기 때문입니다. 그런데도 시험을 치르고 나온 분들 중에 꼭 이런 분들 있습니다. 그러고는 까페나 인력공단에 전화해서 자신이 그렇게 했는데 어떻게 되냐고 묻습니다. 분명히 감독관도 그렇게 하지 말라고 이야기했고, 시험지에도 분명히 적혀있음에도 이를 무시하고는 결과가 발표 날 때까지 불안에 떠는 분들이 꽤 많습니다. 다시 한번 말씀드립니다. 감독관의 지시나 시험지 유의사항에 적혀있는 대로만 하십시오.

5. 마지막으로 단위나 이상, 이하, 미만, 초과 등이 적혀야 할 곳이 빠진 것이 있는지 다시 한번 확인!!

시험을 치르고 나와서 가장 큰 후회가 되는 부분이 바로 이 부분입니다. 알고 있음에도 시험장에서 시험을 치르다보면 그냥 넘어가게 되는 실수 중 가장 대표적인 실수입니다.

문제 혹은 문제의 단서조항에 관련 사항에 대한 언급이 없는 상황에서 답안에 단위가 포함되어야 한다면 반드시 단위는 기재해야 합니다. 아울러 이상, 이하, 미만, 초과 등의 기준점을 포함하는지 포함하지 않는지도 법령의 조문 등에 포함된 중요한 요소입니다. 반드시 기재해야 하는 만큼 공부할 때도 이 부분을 중요하게 체크하는 버릇을 들이시기 바랍니다. 시험장에서의 행동도 어차피 습관화된 본인 루틴의 형태입니다. 평소에 꼭! 이를 체크하시는 분은 시험장에서 답안 기재할 때도 이를 체크하십시오. 평소에 무시하신 분들이 항상 시험이 끝나고 난 뒤에 후회하고, 불안해하십니다. 시험지 제출하시기 전에 반드시!! 단위, 이상, 이하, 미만, 초과가 들어가야 할 자리에 빠진 내용이 없는지 한 번 더 확인해주세요.

실기시험은 답안 발표가 되지 않습니다. 평소 참여하셨던 까페나 단톡방 등에 가시면 해당 시험의 시험을 치르신 분들이 문제 복원을 진행하고 있을 것입니다. 꼭 확인하고 싶으시다면 참여하셔서 시험문제를 복원하면서 확인해보시기 바랍니다.

이 책의 차례

필답형 고시넷 고패스 2024 건설안전산업기사 실기

2024 | 한국산업인력공단 | 국가기술자격

고시넷
고패스

건설안전산업기사 [실기]
필답형 + 작업형
기출복원문제 + 유형분석

필답형 유형별
기출복원문제
217題

(주)고시넷

001 산업재해가 발생할 급박한 위험이 있을 때 또는 중대재해가 발생했을 때 사업주의 대책을 2가지 쓰시오. (4점)
[산기1504]

① 즉시 작업을 중지시킨다.
② 근로자를 작업장소에서 대피시킨다.

002 산업안전보건법상 정기 안전·보건점검의 실시 횟수를 쓰시오.(4점)
[산기1301/산기2002]

① 건설업	② 토사석광업

① 2개월에 1회 이상   ② 분기에 1회 이상

✔ **도급사업의 합동 안전·보건점검**

점검반의 구성	• 도급인 • 관계수급인 • 도급인 및 관계수급인의 근로자 각 1명	
실시횟수	건설업, 선박 및 보트 건조업	2개월에 1회 이상
	위 사업을 제외한 모든 사업	분기에 1회 이상

003 안전보건총괄책임자를 선임하는 도급사업 시 도급인이 이행해야 할 산업재해 예방조치 2가지를 쓰시오. (4점)
[기사1502/산기1504/기사2003/산기2204]

① 도급인과 수급인을 구성원으로 하는 안전 및 보건에 관한 협의체의 구성 및 운영
② 작업장 순회점검
③ 관계수급인이 근로자에게 하는 안전보건교육을 위한 장소 및 자료의 제공 등 지원
④ 관계수급인이 근로자에게 하는 안전보건교육의 실시 확인
⑤ 발파, 화재·폭발, 토사·구축물 등의 붕괴 또는 지진 등이 발생한 경우를 대비한 경보체계 운영과 대피방법 등 훈련
⑥ 위생시설 등 고용노동부령으로 정하는 시설의 설치 등을 위하여 필요한 장소의 제공 또는 도급인이 설치한 위생 시설 이용의 협조

▲ 해당 답안 중 2가지 선택 기재

004 기술지도는 공사기간 중 월 2회 이상 실시하여야 하며, 기술지도비가 계상된 안전관리비 총액의 20%를 초과하는 경우에는 그 이내에서 기술지도 횟수를 조정할 수 있다. 전문기술지도 또는 정기기술지도를 실시하지 않아도 되는 공사 3가지를 쓰시오.(6점) [산기1801]

① 공사기간이 1개월 미만인 공사
② 육지와 연결되지 아니한 섬지역(제주특별자치도는 제외)에서 이루어지는 공사
③ 유해·위험방지계획서를 제출하여야 하는 공사
④ 사업주가 안전관리자의 자격을 가진 사람을 선임하여 안전관리자의 업무만을 전담하도록 하는 공사

▲ 해당 답안 중 3가지 선택 기재

005 구축물 또는 이와 유사한 시설물에 대하여 안전진단 등 안전성평가를 실시하여 근로자에게 미칠 위험성을 미리 제거하여야 하는 경우 3가지를 쓰시오.(단, 그 밖의 잠재위험이 예상될 경우 제외)(5점)

[산기0601/기사1004/기사1101/기사1204/기사1302/산기1404/기사1602/기사1902]

① 구축물등의 인근에서 굴착·항타작업 등으로 침하·균열 등이 발생하여 붕괴의 위험이 예상될 경우
② 구축물등에 지진, 동해(凍害), 부동침하(不同沈下) 등으로 균열·비틀림 등이 발생했을 경우
③ 구축물등이 그 자체의 무게·적설·풍압 또는 그 밖에 부가되는 하중 등으로 붕괴 등의 위험이 있을 경우
④ 화재 등으로 구축물등의 내력(耐力)이 심하게 저하됐을 경우
⑤ 오랜 기간 사용하지 않던 구축물등을 재사용하게 되어 안전성을 검토해야 하는 경우
⑥ 구축물등의 주요구조부에 대한 설계 및 시공 방법의 전부 또는 일부를 변경하는 경우

▲ 해당 답안 중 3가지 선택 기재

006 산업안전보건법상 산업재해가 발생했을 경우 기록 및 보존해야 하는 항목을 재해 재발방지계획을 제외하고 4가지 쓰시오.(4점) [기사0501/기사0701/산기1204/기사1801/기사2002/산기2002]

① 사업장의 개요 ② 근로자의 인적사항
③ 재해 발생의 일시 및 장소 ④ 재해 발생의 원인 및 과정

007 고용노동부장관에게 보고해야 하는 중대재해 3가지를 쓰시오.(3점)

[산기0502/산기0702/산기1002/산기1701/산기1704/산기2003/산기2101/산기2204]

① 사망자가 1명 이상 발생한 재해
② 3개월 이상의 요양이 필요한 부상자가 동시에 2명 이상 발생한 재해
③ 부상자 또는 직업성 질병자가 동시에 10명 이상 발생한 재해

008 사업주는 중대재해가 발생한 사실을 알게 된 경우에는 지체 없이 관할 지방고용노동관서의 장에게 전화·팩스, 또는 그 밖에 적절한 방법으로 보고하여야 한다. 중대재해 발생 시 ① 보고기간, ② 보고사항을 2가지 (단, 그밖의 중요한 사항은 제외) 쓰시오.(4점)   [기사0401/기사0602/기사0701/산기1401/기사1902]

① 보고기간 : 지체없이
② 보고사항 : ㉠ 발생 개요 및 피해 상황   ㉡ 조치 및 전망

009 건설업 산업안전보건관리비 중 안전관리비 대상액의 구성항목을 3가지 쓰시오.(3점)   [산기1202]

① 직접재료비
② 간접재료비
③ 직접노무비

> ✔ **건설업 산업안전보건관리비 기준**
> • 산업안전보건관리비 = 대상액(재료비+직접노무비) × 요율+ (기초액)으로 구한다.

공사종류	대상액 5억원 미만	5억원 이상 50억원 미만		50억원 이상
		비율(X)	기초액(C)	
일반건설공사(갑)	2.93%	1.86%	5,349,000원	1.97%
일반건설공사(을)	3.09%	1.99%	5,499,000원	2.10%
중건설공사	3.43%	2.35%	5,400,000원	2.44%
철도·궤도신설공사	2.45%	1.57%	4,411,000원	1.66%
특수 및 기타건설공사	1.85%	1.20%	3,250,000원	1.27%

010 산업안전보건관리비의 적용범위는 산업재해보상보험법의 적용을 받는 공사 중 총 공사금액이 얼마 이상인 공사에 적용되는지 쓰시오.(4점)   [산기0701/산기0804/산기0904/산기1204/산기1601]

• 2천만원

011 일반건설공사(갑)에서 재료비와 직접노무비의 합이 4,500,000,000원일 때 산업안전보건관리비를 계산하시오.(단, 일반건설공사(갑)의 계상율은 1.86%, 기초액은 5,349,000원이다)(4점)   [산기2201]

• 산업안전보건관리비 = 대상액(재료비+직접노무비) × 요율 + 기초액에서 대상액은 45억원이고, 요율은 일반건설공사(갑)이고 대상액이 5억원 이상 50억원 미만이므로 1.86%이고, 기초액은 5,349,000원이 된다.
• 산업안전보건관리비 계상액 = 45억원 × 1.86% + 5,349,000 = 89,049,000원이다.

✔ 산업안전보건관리비 항목별 사용기준(변경 기준)

기본항목	사용기준
안전관리자·보건관리자의 임금 등	• 안전관리 또는 보건관리 업무만을 전담하는 안전관리자 또는 보건관리자의 임금과 출장비 전액 • 안전관리 또는 보건관리 업무를 전담하지 않는 안전관리자 또는 보건관리자의 임금과 출장비의 1/2에 해당하는 비용 • 안전관리자를 선임한 건설공사 현장에서 산업재해 예방업무만을 수행하는 작업지휘자, 유도자, 신호자 등의 임금 전액 • 관리감독자가 안전보건업무 수행시 수당지급 작업에 속하는 업무를 수행하는 경우의 업무수당(임금의 1/10 이내)
안전시설비 등	• 산업재해 예방을 위한 안전난간, 추락방호망, 안전대 부착설비, 방호장치 등 안전시설 구입·임대 및 설치 비용 • 스마트 안전장비 구입·임대의 1/5에 해당하는 비용 • 용접작업 등 화재 위험작업 시 사용하는 소화기 구입·임대비용
보호구 등	• 안전인증대상 보호구의 구입·수리·관리에 소요되는 비용 • 안전관리자 등의 업무용 피복 기기 구입 비용 • 안전관리자 등이 안전보건 점검을 목적으로 사용하는 차량의 유류비·수리비·보험료
안전보건진단비 등	• 유해위험방지계획서의 작성 등에 소요되는 비용 • 안전보건진단에 소요되는 비용 • 작업환경 측정에 소요되는 비용 • 산업재해예방 전문기관에서 실시하는 진단,검사, 지도에 소요되는 비용
안전보건교육비 등	• 법령에서 정하는 의무교육을 위한 현장 내 교육장소 설치·운영에 소요되는 비용 • 안전보건관리책임자, 안전관리자, 보건관리자가 업무수행을 위해 필요한 도서, 정기간행물 구입비용 • 건설공사 현장에서 안전기원제 등 산업재해 예방을 기원하는 행사 소요 비용 • 건설공사 현장의 유해·위험요인 제보 및 개선방안 제안 근로자 격려 비용
근로자 건강장해예방비 등	• 법 등에서 정하거나 필요로 하는 각종 근로자 건강장해 예방 비용 • 중대재해 목격으로 인한 정신질환 치료 비용 • 감염병 확산 방지를 위한 마스크, 손소독제, 체온계 구입비용및 감염병 병원체 검사비용 • 휴게시설의 온도, 조명 설치·관리 위한 비용

012 다음은 근로시간 제한에 관한 내용이다. 다음 빈칸을 채우시오.(6점) [산기1004/산기1502]

사업주는 유해하거나 위험한 작업으로서 높은 기압에서 하는 작업 등(잠함 또는 잠수작업 등)에 종사하는 근로자에게는 1일 (①)시간, 1주 (②)시간을 초과하여 근로하게 해서는 아니 된다.

① 6
② 34

013 대통령령으로 정하는 크기, 높이 등에 해당하는 건설공사를 착공하려는 경우 유해위험방지 계획서 제출과 관련한 다음 ( ) 안을 채우시오.(4점) [산기2004]

> 사업주가 유해·위험방지계획서를 제출할 때에는 건설공사 유해·위험방지계획서에 관련된 서류를 첨부하여 해당 공사의 (①)까지 공단에 (②)부를 제출해야 한다.

① 착공 전날
② 2

014 유해·위험방지계획서의 심사결과에 해당하는 적정, 조건부 적정, 부적정을 설명하시오.(6점) [산기1902]

① 적정 : 근로자의 안전과 보건을 위하여 필요한 조치가 구체적으로 확보되었다고 인정되는 경우
② 조건부 적정 : 근로자의 안전과 보건을 확보하기 위하여 일부 개선이 필요하다고 인정되는 경우
③ 부적정 : 기계·설비 또는 건설물이 심사기준에 위반되어 공사착공 시 중대한 위험발생의 우려가 있거나 계획에 근본적 결함이 있다고 인정되는 경우

015 산업안전보건법상 건설업 중 유해·위험방지계획서 제출 대상사업 4가지를 쓰시오.(4점)

[기사0302/기사0504/산기0602/기사0702/기사0802/산기1001/기사1102/산기1601/기사1802/기사1901/산기1904/산기2202]

① 최대 지간길이가 50m 이상인 교량 건설 등 공사
② 터널 건설 등의 공사
③ 깊이 10m 이상인 굴착공사
④ 지상높이가 31m 이상인 건축물 또는 인공구조물
⑤ 연면적 5천m^2 이상의 냉동·냉장창고시설의 설비공사 및 단열공사
⑥ 지상높이가 31m 이상인 건축물 또는 인공구조물, 연면적 3만m^2 이상인 건축물 또는 연면적 5천m^2 이상의 문화 및 집회시설, 판매시설, 운수시설, 종교시설, 의료시설 중 종합병원, 숙박시설 중 관광숙박시설, 지하도상가 또는 냉동·냉장창고시설의 건설·개조 또는 해체

▲ 해당 답안 중 4가지 선택 기재

016 제품의 생산 공정과 직접적으로 관련된 건설물·기계·기구 및 설비 등 일체를 설치·이전하거나 그 주요 구조부분을 변경하려는 경우 유해위험방지계획서를 제출하여야 한다. 이때 첨부할 서류를 2가지 쓰시오. (단, 그 밖에 고용노동부장관이 정하는 도면 및 서류는 제외)(4점)　　[산기0601/산기1004/산기1402/산기1704]

① 건축물 각 층의 평면도
② 기계·설비의 개요를 나타내는 서류
③ 기계·설비의 배치도면
④ 원재료 및 제품의 취급, 제조 등의 작업방법의 개요

▲ 해당 답안 중 2가지 선택 기재

017 산업안전보건법상 건설업 중 유해·위험방지계획서 제출 대상사업에 대한 설명이다. ( )에 알맞은 내용을 쓰시오.(4점)　　[기사0302/기사0504/산기0602/기사0702/기사0802/산기1001/기사1102/산기1802/기사1901/산기1904]

가) 지상높이가 (①)m 이상인 건축물 또는 인공구조물, 연면적 3만m^2 이상인 건축물 또는 연면적 5천m^2 이상의 문화 및 집회시설, 판매시설, 운수시설, 종교시설, 의료시설 중 종합병원, 숙박시설 중 관광숙박시설, 지하도상가 또는 냉동·냉장창고시설의 건설·개조 또는 해체
나) 최대 지간길이가 (②)m 이상인 교량 건설 등 공사
다) 깊이 (③)m 이상인 굴착공사
라) 연면적 (④)m^2 이상의 냉동·냉장창고시설의 설비공사 및 단열공사

① 31　　　　　　　　　　　　　② 50
③ 10　　　　　　　　　　　　　④ 5천

018 산업안전보건법상 안전보건개선계획서의 제출과 심사에 대한 다음 설명의 ( ) 안을 채우시오.(4점)
　　[산기2301]

가) 안전보건개선계획서를 제출해야 하는 사업주는 안전보건개선계획서 수립·시행 명령을 받은 날부터 (①)일 이내에 관할 지방고용노동관서의 장에게 해당 계획서를 제출해야 한다.
나) 지방고용노동관서의 장이 안전보건개선계획서를 접수한 경우에는 접수일부터 (②)일 이내에 심사하여 사업주에게 그 결과를 알려야 한다.

① 60　　　　　　　　　　　　　② 15

019 하인리히의 재해예방 대책 5단계를 순서대로 쓰시오.(5점) [기사0804/산기1604/기사1802/기사2004/산기2202]

① 안전관리조직 ② 사실의 발견
③ 분석평가 ④ 시정책의 선정
⑤ 시정책의 적용

020 하인리히가 제시한 재해예방의 4원칙을 쓰시오.(4점)

[산기0902/산기1101/산기1202/산기1401/기사1501/기사1801/산기2001]

① 예방가능의 원칙 ② 손실우연의 원칙
③ 원인연계의 원칙 ④ 대책선정의 원칙

021 하인리히의 재해 코스트 방식에 대한 다음 물음에 답하시오.(6점) [산기1602/산기2201]

> 가) 직접비 : 간접비 = ( ) : ( )
> 나) 직접비에 해당하는 항목을 4가지 쓰시오.

가) 직접비 : 간접비 = 1:4
나) ① 치료비 ② 휴업급여 ③ 장해급여 ④ 유족급여
⑤ 간병급여 ⑥ 직업재활급여 ⑦ 장례비

▲ 나)의 답안 중 4가지 선택 기재

022 재해로 인하여 의도치 않게 손실된 비용을 무엇이라고 하는가?(3점) [산기1704]

• 총재해 손실비용(코스트)

023 하인리히 및 버드의 재해구성 비율에 대해 설명하시오.(4점) [산기1301/산기1901]

① 하인리히의 1:29:300 재해구성 비율
• 중상(1) : 경상(29) : 무상해사고(300)의 재해구성 비율을 말한다.
• 총 사고 발생건수 330건을 대상으로 분석한 비율이다.
② 버드(Bird)의 재해발생비율
• 1:10:30:600의 법칙을 말한다.
• 중상(1) : 경상(10) : 무상해사고(30) : 무상해무사고(600)의 비율을 말한다.

024 하인리히의 1:29:300의 법칙은 무상해사고 300건이 발생할 경우 29건의 경상과 1건의 중상이 발생할 수 있음을 의미한다. 중상이 6건 발생할 경우 경상 및 무상해사고는 각각 몇 건씩 발생할 수 있는지를 식과 답을 쓰시오.(5점) [산기|2101]

- 하인리히의 재해구성비율은 중상(1) : 경상(29) : 무상해사고(300)이므로 중상(6)건에는 경상 29×6, 무상해사고 300×6건이 발생할 수 있다.
- 계산하면 경상은 29×6 = 174건, 무상해사고는 300×6 = 1,800건이 발생할 수 있다.

025 어느 사업장에서 1년간 1,980명의 재해자가 발생하였다. 하인리히의 재해구성 비율에 의하면 경상의 재해자는 몇 명으로 추정되는지를 계산하시오. (단, 계산식도 작성하시오)(4점) [산기|1601]

- 하인리히의 재해구성비율은 중상(1) : 경상(29) : 무상해사고(300)으로 구성된다. 즉, 총 330건의 재해 중에 경상은 29건이 발생하는 것으로 추정할 수 있다.
- 330:29 = 1,980:x의 비례식으로 계산하면 $x = \dfrac{29 \times 1,980}{330} = 174$명이다.

026 위험예지훈련 기초 4라운드 기법의 진행순서를 쓰시오.(4점) [산기|0802/산기|1402/산기|1901/산기|2104]

① 1단계 : 현상파악
② 2단계 : 본질추구
③ 3단계 : 대책수립
④ 4단계 : 목표설정

027 동기부여와 관련된 인간의 욕구이론 중 매슬로우(Maslow)의 욕구 5단계에 대한 다음 설명 중 ( ) 안을 채우시오.(3점) [산기|2302]

제1단계	(①)
제2단계	(②)
제3단계	사회적 욕구
제4단계	존경의 욕구
제5단계	(③)

① 생리적 욕구
② 안전욕구
③ 자아실현의 욕구

028 동기부여의 이론 중 알더퍼의 ERG 이론에서 ERG는 각각 어떤 의미를 가지는지 쓰시오.(3점)

[산기0801/산기1404/산기2101]

① E : 존재욕구
② R : 관계욕구
③ G : 성장욕구

029 사업장 안전활동 계획을 의미하는 PDCA의 단계를 순서대로 쓰시오.(4점)

[산기1002/산기1402/산기1602/산기1604]

① 계획(Plan)　　　　　　　　② 실시(Do)
③ 검토(Check)　　　　　　　　④ 조치(Action)

030 인간의 주의에 대한 특성 3가지에 대하여 설명하시오.(4점)

[산기0804/산기1402]

① 선택성 : 여러 종류의 자극을 자각할 때, 소수의 특정한 것에 한하여 주의가 집중되는 것
② 변동성(단속성) : 주의는 일정하게 유지되는 것이 아니라 일정한 주기로 부주의하는 리듬이 존재한다.
③ 방향성 : 한 지점에 주의를 집중하면 다른 곳의 주의가 약해지는 성질

031 근로자가 1시간 동안 1분당 9[kcal]의 에너지를 소모하는 작업을 수행하는 경우 ① 휴식시간 ② 작업시간을 각각 구하시오. (단, 작업에 대한 권장 에너지 소비량은 분당 5[kcal])(6점)

[산기0904/산기1502]

- 휴식 중 에너지 소모량이 주어지지 않았으므로 1.5kcal로 생각한다.
- 주어진 값을 대입하면 휴식시간 $R = \dfrac{60(E-5)}{E-1.5} = \dfrac{60(9-5)}{9-1.5} = 32$[분]이다.
- 작업시간은 60-32 = 28[분]이다.

> ✔ **휴식시간 산출**
> - 휴식시간 $R = 작업시간 \times \dfrac{작업평균에너지소모량 - 권장에너지소모량}{작업평균에너지소모량 - 휴식중에너지소모량}$ 으로 구한다.
> - 60분간 작업 시 일반적으로 $R = 60 \times \dfrac{E-4}{E-1.5}$ 로 구한다.(단, 이때 E는 작업평균 에너지소모량이고, 4는 기초대사량(혹은 작업에 대한 권장 에너지소모량), 1.5는 휴식 중 에너지소모량이다)

032 다음 시스템의 신뢰도를 구하시오.(4점)　　　　　　　　　　　　　　　　　　　[산기1402]

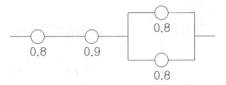

- 먼저 병렬연결된 부품의 신뢰도부터 구하면 $1-(1-0.8)(1-0.8) = 1-0.04=0.96$이다.
- 나머지 직렬연결된 부품들의 신뢰도를 구하면 $0.8×0.9×0.96 = 0.6912$이므로 0.69이다.

✔ 시스템의 신뢰도

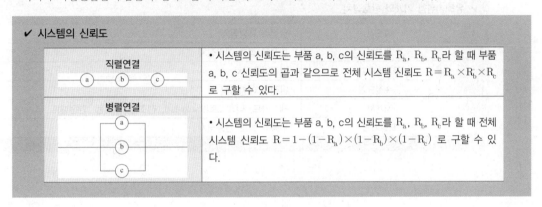

직렬연결	• 시스템의 신뢰도는 부품 a, b, c의 신뢰도를 R_a, R_b, R_c라 할 때 부품 a, b, c 신뢰도의 곱과 같으므로 전체 시스템 신뢰도 $R = R_a × R_b × R_c$ 로 구할 수 있다.
병렬연결	• 시스템의 신뢰도는 부품 a, b, c의 신뢰도를 R_a, R_b, R_c라 할 때 전체 시스템 신뢰도 $R = 1-(1-R_a)×(1-R_b)×(1-R_c)$ 로 구할 수 있다.

033 시각적 표시장치에 비교할 때 청각적 표시장치를 사용하는 것이 더 좋은 경우를 3가지 쓰시오.(3점)

[산기1101/산기1104/산기1701/산기2304]

① 수신 장소가 너무 밝거나 암순응이 요구될 때
② 정보의 내용이 시간적인 사건을 다루는 경우
③ 정보의 내용이 간단한 경우
④ 직무상 수신자가 자주 움직이는 경우
⑤ 정보의 내용이 후에 재참조되지 않는 경우
⑥ 메시지가 즉각적인 행동을 요구하는 경우

▲ 해당 답안 중 3가지 선택 기재

✔ 시각적 표시장치가 유리한 경우
- 수신 장소의 소음이 심한 경우
- 정보가 공간적인 위치를 다룬 경우
- 정보의 내용이 복잡하고 긴 경우
- 직무상 수신자가 한 곳에 머무르는 경우
- 메시지를 추후 참고할 필요가 있는 경우
- 정보의 내용이 즉각적인 행동을 요구하지 않는 경우

034 다음 유해 · 위험 기계의 방호장치를 쓰시오.(3점)　　　　　　　　　　　　　　　　[산기1604/산기2304]

| ① 예초기 | ② 원심기 | ③ 공기압축기 |

① 날접촉 예방장치　　　　　　　　　② 회전체 접촉 예방장치
③ 압력방출장치

✔ 유해 · 위험 기계와 방호장치

예초기	날접촉 예방장치
원심기	회전체 접촉 예방장치
공기압축기	압력방출장치
금속절단기	날접촉 예방장치
지게차	헤드가드, 백레스트(Backrest), 전조등, 후미등, 안전벨트
포장기계	구동부 방호 연동장치

035 안전검사에 대한 설명이다. 빈칸을 채우시오.(6점)　　　　　　　　　　　　　　　　[산기1501]

가) 안전검사를 받아야 하는 자는 안전검사 신청서를 검사 주기 만료일 (①)일 전에 안전검사 업무를 위탁받은 기관에 제출해야 한다.
나) 크레인(이동식 크레인은 제외), 리프트(이삿짐운반용 리프트는 제외) 및 곤돌라 : 사업장에 설치가 끝난 날부터 3년 이내에 최초 안전검사를 실시하되, 건설현장에서 사용하는 것은 최초로 설치한 날부터 (②)개월마다 안전검사를 실시한다.
다) 크레인(이동식 크레인은 제외), 리프트(이삿짐운반용 리프트는 제외) 및 곤돌라 : 사업장에 설치가 끝난 날부터 3년 이내에 최초 안전검사를 실시하되, 그 이후부터 (③)년마다 안전검사를 실시한다.

① 30　　　　　　　　　　　② 6　　　　　　　　　　　③ 2

036 목재가공용 둥근톱 방호장치 2가지를 쓰시오.(4점)　　　　　[산기1104/산기1201/산기1601/산기1801/산기1804/산기2201]

① 반발예방장치
② 톱날 접촉예방장치

✔ 목재가공용 기계의 방호장치
• 반발예방장치와 톱날 접촉예방장치가 있다.
• 반발예방장치에는 반발방지 발톱(반발방지기구), 분할날, 반발방지 롤, 보조안내판 등이 있다.

037 안전관리조직을 효율적으로 운영하기 위한 조직 형태 3가지와 대형건설사에 적합한 안전조직의 장점을 1가지 쓰시오.(4점)

[산기1401]

가) 안전관리조직의 종류

　　① 직계식(Line)　　　　　　② 참모식(Staff)　　　　　　③ 직계・참모식(Line・Staff)

나) 대형건설사에 적합한 안전조직인 직계・참모식(Line・Staff)의 장점

　① 안전 전문가에 의해 입안된 것을 경영자의 지침으로 명령 실시하므로 정확하고 신속하다.

　② 조직원 전원을 자율적으로 안전 활동에 참여시킬 수 있다.

　③ 안전 활동과 생산업무가 유리될 우려가 없기 때문에 균형을 유지할 수 있어 이상적인 조직형태이다.

▲ 나)의 답안 중 1가지 선택 기재

038 안전관리조직을 효율적으로 운영하기 위한 조직 형태 3가지를 쓰시오.(3점)

[산기0501/산기0602/산기1602/산기1701]

① 직계식(Line)　　　　　　　　　② 참모식(Staff)

③ 직계・참모식(Line・Staff)

039 안전관리조직 중 라인형 조직과 라인-스텝형 조직의 장・단점을 각각 2가지씩 쓰시오.(5점)

[산기1101/산기2002]

	라인형 조직	라인-스텝형 조직
장점	① 안전에 관한 지시나 조치가 신속하고 철저하다. ② 참모형 조직보다 경제적인 조직이다.	① 안전 전문가에 의해 입안된 것을 경영자의 지침으로 명령 실시하므로 정확하고 신속하다. ② 조직원 전원을 자율적으로 안전활동에 참여시킬 수 있다.
단점	① 안전보건에 관한 전문 지식이나 기술축적이 쉽지 않다. ② 안전정보 및 신기술 개발이 어렵다.	① 명령계통과 조언・권고적 참여가 혼동되기 쉽다. ② 스태프의 월권행위가 발생하는 경우가 있다.

040 노사협의체 정기회의 개최주기 및 회의록 내용 2가지를 쓰시오.(단, 개최 일시 및 장소, 그 밖의 토의사항 제외)(4점)

[산기1501]

가) 개최주기 : 2개월마다

나) 회의록 내용

　① 출석위원

　② 심의 내용 및 의결 결정사항

✔ 노사협의체의 구성

근로자위원	• 도급 또는 하도급 사업을 포함한 전체 사업의 근로자대표 • 근로자대표가 지명하는 명예산업안전감독관 1명. 다만, 명예산업안전감독관이 위촉되어 있지 아니한 경우에는 근로자대표가 지명하는 해당 사업장 근로자 1명 • 공사금액이 20억원 이상인 공사의 관계수급인의 각 근로자대표
사용자위원	• 도급 또는 하도급 사업을 포함한 전체 사업의 대표자 • 안전관리자 1명 • 보건관리자 1명(보건관리자 선임대상 건설업으로 한정) • 공사금액이 20억원 이상인 공사의 관계수급인의 대표자
노사협의체의 근로자위원과 사용자위원은 합의를 통해 노사협의체에 공사금액이 20억원 미만인 공사의 관계수급인 및 관계수급인 근로자대표를 위원으로 위촉할 수 있다.	

041 산업안전보건법상 명예산업안전감독관의 임기를 쓰시오.(3점) [산기1804]

• 임기 : 2년으로 하되, 연임할 수 있다.

042 산업안전보건법령상 고용노동부장관이 명예산업안전감독관을 해촉할 수 있는 경우 2가지를 쓰시오.(4점)

[기사1004/기사1204/기사1601/기사1902/산기1902]

① 근로자대표가 사업주의 의견을 들어 명예감독관의 해촉을 요청한 경우
② 명예감독관의 업무와 관련하여 부정한 행위를 한 경우
③ 명예산업안전감독관이 해당 단체 또는 그 산하조직으로부터 퇴직하거나 해임된 경우
④ 질병이나 부상 등의 사유로 명예산업안전감독관의 업무수행이 곤란하게 된 경우

▲ 해당 답안 중 2가지 선택 기재

043 다음과 같은 조건의 건설업에서 선임해야 할 안전관리자의 인원을 쓰시오.(단, 전체 공사기간 중 전·후 15에 해당하는 기간은 제외)(6점)

[기사2003/산기2102]

① 공사금액 800억원 이상 1,500억원 미만 : ( ) 명 이상
② 공사금액 1,500억원 이상 2,200억원 미만 : ( ) 명 이상
③ 공사금액 2,200억원 이상 3,000억원 미만 : ( ) 명 이상

① 2 ② 3 ③ 4

✔ 건설업 안전관리자의 수

규모	최소인원
공사금액 50억원 이상(관계수급인은 100억원 이상) 120억원 미만 (토목공사업의 경우에는 150억원 미만)	1명
공사금액 120억원 이상(토목공사업의 경우에는 150억원 이상) 800억원 미만	
공사금액 800억원 이상 1,500억원 미만	2명
공사금액 1,500억원 이상 2,200억원 미만	3명
공사금액 2,200억원 이상 3,000억원 미만	4명
공사금액 3,000억원 이상 3,900억원 미만	5명
공사금액 3,900억원 이상 4,900억원 미만	6명
공사금액 4,900억원 이상 6,000억원 미만	7명
공사금액 6,000억원 이상 7,200억원 미만	8명
공사금액 7,200억원 이상 8,500억원 미만	9명
공사금액 8,500억원 이상 1조원 미만	10명
1조원 이상	11명

044 산업안전보건법상 안전관리자가 수행하여야 할 업무사항 4가지를 쓰시오.(4점)

[기사0804/산기0901/기사1001/산기1302/기사1704/산기2002]

① 위험성평가에 관한 보좌 및 조언·지도
② 사업장 순회점검·지도 및 조치의 건의
③ 업무수행 내용의 기록·유지
④ 해당 사업장 안전교육계획의 수립 및 안전교육 실시에 관한 보좌 및 조언·지도
⑤ 산업안전보건위원회 또는 안전·보건에 관한 노사협의체에서 심의·의결한 업무와 해당 사업장의 안전보건관리규정 및 취업규칙에서 정한 업무
⑥ 안전인증대상과 자율안전확인대상 기계·기구 등 구입 시 적격품의 선정에 관한 보좌 및 지도·조언
⑦ 산업재해 발생의 원인 조사·분석 및 재발 방지를 위한 기술적 보좌 및 지도·조언
⑧ 산업재해에 관한 통계의 유지·관리·분석을 위한 보좌 및 지도·조언
⑨ 안전에 관한 사항의 이행에 관한 보좌 및 지도·조언

▲ 해당 답안 중 4가지 선택 기재

045 고용노동관서의 장은 사업주에게 특별한 사유가 발생한 경우 안전관리자를 정수 이상으로 증원 및 교체하여 임명할 것을 명할 수 있다. 이의 사유를 3가지 쓰시오.(6점)

[산기0802/산기0804/기사1001/기사1402/산기1501/산기1702/기사1704/산기2001/산기2002]

① 해당 사업장의 연간재해율이 같은 업종의 평균재해율의 2배 이상인 경우
② 중대재해가 연간 2건 이상 발생한 경우
③ 관리자가 질병이나 그 밖의 사유로 3개월 이상 직무를 수행할 수 없게 된 경우
④ 화학적 인자로 인한 직업성질병자가 연간 3명 이상 발생한 경우

▲ 해당 답안 중 3가지 선택 기재

046 제조업이나 폐기물 등을 취급하는 사업장에서는 안전보건관리담당자를 선임하여야 한다. 안전보건관리담당자의 업무를 3가지 쓰시오.(6점) [산기2301]

① 안전보건교육 실시에 관한 보좌 및 지도·조언
② 위험성평가에 관한 보좌 및 지도·조언
③ 작업환경측정 및 개선에 관한 보좌 및 지도·조언
④ 각종 건강진단에 관한 보좌 및 지도·조언
⑤ 산업재해 발생의 원인 조사, 산업재해 통계의 기록 및 유지를 위한 보좌 및 지도·조언
⑥ 산업 안전·보건과 관련된 안전장치 및 보호구 구입 시 적격품 선정에 관한 보좌 및 지도·조언

▲ 해당 답안 중 3가지 선택 기재

047 Off-J.T의 정의를 쓰시오.(3점) [산기1904/산기2202]

- Off the Job Training의 약자로, 전문가를 위촉하여 다수의 교육생을 특정 장소에 소집하여 일괄적, 조직적, 집중적으로 교육하는 방법을 말한다.

048 무재해운동기법 중 "작업 시작 전 및 후에 10분정도의 시간으로 10명 이하로 구성된 팀원 전원이 모여 현장에서 있었던 상황에 대해서 대화한 후 납득하는 작업장 안전회의"와 관련된 위험예지활동을 쓰시오.(3점) [산기0504/산기0701/산기0902/산기1502/산기1702/산기1902/산기2104]

- TBM(Tool Box Meeting)

049 산업안전보건법상 사업 내 안전·보건교육에 대한 교육시간을 쓰시오.(6점)

[기사0302/기사0502/기사0804/기사0904/기사1201/산기1301/산기1304/산기1604/기사1801/산기1804/산기2003/산기2102]

교육과정	교육대상	교육시간
정기교육	관리감독자의 지위에 있는 사람	연간 (①)시간 이상
채용 시의 교육	일용근로자 및 근로계약기간이 1주일 이하인 기간제 근로자	(②)시간 이상
	그 밖의 근로자	(③)시간 이상
작업내용 변경 시의 교육	일용근로자 및 근로계약기간이 1주일 이하인 기간제 근로자	(④)시간 이상
	그 밖의 근로자	(⑤)시간 이상

① 16   ② 1   ③ 8
④ 1   ⑤ 2

✔ 근로자 안전 · 보건교육 과정 · 대상 · 시간

교육과정	교육대상		교육시간
정기교육	사무직 종사 근로자		매반기 6시간 이상
	사무직 종사 근로자 외의 근로자	판매업무에 직접 종사하는 근로자	매반기 6시간 이상
		판매업무에 직접 종사하는 근로자 외의 근로자	매반기 12시간 이상
	관리감독자의 지위에 있는 사람		연간 16시간 이상
채용 시의 교육	일용근로자 및 근로계약기간이 1주일 이하인 기간제 근로자		1시간 이상
	근로계약기간이 1주일 초과 1개월 이하인 기간제 근로자		4시간 이상
	그 밖의 근로자		8시간 이상
작업내용 변경 시의 교육	일용근로자 및 근로계약기간이 1주일 이하인 기간제 근로자		1시간 이상
	그 밖의 근로자		2시간 이상
특별교육	일용근로자 및 근로계약기간이 1주일 이하인 기간제 근로자(타워크레인 신호작업 종사자 제외)		2시간 이상
	일용근로자 및 근로계약기간이 1주일 이하인 기간제 근로자로 타워크레인 신호작업 종사자		8시간 이상
	일용근로자 및 근로계약기간이 1주일 이하인 기간제 근로자를 제외한 근로자		• 16시간 이상(최초 작업에 종사하기 전 4시간 이상, 12시간은 3개월 이내에서 분할 실시 가능) • 단기간 작업 또는 간헐적 작업인 경우에는 2시간 이상
건설업 기초안전 · 보건교육	건설 일용근로자		4시간 이상

---

050 산업안전보건법상 사업 내 안전 · 보건교육에 대한 교육시간을 쓰시오.(3점)

[기사0302/기사0502/기사0804/기사0904/기사1201/산기1301/산기1304/산기1604/기사1801/산기1804/산기2003/산기2102]

교육과정	교육대상	교육시간
채용 시의 교육	일용근로자 및 근로계약기간이 1주일 이하인 기간제 근로자	(①)시간 이상
건설업 기초안전 · 보건교육	건설 일용근로자	(②)시간 이상
굴착면의 높이가 2m 이상이 되는 구축물 파쇄작업에서의 일용근로자의 특별교육		(③)시간 이상

① 1　　　　　　　② 4　　　　　　　③ 2

051 산업안전보건법 시행규칙에 의하면 안전관리자에 선임된 후 3개월 이내에 직무를 수행하는 데 필요한 신규교육을 받아야 하며, 신규교육을 이수한 후 매 2년이 되는 날을 기준으로 전후 3개월 사이에 안전보건에 관한 보수교육을 받아야 한다. 이때 받아야 하는 교육시간을 각각 쓰시오.(3점)   [산기2004]

교육대상	교육시간	
	신규교육	보수교육
안전보건관리책임자 안전관리자, 안전관리전문기관의 종사자 보건관리자, 보건관리전문기관의 종사자	6시간 이상 34시간 이상 (③)시간 이상	(①)시간 이상 (②)시간 이상 24시간 이상

① 6   ② 24   ③ 34

052 산업안전보건법 시행규칙에 의하면 안전관리자에 선임된 후 3개월 이내에 직무를 수행하는 데 필요한 신규교육을 받아야 하며, 신규교육을 이수한 후 매 2년이 되는 날을 기준으로 전후 3개월 사이에 안전보건에 관한 보수교육을 받아야 한다. 이때 받아야 하는 교육시간을 각각 쓰시오.(4점)

[기사0702/산기1204/산기1502/기사2002]

교육대상	보수교육시간
안전보건관리책임자 안전관리자, 안전관리전문기관의 종사자 보건관리자, 보건관리전문기관의 종사자 건설재해예방전문지도기관의 종사자	(①)시간 이상 (②)시간 이상 (③)시간 이상 (④)시간 이상

① 6   ② 24   ③ 24   ④ 24

✔ 안전보건관리책임자 등에 대한 교육

교육대상	교육시간	
	신규교육	보수교육
안전보건관리책임자 안전보건관리담당자	6시간 이상 –	6시간 이상 8시간 이상
안전관리자, 안전관리전문기관의 종사자 보건관리자, 보건관리전문기관의 종사자 재해예방전문지도기관의 종사자 석면조사기관의 종사자 안전검사기관, 자율안전검사기관의 종사자	34시간 이상	24시간 이상

053 안전교육의 3단계 교육과정을 쓰시오.(3점) [산기2304]

① 지식교육
② 기능교육
③ 태도교육

054 밀폐공간에서의 작업하는 근로자에 대한 작업별 특별교육 내용을 3가지 쓰시오.(단, 그 밖에 안전·보건관리에 필요한 사항은 제외)(6점) [산기1102/산기1801]

① 산소농도 측정 및 작업환경에 관한 사항
② 사고 시의 응급처치 및 비상 시 구출에 관한 사항
③ 보호구 착용 및 사용방법에 관한 사항
④ 작업내용·안전작업방법 및 절차에 관한 사항
⑤ 장비·설비 및 시설 등의 안전점검에 관한 사항

▲ 해당 답안 중 3가지 선택 기재

055 굴착면의 높이가 2m 이상이 되는 지반의 굴착작업 시 특별교육 내용 2가지를 쓰시오.(단, 그 밖에 안전·보건관리에 필요한 사항 제외)(4점) [기사2102/산기2302]

① 지반의 형태·구조 및 굴착 요령에 관한 사항
② 지반의 붕괴재해 예방에 관한 사항
③ 붕괴방지용 구조물 설치 및 작업방법에 관한 사항
④ 보호구의 종류 및 사용에 관한 사항

▲ 해당 답안 중 2가지 선택 기재

056 안전·보건표지의 색도기준이다. 빈칸을 채우시오.(4점) [기사0502/기사0702/산기1604/기사1802/산기2003]

색채	색도기준	용도	사 용 례
(①)	7.5R 4/14	금지	정지신호, 소화설비 및 그 장소, 유해행위의 금지
(②)	2.5G 4/10	안내	비상구 및 피난소, 사람 또는 차량의 통행표지
(③)	N9.5		파란색 또는 녹색에 대한 보조색
(④)	N0.5		문자 및 빨간색 또는 노란색에 대한 보조색

① 빨간색 ② 녹색
③ 흰색 ④ 검정색

057 산업안전보건법상 안전보건표지의 색채 기준을 ( ) 안에 쓰시오.(4점) [산기1204/산기1901/산기2001]

색채	사 용 례
(①)	화학물질 취급 장소에서의 유해 · 위험 경고
(②)	특정행위의 지시 및 사실의 고지
(③)	파란색 또는 녹색에 대한 보조색
(④)	문자 및 빨간색 또는 노란색에 대한 보조색

① 빨간색   ② 파란색
③ 흰색   ④ 검정색

058 산업안전보건법에서 규정한 안전보건표지와 관련된 설명이다. ( ) 안을 채우시오.(4점) [산기2102/산기2304]

가) 안전보건표지의 표시를 명확히 하기 위하여 필요한 경우에는 그 안전보건표지의 주위에 표시사항을 글자로
   덧붙여 적을 수 있다. 이 경우 글자는 (①) 바탕에 (②) 한글(③)로 표기해야 한다.
나) 안전보건표지 속의 그림 또는 부호의 크기는 안전보건표지의 크기와 비례해야 하며, 안전보건표지 전체 규격의
   (④)퍼센트 이상이 되어야 한다.

① 흰색   ② 검은색
③ 고딕체   ④ 30

059 산업안전보건법상 안전보건표지에서 있어 경고표지의 종류를 4가지 쓰시오.(4점)

[산기1004/산기1201/산기1504/산기2302]

① 인화성물질경고   ② 부식성물질경고   ③ 급성독성물질경고
④ 산화성물질경고   ⑤ 폭발성물질경고   ⑥ 방사성물질경고
⑦ 고압전기경고   ⑧ 매달린물체경고   ⑨ 낙하물경고
⑩ 고온/저온경고   ⑪ 위험장소경고   ⑫ 몸균형상실경고
⑬ 레이저광선경고

▲ 해당 답안 중 4가지 선택 기재

060 다음 경고표지의 명칭을 쓰시오.(6점) [산기1904]

①

②

③

① 인화성물질경고

② 급성독성물질경고

③ 산화성물질경고

061 응급구호 표지를 그리고 바탕색과 기본 모형 및 관련부호의 색을 쓰시오.(6점) [산기1804]

① 바탕색 : 녹색
② 기본모형 : 흰색

062 산업안전보건법상 안전보건표지 중 "출입금지표지"를 그리고, 물음에 답하시오.(단, 색상표시는 글자로 나타내도록 하고, 크기에 대한 기준은 표시하지 않아도 된다)(4점) [산기0502/산기1501]

① 바탕색	② 도형색	③ 화살표색

① 바탕 : 흰색
② 도형 : 빨간색
③ 화살표 : 검정색

063 작업장에서 산소 및 유해가스 농도를 측정한 결과 적정공기가 유지되고 있지 아니하다고 평가된 경우 사업자가 근로자의 건강장해 예방을 위해 지급하여 착용하게 해야 할 보호구를 2가지 쓰시오.(4점) [산기2301]

① 송기마스크
② 공기호흡기

064 안전모의 종류 AB, AE, ABE 사용구분에 따른 용도를 쓰시오.(6점)

[기사0604/기사1504/산기1802/기사1902/기사2004/산기2104]

① AB : 물체의 낙하 또는 비래 및 추락에 의한 위험을 방지 또는 경감시키기 위한 것
② AE : 물체의 낙하 또는 비래에 의한 위험을 방지 또는 경감하고, 머리부위 감전에 의한 위험을 방지하기 위한 것
③ ABE : 물체의 낙하 또는 비래 및 추락에 의한 위험을 방지 또는 경감하고, 머리부위 감전에 의한 위험을 방지하기 위한 것

065 보호구 안전인증 안전모의 성능시험 항목 3가지를 쓰시오.(6점)

[산기1001/산기1404/산기2004]

① 내관통성 시험   ② 충격흡수성 시험   ③ 난연성 시험
④ 내전압성 시험   ⑤ 내수성 시험   ⑥ 턱끈풀림

▲ 해당 답안 중 3가지 선택 기재

066 개인용 보호구의 하나인 안전모에 대한 설명이다. ( ) 안을 채우시오.(4점)

[산기1704/산기2003/산기2302]

가) (①)란 착용자의 머리부위를 덮는 주된 물체로서 단단하고 매끄럽게 마감된 재료를 말한다.
나) (②)란 머리받침끈, 머리고정대 및 머리받침고리로 구성되어 추락 및 감전 위험방지용 안전모 머리 부위에 고정시켜주며, 안전모에 충격이 가해졌을 때 착용자의 머리 부위에 전해지는 충격을 완화시켜주는 기능을 갖는 부품을 말한다.

① 모체   ② 착장체

067 산업안전보건기준에 관한 규칙에서 다음과 같은 작업조건에서 지급해야 하는 보호구를 각각 쓰시오.(6점)

[산기2101]

① 물체가 떨어지거나 날아올 위험 또는 근로자가 추락할 위험이 있는 작업
② 물체의 낙하ㆍ충격, 물체에의 끼임, 감전 또는 정전기의 대전(帶電)에 의한 위험이 있는 작업
③ 용접 시 불꽃이나 물체가 흩날릴 위험이 있는 작업

① 안전모   ② 안전화   ③ 보안면

✔ 보호구의 지급

안전모	물체가 떨어지거나 날아올 위험 또는 근로자가 추락할 위험이 있는 작업
안전대(安全帶)	높이 또는 깊이 2미터 이상의 추락할 위험이 있는 장소에서 하는 작업
안전화	물체의 낙하·충격, 물체에의 끼임, 감전 또는 정전기의 대전(帶電) 위험이 있는 작업
보안경	물체가 흩날릴 위험이 있는 작업
보안면	용접 시 불꽃이나 물체가 흩날릴 위험이 있는 작업
절연용 보호구	감전의 위험이 있는 작업
방열복	고열에 의한 화상 등의 위험이 있는 작업
방진마스크	선창 등 분진(粉塵)이 심하게 발생하는 하역작업
방한모·방한복·방한화·방한장갑	섭씨 영하 18도 이하인 급냉동어창에서 하는 하역작업
승차용 안전모	물건을 운반하거나 수거·배달하기 위하여 이륜자동차를 운행하는 작업

068 산업안전보건법에 따른 안전인증대상 보호구 5개를 쓰시오.(단, 법규에 따른 용어를 정확히 쓸 것)(5점)

[산기0502/산기0701/산기2002]

① 안전화   ② 안전장갑   ③ 방진마스크

④ 방독마스크   ⑤ 송기마스크   ⑥ 전동식 호흡보호구

⑦ 보호복   ⑧ 안전대   ⑨ 용접용 보안면

⑩ 방음용 귀마개 또는 귀덮개   ⑪ 추락및 감전위험방지용 안전모

⑫ 차광 및 비산물 위험방지용 보안경

▲ 해당 답안 중 5가지 선택 기재

069 산업안전보건법상 보호구의 안전인증 제품에 표시하여야 하는 사항을 4가지 쓰시오.(4점)

[산기1104/기사1202]

① 형식 또는 모델명   ② 규격 또는 등급 등   ③ 제조자명

④ 제조번호 및 제조연월   ⑤ 안전인증 번호

▲ 해당 답안 중 4가지 선택 기재

070 안전대의 사용구분에 따른 종류 4가지를 쓰시오.(4점)   [산기1502]

① 1개 걸이용   ② U자 걸이용

③ 추락방지대   ④ 안전블록

071 굴착공사 전 굴착시기와 작업순서를 정하기 위해 사전에 수행하는 토질조사 사항을 3가지 쓰시오.(6점)

[기사0302/기사0404/산기0502/기사0504/산기0602/산기0801/기사0804/기사1001/기사1004/산기1101/산기1104/산기1401/기사1802]

① 형상·지질 및 지층의 상태
② 균열·함수·용수 및 동결의 유무 또는 상태
③ 매설물 등의 유무 또는 상태
④ 지반의 지하수위 상태

▲ 해당 답안 중 3가지 선택 기재

072 터널굴착 작업에 있어 근로자 위험방지를 위해 사전 조사 후 작업계획서에 포함하여야 하는 사항 3가지를 쓰시오.(3점)

[산기1004/산기1401/산기1901/산기2202]

① 굴착의 방법
② 터널지보공 및 복공의 시공방법과 용수의 처리방법
③ 환기 또는 조명시설을 설치할 때는 그 방법

073 터널굴착작업 시 보링(Boring) 등 적절한 방법으로 낙반·출수(出水) 및 가스폭발 등으로 인한 근로자의 위험을 방지하기 위하여 미리 조사해야 하는 사항 3가지를 쓰시오.(3점)

[산기0704/산기1502]

① 지형   ② 지질   ③ 지층상태

074 채석작업을 하는 때에는 채석작업 계획을 작성하고 그 계획에 의하여 작업을 실시하여야 하는데, 채석작업 시 작업계획서에 포함될 내용을 4가지 쓰시오.(4점)

[기사0504/기사0604/기사0801/산기0904/기사1002/기사1101/기사1202/산기1202/기사1402/기사1502/산기1702/기사1802/산기1902/산기2101]

① 발파방법   ② 암석의 가공장소   ③ 암석의 분할방법
④ 굴착면의 높이와 기울기   ⑤ 굴착면 소단의 위치와 넓이   ⑥ 표토 또는 용수의 처리방법
⑦ 노천굴착과 갱내굴착의 구별 및 채석방법   ⑧ 갱내에서의 낙반 및 붕괴방지 방법
⑨ 토석 또는 암석의 적재 및 운반방법과 운반경로
⑩ 사용하는 굴착기계·분할기계·적재기계 또는 운반기계의 종류 및 성능

▲ 해당 답안 중 4가지 선택 기재

075 차량계 건설기계를 사용하여 작업을 할 때는 작업계획을 작성하고, 그 작업계획에 따라 작업을 실시하도록 하여야 한다. 이 작업계획에 포함되어야 할 사항 3가지를 쓰시오.(6점) [기사0301/산기0504/
산기0604/기사0704/산기1002/산기1102/산기1304/산기1401/산기1502/기사1604/기사1702/기사1902/기사1904/산기2001/산기2102/산기2302]

① 사용하는 차량계 건설기계의 종류 및 성능
② 차량계 건설기계의 운행경로
③ 차량계 건설기계에 의한 작업방법

076 무거운 물건을 인력으로 들어 올리려 할 때 발생할 수 있는 재해유형 4가지를 쓰시오.(4점)
[산기1702/산기2003]

① 추락(떨어짐)　　②　낙하(맞음)　　③ 전도(넘어짐)
④ 협착(끼임)　　　⑤ 붕괴(무너짐)

▲ 해당 답안 중 4가지 선택 기재

077 중량물 취급작업 시 작업계획서에 포함되어야 하는 사항을 3가지 쓰시오.(5점)
[기사0502/기사0604/기사1401/산기1802]

① 추락위험을 예방할 수 있는 안전대책
② 낙하위험을 예방할 수 있는 안전대책
③ 전도위험을 예방할 수 있는 안전대책
④ 협착위험을 예방할 수 있는 안전대책
⑤ 붕괴위험을 예방할 수 있는 안전대책

▲ 해당 답안 중 3가지 선택 기재

078 작업장에서 크레인(이동식 크레인 제외)을 사용하여 운반작업을 하려고 한다. 작업개시 전에 점검하여야 할 사항을 3가지 쓰시오.(6점) [기사0304/기사0404/산기0502/
산기0601/산기0704/기사1001/산기1401/산기1402/기사1501/기사1702/산기1802/기사2004/산기2301]

① 권과방지장치·브레이크·클러치 및 운전장치의 기능
② 주행로의 상측 및 트롤리(Trolley)가 횡행하는 레일의 상태
③ 와이어로프가 통하고 있는 곳의 상태

079 산업안전보건법상 이동식 크레인을 사용하여 작업을 하기 전에 점검할 사항을 3가지 쓰시오.(3점)

[산기0501/기사0802/산기1202/산기1302/산기1701/기사1902/산기1904]

① 권과방지장치나 그 밖의 경보장치의 기능
② 브레이크 · 클러치 및 조정장치의 기능
③ 와이어로프가 통하고 있는 곳 및 작업장소의 지반상태

080 지게차를 사용하여 작업을 하는 때 작업 시작 전 점검사항 3가지를 쓰시오.(6점)

[산기0901/기사1201/기사1402/산기1504]

① 제동장치 및 조종장치 기능의 이상 유무
② 하역장치 및 유압장치 기능의 이상 유무
③ 바퀴의 이상 유무
④ 전조등 · 후미등 · 방향지시기 및 경보장치 기능의 이상 유무

▲ 해당 답안 중 3가지 선택 기재

081 터널공사 등의 건설작업을 할 때 인화성 가스가 존재하여 폭발이나 화재가 발생할 위험이 있는 경우에는 인화성 가스 농도의 이상 상승을 조기에 파악하기 위하여 그 장소에 자동경보장치를 설치하여야 한다. 설치된 자동경보장치에 대하여 당일의 작업 시작 전에 점검할 사항 3가지를 쓰시오.(6점)

[산기0802/산기0804/산기1404]

① 계기의 이상 유무
② 검지부의 이상 유무
③ 경보장치의 작동상태

082 고소작업대를 사용하는 경우 작업 시작 전 점검사항을 3가지 쓰시오.(6점)   [산기0702/산기1804]

① 비상정지장치 및 비상하강 방지장치 기능의 이상 유무
② 아웃트리거 또는 바퀴의 이상 유무
③ 작업면의 기울기 또는 요철 유무
④ 활선작업용 장치의 경우 홈 · 균열 · 파손 등 그 밖의 손상 유무
⑤ 과부하 방지장치의 작동 유무(와이어로프 또는 체인구동방식의 경우)

▲ 해당 답안 중 3가지 선택 기재

083 화물자동차를 사용하는 작업을 하게 할 때 작업 시작 전 점검사항을 3가지 쓰시오.(6점) [산기|1904]

① 제동장치 및 조종장치의 기능
② 하역장치 및 유압장치의 기능
③ 바퀴의 이상 유무

084 다음 설명에 맞는 재해의 발생형태별 분류를 쓰시오.(4점) [산기|2301]

① 사람이 인력(중력)에 의하여 건축물, 구조물, 가설물, 수목, 사다리 등의 높은 장소에서 떨어지는 것
② 구조물, 기계 등에 고정되어 있던 물체가 중력, 원심력, 관성력 등에 의하여 고정부에서 이탈하거나 또는 설비 등으로부터 물질이 분출되어 사람을 가해하는 경우
③ 두 물체 사이의 움직임에 의하여 일어난 것으로 직선 운동하는 물체 사이의 끼임, 회전부와 고정체 사이의 끼임, 로울러 등 회전체 사이에 물리거나 또는 회전체·돌기부 등에 감긴 경우
④ 사람이 거의 평면 또는 경사면, 층계 등에서 구르거나 넘어지는 경우

① 추락(=떨어짐)　　　　　② 낙하(=맞음)
③ 협착(=끼임)　　　　　　④ 전도(=넘어짐)

085 작업자가 계단에서 굴러 떨어져 바닥에 부딪히는 사고를 당해 상해를 입었을 때, 재해의 발생형태, 기인물 및 가해물을 각각 쓰시오.(6점) [산기|1904]

발생형태	①	기인물	②	가해물	③

① 전도(넘어짐)　　　　② 계단　　　　　③ 바닥

086 작업자가 고소에서 비계설치 작업 중 작업발판에 미끄러지면서 추락하는 사고를 당해 상해를 입었을 때, 기인물 및 가해물을 각각 쓰시오.(5점) [산기|2003]

기인물	①	가해물	②

① 작업발판　　　　　② 바닥

087 작업자가 시야가 가려지는 부피가 큰 짐을 운반하던 중 덮개 없는 개구부로 떨어지는 사고를 당해 상해를 입었을 때, 재해의 발생형태, 기인물 및 가해물 등을 각각 쓰시오.(5점) [산기0702/산기1404/산기1801/산기2204]

재해형태	(①)	불안전한 행동	(④)
가해물	(②)	불안전한 상태	(⑤)
기인물	(③)		

① 추락(떨어짐)
② 바닥
③ 큰 짐
④ 전방확인이 불가능한 부피가 큰 짐을 혼자서 들고 이동
⑤ 개구부 덮개 미설치

088 다음은 사고사례에 대한 설명이다. 각 사례의 기인물을 쓰시오.(6점) [산기1304/산기1601]

① 이동차량에 치여 벽에 부딪힌 사고가 발생하였다.
② 외부요인 없이 사람이 걷다가 발목을 접질려 다쳤다.
③ 트럭과 지게차가 운전 중 정면충돌하여 지게차 운전자가 사명하였다.

① 차량   ② 사람   ③ 지게차

089 근로자 50명이 근무하던 중 산업재해가 5건 발생하였고, 사망이 1명, 40일의 근로손실이 발생하였다. 강도율을 구하시오.(단, 근로시간은 1일 9시간 250일 근무한다)(4점) [산기1002/산기1902/산기2104]

• 강도율을 구하기 위해 먼저 연간총근로시간을 구한다.
• 연간총근로시간은 $50 \times 9 \times 250 = 112,500$시간이다.
• 근로손실일수는 사망자 1인에 해당하는 7,500일에 40일을 더한 7,540일이 된다.
• 강도율은 $\dfrac{7,540}{112,500} \times 1,000 \simeq 67.02$이다.

✔ 장애등급별 근로손실일수

사망	신체장애등급											
	1~3	4	5	6	7	8	9	10	11	12	13	14
7,500	7,500	5,500	4,000	3,000	2,200	1,500	1,000	600	400	200	100	50

090 어느 공장의 도수율이 4.0이고, 강도율이 1.5일 때 다음을 구하시오.(4점) [산기1904/산기2202]

① 평균강도율	② 환산강도율

① 평균강도율은 $\frac{강도율}{도수율} \times 1,000$이므로 대입하면 $\frac{1.5}{4} \times 1,000 = 375$이다.

② 환산강도율은 $강도율 \times \frac{총근로시간수}{1,000}$인데 총근로시간수가 주어지지 않았다. 작업자 1인의 평생작업시간은 보통 100,000시간으로 주어지므로 대입하면 $1.5 \times \frac{100,000}{1,000} = 1.5 \times 100 = 150$이다.

091 연평균 500명이 근무하는 건설현장에서 연간 작업하는 중 응급조치 이상의 안전사고가 15건 발생하였다. 도수율을 구하시오.(단, 연간 300일, 8시간/일)(4점) [산기0601/산기1704/산기2101]

- 도수율은 1백만 시간동안 작업 시의 재해발생건수이다.
- 연간총근로시간을 먼저 구해야 하므로 계산하면 $500 \times 300 \times 8 = 1,200,000$시간이다.
- 재해건수 15건이므로 도수율 $= \frac{15}{1,200,000} \times 1,000,000 = 12.5$이다.

> ✔ 건설업체 산업재해발생률의 상시근로자의 수
>
> - 상시근로자 수 $= \frac{연간국내공사실적액 \times 노무비율}{건설업 \ 월평균임금 \times 12}$ 로 구한다.

092 A공장의 도수율이 4.0이고, 강도율이 1.5이다. 이 공장에 근무하는 근로자가 입사에서부터 정년퇴직에 이르기까지 몇 회의 재해를 입을지와 얼마의 근로손실일수를 가지는지를 계산하시오.(6점) [산기1501/산기1701]

① 도수율이 4.0이므로 환산도수율은 0.4로 근로자가 정년퇴직에 이르기까지 0.4회의 재해를 입을 수 있다.
② 강도율이 1.5이므로 환산강도율은 150이고, 이는 근로자가 정년퇴직에 이르기까지 150일의 근로손실일수를 가진다는 것을 의미한다.

093 연간 근로시간이 1,400,000시간이고, 재해건수가 5건 발생하여 6명이 사망하고 휴업일수가 219일이다. 이 사업장의 도수율과 강도율을 각각 구하시오.(4점)

[산기0902/산기1504/산기1804]

① 도수율

- 도수율은 1백만 시간동안 작업 시의 재해발생건수이다.

- 연간총근로시간이 주어졌으므로 대입하면 도수율 = $\dfrac{5}{1,400,000} \times 1,000,000 = 3.571\cdots$이므로 3.57이다.

② 강도율

- 강도율은 1천 시간동안 근로할 때 발생하는 근로손실일수이다.

- 근로손실일수를 구하기 위하여 사망자 1인당 7,500일이므로 6명의 사망자는 45,000일이고, 휴업일수 219일은 근로손실일수로 변환하기 위해서 연간근로시간을 300일로 적용하면 $219 \times \dfrac{300}{365} = 180$일이다. 따라서 근로손실일수는 45,000+180 = 45,180일이다.

- 강도율 = $\dfrac{45,180}{1,400,000} \times 1,000 = 32.271\cdots$이므로 32.27이다.

094 근로자 500명이 근무하는 사업장에서 3건의 재해가 발생하여 1명이 사망, 1명이 110일, 1명이 30일의 휴업일수가 각각 발생하였다. ① 연천인율과 ② 강도율을 구하시오.(단, 종업원의 근무시간은 1일 10시간, 연간 300일이다)(5점)

[산기0701/산기1102/산기1401]

① 연천인율은 $\dfrac{\text{연간 재해자수}}{\text{연평균 근로자수}} \times 1,000$이므로 대입하면 $\dfrac{3}{500} \times 1,000 = 6$이다.

- 연간총근로시간을 구하면 500×10×300 = 1,500,000시간이다.

- 근로손실일수는 사망자 1인당 7,500일이고, 휴업일수는 근로손실일수로 변환해야 한다. 휴업일수 110일+30일 = 140이고 이는 $140 \times \dfrac{300}{365} = 115.068\cdots$이므로 115.07일이다. 근로손실일수의 합은 7,500+115.07 = 7,615.07일이다.

② 강도율은 $\dfrac{\text{근로손실일수}}{\text{연간총근로시간}} \times 1,000$이므로 대입하면 $\dfrac{7,615.07}{1,500,000} \times 1,000 = 5.076\cdots$이므로 5.08이다.

095 근로자 400명이 근무하는 사업장에서 30건의 산업재해로 32명의 재해자가 발생하였다. 도수율과 연천인율을 구하시오.(단, 근로시간은 1일 8시간 280일 근무한다)(4점) [산기|2002]

① 도수율

- 도수율을 구하기 위해 먼저 연간근로총시간을 구한다.
- 연간총근로시간은 $400 \times 8 \times 280 = 896,000$시간이다.
- 도수율은 $\frac{30}{896,000} \times 1,000,000 = 33.482\cdots$이므로 33.48이다.

② 연천인율

- 연천인율은 $\frac{32}{400} \times 1,000 = 80$이다.

096 근로자 350명이 근무하는 사업장에서 15건의 산업재해로 18명의 재해자가 발생하였다. 도수율과 연천인율을 구하시오.(단, 근로시간은 1일 9시간 250일 근무한다)(6점) [산기|1004/산기|1302/산기|1702/산기|1802]

① 도수율

- 도수율을 구하기 위해 먼저 연간총근로시간을 구한다.
- 연간총근로시간은 $350 \times 9 \times 250 = 787,500$시간이다.
- 도수율은 $\frac{15}{787,500} \times 1,000,000 = 19.047\cdots$이므로 19.05이다.

② 연천인율

- 연천인율은 $\frac{18}{350} \times 1,000 = 51.4285\cdots$이므로 51.43이다.

097 근로자 500명이 근무하는 사업장에서 연간 15건의 재해가 발생하고, 18명이 재해를 입어 120일의 근로손실과 43일의 휴업일수가 발생하였다. ① 연천인율, ② 빈도율(도수율), ③ 강도율을 구하시오.(단, 종업원의 근무시간은 1일 8시간, 연간 280일이다)(6점) [산기|1001/산기|1104/산기|1901]

① 연천인율은 $\frac{연간 재해 자수}{연 평균 근로자수} \times 1,000$이므로 대입하면 $\frac{18}{500} \times 1,000 = 36$이다.

- 연간총근로시간을 구하면 500×8×280 = 1,120,000시간이다.

② 도수율은 $\frac{연간 재해 건수}{연간 총근로 시간} \times 10^6$이므로 대입하면 $\frac{15}{1,120,000} \times 1,000,000 = 13.39$이다.

- 43일의 휴업일수를 근로손실일수로 환산하면 $43 \times \frac{280}{365} = 32.99$일이다.

  따라서 근로손실일수의 합은 120+32.99 = 152.99일이다.

③ 강도율은 $\frac{근로 손실 일수}{연간총근로 시간} \times 1,000$이므로 대입하면 $\frac{152.99}{1,120,000} \times 1,000 = 0.1365\cdots$이므로 0.14이다.

✔ **건설업체 산업재해발생률의 사고사망만인율**

- 사고사망만인율($‰$) = $\dfrac{\text{사고사망자수}}{\text{상시근로자수}} \times 10,000$으로 구한다.
- 단위는 bp(basis point, $‰$)를 사용한다.

---

098 A 사업장의 도수율이 2.2이고, 강도율이 7.5일 경우 이 사업장의 종합재해지수를 구하시오.(4점)

[산기1601/산기2204]

- 주어진 강도율과 도수율을 대입하면 종합재해지수는 $\sqrt{2.2 \times 7.5} = 4.062\cdots$이므로 4.06이다.

099 종합재해지수를 구하시오.(4점)

[산기0901/산기1304/산기1801/산기1802]

- 연근로시간 : 257,600시간
- 근로손실일수 : 420일
- 연간재해발생건수 : 17건
- 휴업일수 : 34일

- 종합재해지수를 구하기 위해서는 강도율과 도수율을 구해야 한다.
- 근로손실일수는 주어진 420일과 휴업일수 34일을 근로손실일수로 변환($34 \times \dfrac{300}{365} = 27.945\cdots$)하면 27.945일이므로 근로손실일수의 합계는 447.95일이다.
- 도수율 = $\dfrac{17}{257,600} \times 10^6 = 65.99$이다.
- 강도율 = $\dfrac{447.95}{257,600} \times 1,000 = 1.74$이다.
- 종합재해지수 = $\sqrt{65.99 \times 1.74} \equiv 10.7155\cdots$이므로 10.72이다.

100 산업재해발생률에서 상시근로자 산출 식을 쓰시오.(4점)

[산기0902/산기1202/산기1604/산기2001/산기2102]

- 상시근로자 수 = $\dfrac{\text{연간국내공사실적액} \times \text{노무비율}}{\text{건설업월평균임금} \times 12}$이다.

101 소음작업, 강렬한 소음작업 또는 충격소음작업에 종사하는 근로자에게 알려줘야 하는 내용을 3가지 쓰시오. (단, 그 밖에 소음으로 인한 건강장해 방지에 필요한 사항은 제외)(6점)

[산기1204/산기2104]

① 해당 작업장소의 소음 수준
② 인체에 미치는 영향과 증상
③ 보호구의 선정과 착용방법

102 작업발판의 끝이나 개구부로서 근로자가 추락할 위험이 있는 장소에서 작업 시 추락방지대책 3가지를 쓰시오.(6점)

[기사0401/산기0501/산기1002/기사1201/산기1201/산기1504/산기1802/산기1902/산기1904/기사2002/산기2003/산기2004/산기2201]

① 안전난간 설치   ② 울타리 설치   ③ 추락방호망 설치

④ 수직형 추락방망 설치   ⑤ 덮개 설치   ⑥ 개구부 표시

▲ 해당 답안 중 3가지 선택 기재

103 사업주가 작업으로 인하여 물체가 떨어지거나 날아올 위험을 방지하기 위해 취하는 안전조치 3가지를 쓰시오.(6점)   [산기1401/기사1601/산기1602/산기1604/산기1802/기사1901/산기2001/산기2002]

① 낙하물 방지망 설치   ② 수직보호망 설치

③ 방호선반 설치   ④ 출입금지구역의 설정

③ 보호구의 착용

▲ 해당 답안 중 3가지 선택 기재

104 다음 낙하물 방지망 또는 방호선반의 설치기준에 대한 설명의 ( ) 안을 채우시오.(4점)   [산기2301]

> 가) 높이 (①)미터 이내마다 설치하고, 내민 길이는 벽면으로부터 (②)미터 이상으로 할 것
> 나) 수평면과의 각도는 (③)도 이상 (④)도 이하를 유지할 것

① 10   ② 2   ③ 20   ④ 30

105 추락방호망의 설치기준에 대한 설명이다. 빈칸을 채우시오.(6점)   [기사1302/산기1601/기사1604]

> 가) 추락방호망의 설치위치는 가능하면 작업면으로부터 가까운 지점에 설치하여야 하며, 작업면으로부터 망의 설치지점까지의 수직거리는 (①)m를 초과하지 아니할 것
> 나) 추락방호망은 수평으로 설치하고, 망의 처짐은 짧은 변 길이의 (②)% 이상이 되도록 할 것
> 다) 건축물 등의 바깥쪽으로 설치하는 경우 추락방호망의 내민 길이는 벽면으로부터 (③)m 이상 되도록 할 것

① 10   ② 12   ③ 3

106 로프 길이 150cm의 안전대를 착용한 근로자가 추락으로 인한 부상을 당하지 않기 위한 지지점에서 최하단 까지의 거리 h를 구하시오.(단, 로프의 신장률은 30%, 근로자의 신장 170cm)(4점) [산기1602/산기1804]

- 구하고자 하는 지지점에서 최하단까지의 거리는 h 즉, (로프의 길이+로프의 신장길이+작업자 키의 1/2)보다 작 아야 한다.
- 주어진 값을 대입하면 h = 150+(150×0.3)+(170/2) = 150+45+85=280cm이다.

107 감전 시 인체에 영향을 미치는 감전 위험 요인 3가지를 쓰시오.(3점) [기사0402/기사0704/산기1704/기사1901]

① 통전전류의 크기
② 통전경로
③ 통전시간
④ 통전전원의 종류와 질

▲ 해당 답안 중 3가지 선택 기재

108 누전차단기의 정격감도전류와 작동시간에 대한 설명이다. ( ) 안을 채우시오.(4점) [산기0701/산기1704]

전기기계 · 기구에 설치되어 있는 누전차단기는 정격감도전류가 (①) 이하이고 작동시간은 (②) 이내일 것. 다만, 정격전부하전류가 50암페어 이상인 전기기계 · 기구에 접속되는 누전차단기는 오작동을 방지하기 위하여 정격감도전류는 (③) 이하로, 작동시간은 (④) 이내로 할 수 있다.

① 30mA
③ 200mA
② 0.03초
④ 0.1초

109 콘크리트 펌프카 작업 시 감전위험이 있는 경우 사업주가 취해야 할 조치사항 2가지를 쓰시오.(4점) [산기2101]

① 근로자가 차량 등의 그 어느 부분과도 접촉하지 않도록 울타리를 설치하거나 감시인 배치 등의 조치를 한다.
② 근로자가 해당 전압에 적합한 절연용 보호구등을 착용하거나 사용하게 한다.
③ 차량등의 절연되지 않은 부분이 접근 한계거리 이내로 접근하지 않도록 한다.
④ 충전전로 인근에서 접지된 차량등이 충전전로와 접촉할 우려가 있을 경우에는 지상의 근로자가 접지점에 접촉 하지 않도록 조치하여야 한다.

▲ 해당 답안 중 2가지 선택 기재

110 교류아크용접기에 설치할 방호장치에 대한 설명이다. 물음에 답하시오.(6점) [산기1201]

① 교류아크용접기에 설치할 방호장치를 쓰시오.
② 사용전압이 220V인 경우 출력측의 무부하전압(실효값)은 몇 V 이내인지 쓰시오.
③ 용접봉 홀더에 용접기 출력측의 무부하전압이 발생한 후 주접점이 개방될 때까지의 시간은 몇 초 이내이어야 하는지 쓰시오.

① 자동전격방지장치   ② 25   ③ 1

111 다음은 가스집합 용접장치에 대한 설명이다. 빈칸을 채우시오.(4점) [산기1202]

가) 가스집합장치에 대해서는 화기를 사용하는 설비로부터 (①)m 이상 떨어진 장소에 설치하여야 한다.
나) 용해아세틸렌의 가스집합용접장치의 배관 및 부속기구는 구리나 구리 함유량이 (②)% 이상인 합금을 사용해서는 아니 된다.

① 5   ② 70

112 밀폐공간 작업으로 인한 건강장해의 예방에 관한 다음 용어의 설명에서 ( ) 안을 채우시오.(4점)

[산기0902/산기1204/산기1802/기사2001/산기2001]

적정공기란 산소농도의 범위가 (①) 이상 (②) 미만, 이산화탄소의 농도가 (③) 미만, 일산화탄소의 농도가 30피피엠 미만, 황화수소의 농도가 (④) 미만인 수준의 공기를 말한다.

① 18%   ② 23.5%   ③ 1.5%   ④ 10ppm

113 다음 보기를 A급, B급, C급, D급 화재로 분류하시오.(4점) [산기1304]

	누전	섬유	마그네슘	석유	목재	나트륨

① A급 : 섬유, 목재
② B급 : 석유
③ C급 : 누전
④ D급 : 마그네슘, 나트륨

114 차량용 건설기계 중 도저형 건설기계와 천공형 건설기계를 각각 2가지씩 쓰시오.(4점) [산기1604/산기1901]

① 도저형 건설기계 : 불도저, 앵글도저, 스트레이트도저, 틸트도저, 버킷도저
② 천공형 건설기계 : 어스오거, 어스드릴, 크롤러드릴, 점보드릴

▲ 해당 답안 중 각각 2가지씩 선택 기재

115 차량용 건설기계 중 도로포장용 건설기계와 천공형 건설기계를 각각 2가지씩 쓰시오.(4점) [산기2101]

① 도로포장용 건설기계 : 아스팔트 살포기, 콘크리트 살포기, 아스팔트 피니셔, 콘크리트 피니셔
② 천공형 건설기계 : 어스오거, 어스드릴, 크롤러드릴, 점보드릴

▲ 해당 답안 중 각각 2가지씩 선택 기재

116 다음 건설기계 중에서 셔블계 굴착기계를 4가지 골라 쓰시오.(4점) [산기2301]

| ① 파워셔블 | ② 드래그라인 | ③ 크램쉘 |
| ④ 항타기 | ⑤ 트랜처 | ⑥ 굴착기 |

• ①, ②, ③, ⑥

117 셔블계 건설기계 사용 시 안전수칙을 4가지 쓰시오.(4점) [산기1702]

① 작업 시 작업공간에 근로자의 출입을 금지한다.
② 유도자를 배치하고 운전자는 유도자의 유도에 따르도록 한다.
③ 승차석이 아닌 위치에 근로자를 탑승시켜서는 안 된다.
④ 기계의 구조 및 사용상 안전도 및 최대사용하중을 준수하도록 한다.
⑤ 기계의 주된 용도에만 사용하도록 한다.

▲ 해당 답안 중 4가지 선택 기재

118 크램쉘(Clamshell)의 사용 용도를 쓰시오.(3점) [산기|1802]

- 수중굴착 및 협소하고 깊은 범위의 굴착

119 수중굴착 및 구조물의 기초바닥 등과 같은 협소하고 상당히 깊은 범위의 굴착과 호퍼작업에 가장 적당한 굴착기계를 쓰시오.(3점) [산기|1502]

- 크램쉘

120 기계가 서 있는 지반보다 높은 곳을 굴착할 때 사용하는 건설기계를 쓰시오.(4점)

[산기|1602/산기|1804/산기|2202]

- 파워셔블(Power shovel)

121 차량계 건설기계 작업 시 넘어지거나, 굴러떨어짐에 의해 근로자에게 위험을 미칠 우려가 있을 경우 조치사 항을 3가지 쓰시오.(6점) [산기|0802/산기|0902/산기|1101/산기|1201/산기|1504/산기|1801/산기|2001/산기|2003/산기|2201]

① 유도하는 사람을 배치   ② 지반의 부동침하 방지
③ 갓길의 붕괴 방지   ④ 도로 폭의 유지

▲ 해당 답안 중 3가지 선택 기재

122 동력을 사용하는 항타기 또는 항발기에 대하여 무너짐을 방지하기 위해 사업주가 준수해야 하는 다음 설명의 ( ) 안을 채우시오.(6점)　　　　　　　　　　　　　　　　　　　[산기2302]

> 가) 연약한 지반에 설치하는 경우에는 아웃트리거·받침 등 지지구조물의 침하를 방지하기 위하여 깔판·
> (①) 등을 사용할 것
> 나) 궤도 또는 차로 이동하는 항타기 또는 항발기에 대해서는 불시에 이동하는 것을 방지하기 위하여
> (②) 및 쐐기 등으로 고정시킬 것
> 다) 아웃트리거·받침 등 지지구조물이 미끄러질 우려가 있는 경우에는 (③) 또는 쐐기 등을 사용하여 해당
> 지지구조물을 고정시킬 것

① 받침목　　　　　　　　　　　　　② 레일 클램프(rail clamp)
③ 말뚝

123 운전자가 운전위치를 이탈하게 해서는 안 되는 기계 3가지를 쓰시오.(3점)　　　　　[산기1304]

① 양중기
② 항타기 또는 항발기(권상장치에 하중을 건 상태)
③ 양화장치(화물을 적재한 상태)

124 차량계 하역운반기계 등에 단위화물의 무게가 100킬로그램 이상인 화물을 싣거나 내리는 작업을 하는 경우에 해당 작업의 지휘자 준수사항 3가지를 쓰시오.(6점)　　　　　　　[산기2004]

① 작업순서 및 그 순서마다의 작업방법을 정하고 작업을 지휘할 것
② 기구와 공구를 점검하고 불량품을 제거할 것
③ 해당 작업을 하는 장소에 관계 근로자가 아닌 사람이 출입하는 것을 금지할 것
④ 로프 풀기 작업 또는 덮개 벗기기 작업은 적재함의 화물이 떨어질 위험이 없음을 확인한 후에 하도록 할 것

▲ 해당 답안 중 3가지 선택 기재

125 차량계 하역운반기계(지게차 등)의 운전자가 운전 위치를 이탈하고자 할 때 운전자가 준수하여야 할 사항을 3가지 쓰시오.(6점)　　　[산기0604/산기0804/산기0901/산기1302/기사1602/기사2002/기사2101/산기2104]

① 포크, 버킷, 디퍼 등의 장치를 가장 낮은 위치 또는 지면에 내려 둘 것
② 원동기를 정지시키고 브레이크를 확실히 거는 등 갑작스러운 주행이나 이탈을 방지하기 위한 조치를 할 것
③ 운전석을 이탈하는 경우에는 시동키를 운전대에서 분리시킬 것

126 차량계 하역운반기계 등의 수리 또는 부속장치의 장착 및 해체작업을 할 때 기계의 암이나 붐 등을 올리고 그 아래에서 수리 및 점검을 하는데 붐이나 암의 갑작스런 하강 위험을 방지하기 위한 조치사항으로 설치하는 것을 2가지 쓰시오.(4점) [산기1702]

① 안전지지대
② 안전블록

안전블록을 설치하고 정비작업 중인 트럭 적재함 →

127 화물의 낙하에 의하여 지게차의 운전자에 위험을 미칠 우려가 있는 작업장에서 사용된 지게차의 헤드가드가 갖추어야 할 사항 2가지를 쓰시오.(4점) [산기2304]

① 강도는 지게차의 최대하중의 2배 값(4톤을 넘는 값에 대해서는 4톤)의 등분포정하중에 견딜 수 있을 것
② 상부틀의 각 개구의 폭 또는 길이가 16센티미터 미만일 것
③ 운전자가 앉아서 조작하거나 서서 조작하는 지게차의 헤드가드는 한국산업표준에서 정하는 높이 기준 이상일 것

▲ 해당 답안 중 2가지 선택 기재

128 하역작업을 할 때 화물운반용 또는 고정용으로 사용할 수 없는 섬유로프의 사용제한 조건 2가지를 쓰시오. (4점) [기사0904/산기1101/산기1104/기사1302/산기1402/산기1702/산기1801/기사1802/기사1804]

① 꼬임이 끊어진 것
② 심하게 손상되거나 부식된 것

129 차량계 하역운반기계에 화물 적재 시 준수사항을 3가지 쓰시오.(6점) [기사1004/산기1102/기사1604/산기2104]

① 하중이 한쪽으로 치우치지 않도록 적재한다.
② 구내운반차 또는 화물자동차의 경우 화물의 붕괴 또는 낙하에 의한 위험을 방지하기 위하여 화물에 로프를 거는 등 필요한 조치를 한다.
③ 운전자의 시야를 가리지 않도록 화물을 적재한다.
④ 화물을 적재하는 경우에는 최대적재량을 초과해서는 아니 된다.

▲ 해당 답안 중 3가지 선택 기재

130 건설현장에서 화물을 적재하는 경우 사업주의 준수사항 3가지를 쓰시오.(6점) [산기2302]

① 침하 우려가 없는 튼튼한 기반 위에 적재할 것
② 건물의 칸막이나 벽 등이 화물의 압력에 견딜 만큼의 강도를 지니지 아니한 경우에는 칸막이나 벽에 기대어 적재하지 않도록 할 것
③ 불안정할 정도로 높이 쌓아 올리지 말 것
④ 하중이 한쪽으로 치우치지 않도록 쌓을 것

▲ 해당 답안 중 3가지 선택 기재

131 부두·안벽 등의 하역작업장에서 하역작업 시 조치사항을 3가지 쓰시오.(5점) [산기1301]

① 작업장 및 통로의 위험한 부분에는 안전하게 작업할 수 있는 조명을 유지할 것
② 부두 또는 안벽의 선을 따라 통로를 설치하는 경우에는 폭을 90cm 이상으로 할 것
③ 육상에서의 통로 및 작업장소로서 다리 또는 선거(船渠) 갑문(閘門)을 넘는 보도(步道) 등의 위험한 부분에는 안전난간 또는 울타리 등을 설치할 것

132 화물을 취급하는 작업에 대한 설명이다. ( )을 채우시오.(4점) [산기1301/산기1304]

사업주는 바닥으로부터의 높이가 (①)m 이상 되는 하적단과 인접 하적단 사이의 간격을 하적단의 밑부분을 기준하여 (②)cm 이상으로 하여야 한다.

① 2
② 10

133 다음은 하적단에 대한 물음이다. 물음에 답하시오.(4점) [산기0501/산기1102/산기1404]

① 하적단의 붕괴나 낙하위험을 방지하기 위한 조치사항을 쓰시오.
② 하적단을 헐어내는 방법을 쓰시오.

① 하적단을 로프로 묶거나 망을 친다.
② 위에서부터 순차적으로 층계를 만들면서 헐어낸다.

134 섬유로프 등을 화물자동차의 짐걸이에 사용하여 100kg 이상의 화물을 싣거나 내리는 작업을 하는 경우 해당 작업을 시작하기 전 조치사항 3가지를 쓰시오.(6점) [산기1004/산기1604/산기2304]

① 작업순서와 순서별 작업방법을 결정하고 작업을 직접 지휘하는 일

② 기구와 공구를 점검하고 불량품을 제거하는 일

③ 해당 작업을 하는 장소에 관계 근로자가 아닌 사람의 출입을 금지하는 일

④ 로프 풀기 작업 및 덮개 벗기기 작업을 하는 경우에는 적재함의 화물에 낙하 위험이 없음을 확인한 후에 해당 작업의 착수를 지시하는 일

▲ 해당 답안 중 3가지 선택 기재

135 작업장 내 운반을 주목적으로 하는 구내운반차 사용 시의 준수사항 3가지를 쓰시오.(3점) [산기0501/산기1204]

① 경음기를 갖출 것

② 전조등과 후미등을 갖출 것.

③ 주행을 제동하거나 정지상태를 유지하기 위하여 유효한 제동장치를 갖출 것

④ 운전석이 차 실내에 있는 것은 좌우에 한 개씩 방향지시기를 갖출 것

▲ 해당 답안 중 3가지 선택 기재

136 연약한 점토지반을 굴착할 때 흙막이벽 굴삭면과 배면부의 토압 차이로 인해 흙막이벽 배면부의 흙이 가라앉으면서 굴삭 바닥면이 부풀어 오르는 현상을 쓰시오.(4점) [산기0701/산기0904/산기1601/산기1901/산기2002]

• 히빙(Heaving) 현상

✔ 굴착공사 관련 용어

현상	설명
히빙(Heaving)	연질점토 지반에서 굴착에 의한 흙막이 내·외면의 흙의 중량차이로 인해 굴착저면이 부풀어 올라오는 현상
보일링(Boiling)	사질토 지반에서 굴착저면과 흙막이 배면과의 수위 차이로 인해 굴착저면의 흙과 물이 함께 위로 솟구쳐 오르는 현상
파이핑(Piping)	보일링(Boiling) 현상으로 인하여 지반 내에서 물의 통로가 생기면서 흙이 세굴되는 현상

137 히빙으로 인해 인접 지반 및 흙막이 지보공에 영향을 미치는 현상을 2가지 쓰시오.(4점)

[산기1002/산기1504/산기1904/산기2202]

① 흙막이 지보공의 파괴
② 배면 토사의 붕괴

138 히빙 방지대책 3가지를 쓰시오.(3점)　　　　[기사0704/기사0902/산기1101/산기1201/기사1602/기사1801/산기1902]

① 어스앵커를 설치한다.
② 굴착주변을 웰 포인트(Well point)공법과 병행한다.
③ 흙막이 벽의 근입심도를 확보한다.
④ 지반개량으로 흙의 전단강도를 높인다.
⑤ 굴착주변의 상재하중을 제거하여 토압을 최대한 낮춘다.
⑥ 토류벽의 배면토압을 경감시킨다.
⑦ 굴착저면에 토사 등 인공중력을 가중시킨다.
⑧ 굴착방식을 아일랜드 컷 방식으로 개선한다.

▲ 해당 답안 중 3가지 선택 기재

139 건설공사 중 발생되는 보일링 현상을 간략히 설명하시오.(4점)　　　　[산기0804/산기1602/산기2001]

• 사질토 지반에서 굴착저면과 흙막이 배면과의 수위차이로 인해 굴착저면의 흙과 물이 함께 위로 솟구쳐 오르는 현상

140 지반의 이상현상 중 하나인 보일링 방지대책 3가지를 쓰시오.(6점)

[기사0802/기사0901/기사1002/산기1402/기사1504/기사1601/산기1804/기사1901/산기2102]

① 주변 지하수위를 저하시킨다.　　　② 흙막이 벽의 근입 깊이를 깊게 한다.
③ 지하수의 흐름을 막는다.　　　　　④ 공사를 중지한다.
⑤ 굴착한 흙을 즉시 매립하여 원상회복시킨다.

▲ 해당 답안 중 3가지 선택 기재

141 다음 용어를 설명하시오.(4점)　　　　　　　　[산기0501/산기0704/산기1702/산기2104]

| ① 히빙 | ② 보일링 |

① 연약한 점토지반에서 흙막이벽 굴삭면과 배면부의 토압 차이로 인해 흙막이벽 배면부의 흙이 가라앉으면서 굴삭 바닥면으로 융기하는 지반 융기현상이다.

② 사질지반에서 굴착부와 배면의 지하 수위의 차이로 인해 흙막이벽 배면부의 지하수가 굴삭 바닥면으로 모래와 함께 솟아오르는 지반 융기현상이다.

142 흙의 동상 방지대책 3가지를 쓰시오.(6점)

[기사0601/기사0602/기사0904/기사1304/산기1304/기사1401/기사1402/기사1702/기사1801/산기2004]

① 동결되지 않는 흙으로 치환한다.　　　② 지하수위를 낮춘다.

③ 흙 속에 단열재료를 매입한다.　　　　④ 지표의 흙을 화학약품 처리하여 동결온도를 낮춘다.

⑤ 모관수의 상승을 차단하기 위하여 지하수위 상층에 조립토층을 설치한다.

▲ 해당 답안 중 3가지 선택 기재

143 산업안전보건기준에 관한 규칙에 따라 지반 굴착 시 굴착면의 기울기 기준을 채우시오.(5점)

[기사0401/기사0504/기사0702/산기1502/기사1701/기사1702/산기1804/기사1904/산기2101/산기2202]

지반의 종류	기울기	지반의 종류	기울기
모래	(①)	경암	(④)
연암	(②)	그 밖의 흙	(⑤)
풍화암	(③)		

① 1 : 1.8　　　　　② 1 : 1.0　　　　　③ 1 : 1.0

④ 1 : 0.5　　　　　⑤ 1 : 1.2

144 토공사의 비탈면 보호방법(공법)의 종류를 4가지만 쓰시오.(4점)　　　　[기사1601/산기1801/기사1902/산기2004]

① 식생공법　　　　　② 피복공법　　　　　③ 뿜칠공법

④ 붙임공법　　　　　⑤ 격자틀공법　　　　⑥ 낙석방호공법

▲ 해당 답안 중 4가지 선택 기재

145 굴착작업에 있어서 지반의 붕괴 또는 토석의 낙하에 의하여 근로자에게 위험을 미칠 우려가 있는 경우에 사업주의 위험방지를 위한 조치사항을 3가지 쓰시오.(6점) [산기1804/산기2001]

① 흙막이 지보공의 설치　　　　　② 방호망의 설치
③ 근로자의 출입 금지

146 흙막이 공사 후 안전성을 위해 계측기로 계측해야 하는 지점과 해당 계측기를 3가지 쓰시오.(6점) [산기1901]

① 수위계 : 토류벽 배면 지반
② 경사계 : 인접구조물의 골조 또는 벽체
③ 하중계 : 흙막이 지보공의 버팀대
④ 침하계 : 토류벽 배면
⑤ 응력계 : 토류벽 심재

▲ 해당 답안 중 3가지 선택 기재

147 깊이 10.5[m] 이상의 굴착에서 흙막이 구조의 안전을 예측하기 위해 설치하여야하는 계측기기 3가지를 쓰시오.(3점) [산기0701/산기1302/산기1801]

① 수위계　　　　　② 경사계　　　　　③ 하중계
④ 침하계　　　　　⑤ 응력계

▲ 해당 답안 중 3가지 선택 기재

148 굴착공사 시 토사붕괴의 발생을 예방하기 위해 점검해야 할 사항 3가지를 쓰시오.(6점) [산기1001/산기1404/기사1801/산기2003]

① 전 지표면의 답사
② 경사면의 지층 변화부 상황 확인
③ 부석의 상황 변화의 확인
④ 용수의 발생 유·무 또는 용수량의 변화 확인
⑤ 결빙과 해빙에 대한 상황의 확인
⑥ 각종 경사면 보호공의 변위, 탈락 유·무

▲ 해당 답안 중 3가지 선택 기재

149 인력굴착 작업 시 일일준비 작업을 할 때 준수할 사항 3가지를 쓰시오.(6점)

[산기0801/산기1002/산기1401/산기1704]

① 작업 전에 반드시 작업장소의 불안전한 상태 유무를 점검하고 미비점이 있을 경우 즉시 조치하여야 한다.
② 근로자를 적절히 배치하여야 한다.
③ 사용하는 기기, 공구 등을 근로자에게 확인시켜야 한다.
④ 근로자의 안전모 착용 및 복장상태, 또 추락의 위험이 있는 고소작업자는 안전대를 착용하고 있는가 등을 확인하여야 한다.
⑤ 근로자에게 당일의 작업량, 작업방법을 설명하고, 작업의 단계별 순서와 안전상의 문제점에 대하여 교육하여야 한다.
⑥ 작업장소에 관계자 이외의 자가 출입하지 않도록 하고, 또 위험장소에는 근로자가 접근하지 않도록 출입금지 조치를 하여야 한다.
⑦ 굴착된 흙이 차량으로 운반될 경우 통로를 확보하고 굴착자와 차량 운전자가 상호 연락할 수 있도록 하되, 그 신호는 노동부장관이 고시한 크레인작업표준신호지침에서 정하는 바에 의한다.

▲ 해당 답안 중 3가지 선택 기재

150 토사붕괴 발생을 예방하기 위한 조치를 3가지 쓰시오.(6점)

[산기2301]

① 적절한 경사면의 기울기를 계획하여야 한다.
② 경사면의 기울기가 당초 계획과 차이가 발생되면 즉시 재검토하여 계획을 변경시켜야 한다.
③ 활동할 가능성이 있는 토석은 제거하여야 한다.
④ 경사면의 하단부에 압성토 등 보강공법으로 활동에 대한 저항대책을 강구하여야 한다.
⑤ 말뚝(강관, H형강, 철근 콘크리트)을 타입하여 지반을 강화시킨다.

▲ 해당 답안 중 3가지 선택 기재

151 잠함, 우물통 수직갱 기타 이와 유사한 건설물 또는 설비의 내부에서 굴착작업을 하는 때에 사업주가 준수하여야 할 사항 3가지를 쓰시오.(6점)

[기사0402/기사0501/기사0502/기사0704/기사0801/기사0802/기사0904/산기1302/기사1501/기사1604/산기1902/산기1904]

① 산소 결핍 우려가 있는 경우에는 산소의 농도를 측정하는 사람을 지명하여 측정하도록 할 것
② 근로자가 안전하게 오르내리기 위한 설비를 설치할 것
③ 굴착 깊이가 20m를 초과하는 경우에는 해당 작업장소와 외부와의 연락을 위한 통신설비 등을 설치할 것
④ 산소 결핍이 인정되거나 굴착 깊이가 20m를 초과하는 경우에는 송기를 위한 설비를 설치하여 필요한 양의 공기를 공급해야 한다.

▲ 해당 답안 중 3가지 선택 기재

152 잠함, 우물통, 수직갱 등의 내부에서 굴착작업 시 굴착 깊이가 20m를 초과하는 경우의 준수사항 2가지를 쓰시오.(4점) [산기0702/산기1301]

① 해당 작업장소와 외부와의 연락을 위한 통신설비 등을 설치할 것
② 송기(送氣)를 위한 설비를 설치하여 필요한 양의 공기를 공급해야 한다.

153 잠함 또는 우물통의 내부에서 근로자가 굴착작업을 하는 경우에 잠함 또는 우물통의 급격한 침하에 의한 위험을 방지하기 위해 준수해야 할 사항 2가지를 쓰시오.(4점) [산기0604/산기1502/산기2102/산기2204]

① 침하관계도에 따라 굴착방법 및 재하량 등을 정할 것
② 바닥으로부터 천장 또는 보까지의 높이는 1.8m 이상으로 할 것

154 다음 설명에 해당하는 굴착공법을 쓰시오.(3점) [산기1301]

① 비탈면 경사를 보호하거나 배수로 등을 설치하여 안전한 법면구배를 형성하면서 굴착하는 공법
② 콘크리트 Panel을 지중에 연속적으로 설치하여 벽체를 형성하는 것으로 진동, 소음이 적은 굴착 공법
③ 중앙부를 먼저 굴착하고, 건물의 기초 등을 축조하여 이것을 이용해서 터파기 주위의 널말뚝에 비스듬히 버팀대를 두고 주위부를 굴착하는 공법

① 오픈 컷 공법
② 지하연속벽 공법
③ 아일랜드 컷 공법

155 다음은 흙막이 공사에서 사용하는 어떤 부재에 대한 설명인지 쓰시오.(4점) [산기1501/산기2104]

흙막이 벽에 작용하는 토압에 의한 휨모멘트와 전단력에 저항하도록 설치하는 부재로써 흙막이벽에 가해지는 토압을 버팀대 등에 전달하기 위하여 흙막이벽에 수평으로 설치하는 부재를 말한다.

• 띠장

156 빗버팀대 흙막이 공법의 순서를 바르게 쓰시오.(4점) [산기|1501]

① 줄파기   ② 규준대 대기   ③ 널말뚝 박기   ④ 중앙부 흙파기
⑤ 띠장 대기   ⑥ 버팀말뚝 및 버팀대 대기   ⑦ 주변부 흙파기

- ① → ② → ③ → ④ → ⑤ → ⑥ → ⑦

157 사업주는 흙막이 지보공을 조립하는 경우 미리 조립도를 작성하여 그 조립도에 따라 조립하도록 해야 하는데 흙막이판·말뚝·버팀대 및 띠장 등 부재와 관련하여 조립도에 명시되어야 할 사항을 3가지 쓰시오. (6점) [산기|1501/산기|2004]

① 배치   ② 치수   ③ 재질
④ 설치방법   ⑤ 설치순서

▲ 해당 답안 중 3가지 선택 기재

158 작업발판 일체형 거푸집 종류 3가지를 쓰시오.(3점) [기사|1102/산기|1304/산기|2101/산기|2202]

① 갱 폼
② 슬립 폼
③ 클라이밍 폼
④ 터널 라이닝 폼

▲ 해당 답안 중 3가지 선택 기재

159 흙막이 지보공을 설치하였을 때 정기적으로 점검해야 할 사항 3가지를 쓰시오.(6점)

[산기|0602/산기|0701/산기|1402/산기|1702/산기|2002/산기|2201]

① 부재의 손상·변형·부식·변위 및 탈락의 유무와 상태
② 버팀대 긴압의 정도
③ 부재의 접속부·부착부 및 교차부의 상태
④ 침하의 정도

▲ 해당 답안 중 3가지 선택 기재

160 철근 없이 콘크리트 자중만으로 버티는 중력식 옹벽을 축조할 경우, 필요한 안정조건을 3가지 쓰시오.(6점)

[기사1801/산기1802]

① 활동에 대한 안정   ② 전도에 대한 안정
③ 지반지지력에 대한 안정   ④ 원호활동에 대한 안정

▲ 해당 답안 중 3가지 선택 기재

161 동바리로 사용하는 파이프 서포트 설치 시 준수사항으로 다음 빈칸을 채우시오.(4점)

[산기0904/산기1604/산기1701]

가) 파이프 서포트를 (①)개 이상 이어서 사용하지 않도록 할 것
나) 파이프 서포트를 이어서 사용하는 경우에는 (②)개 이상의 볼트 또는 전용철물을 사용하여 이을 것
다) 높이가 3.5m를 초과하는 경우에는 높이 (③)m 이내마다 수평연결재를 (④)개 방향으로 만들고 수평연결재의
    변위를 방지할 것

① 3   ② 4   ③ 2   ④ 2

162 거푸집 동바리의 조립 작업 시 동바리의 침하를 방지하기 위한 조치사항 3가지를 쓰시오.(3점)

[산기0802/산기1402/산기2102]

① 받침목이나 깔판의 사용   ② 콘크리트 타설
③ 말뚝박기

✔ **거푸집 동바리 조립 시 준수사항**
- 받침목이나 깔판의 사용, 콘크리트 타설, 말뚝박기 등 동바리의 침하를 방지하기 위한 조치를 할 것
- 동바리의 상하 고정 및 미끄러짐 방지 조치를 할 것
- 상부·하부의 동바리가 동일 수직선상에 위치하도록 하여 깔판·받침목에 고정시킬 것
- 개구부 상부에 동바리를 설치하는 경우에는 상부하중을 견딜 수 있는 견고한 받침대를 설치할 것
- U헤드 등의 단판이 없는 동바리의 상단에 멍에 등을 올릴 경우에는 해당 상단에 U헤드 등의 단판을 설치하고, 멍에 등이
  전도되거나 이탈되지 않도록 고정시킬 것
- 동바리의 이음은 같은 품질의 재료를 사용할 것
- 강재의 접속부 및 교차부는 볼트·클램프 등 전용철물을 사용하여 단단히 연결할 것
- 거푸집의 형상에 따른 부득이한 경우를 제외하고는 깔판이나 받침목은 2단 이상 끼우지 않도록 할 것
- 깔판이나 받침목을 이어서 사용하는 경우에는 그 깔판·받침목을 단단히 연결할 것

163 동바리로 사용하는 파이프 서포트 설치 시 준수사항 2가지를 쓰시오.(4점) [산기0802/산기1402]

① 파이프 서포트를 3개 이상 이어서 사용하지 않도록 할 것

② 파이프 서포트를 이어서 사용하는 경우에는 4개 이상의 볼트 또는 전용철물을 사용하여 이을 것

③ 높이가 3.5m를 초과하는 경우 높이 2m 이내마다 수평연결재를 2개 방향으로 만들고 수평연결재의 변위를 방지할 것

▲ 해당 답안 중 2가지 선택 기재

164 콘크리트 타설 시 고려해야 할 거푸집에 가해지는 하중 3가지를 쓰시오.(3점) [산기0804/산기1704]

① 연직방향 하중   ② 횡방향 하중

③ 콘크리트 측압   ④ 특수하중

▲ 해당 답안 중 3가지 선택 기재

165 산업안전보건법상 특별안전보건교육 중 거푸집 동바리의 조립 또는 해체작업 대상 작업에 대한 교육내용에 해당되는 사항을 3가지만 쓰시오.(단, 그 밖의 안전보건관리에 필요한 사항은 제외한다)(6점)

[산기0701/기사1002/산기1104/기사1401/기사1601/기사1604/산기1902/산기2201]

① 동바리의 조립방법 및 작업 절차에 관한 사항

② 조립 해체 시의 사고 예방에 관한 사항

③ 보호구 착용 및 점검에 관한 사항

④ 조립재료의 취급방법 및 설치기준에 관한 사항

▲ 해당 답안 중 3가지 선택 기재

166 콘크리트 타설을 위한 콘크리트 펌프나 콘크리트 펌프카 이용 작업 시 준수사항 2가지를 쓰시오.(4점)

[기사1104/기사1601/산기1701]

① 작업을 시작하기 전에 콘크리트 펌프용 비계를 점검하고 이상을 발견하였으면 즉시 보수할 것

② 건축물의 난간 등에서 작업하는 근로자가 호스의 요동·선회로 인하여 추락하는 위험을 방지하기 위하여 안전난간 설치 등 필요한 조치를 할 것

③ 콘크리트 펌프카의 붐을 조정하는 경우는 주변의 전선 등에 의한 위험을 예방하기 위한 적절한 조치를 할 것

④ 작업 중에 지반의 침하, 아웃트리거의 손상 등에 의하여 콘크리트 펌프카가 넘어질 우려가 있는 경우는 이를 방지하기 위한 적절한 조치를 할 것

▲ 해당 답안 중 2가지 선택 기재

167 다음은 강관비계에 관한 내용이다. 다음 빈칸을 채우시오.(5점)

[기사1302/산기1704/산기1802/산기1901/기사1904/산기2004/산기2101/산기2302]

> 가) 띠장간격은 (①)m 이하로 설치할 것
> 나) 비계기둥의 간격은 띠장 방향에서는 (②) 이하, 장선 방향에서는 (③)m 이하로 할 것
> 다) 비계기둥의 제일 윗부분으로부터 (④)m되는 지점 밑 부분의 비계기둥은 2개의 강관으로 묶어 세울 것
> 라) 비계기둥 간의 적재하중은 (⑤)kg을 초과하지 않도록 할 것

① 2   ② 1.85

③ 1.5   ④ 31

⑤ 400

✔ **강관비계의 구조**
- 비계기둥의 간격은 띠장 방향에서는 1.85미터 이하, 장선 방향에서는 1.5미터 이하로 할 것. 다만, 선박 및 보트 건조작업의 경우 안전성에 대한 구조검토를 실시하고 조립도를 작성하면 띠장 방향 및 장선 방향으로 각각 2.7미터 이하로 할 수 있다.
- 띠장 간격은 2.0미터 이하로 할 것. 다만, 작업의 성질상 이를 준수하기가 곤란하여 쌍기둥틀 등에 의하여 해당 부분을 보강한 경우에는 그러하지 아니하다.
- 비계기둥의 제일 윗부분으로부터 31미터되는 지점 밑부분의 비계기둥은 2개의 강관으로 묶어 세울 것. 다만, 브라켓(bracket, 까치발) 등으로 보강하여 2개의 강관으로 묶을 경우 이상의 강도가 유지되는 경우에는 그러하지 아니하다.
- 비계기둥 간의 적재하중은 400킬로그램을 초과하지 않도록 할 것

168 철골공사 작업을 중지해야 하는 조건을 쓰시오.(단, 단위를 명확히 쓰시오)(3점)

[산기0501/산기0701/산기0704/기사0901/기사1302/산기1404/기사1502/기사1504/산기1801/기사2004/산기2201/산기2301]

① 풍속 – 초당 10m 이상
② 강설량 – 시간당 1cm 이상
③ 강우량 – 시간당 1mm 이상

169 다음은 강관비계에 관한 내용이다. 다음 빈칸을 채우시오.(4점)   [산기1601/산기1801/산기2001]

> 비계기둥의 제일 윗부분으로부터 (①)m 되는 지점 밑 부분의 비계기둥은 (②)개의 강관으로 묶어 세울 것

① 31
② 2

170 강관틀 비계의 조립 시 준수해야 할 사항이다. 다음 빈칸을 채우시오.(4점)

[산기0502/산기0601/산기0604/산기1202/산기1401/산기1602]

가) 높이가 20m를 초과하거나 중량물의 적재를 수반하는 작업을 할 경우 주틀 간의 간격을 (①)m 이하로 할 것
나) 수직방향으로 (②)m, 수평방향으로 (③)m 이내마다 벽이음을 할 것
다) 길이가 띠장 방향으로 4m 이하이고 높이가 10m를 초과하는 경우에는 (④)m 이내마다 띠장 방향으로 버팀기둥을 설치할 것

① 1.8　　　　　　　　　　　　② 6
③ 8　　　　　　　　　　　　　④ 10

171 다음은 비계 설치와 관련된 설명이다. ( ) 안을 채우시오.(3점)　　　　　[산기1301]

가) 달대비계에 철근을 사용할 때에는 (①)mm 이상을 쓰며 근로자는 반드시 안전모와 안전대를 착용하여야 한다.
나) 이동식비계를 조립하여 사용함에 있어서 비계의 최대높이는 밑변 최소폭의 (②)배 이하이어야 한다.
다) 강관틀비계를 조립하여 사용함에 있어서 (③)m를 초과할 경우 주틀간의 간격은 1.8m 이하로 하여야 한다.

① 19　　　　　　　　② 4　　　　　　　　③ 20

172 강관비계 조립 시 벽이음 또는 버팀을 설치하는 간격을 보여주고 있다. ( )을 채우시오.(4점)

[기사0402/산기0504/산기0604/기사0702/산기1102/산기1301/산기1402/산기1502/산기1804/기사1901/산기2102/산기2201/산기2304]

종류	조립간격(단위: m)	
	수직방향	수평방향
단관비계	(①)	(②)
틀비계(높이가 5m 미만의 것을 제외)	(③)	(④)

① 5　　　　　　　　　　　　② 5
③ 6　　　　　　　　　　　　④ 8

✔ 비계의 조립(벽 이음)간격

비계의 종류	조립간격(단위 : m)	
	수직방향	수평방향
통나무 비계	5.5	7.5
단관비계	5	5
틀비계(높이 5m 미만 제외)	6	8

173 말비계를 조립하여 사용하는 경우의 준수사항에 대한 설명이다. (   ) 안을 채우시오.(4점)

[산기1602/산기2302]

> 가) 지주부재(支柱部材)의 하단에는 (①)를 하고, 근로자가 양측 끝부분에 올라서서 작업하지 않도록 할 것
> 나) 지주부재와 수평면의 기울기를 (②) 이하로 하고, 지주부재와 지주부재 사이를 고정시키는 보조부재를 설치할 것
> 다) 말비계의 높이가 (③)를 초과하는 경우에는 작업발판의 폭을 (④) 이상으로 할 것

① 미끄럼방지장치   ② 75도
③ 2m   ④ 40cm

174 달비계의 적재하중을 정하고자 한다. 다음 (   )안에 안전계수를 쓰시오.(6점)

[산기0504/산기0704/산기1501/산기1701/산기1704/산기2302]

> 가) 달기와이어로프 및 달기강선의 안전계수 : (①) 이상
> 나) 달기 체인 및 달기 훅의 안전계수: (②) 이상
> 다) 달기 강대와 달비계의 하부 및 상부 지점의 안전계수: 강재(鋼材)의 경우 (③) 이상, 목재의 경우 (④) 이상

① 10   ② 5
③ 2.5   ④ 5

175 달비계 또는 높이 5m 이상의 비계를 조립, 해체하거나 변경작업을 할 때 사업주로서 준수하여야 할 사항을 5가지 쓰시오.(5점) [기사0304/기사0402/산기0501/산기0604/기사0702/산기0801/기사0802/기사102/기사1501/산기1501/기사1904]

① 근로자가 관리감독자의 지휘에 따라 작업하도록 할 것
② 조립·해체 또는 변경의 시기·범위 및 절차를 그 작업에 종사하는 근로자에게 주지시킬 것
③ 조립·해체 또는 변경 작업구역에는 해당 작업에 종사하는 근로자가 아닌 사람의 출입을 금지하고 그 내용을 보기 쉬운 장소에 게시할 것
④ 비, 눈, 그 밖의 기상상태의 불안정으로 날씨가 몹시 나쁜 경우에는 그 작업을 중지시킬 것
⑤ 재료·기구 또는 공구 등을 올리거나 내리는 경우에는 근로자가 달줄 또는 달포대 등을 사용하게 할 것
⑥ 비계재료의 연결·해체작업을 하는 경우는 폭 20cm 이상의 발판을 설치하고 근로자로 하여금 안전대를 사용하도록 하는 등 추락을 방지하기 위한 조치를 할 것

▲ 해당 답안 중 5가지 선택 기재

176 이동식 비계 조립 작업 시의 준수사항 4가지를 쓰시오.(4점) [산기1104/산기1601]

① 승강용사다리는 견고하게 설치할 것
② 비계의 최상부에서 작업을 하는 경우에는 안전난간을 설치할 것
③ 이동식 비계의 바퀴에는 뜻밖의 갑작스러운 이동 또는 전도를 방지하기 위하여 브레이크·쐐기 등으로 바퀴를 고정시킨 다음 비계의 일부를 견고한 시설물에 고정하거나 아웃트리거(outrigger, 전도방지용 지지대)를 설치하는 등 필요한 조치를 할 것
④ 작업발판의 최대적재하중은 250kg을 초과하지 않도록 할 것
⑤ 작업발판은 항상 수평을 유지하고 작업발판 위에서 안전난간을 딛고 작업을 하거나 받침대 또는 사다리를 사용하여 작업하지 않도록 할 것

▲ 해당 답안 중 4가지 선택 기재

177 달비계 와이어로프의 소선 가닥수가 10가닥, 와이어로프의 파단하중은 1,000kg이다. 달기 와이어로프에 걸리는 무게가 1,000kg과 100kg일 때 이 와이어로프를 사용할 수 있는 지의 여부를 판단하시오.(4점)
[산기0702/산기2003]

- 안전계수 = 10가닥 $\times \dfrac{1,000}{1,100}$ = 9.09이다.
- 달기 와이어로프의 안전계수는 10 이상이어야 하므로 이 와이어로프는 사용할 수 없다.

178 달기 체인을 달비계에 사용해서는 안 되는 사용금지 기준 3가지를 쓰시오.(3점)
[산기1201/산기1302/산기2003]

① 달기 체인의 길이가 달기 체인이 제조된 때의 길이의 5%를 초과한 것
② 링의 단면지름이 달기 체인이 제조된 때의 해당 링의 지름의 10%를 초과하여 감소한 것
③ 균열이 있거나 심하게 변형된 것

179 사업주가 작업의자형 달비계를 설치하는 경우 사용해서는 안 되는 작업용 섬유로프 또는 안전대의 섬유벨트의 조건을 3가지 쓰시오.(3점) [산기2304]

① 꼬임이 끊어진 것
② 심하게 손상되거나 부식된 것
③ 2개 이상의 작업용 섬유로프 또는 섬유벨트를 연결한 것
④ 작업높이보다 길이가 짧은 것

▲ 해당 답안 중 3가지 선택 기재

180 비계 작업 시 비, 눈 그 밖의 기상상태의 불안정으로 날씨가 몹시 나빠서 작업을 중지시킨 후 그 비계에서 작업을 재개할 때 점검사항을 3가지 쓰시오.(6점)

[산기0902/기사1001/산기1102/기사1301/기사1402/기사1404/산기1602/산기1704/기사1801/기사1901/산기2102/산기2304]

① 발판 재료의 손상 여부 및 부착 또는 걸림 상태
② 해당 비계의 연결부 또는 접속부의 풀림 상태
③ 연결 재료 및 연결 철물의 손상 또는 부식 상태
④ 손잡이의 탈락 여부
⑤ 기둥의 침하, 변형, 변위 또는 흔들림 상태
⑥ 로프의 부착 상태 및 매단 장치의 흔들림 상태

▲ 해당 답안 중 3가지 선택 기재

181 작업발판에 대한 다음 (   )안에 알맞은 수치를 쓰시오.(4점) [기사1401/산기1702/기사1902/산기2001]

> 비계의 높이가 2m 이상인 작업장소에 설치하는 작업발판의 폭은 (①)cm 이상으로 하고, 발판재료 간의 틈은 (②)cm 이하로 할 것

① 40 ② 3

> ✔ 비계 높이 2미터 이상인 작업 장소에 설치하는 작업발판의 구조
> • 발판재료는 작업할 때의 하중을 견딜 수 있도록 견고한 것으로 할 것
> • 작업발판의 폭은 40cm 이상으로 하고, 발판재료 간의 틈은 3cm 이하로 할 것
> • 선박 및 보트 건조작업의 경우 선박블록 또는 엔진실 등의 좁은 작업공간에 작업발판을 설치하기 위하여 필요하면 작업발판의 폭을 30cm 이상으로 할 수 있고, 걸침비계의 경우 강관기둥 때문에 발판재료 간의 틈을 3cm 이하로 유지하기 곤란하면 5cm 이하로 할 수 있다. 이 경우 그 틈 사이로 물체 등이 떨어질 우려가 있는 곳에는 출입금지 등의 조치를 하여야 한다.
> • 추락의 위험이 있는 장소에는 안전난간을 설치할 것
> • 작업발판의 지지물은 하중에 의하여 파괴될 우려가 없는 것을 사용할 것
> • 작업발판재료는 뒤집히거나 떨어지지 않도록 둘 이상의 지지물에 연결하거나 고정시킬 것
> • 작업발판을 작업에 따라 이동시킬 경우는 위험방지에 필요한 조치를 할 것

182 다음은 사다리식 통로의 안전기준에 대한 사항이다. 빈칸을 채우시오.(4점)

[기사0302/기사0401/기사0601/산기0702/산기0801/산기1402/산기1601/기사1602/산기1604/산기1902/산기1904]

> 사다리식 통로의 기울기는 (   )도 이하로 할 것

• 75

183 사다리식 통로 등을 설치하는 경우의 준수사항을 4가지 쓰시오.(4점) [산기0601/산기1101/산기1504]

① 견고한 구조로 할 것
② 심한 손상·부식 등이 없는 재료를 사용할 것
③ 발판의 간격은 일정하게 할 것
④ 발판과 벽과의 사이는 15cm 이상의 간격을 유지할 것
⑤ 폭은 30cm 이상으로 할 것
⑥ 사다리가 넘어지거나 미끄러지는 것을 방지하기 위한 조치를 할 것
⑦ 사다리의 상단은 걸쳐놓은 지점으로부터 60cm 이상 올라가도록 할 것
⑧ 사다리식 통로의 길이가 10m 이상인 경우는 5m 이내마다 계단참을 설치할 것
⑨ 사다리식 통로의 기울기는 75도 이하로 할 것
⑩ 고정식 사다리식 통로의 기울기는 90도 이하로 하고, 그 높이가 7m 이상인 경우는 바닥으로부터 높이가 2.5m 되는 지점부터 등받이울을 설치할 것
⑪ 접이식 사다리 기둥은 사용 시 접혀지거나 펼쳐지지 않도록 철물 등을 사용하여 견고하게 조치할 것

▲ 해당 답안 중 4가지 선택 기재

184 다음은 사다리식 통로의 안전기준에 대한 사항이다. 빈칸을 채우시오.(4점)
[기사0302/기사0401/기사0601/산기0702/산기0801/산기1402/산기1601/기사1602/산기1604/산기1902/산기1904/산기2204/산기2304]

가) 발판과 벽의 사이는 (①)cm 이상의 간격을 유지할 것
나) 사다리의 상단은 걸쳐놓은 지점으로부터 (②)cm 이상 올라가도록 할 것
다) 사다리식 통로의 길이가 (③)m 이상인 경우에는 (④)m 이내마다 계단참을 설치할 것

① 15   ② 60
③ 10   ④ 5

185 계단 설치기준에 관한 설명이다. 다음 ( )을 채우시오.(5점) [산기1801]

사업주는 계단 및 계단참을 설치하는 경우 매m^2당 (①)kg 이상의 하중에 견딜 수 있는 강도를 가진 구조로 설치하여야 하며, 안전율은 (②) 이상으로 하여야 한다.

① 500   ② 4

> ✔ **계단 및 계단참**
> - 사업주는 계단 및 계단참을 설치하는 경우 매 m²당 500kg 이상의 하중에 견딜 수 있는 강도를 가진 구조로 설치하여야 하며, 안전율은 4 이상으로 하여야 한다.
> - 사업주는 계단 및 승강구 바닥을 구멍이 있는 재료로 만드는 경우 렌치나 그 밖의 공구 등이 낙하할 위험이 없는 구조로 하여야 한다.
> - 사업주는 계단을 설치하는 경우 그 폭을 1m 이상으로 하여야 한다.
> - 사업주는 계단에 손잡이 외의 다른 물건 등을 설치하거나 쌓아 두어서는 아니 된다.
> - 사업주는 높이가 3m를 초과하는 계단에 높이 3m 이내마다 진행방향으로 길이 1.2m 이상의 계단참을 설치하여야 한다.
> - 사업주는 계단을 설치하는 경우 바닥면으로부터 높이 2m 이내의 공간에 장애물이 없도록 하여야 한다.
> - 사업주는 높이 1m 이상인 계단의 개방된 측면에 안전난간을 설치하여야 한다.

186 계단의 설치기준에 대한 설명이다. ( ) 안을 채우시오.(3점)　　　　　　　　　[산기2004]

> 사업주는 계단을 설치하는 경우 바닥면으로부터 높이 (　　)m 이내의 공간에 장애물이 없도록 하여야 한다.

- 2

187 근로자의 추락 등에 의한 위험방지를 위하여 안전난간 설치 기준이다. ( )안을 채우시오.(4점)

[산기0502/산기0904/기사1102/산기1501/기사1704/산기2302]

> 가) 상부 난간대는 바닥면·발판 또는 경사로의 표면으로부터 90cm 이상 지점에 설치하고, 상부 난간대를 120cm 이하에 설치하는 경우에는 중간 난간대는 상부 난간대와 바닥면 등의 중간에 설치하여야 하며, 120cm 이상 지점에 설치하는 경우에는 중간 난간대를 2단 이상으로 균등하게 설치하고 난간의 상하 간격은 (①)cm 이하가 되도록 할 것
> 나) 발끝막이판은 바닥면 등으로부터 (②)cm 이상의 높이를 유지할 것
> 다) 난간대는 지름 (③)cm 이상의 금속제 파이프나 그 이상의 강도가 있는 재료일 것
> 라) 안전난간은 구조적으로 가장 취약한 지점에서 가장 취약한 방향으로 작용하는 (④)kg 이상의 하중에 견딜 수 있는 튼튼한 구조일 것

① 60　　　　　　　　　　　　　　　② 10
③ 2.7　　　　　　　　　　　　　　　④ 100

✔ **안전난간의 구조**

- 상부 난간대, 중간 난간대, 발끝막이판 및 난간기둥으로 구성할 것
- 상부 난간대는 바닥면·발판 또는 경사로의 표면으로부터 90cm 이상 지점에 설치하고, 상부 난간대를 120cm 이하에 설치하는 경우는 중간 난간대는 상부 난간대와 바닥면 등의 중간에 설치하여야 하며, 120cm 이상 지점에 설치하는 경우는 중간 난간대를 2단 이상으로 균등하게 설치하고 난간의 상하 간격은 60cm 이하가 되도록 할 것
- 발끝막이판은 바닥면 등으로부터 10cm 이상의 높이를 유지할 것
- 난간기둥은 상부 난간대와 중간 난간대를 견고하게 떠받칠 수 있도록 적정한 간격을 유지할 것
- 상부 난간대와 중간 난간대는 난간 길이 전체에 걸쳐 바닥면 등과 평행을 유지할 것
- 난간대는 지름 2.7cm 이상의 금속제 파이프나 그 이상의 강도가 있는 재료일 것
- 안전난간은 구조적으로 가장 취약한 지점에서 가장 취약한 방향으로 작용하는 100kg 이상의 하중에 견딜 수 있는 튼튼한 구조일 것

---

188 산업안전보건법상 양중기 종류 4가지를 쓰시오.(세부사항까지 쓰시오)(4점)

[기사0502/산기0701/기사1201/산기1401/산기1502/산기1701/기사1902/산기1904/산기2202]

① 이동식 크레인   ② 곤돌라
③ 승강기   ④ 크레인[호이스트(hoist)를 포함한다]
⑤ 리프트(이삿짐운반용 리프트의 경우는 적재하중이 0.1톤 이상인 것으로 한정한다)

▲ 해당 답안 중 4가지 선택 기재

---

189 산업안전보건기준에 관한 규칙에 의거 다음 설명에 해당하는 장치명을 쓰시오.(6점)   [산기2102/산기2304]

① 동력을 사용하여 중량물을 매달아 상하 및 좌우로 운반하는 것을 목적으로 하는 기계 또는 기계장치
② 건축물이나 고정된 시설물에 설치되어 일정한 경로에 따라 사람이나 화물을 승강장으로 옮기는 데에 사용되는 설비
③ 동력을 사용하여 사람이나 화물을 운반하는 것을 목적으로 하는 기계설비

① 크레인   ② 승강기   ③ 리프트

---

190 권과방지장치를 설치하지 않은 크레인에 대하여 권상용 와이어로프에 조치할 사항을 2가지 쓰시오.(4점)

[산기1404]

① 위험표시를 한다.
② 경보장치를 설치한다.

191 산업안전보건법상 크레인, 이동식 크레인, 리프트, 곤돌라 또는 승강기에 설치하는 방호장치의 종류 4가지를 쓰시오.(4점)　　　　　　　　　　　[산기0704/기사0904/기사1404/산기1601/기사1702/산기1801/산기1902]

① 과부하방지장치　　　　　　　　② 권과방지장치
③ 비상정지장치　　　　　　　　　④ 제동장치

192 산업안전보건법령상 다음 경우에 해당하는 양중기의 와이어로프(또는 달기 체인)의 안전계수를 빈칸을 채우시오.(4점)　　　　　　　　[기사0801/산기1001/기사1202/산기1204/기사1501/산기1504/기사1701/기사1702/산기1902]

> 가) 근로자가 탑승하는 운반구를 지지하는 경우 : (①) 이상
> 나) 화물의 하중을 직접 지지하는 경우 : (②) 이상
> 다) 훅, 샤클, 클램프, 리프팅 빔의 경우 : (③) 이상
> 라) 그 밖의 경우 : (④) 이상

① 10　　　　　　② 5　　　　　　③ 3　　　　　　④ 4

193 크레인을 이용하여 10kN의 화물을 주어진 조건으로 인양하는 경우 와이어로프 1가닥에 걸리는 장력(kN)을 계산하시오.(4점)　　　　　　　　　　　　　　　　　　　[산기1204/산기2004]

> ① 화물을 각도 90도로 들어 올릴 때 와이어로프 1가닥이 받는 하중
> ② 화물을 각도 30도로 들어 올릴 때 와이어로프 1가닥이 받는 하중

① 와이어로프에 걸리는 장력 = $\dfrac{\frac{\text{화물무게}}{2}}{\cos\left(\frac{\theta}{2}\right)}$ 에 대입하면 $\dfrac{\frac{10}{2}}{\cos\frac{90}{2}}=7.071\cdots$이므로 7.07[kN]이다.

② 와이어로프에 걸리는 장력 = $\dfrac{\frac{\text{화물무게}}{2}}{\cos\left(\frac{\theta}{2}\right)}$ 에 대입하면 $\dfrac{\frac{10}{2}}{\cos\frac{30}{2}}=5.176\cdots$이므로 5.18[kN]이다.

194 다음은 와이어로프의 클립에 관한 내용이다. 빈칸을 채우시오.(6점)　　　　　　　　　[산기1604]

와이어로프 직경(mm)	클립의 수
32	(①)
24	(②)
9~16	(③)

① 6　　　　　　② 5　　　　　　③ 4

195 양중기에 사용하는 권상용 와이어로프의 사용금지 사항을 4가지 쓰시오.(4점)

[기사0302/기사0404/산기0601/기사0704/산기0804/기사0901/산기1002/산기1201/

기사1502/산기1502/기사1602/산기1602/산기1701/산기1901/기사2001/기사2004/산기2102/산기2104/산기2204]

① 이음매가 있는 것
② 와이어로프의 한 꼬임에서 끊어진 소선의 수가 10% 이상인 것
③ 지름의 감소가 공칭지름의 7%를 초과하는 것
④ 꼬인 것
⑤ 심하게 변형 또는 부식된 것
⑥ 열과 전기충격에 의해 손상된 것

▲ 해당 답안 중 4가지 선택 기재

196 산업안전보건법령상 크레인을 사용하여 작업하는 경우 준수사항을 3가지 쓰시오.(6점) [기사1701/산기2302]

① 인양할 하물을 바닥에서 끌어당기거나 밀어내는 작업을 하지 아니할 것
② 고정된 물체를 직접 분리·제거하는 작업을 하지 아니할 것
③ 미리 근로자의 출입을 통제하여 인양 중인 하물이 작업자의 머리 위로 통과하지 않도록 할 것
④ 인양할 하물이 보이지 아니하는 경우는 어떠한 동작도 하지 아니할 것
⑤ 유류드럼이나 가스통 등 운반 도중에 떨어져 폭발하거나 누출될 가능성이 있는 위험물 용기는 보관함에 담아 안전하게 매달아 운반할 것

▲ 해당 답안 중 3가지 선택 기재

197 크레인의 설치·조립·수리·점검 또는 해체작업을 하는 경우의 사업주 조치사항을 3가지 쓰시오.(6점)

[산기1004/산기1504]

① 작업순서를 정하고 그 순서에 따라 작업을 할 것
② 작업을 할 구역에 관계 근로자가 아닌 사람의 출입을 금지하고 그 취지를 보기 쉬운 곳에 표시할 것
③ 비, 눈, 그 밖에 기상상태의 불안정으로 날씨가 몹시 나쁜 경우에는 그 작업을 중지시킬 것
④ 작업장소는 안전한 작업이 이루어질 수 있도록 충분한 공간을 확보하고 장애물이 없도록 할 것
⑤ 들어 올리거나 내리는 기자재는 균형을 유지하면서 작업을 하도록 할 것
⑥ 크레인의 성능, 사용조건 등에 따라 충분한 응력을 갖는 구조로 기초를 설치하고 침하 등이 일어나지 않도록 할 것
⑦ 규격품인 조립용 볼트를 사용하고 대칭되는 곳을 차례로 결합하고 분해할 것

▲ 해당 답안 중 3가지 선택 기재

198 타워크레인의 작업중지에 관한 내용이다. 빈칸을 채우시오.(4점)

[산기0601/산기0804/산기0901/산기1302/기사2002/산기2002]

사업주는 순간풍속이 초당 (①)m를 초과하는 경우 타워크레인의 설치·수리·점검 또는 해체작업을 중지하여야 하며, 순간풍속이 초당 (②)m를 초과하는 경우에는 타워크레인의 운전작업을 중지하여야 한다.

① 10　　　　　　　　　　　② 15

✔ 강풍에 대한 조치	
순간풍속이 초당 35 미터 초과	• 건설용 리프트에 대하여 받침의 수를 증가시키는 등 그 붕괴 등을 방지하기 위한 조치를 하여야 한다. • 옥외에 설치된 승강기에 대하여 받침의 수를 증가시키는 등 승강기가 무너지는 것을 방지하기 위한 조치를 하여야 한다.
순간풍속이 초당 30 미터 초과	• 옥외에 설치된 주행 크레인에 대하여 이탈방지장치를 작동시키는 등 이탈 방지를 위한 조치를 하여야 한다. • 옥외에 설치된 양중기를 사용하여 작업을 하는 경우 미리 기계 각 부위에 이상이 있는지를 점검하여야 한다.
순간풍속이 초당 15 미터 초과	타워크레인의 운전작업을 중지
순간풍속이 초당 10 미터 초과	타워크레인의 설치·수리·점검 또는 해체작업을 중지

199 산업안전보건법상 건설공사도급인은 사업장에 타워크레인 등이 설치되어 있거나 작동하고 있는 경우 또는 이를 설치·해체·조립하는 등의 작업이 이루어지고 있는 경우에는 필요한 안전조치 및 보건조치를 해야 한다. 이에 해당하는 기계·기구 또는 설비를 2가지 쓰시오.(단, 타워크레인은 제외)(4점) [산기2304]

① 건설용 리프트
② 항타기 및 항발기

200 곤돌라를 이용한 작업중에 곤돌라가 일정한 기준 이상 감기는 것을 방지하기 위한 방호장치의 이름을 쓰시오.(3점) [산기2102]

• 권과방지장치

201 다음은 크레인 설치와 관련된 설명이다. ( )안을 채우시오.(6점) [산기1104/산기1301]

> 가) 주행 크레인 또는 선회 크레인과 건설물 또는 설비와의 사이에 통로를 설치하는 경우 그 폭을 (①)m 이상으로 하여야 한다.
> 나) 크레인의 운전실 또는 운전대를 통하는 통로의 끝과 건설물 등의 벽체의 간격을 (②)m 이하로 하여야 한다.
> 다) 크레인 거더(girder)의 통로 끝과 크레인 거더의 간격을 (③)m 이하로 하여야 한다.

① 0.6   ② 0.3   ③ 0.3

✔ 벽체와 통로의 간격	
간격을 0.3m 이하	• 크레인의 운전실 또는 운전대를 통하는 통로의 끝과 건설물 등의 벽체의 간격 • 크레인 거더(girder)의 통로 끝과 크레인 거더의 간격 • 크레인 거더의 통로로 통하는 통로의 끝과 건설물 등의 벽체의 간격

202 산업안전보건기준에 관한 규칙에서 타워크레인을 와이어로프로 지지하는 경우 사업주가 준수해야 할 사항 3가지를 쓰시오.(단, 설치작업설명서에 따라 설치, 관련 전문가의 확인을 받아 설치는 제외)(6점)

[산기2101]

① 서면심사에 관한 서류 또는 제조사의 설치작업설명서 등에 따라 설치할 것
② 건축구조·건설기계·기계안전·건설안전기술사 또는 건설안전분야 산업안전지도사의 확인을 받아 설치하거나 기종별·모델별 공인된 표준방법으로 설치할 것
③ 와이어로프를 고정하기 위한 전용 지지프레임을 사용할 것
④ 와이어로프가 가공전선(架空電線)에 근접하지 않도록 할 것
⑤ 와이어로프 설치각도는 수평면에서 60도 이내로 하되, 지지점은 4개소 이상으로 하고, 같은 각도로 설치할 것
⑥ 와이어로프와 그 고정부위는 충분한 강도와 장력을 갖도록 설치하고, 와이어로프를 클립·샤클(shackle, 연결고리) 등의 고정기구를 사용하여 견고하게 고정시켜 풀리지 아니하도록 하며, 사용 중에는 충분한 강도와 장력을 유지하도록 할 것

▲ 해당 답안 중 3가지 선택 기재(①과 ②는 벽체에 지지하는 경우와 와이어로프로 지지하는 경우의 공통 준수사항)

203 이동식 크레인 탑승설비 작업 시 추락에 의한 근로자의 위험방지를 위한 조치사항 3가지를 쓰시오.(6점)

[산기0602/산기1202/산기1702]

① 탑승설비가 뒤집히거나 떨어지지 않도록 필요한 조치를 할 것
② 안전대나 구명줄을 설치하고, 안전난간을 설치할 수 있는 구조인 경우에는 안전난간을 설치할 것
③ 탑승설비를 하강시킬 때에는 동력하강방법으로 할 것

204 산업안전보건법상 승강기의 종류를 4가지 쓰시오.(4점) [기사0801/산기0904/기사1004/기사1802/산기1804]

① 승객용 엘리베이터   ② 승객화물용 엘리베이터
③ 화물용 엘리베이터   ④ 소형화물용 엘리베이터
⑤ 에스컬레이터

▲ 해당 답안 중 4가지 선택 기재

205 리프트의 설치·조립·수리·점검 또는 해체작업을 하는 경우 작업을 지휘하는 사람의 이행사항을 3가지 쓰시오.(6점) [산기0602/산기1001/산기1101/산기1304/산기2201/산기2204]

① 작업방법과 근로자의 배치를 결정하고 해당 작업을 지휘하는 일
② 재료의 결함 유무 또는 기구 및 공구의 기능을 점검하고 불량품을 제거하는 일
③ 작업 중 안전대 등 보호구의 착용 상황을 감시하는 일

206 리프트의 설치·조립·수리·점검 또는 해체작업을 하는 경우 사업주의 조치사항을 3가지 쓰시오.(6점)

[산기1402]

① 작업을 지휘하는 사람을 선임하여 그 사람의 지휘하에 작업을 실시할 것
② 작업을 할 구역에 관계 근로자가 아닌 사람의 출입을 금지하고 그 취지를 보기 쉬운 장소에 표시할 것
③ 비, 눈, 그 밖에 기상상태의 불안정으로 날씨가 몹시 나쁜 경우에는 그 작업을 중지시킬 것

207 NATM공법과 Shield공법을 설명하시오.(4점) [산기0902/산기1204/산기2002/산기2301]

① NATM공법은 암반 자체의 지지력을 기초로 하여 록볼트의 고정, 숏크리트와 지보재로 보강하여 지반을 안정시킨 후 터널을 굴착하는 방법이다.
② Shield공법은 원형 관에 해당하는 Shield를 수직구에 투입시켜 커트헤드를 회전시키면서 굴착하고, Shield 뒤쪽에서 세그먼트를 반복적으로 설치하면서 터널을 굴착하는 방법이다.

208 터널 등의 건설작업을 하는 경우 낙반 등에 의하여 근로자의 위험을 방지하기 위한 조치사항 3가지를 쓰시오.(6점) [기사0304/산기0804/산기1002/산기1702/기사2004/산기2301]

① 터널 지보공의 설치
② 록볼트의 설치
③ 부석의 제거

209 경사면 붕괴방지를 위해 설치하거나 조치를 하여야 할 사항 3가지를 쓰시오.(5점) [기사0302/기사1201/기사1804/기사1902/산기1904]

① 옹벽을 쌓아 경사면 붕괴를 방지한다.
② 균열이 많은 암반에 철망을 씌워 경사면 붕괴를 방지한다.
③ 토석을 제거한다.
④ 측구를 설치하여 지표수 침투를 방지한다.

▲ 해당 답안 중 3가지 선택 기재

210 다음은 터널 등의 건설작업에 대한 내용이다. 빈칸을 채우시오.(4점) [산기1502]

사업주는 터널 등의 건설작업을 할 때 터널 등의 출입구 부근의 지반의 붕괴나 토석의 낙하에 의하여 근로자가 위험해질 우려가 있는 경우에는 (①)이나 (②)을 설치하는 등 위험을 방지하기 위하여 필요한 조치를 하여야 한다.

① 흙막이 지보공 ② 방호망

211 터널건설작업을 할 때 그 터널 등의 내부에서 금속의 용접·용단 또는 가열작업을 하는 경우 화재를 예방하기 위한 조치사항 3가지를 쓰시오.(6점) [산기1202/산기1704]

① 부근에 있는 넝마, 나무부스러기, 종이부스러기, 그 밖의 인화성 액체를 제거하거나, 그 인화성 액체에 불연성 물질의 덮개를 하거나, 그 작업에 수반하는 불티 등이 날아 흩어지는 것을 방지하기 위한 격벽을 설치할 것
② 해당 작업에 종사하는 근로자에게 소화설비의 설치장소 및 사용방법을 주지시킬 것
③ 해당 작업 종료 후 불티 등에 의하여 화재가 발생할 위험이 있는지를 확인할 것

212 다음은 터널 환기에 대한 설명이다. 빈칸을 채우시오.(3점) [산기0702/산기1501/산기2204]

> 가) 발파 후 유해가스, 분진 및 내연기관의 배기가스 등을 신속히 환기시켜야 하며 발파 후 (①)분 이내 배기,
> 송기가 완료되도록 하여야 한다.
> 나) 환기가스처리장치가 없는 (②)기관은 터널 내의 투입을 금하여야 한다.
> 다) 터널 내의 기온은 (③)℃ 이하가 되도록 신선한 공기로 환기시켜야 하며 근로자의 작업조건에 유해하지
> 아니한 상태를 유지하여야 한다.

① 30　　　　　　　　　　　② 디젤　　　　　　　　　　　③ 37

213 산업안전보건법상 근로자가 상시 작업하는 장소의 작업면 조도(照度)기준에 대한 다음 표를 채우시오.(6점)

[산기2202]

초정밀작업	정밀작업	보통작업
①	②	③

① 750Lux 이상　　　　② 300Lux 이상　　　　③ 150Lux 이상

> ✔ 터널 작업면에 대한 조도의 기준
>
> | 막장구간 | 터널중간구간 | 터널입·출구, 수직구 구간 |
> |---|---|---|
> | 70Lux 이상 | 50Lux 이상 | 30Lux 이상 |

214 발파작업 시 발파공의 충진재료로 사용할 수 있는 것 2가지를 쓰시오.(4점) [산기1901]

① 점토　　　　　　　　　　　② 모래

> ✔ 장약작업 시 주의사항
> • 폭약을 장진할 때는 발파구멍을 잘 청소하며 이 때 공저까지 완전히 청소하여 작은 돌 등을 남기지 않아야 한다.
> • 천공작업이 완료된 후 장약작업을 실시하여야 하며 천공·장약의 동시작업을 하지 않아야 한다.
> • 장약봉은 똑바르고 옹이가 없는 목재 등 부도체로 하고 장진구는 마찰, 정전기 등에 의한 폭발의 위험성이 없는 절연성의 것을
>   사용하여야 한다.
> • 약포는 1개씩 신중히 장약봉으로 집어넣고 사전에 측정한 폭약의 길이와 천공깊이의 차를 점검하면서 약포간의 빈틈이 없도록
>   하여야 한다.
> • 포장이 없는 화약이나 폭약을 장진할 때에는 화기의 사용을 금하고 근접한 곳에서 흡연하는 일이 없도록 하여야 한다.
> • 약포를 발파공 내에서 강하게 압착하지 않아야 한다.
> • 장진물에는 종이, 솜 등을 사용하지 않아야 한다.
> • 충진제는 점토, 모래 등을 비벼 사용하고 작은 돌을 사용치 않아야 하며 처음에는 느슨하게 하고 점차 단단하게 하여 구멍 입구부위
>   까지 채워야 한다.
> • 전기뇌관을 사용할 때에는 전선, 모터 등에 접근하지 않도록 하여야 한다.

215 산업안전보건법령상 갱내에서 채석작업을 할 때 암석·토사의 낙하 또는 측벽의 붕괴로 인하여 근로자에게 위험이 발생할 우려가 있는 경우에 그 위험을 방지하기 위한 사업주의 조치사항 2가지를 쓰시오.(4점)

[산기2201]

① 동바리의 설치
② 버팀대의 설치
③ 천장을 아치형으로

▲ 해당 답안 중 2가지 선택 기재

216 산업안전보건법상 사업주는 터널 지보공을 설치한 때에 설치 후 붕괴 등의 위험을 방지하기 위하여 수시로 점검하여야 하며 이상을 발견한 때에는 즉시 보강하거나 보수하여야 할 기준 3가지를 쓰시오.(6점)

[산기1202/산기2104]

① 부재의 손상·변형·부식·변위 탈락의 유무 및 상태
② 부재의 긴압 정도
③ 부재의 접속부 및 교차부의 상태
④ 기둥침하의 유무 및 상태

▲ 해당 답안 중 3가지 선택 기재

217 해체공사의 공법에 따라 발생하는 소음과 진동의 예방대책을 4가지 쓰시오.(6점)　　[산기1601/산기1802]

① 전도공법의 경우 전도물 규모를 작게 하여 중량을 최소화하며 전도대상물의 높이도 되도록 작게 하여야 한다.
② 철 햄머 공법의 경우 햄머의 중량과 낙하높이를 가능한 한 낮게 하여야 한다.
③ 현장 내에서는 대형 부재로 해체하며 장외에서 잘게 파쇄하여야 한다.
④ 인접건물의 피해를 줄이기 위해 방음, 방진 목적의 가시설을 설치하여야 한다.
⑤ 공기압축기 등은 적당한 장소에 설치하여야 하며 장비의 소음 진동기준은 관계법에서 정하는 바에 따라서 처리하여야 한다.

▲ 해당 답안 중 4가지 선택 기재

MEMO

2024 | 한국산업인력공단 | 국가기술자격

고시넷
고패스

건설안전산업기사 실기
필답형 + 작업형
기출복원문제 + 유형분석

필답형 회차별
기출복원문제 31회분
2014~2023년
[정답표시문제]

gosinet
(주)고시넷

01 다음은 사다리식 통로의 안전기준에 대한 사항이다. 빈칸을 채우시오.(5점)

[기사0302/기사0401/기사0601/산기0702/산기0801/산기1402/산기1601/기사1602/산기1604/산기1902/산기1904/산기2204/산기2304]

> 가) 발판과 벽의 사이는 (①)cm 이상의 간격을 유지할 것
> 나) 폭은 (②)cm 이상으로 할 것
> 다) 사다리의 상단은 걸쳐놓은 지점으로부터 (③)cm 이상 올라가도록 할 것
> 라) 사다리식 통로의 기울기는 (④)도 이하로 할 것

　① 15　　　　　　　　　　② 30
　③ 60　　　　　　　　　　④ 75

02 화물의 낙하에 의하여 지게차의 운전자에 위험을 미칠 우려가 있는 작업장에서 사용된 지게차의 헤드가드가 갖추어야 할 사항 2가지를 쓰시오.(4점)　　　　　[산기2304]

① 강도는 지게차의 최대하중의 2배 값(4톤을 넘는 값에 대해서는 4톤)의 등분포정하중에 견딜 수 있을 것
② 상부틀의 각 개구의 폭 또는 길이가 16센티미터 미만일 것
③ 운전자가 앉아서 조작하거나 서서 조작하는 지게차의 헤드가드는 한국산업표준에서 정하는 높이 기준 이상일 것

▲ 해당 답안 중 2가지 선택 기재

03 시각적 표시장치에 비교할 때 청각적 표시장치를 사용하는 것이 더 좋은 경우를 3가지 쓰시오.(3점)

[산기1101/산기1104/산기1701/산기2304]

① 수신 장소가 너무 밝거나 암순응이 요구될 때
② 정보의 내용이 시간적인 사건을 다루는 경우
③ 정보의 내용이 간단한 경우
④ 직무상 수신자가 자주 움직이는 경우
⑤ 정보의 내용이 후에 재참조되지 않는 경우
⑥ 메시지가 즉각적인 행동을 요구하는 경우

▲ 해당 답안 중 3가지 선택 기재

04 비계 작업 시 비, 눈 그 밖의 기상상태의 불안정으로 날씨가 몹시 나빠서 작업을 중지시킨 후 그 비계에서 작업을 재개할 때 점검하고 이상을 발견하면 즉시 보수해야 할 사항을 3가지 쓰시오.(6점)

[산기0902/기사1001/산기1102/기사1301/기사1402/기사1404/산기1602/산기1704/기사1801/기사1901/산기2102/산기2304]

① 발판 재료의 손상 여부 및 부착 또는 걸림 상태
② 해당 비계의 연결부 또는 접속부의 풀림 상태
③ 연결 재료 및 연결 철물의 손상 또는 부식 상태
④ 손잡이의 탈락 여부
⑤ 기둥의 침하, 변형, 변위 또는 흔들림 상태
⑥ 로프의 부착 상태 및 매단 장치의 흔들림 상태

▲ 해당 답안 중 3가지 선택 기재

05 섬유로프 등을 화물자동차의 짐걸이에 사용하여 100kg 이상의 화물을 싣거나 내리는 작업을 하는 경우 해당 작업을 시작하기 전 조치사항 3가지를 쓰시오.(6점)

[산기1004/산기1604/산기2304]

① 작업순서와 순서별 작업방법을 결정하고 작업을 직접 지휘하는 일
② 기구와 공구를 점검하고 불량품을 제거하는 일
③ 해당 작업을 하는 장소에 관계 근로자가 아닌 사람의 출입을 금지하는 일
④ 로프 풀기 작업 및 덮개 벗기기 작업을 하는 경우에는 적재함의 화물에 낙하 위험이 없음을 확인한 후에 해당 작업의 착수를 지시하는 일

▲ 해당 답안 중 3가지 선택 기재

06 강관비계 조립 시 벽이음 또는 버팀을 설치하는 간격을 보여주고 있다. ( )을 채우시오.(4점)

[기사0402/산기0504/산기0604/기사0702/산기1102/산기1301/기사1402/산기1502/산기1804/기사1901/산기2102/산기2201/산기2304]

종류	조립간격(단위: m)	
	수직방향	수평방향
단관비계	(①)	(②)
틀비계(높이가 5m 미만의 것을 제외)	(③)	(④)

① 5
② 5
③ 6
④ 8

07 산업안전보건법상 건설공사도급인은 사업장에 타워크레인 등이 설치되어 있거나 작동하고 있는 경우 또는 이를 설치·해체·조립하는 등의 작업이 이루어지고 있는 경우에는 필요한 안전조치 및 보건조치를 해야 한다. 이에 해당하는 기계·기구 또는 설비를 2가지 쓰시오.(단, 타워크레인은 제외)(4점) [산기|2304]

① 건설용 리프트
② 항타기 및 항발기

08 다음 유해·위험 기계의 방호장치를 쓰시오.(6점) [산기|1604/산기|2304]

① 예초기	② 원심기	③ 공기압축기

① 날접촉 예방장치   ② 회전체 접촉 예방장치
③ 압력방출장치

09 사업주가 작업의자형 달비계를 설치하는 경우 사용해서는 안 되는 작업용 섬유로프 또는 안전대의 섬유벨트의 조건을 3가지 쓰시오.(3점) [산기|2304]

① 꼬임이 끊어진 것
② 심하게 손상되거나 부식된 것
③ 2개 이상의 작업용 섬유로프 또는 섬유벨트를 연결한 것
④ 작업높이보다 길이가 짧은 것

▲ 해당 답안 중 3가지 선택 기재

10 산업안전보건기준에 관한 규칙에 의거 다음 설명에 해당하는 장치명을 쓰시오.(6점) [산기|2102/산기|2304]

① 동력을 사용하여 중량물을 매달아 상하 및 좌우로 운반하는 것을 목적으로 하는 기계 또는 기계장치
② 건축물이나 고정된 시설물에 설치되어 일정한 경로에 따라 사람이나 화물을 승강장으로 옮기는 데에 사용되는 설비
③ 동력을 사용하여 사람이나 화물을 운반하는 것을 목적으로 하는 기계설비

① 크레인   ② 승강기   ③ 리프트

11 안전교육의 3단계 교육과정을 쓰시오.(3점) [산기2304]

① 지식교육   ② 기능교육   ③ 태도교육

12 산업안전보건법에서 규정한 안전보건표지와 관련된 설명이다. ( ) 안을 채우시오.(6점) [산기2102/산기2304]

안전보건표지의 표시를 명확히 하기 위하여 필요한 경우에는 그 안전보건표지의 주위에 표시사항을 글자로 덧붙여 적을 수 있다. 이 경우 글자는 (①) 바탕에 (②) 한글(③)로 표기해야 한다.

① 흰색   ② 검은색   ③ 고딕체

13 도수율과 강도율의 계산식을 쓰시오.(4점) [산기2304]

① 도수율 = (재해건수/연근로시간수) × 1,000,000

② 강도율 = (총요양근로손실일수/연근로시간수) × 1,000

01 산업안전보건법상 안전보건표지에서 있어 경고표지의 종류를 3가지 쓰시오.(6점)

[산기1004/산기1201/산기1504/산기2302]

① 인화성물질경고 ② 부식성물질경고 ③ 급성독성물질경고
④ 산화성물질경고 ⑤ 폭발성물질경고 ⑥ 방사성물질경고
⑦ 고압전기경고 ⑧ 매달린물체경고 ⑨ 낙하물경고
⑩ 고온/저온경고 ⑪ 위험장소경고 ⑫ 몸균형상실경고
⑬ 레이저광선경고

▲ 해당 답안 중 3가지 선택 기재

02 동기부여와 관련된 인간의 욕구이론 중 매슬로우(Maslow)의 욕구 5단계에 대한 다음 설명 중 ( ) 안을 채우시오.(3점)

[산기2302]

제1단계	(①)
제2단계	(②)
제3단계	사회적 욕구
제4단계	존경의 욕구
제5단계	(③)

① 생리적 욕구 ② 안전욕구 ③ 자아실현의 욕구

03 다음은 강관비계에 관한 내용이다. 다음 빈칸을 채우시오.(5점)

[기사1302/산기1704/산기1802/산기1901/기사1904/산기2004/산기2101/산기2302]

가) 띠장간격은 (①)m 이하로 설치할 것
나) 비계기둥의 간격은 띠장 방향에서는 (②) 이하, 장선 방향에서는 (③)m 이하로 할 것. 다만, 선박 및 보트 건조작업의 경우에는 안전성에 대한 구조검토를 실시하고 조립도를 작성하면 띠장 방향 및 장선 방향으로 각각 (④)미터 이하로 할 수 있다.
다) 비계기둥 간의 적재하중은 (⑤)kg을 초과하지 않도록 할 것

① 2 ② 1.85 ③ 1.5
④ 2.7 ⑤ 400

04 굴착면의 높이가 2m 이상이 되는 지반의 굴착작업 시 특별교육 내용 2가지를 쓰시오.(단, 그 밖에 안전·보건 관리에 필요한 사항 제외)(4점) [기사2102/산기2302]

① 지반의 형태·구조 및 굴착 요령에 관한 사항

② 지반의 붕괴재해 예방에 관한 사항

③ 붕괴방지용 구조물 설치 및 작업방법에 관한 사항

④ 보호구의 종류 및 사용에 관한 사항

▲ 해당 답안 중 2가지 선택 기재

05 달비계의 적재하중을 정하고자 한다. 다음 ( )안에 안전계수를 쓰시오.(4점) [산기0504/산기0704/산기1501/산기1701/산기1704/산기2302]

가) 달기와이어로프 및 달기강선의 안전계수 : (①) 이상

나) 달기 체인 및 달기 훅의 안전계수: (②) 이상

다) 달기 강대와 달비계의 하부 및 상부 지점의 안전계수: 강재(鋼材)의 경우 (③) 이상, 목재의 경우 (④) 이상

① 10   ② 5

③ 2.5   ④ 5

06 다음의 재해통계를 산출하는 식을 쓰시오.(4점) [산기2302]

① 강도율	② 연천인율

① (총요양근로손실일수/연근로시간수) × 1,000

② (연간 재해자수/연평균 근로자수) × 1,000

07 차량계 건설기계를 사용하여 작업을 할 때는 작업계획을 작성하고, 그 작업계획에 따라 작업을 실시하도록 하여야 한다. 이 작업계획에 포함되어야 할 사항 2가지를 쓰시오.(4점) [기사0301/산기0504/산기0604/기사0704/산기1002/산기1102/산기1304/산기1401/산기1502/기사1604/기사1702/기사1902/기사1904/산기2001/산기2102/산기2302]

① 사용하는 차량계 건설기계의 종류 및 성능

② 차량계 건설기계의 운행경로

③ 차량계 건설기계에 의한 작업방법

▲ 해당 답안 중 2가지 선택 기재

08 건설현장에서 화물을 적재하는 경우 사업주의 준수사항 3가지를 쓰시오.(6점) [산기2302]

① 침하 우려가 없는 튼튼한 기반 위에 적재할 것

② 건물의 칸막이나 벽 등이 화물의 압력에 견딜 만큼의 강도를 지니지 아니한 경우에는 칸막이나 벽에 기대어 적재하지 않도록 할 것

③ 불안정할 정도로 높이 쌓아 올리지 말 것

④ 하중이 한쪽으로 치우치지 않도록 쌓을 것

▲ 해당 답안 중 3가지 선택 기재

09 동력을 사용하는 항타기 또는 항발기에 대하여 무너짐을 방지하기 위해 사업주가 준수해야 하는 다음 설명의 ( ) 안을 채우시오.(6점) [산기2302]

> 가) 연약한 지반에 설치하는 경우에는 아웃트리거·받침 등 지지구조물의 침하를 방지하기 위하여 깔판· (①) 등을 사용할 것
> 나) 궤도 또는 차로 이동하는 항타기 또는 항발기에 대해서는 불시에 이동하는 것을 방지하기 위하여 (②) 및 쐐기 등으로 고정시킬 것
> 다) 아웃트리거·받침 등 지지구조물이 미끄러질 우려가 있는 경우에는 (③) 또는 쐐기 등을 사용하여 해당 지지구조물을 고정시킬 것

① 받침목   ② 레일 클램프(rail clamp)
③ 말뚝

10 산업안전보건법령상 크레인을 사용하여 작업하는 경우 준수사항을 3가지 쓰시오.(6점) [기사1701/산기2302]

① 인양할 화물을 바닥에서 끌어당기거나 밀어내는 작업을 하지 아니할 것

② 고정된 물체를 직접 분리·제거하는 작업을 하지 아니할 것

③ 미리 근로자의 출입을 통제하여 인양 중인 화물이 작업자의 머리 위로 통과하지 않도록 할 것

④ 인양할 화물이 보이지 아니하는 경우는 어떠한 동작도 하지 아니할 것

⑤ 유류드럼이나 가스통 등 운반 도중에 떨어져 폭발하거나 누출될 가능성이 있는 위험물 용기는 보관함에 담아 안전하게 매달아 운반할 것

▲ 해당 답안 중 3가지 선택 기재

11 개인용 보호구의 하나인 안전모에 대한 설명이다. ( ) 안을 채우시오.(4점) [산기1704/산기2003/산기2302]

> 가) (①)란 착용자의 머리부위를 덮는 주된 물체로서 단단하고 매끄럽게 마감된 재료를 말한다.
> 나) (②)란 머리받침끈, 머리고정대 및 머리받침고리로 구성되어 추락 및 감전 위험방지용 안전모 머리 부위에
>   고정시켜주며, 안전모에 충격이 가해졌을 때 착용자의 머리 부위에 전해지는 충격을 완화시켜주는 기능을
>   갖는 부품을 말한다.

① 모체   ② 착장체

12 말비계를 조립하여 사용하는 경우의 준수사항에 대한 설명이다. ( ) 안을 채우시오.(4점)

[산기1602/산기2302]

> 가) 지주부재와 수평면의 기울기를 (①) 이하로 하고, 지주부재와 지주부재 사이를 고정시키는 보조부재를
>   설치할 것
> 나) 말비계의 높이가 2미터를 초과하는 경우에는 작업발판의 폭을 (②) 이상으로 할 것

① 75도   ② 40cm

13 근로자의 추락 등에 의한 위험방지를 위하여 안전난간 설치 기준이다. ( )안을 채우시오.(4점)

[산기0502/산기0904/기사1102/산기1501/기사1704/산기2302]

> 가) 상부 난간대는 바닥면·발판 또는 경사로의 표면으로부터 (①)cm 이상 지점에 설치하고, 상부 난간대를
>   120cm 이하에 설치하는 경우에는 중간 난간대는 상부 난간대와 바닥면 등의 중간에 설치하여야 하며,
>   120cm 이상 지점에 설치하는 경우에는 중간 난간대를 2단 이상으로 균등하게 설치하고 난간의 상하 간격은
>   60cm 이하가 되도록 할 것
> 나) 발끝막이판은 바닥면 등으로부터 (②)cm 이상의 높이를 유지할 것
> 다) 난간대는 지름 (③)cm 이상의 금속제 파이프나 그 이상의 강도가 있는 재료일 것
> 라) 안전난간은 구조적으로 가장 취약한 지점에서 가장 취약한 방향으로 작용하는 (④)kg 이상의 하중에
>   견딜 수 있는 튼튼한 구조일 것

① 90   ② 10
③ 2.7   ④ 100

01 다음과 같은 조건의 건설업에서 선임해야 할 안전관리자의 인원을 쓰시오.(단, 전체 공사기간 중 전·후 15에 해당하는 기간은 제외)(5점)

[산기2301]

> ① 공사금액 800억원 이상 1,500억원 미만 : ( ) 명 이상
> ② 공사금액 3,000억원 이상 3,900억원 미만 : ( ) 명 이상
> ③ 공사금액 8,500억원 이상 1조원 미만 : ( ) 명 이상

① 2   ② 5   ③ 10

02 위험물질을 제조·취급하는 작업장에는 출입구 외에 안전한 장소로 대피할 수 있는 비상구를 설치하여야 한다. 비상구의 설치기준을 3가지 쓰시오.(6점)

[산기2301]

① 출입구와 같은 방향에 있지 아니하고, 출입구로부터 3미터 이상 떨어져 있을 것
② 작업장의 각 부분으로부터 하나의 비상구 또는 출입구까지의 수평거리가 50미터 이하가 되도록 할 것
③ 비상구의 너비는 0.75미터 이상으로 하고, 높이는 1.5미터 이상으로 할 것
④ 비상구의 문은 피난 방향으로 열리도록 하고, 실내에서 항상 열 수 있는 구조로 할 것

▲ 해당 답안 중 3가지 선택 기재

03 제조업이나 폐기물 등을 취급하는 사업장에서는 안전보건관리담당자를 선임하여야 한다. 안전보건관리담당자의 업무를 3가지 쓰시오.(6점)

[산기2301]

① 안전보건교육 실시에 관한 보좌 및 지도·조언
② 위험성평가에 관한 보좌 및 지도·조언
③ 작업환경측정 및 개선에 관한 보좌 및 지도·조언
④ 각종 건강진단에 관한 보좌 및 지도·조언
⑤ 산업재해 발생의 원인 조사, 산업재해 통계의 기록 및 유지를 위한 보좌 및 지도·조언
⑥ 산업 안전·보건과 관련된 안전장치 및 보호구 구입 시 적격품 선정에 관한 보좌 및 지도·조언

▲ 해당 답안 중 3가지 선택 기재

04 다음 설명에 맞는 터널공사 적용 가능 공법의 명칭을 쓰시오.(4점) [산기0902/산기1204/산기2002/산기2301]

① 암반 자체의 지지력을 기초로 하여 록볼트의 고정, 숏크리트와 지보재로 보강하여 지반을 안정시킨 후 터널을 굴착하는 방법
② 원형 관에 해당하는 Shield를 수직구에 투입시켜 커트헤드를 회전시키면서 굴착하고, Shield 뒤쪽에서 세그먼트를 반복적으로 설치하면서 터널을 굴착하는 방법

① NATM공법　　　　　　　② Shield공법

05 토사붕괴 발생을 예방하기 위한 조치를 3가지 쓰시오.(6점) [산기2301]

① 적절한 경사면의 기울기를 계획하여야 한다.
② 경사면의 기울기가 당초 계획과 차이가 발생되면 즉시 재검토하여 계획을 변경시켜야 한다.
③ 활동할 가능성이 있는 토석은 제거하여야 한다.
④ 경사면의 하단부에 압성토 등 보강공법으로 활동에 대한 저항대책을 강구하여야 한다.
⑤ 말뚝(강관, H형강, 철근 콘크리트)을 타입하여 지반을 강화시킨다.

▲ 해당 답안 중 3가지 선택 기재

06 작업장에서 산소 및 유해가스 농도를 측정한 결과 적정공기가 유지되고 있지 아니하다고 평가된 경우 사업자가 근로자의 건강장해 예방을 위해 지급하여 착용하게 해야 할 보호구를 2가지 쓰시오.(4점) [산기2301]

① 송기마스크
② 공기호흡기

07 작업장에서 크레인(이동식 크레인 제외)을 사용하여 운반작업을 하려고 한다. 작업개시 전에 점검하여야 할 사항을 3가지 쓰시오.(6점) [기사0304/기사0404/산기0502/산기0601/산기0704/기사1001/산기1401/산기1402/기사1501/기사1702/산기1802/기사2004/산기2301]

① 권과방지장치 · 브레이크 · 클러치 및 운전장치의 기능
② 주행로의 상측 및 트롤리(Trolley)가 횡행하는 레일의 상태
③ 와이어로프가 통하고 있는 곳의 상태

08 다음 설명에 맞는 재해의 발생형태별 분류를 쓰시오.(4점)　　　　　　　　　　　　　　　　[산기2301]

> ① 사람이 인력(중력)에 의하여 건축물, 구조물, 가설물, 수목, 사다리 등의 높은 장소에서 떨어지는 것
> ② 구조물, 기계 등에 고정되어 있던 물체가 중력, 원심력, 관성력 등에 의하여 고정부에서 이탈하거나 또는 설비 등으로부터 물질이 분출되어 사람을 가해하는 경우
> ③ 두 물체 사이의 움직임에 의하여 일어난 것으로 직선 운동하는 물체 사이의 끼임, 회전부와 고정체 사이의 끼임, 로울러 등 회전체 사이에 물리거나 또는 회전체·돌기부 등에 감긴 경우
> ④ 사람이 거의 평면 또는 경사면, 층계 등에서 구르거나 넘어지는 경우

　① 추락(=떨어짐)　　　　　　　　　　② 낙하(=맞음)
　③ 협착(=끼임)　　　　　　　　　　　④ 전도(=넘어짐)

09 산업안전보건법상 안전보건개선계획서의 제출과 심사에 대한 다음 설명의 ( ) 안을 채우시오.(4점)　　[산기2301]

> 가) 안전보건개선계획서를 제출해야 하는 사업주는 안전보건개선계획서 수립·시행 명령을 받은 날부터 (①)일 이내에 관할 지방고용노동관서의 장에게 해당 계획서를 제출해야 한다.
> 나) 지방고용노동관서의 장이 안전보건개선계획서를 접수한 경우에는 접수일부터 (②)일 이내에 심사하여 사업주에게 그 결과를 알려야 한다.

　① 60　　　　　　　　　　　　　　　② 15

10 철골공사 작업을 중지해야 하는 기상조건을 쓰시오.(단, 단위를 명확히 쓰시오)(3점)

[산기0501/산기0701/산기0704/기사0901/기사1302/산기1404/기사1502/기사1504/산기1801/기사2004/산기2201/산기2301]

> 가) 풍속 – 초당 (①) 이상
> 나) 강설량 – 시간당 (②) 이상
> 다) 강우량 – 시간당 (③) 이상

　① 10m　　　　　　　　　② 1cm　　　　　　　　　③ 1mm

11 터널 등의 건설작업을 하는 경우 낙반 등에 의하여 근로자의 위험을 방지하기 위한 조치사항 2가지를 쓰시오.
(4점) [기사0304/산기0804/산기1002/산기1702/기사2004/산기2301]

① 터널 지보공의 설치
② 록볼트의 설치
③ 부석의 제거

▲ 해당 답안 중 2가지 선택 기재

12 다음 낙하물 방지망 또는 방호선반의 설치기준에 대한 설명의 ( ) 안을 채우시오.(4점) [산기2301]

가) 높이 (①)미터 이내마다 설치하고, 내민 길이는 벽면으로부터 (②)미터 이상으로 할 것
나) 수평면과의 각도는 (③)도 이상 (④)도 이하를 유지할 것

① 10　　　　　　　② 2　　　　　　　③ 20　　　　　　　④ 30

13 다음 건설기계 중에서 셔블계 굴착기계를 4가지 골라 쓰시오.(4점) [산기2301]

① 파워셔블　　　　　② 드래그라인　　　　　③ 크램쉘
④ 항타기　　　　　　⑤ 트랜처　　　　　　⑥ 굴착기

• ①, ②, ③, ⑥

01 작업장에서 발생하는 소음에 대한 대책을 4가지 쓰시오.(4점)   [산기2204]

① 소음원 통제
② 소음의 격리
③ 시설·설비의 적절한 배치
④ 차폐장치의 사용
⑤ 흡음재의 사용
⑥ 귀마개·귀덮개 등 보호구의 착용

▲ 해당 답안 중 4가지 선택 기재

02 양중기에 사용하는 권상용 와이어로프의 사용금지 사항을 3가지 쓰시오.(6점)

[기사0302/기사0404/산기0601/기사0704/산기0804/기사0901/산기1002/산기1201/

기사1502/산기1502/기사1602/산기1602/산기1701/산기1901/기사2001/기사2004/산기2102/산기2104/산기2204]

① 이음매가 있는 것
② 와이어로프의 한 꼬임에서 끊어진 소선의 수가 10% 이상인 것
③ 지름의 감소가 공칭지름의 7%를 초과하는 것
④ 꼬인 것
⑤ 심하게 변형 또는 부식된 것
⑥ 열과 전기충격에 의해 손상된 것

▲ 해당 답안 중 3가지 선택 기재

03 고용노동부장관에게 보고해야 하는 중대재해 3가지를 쓰시오.(3점)

[산기0502/산기0702/산기1002/산기1701/산기1704/산기2003/산기2101/산기2204]

① 사망자가 1명 이상 발생한 재해
② 3개월 이상의 요양이 필요한 부상자가 동시에 2명 이상 발생한 재해
③ 부상자 또는 직업성 질병자가 동시에 10명 이상 발생한 재해

04 안전보건총괄책임자를 선임하는 도급사업 시 도급인이 이행해야 할 산업재해 예방조치 3가지를 쓰시오.(6점) [기사1502/산기1504/기사2003/산기2204]

① 도급인과 수급인을 구성원으로 하는 안전 및 보건에 관한 협의체의 구성 및 운영
② 작업장 순회점검
③ 관계수급인이 근로자에게 하는 안전보건교육을 위한 장소 및 자료의 제공 등 지원
④ 관계수급인이 근로자에게 하는 안전보건교육의 실시 확인
⑤ 발파, 화재·폭발, 토사·구축물 등의 붕괴 또는 지진 등이 발생한 경우를 대비한 경보체계 운영과 대피방법 등 훈련
⑥ 위생시설 등 고용노동부령으로 정하는 시설의 설치 등을 위하여 필요한 장소의 제공 또는 도급인이 설치한 위생시설 이용의 협조

▲ 해당 답안 중 3가지 선택 기재

05 터널 공사에 있어서의 환기에 대한 다음 물음에 답하시오.(6점) [산기0702/산기1501/산기2204]

가) 발파 후 유해가스, 분진 및 내연기관의 배기가스 등을 신속히 환기시켜야 하며 발파 후 (①)분 이내 배기, 송기가 완료되도록 하여야 한다.
나) 환기가스처리장치가 없는 (②)기관은 터널 내의 투입을 금하여야 한다.
다) 터널 내의 기온은 (③)℃ 이하가 되도록 신선한 공기로 환기시켜야 하며 근로자의 작업조건에 유해하지 아니한 상태를 유지하여야 한다.

① 30
② 디젤
③ 37

06 산업안전보건법상 산업안전보건표지의 종류를 4가지 쓰시오.(4점) [산기2204]

① 금지표지
② 경고표지
③ 지시표지
④ 안내표지
⑤ 관계자 외 출입금지

▲ 해당 답안 중 4가지 선택 기재

07 A 사업장의 도수율이 2.2이고, 강도율이 7.5일 경우 이 사업장의 종합재해지수를 구하시오.(4점)

[산기1601/산기2204]

- 주어진 강도율과 도수율을 대입하면 종합재해지수는 $\sqrt{2.2 \times 7.5} = 4.062 \cdots$이므로 4.06이다.

08 작업자가 시야가 가려지는 부피가 큰 짐을 운반하던 중 덮개 없는 개구부로 떨어지는 사고를 당해 상해를 입었을 때, 재해의 발생형태, 기인물 및 가해물 등을 각각 쓰시오.(5점) [산기0702/산기1404/산기1801/산기2204]

재해형태	(①)	불안전한 행동	(④)
가해물	(②)	불안전한 상태	(⑤)
기인물	(③)		

① 추락(떨어짐)
② 바닥
③ 큰 짐
④ 전방확인이 불가능한 부피가 큰 짐을 혼자서 들고 이동
⑤ 개구부 덮개 미설치

09 가설구조물이 갖추어야 할 구비요건 2가지를 쓰시오.(4점) [산기2204]

① 경제성
② 작업성
③ 안전성

▲ 해당 답안 중 2가지 선택 기재

10 다음은 사다리식 통로의 안전기준에 대한 사항이다. 빈칸을 채우시오.(4점)

[기사0302/기사0401/기사0601/산기0702/산기0801/산기1402/산기1601/기사1602/산기1604/산기1902/산기1904/산기2204]

사다리식 통로의 길이가 (①)m 이상인 경우에는 (②)m 이내마다 계단참을 설치할 것

① 10   ② 5

11 리프트의 설치·조립·수리·점검 또는 해체작업을 하는 경우 작업을 지휘하는 사람의 이행사항을 3가지 쓰시오.(6점) [산기0602/산기1001/산기1101/산기1304/산기2204]

① 작업방법과 근로자의 배치를 결정하고 해당 작업을 지휘하는 일
② 재료의 결함 유무 또는 기구 및 공구의 기능을 점검하고 불량품을 제거하는 일
③ 작업 중 안전대 등 보호구의 착용 상황을 감시하는 일

12 잠함 또는 우물통의 내부에서 근로자가 굴착작업을 하는 경우에 잠함 또는 우물통의 급격한 침하에 의한 위험을 방지하기 위해 준수해야 할 사항 2가지를 쓰시오.(4점) [산기0604/산기1502/산기2102/산기2204]

① 침하관계도에 따라 굴착방법 및 재하량 등을 정할 것
② 바닥으로부터 천장 또는 보까지의 높이는 1.8m 이상으로 할 것

13 산업안전보건법상 양중기 종류 4가지를 쓰시오.(세부사항까지 쓰시오)(4점)

[기사0502/산기0701/기사1201/산기1401/산기1502/산기1701/기사1902/산기1904/산기2202/산기2204]

① 이동식 크레인
② 곤돌라
③ 승강기
④ 크레인[호이스트(hoist)를 포함한다]
⑤ 리프트(이삿짐운반용 리프트의 경우는 적재하중이 0.1톤 이상인 것으로 한정한다)

▲ 해당 답안 중 4가지 선택 기재

01 기계가 서 있는 지반보다 높은 곳을 굴착할 때 사용하는 건설기계를 쓰시오.(4점)

[산기1602/산기1804/산기2202]

- 파워셔블(Power shovel)

02 산업안전보건기준에 관한 규칙에 따라 지반 굴착 시 굴착면의 기울기 기준을 채우시오.(5점)

[기사0401/기사0504/기사0702/산기1502/기사1701/기사1702/산기1804/기사1904/산기2101/산기2202]

지반의 종류	기울기	지반의 종류	기울기
모래	(①)	경암	(④)
연암	(②)	그 밖의 흙	(⑤)
풍화암	(③)	\	

① 1 : 1.8   ② 1 : 1.0   ③ 1 : 1.0
④ 1 : 0.5   ⑤ 1 : 1.2

03 터널굴착 작업에 있어 근로자 위험방지를 위해 사전 조사 후 작업계획서에 포함하여야 하는 사항 3가지를 쓰시오.(3점)

[산기1004/산기1401/산기1901/산기2202]

① 굴착의 방법
② 터널지보공 및 복공의 시공방법과 용수의 처리방법
③ 환기 또는 조명시설을 설치할 때는 그 방법

04 청각적 표시장치에 비교할 때 시각적 표시장치를 사용하는 것이 더 좋은 경우를 3가지 쓰시오.(3점)

[산기1501/산기2202]

① 수신 장소의 소음이 심한 경우
② 정보가 공간적인 위치를 다룬 경우
③ 정보의 내용이 복잡하고 긴 경우
④ 직무상 수신자가 한 곳에 머무르는 경우
⑤ 메시지를 추후 참고할 필요가 있는 경우
⑥ 정보의 내용이 즉각적인 행동을 요구하지 않는 경우

▲ 해당 답안 중 3가지 선택 기재

05 하인리히의 재해예방 대책 5단계를 순서대로 쓰시오.(5점)　　[기사0804/산기1604/기사1802/기사2004/산기2202]

① 안전관리조직　　　　　　　　② 사실의 발견
③ 분석평가　　　　　　　　　　④ 시정책의 선정
⑤ 시정책의 적용

06 산업안전보건법상 양중기 종류 4가지를 쓰시오.(세부사항까지 쓰시오)(4점)

[기사0502/산기0701/기사1201/산기1401/산기1502/산기1701/기사1902/산기1904/산기2202/산기2204]

① 이동식 크레인
② 곤돌라
③ 승강기
④ 크레인[호이스트(hoist)를 포함한다]
⑤ 리프트(이삿짐운반용 리프트의 경우는 적재하중이 0.1톤 이상인 것으로 한정한다)

▲ 해당 답안 중 4가지 선택 기재

07 작업발판 일체형 거푸집 종류 3가지를 쓰시오.(3점)　　　　[기사1102/산기1304/산기2101/산기2202]

① 갱 폼　　　　　　　　　　　② 슬립 폼
③ 클라이밍 폼　　　　　　　　④ 터널 라이닝 폼

▲ 해당 답안 중 3가지 선택 기재

08 어느 공장의 도수율이 4.0이고, 강도율이 1.5일 때 다음을 구하시오.(4점) [산기1904/산기2202]

① 평균강도율	② 환산강도율

① 평균강도율은 $\dfrac{\text{강도율}}{\text{도수율}} \times 1,000$ 이므로 대입하면 $\dfrac{1.5}{4} \times 1,000 = 375$ 이다.

② 환산강도율은 $\text{강도율} \times \dfrac{\text{총근로시간수}}{1,000}$ 인데 총근로시간수가 주어지지 않았다. 작업자 1인의 평생작업시간은 보통 100,000시간으로 주어지므로 대입하면 $1.5 \times \dfrac{100,000}{1,000} = 1.5 \times 100 = 150$ 이다.

09 산업안전보건법상 근로자가 상시 작업하는 장소의 작업면 조도(照度)기준에 대한 다음 표를 채우시오.(6점) [산기2202]

초정밀작업	정밀작업	보통작업
①	②	③

① 750Lux 이상
② 300Lux 이상
③ 150Lux 이상

10 산업안전보건법상 건설업 중 유해·위험방지계획서 제출 대상사업 3가지를 쓰시오.(6점)

[기사0302/기사0504/산기0602/기사0702/기사0802/산기1001/기사1102/산기1601/기사1802/기사1901/산기1904/산기2202]

① 최대 지간길이가 50m 이상인 교량 건설 등 공사
② 터널 건설 등의 공사
③ 깊이 10m 이상인 굴착공사
④ 지상높이가 31m 이상인 건축물 또는 인공구조물
⑤ 연면적 5천m^2 이상의 냉동·냉장창고시설의 설비공사 및 단열공사
⑥ 지상높이가 31m 이상인 건축물 또는 인공구조물, 연면적 3만m^2 이상인 건축물 또는 연면적 5천m^2 이상의 문화 및 집회시설, 판매시설, 운수시설, 종교시설, 의료시설 중 종합병원, 숙박시설 중 관광숙박시설, 지하도상가 또는 냉동·냉장창고시설의 건설·개조 또는 해체

▲ 해당 답안 중 3가지 선택 기재

11 히빙으로 인해 인접 지반 및 흙막이 지보공에 영향을 미치는 현상을 2가지 쓰시오.(4점)

[산기1002/산기1504/산기1904/산기2202]

① 흙막이 지보공의 파괴
② 배면 토사의 붕괴

12 Off-J.T의 정의를 쓰시오.(3점)　　　　　　　　　　　[산기1904/산기2202]

- Off the Job Training의 약자로, 전문가를 위촉하여 다수의 교육생을 특정 장소에 소집하여 일괄적, 조직적, 집중적으로 교육하는 방법을 말한다.

13 산업안전보건법령상 다음 경우에 해당하는 양중기의 와이어로프(또는 달기체인)의 안전계수를 빈칸에 써 넣으시오.(6점)　[기사0801/산기1001/기사1202/산기1204/기사1501/산기1504/기사1701/기사1702/산기1902/기사2104/산기2202]

○ 근로자가 탑승하는 운반구를 지지하는 경우 : (①) 이상
○ 화물의 하중을 직접 지지하는 경우 : (②) 이상
○ 훅, 샤클, 클램프, 리프팅 빔의 경우 : (③) 이상

① 10
② 5
③ 3

01 공사용 가설도로를 설치하는 경우 준수사항 3가지를 쓰시오.(6점) [기사1202/기사1204/기사2004/산기2201/기사2204]

① 도로는 장비와 차량이 안전하게 운행할 수 있도록 견고하게 설치할 것
② 도로와 작업장이 접하여 있을 경우는 방책 등을 설치할 것
③ 도로는 배수를 위하여 경사지게 설치하거나 배수시설을 설치할 것
④ 차량의 속도제한 표지를 부착할 것

▲ 해당 답안 중 3가지 선택 기재

02 하인리히의 재해 코스트 방식에 대한 다음 물음에 답하시오.(5점) [산기1602/산기2201]

가) 직접비 : 간접비 = ( ) : ( )
나) 직접비에 해당하는 항목을 3가지 쓰시오.

가) 직접비 : 간접비 = 1:4
나) ① 치료비   ② 휴업급여   ③ 장해급여   ④ 유족급여
⑤ 간병급여   ⑥ 직업재활급여   ⑦ 장례비

▲ 나)의 답안 중 3가지 선택 기재

03 산업안전보건법상 특별안전보건교육 중 거푸집 동바리의 조립 또는 해체작업 대상 작업에 대한 교육내용에 해당되는 사항을 3가지 쓰시오.(단, 그 밖의 안전보건관리에 필요한 사항은 제외한다)(6점)

[산기0701/기사1002/산기1104/기사1401/기사1601/기사1604/산기1902/산기2201]

① 동바리의 조립방법 및 작업 절차에 관한 사항
② 조립 해체 시의 사고 예방에 관한 사항
③ 보호구 착용 및 점검에 관한 사항
④ 조립재료의 취급방법 및 설치기준에 관한 사항

▲ 해당 답안 중 3가지 선택 기재

04 단관비계 조립 시 벽이음 또는 버팀을 설치하는 간격을 수직방향과 수평방향 순으로 쓰시오.(4점)

[기사0402/산기0504/산기0604/기사0702/산기1102/산기1301/산기1402/산기1502/산기1804/기사1901/산기2102/산기2201]

① 수직방향 : 5m
② 수평방향 : 5m

05 크레인을 사용하는 작업 시 관리감독자의 유해·위험방지 업무를 3가지 쓰시오.(6점)

[산기0602/산기1001/산기1101/산기1304/산기2201/산기2204]

① 작업방법과 근로자의 배치를 결정하고 해당 작업을 지휘하는 일
② 재료의 결함 유무 또는 기구 및 공구의 기능을 점검하고 불량품을 제거하는 일
③ 작업 중 안전대 등 보호구의 착용 상황을 감시하는 일

06 산업안전보건법령상 갱내에서 채석작업을 할 때 암석·토사의 낙하 또는 측벽의 붕괴로 인하여 근로자에게 위험이 발생할 우려가 있는 경우에 그 위험을 방지하기 위한 사업주의 조치사항 2가지를 쓰시오.(4점)

[산기2201]

① 동바리의 설치
② 버팀대의 설치
③ 천장을 아치형으로

▲ 해당 답안 중 2가지 선택 기재

07 작업발판의 끝이나 개구부로서 근로자가 추락할 위험이 있는 장소에서 작업 시 추락방지대책 3가지를 쓰시오.(6점)

[기사0401/산기0501/산기1002/기사1201/산기1201/산기1504/산기1802/산기1902/산기1904/기사2002/산기2003/산기2004/산기2201]

① 안전난간 설치
② 울타리 설치
③ 추락방호망 설치
④ 수직형 추락방망 설치
⑤ 덮개 설치
⑥ 개구부 표시

▲ 해당 답안 중 3가지 선택 기재

08 산업안전보건법령상 산업재해 발생보고와 관련한 다음 설명의 (   )안을 채우시오.(6점) [산기2101]

> 가) 사업주는 산업재해로 사망자가 발생하거나 (①)일 이상의 휴업이 필요한 부상을 입거나 질병에 걸린
> 사람이 발생한 경우에는 법 제57조제3항에 따라 해당 산업재해가 발생한 날부터 (②)개월 이내에 별지
> 제30호서식의 산업재해조사표를 작성하여 관할 지방고용노동관서의 장에게 제출(전자문서로 제출하는 것
> 을 포함한다)해야 한다.
> 나) 사업주는 前項에 따른 산업재해조사표에 (③)의 확인을 받아야 하며, 그 기재 내용에 대하여 근로자대표의
> 이견이 있는 경우에는 그 내용을 첨부해야 한다.

① 3
② 1
③ 근로자대표

09 철골공사 작업을 중지해야 하는 기상조건을 쓰시오.(단, 단위를 명확히 쓰시오)(3점)

[산기0501/산기0701/산기0704/기사0901/기사1302/산기1404/기사1502/기사1504/산기1801/기사2004/산기2201/산기2301]

① 풍속 – 초당 10m 이상
② 강설량 – 시간당 1cm 이상
③ 강우량 – 시간당 1mm 이상

10 흙막이 지보공을 설치하였을 때 정기적으로 점검해야 할 사항 3가지를 쓰시오.(6점)

[산기0602/산기0701/산기1402/산기1702/산기2002/산기2201]

① 부재의 손상·변형·부식·변위 및 탈락의 유무와 상태
② 버팀대 긴압의 정도
③ 부재의 접속부·부착부 및 교차부의 상태
④ 침하의 정도

▲ 해당 답안 중 3가지 선택 기재

11 차량계 건설기계 작업 시 넘어지거나, 굴러떨어짐에 의해 근로자에게 위험을 미칠 우려가 있을 경우 조치사항
을 3가지 쓰시오.(6점) [산기0802/산기0902/산기1101/산기1201/산기1504/산기1801/산기2001/산기2003/산기2201]

① 유도하는 사람을 배치
② 지반의 부동침하 방지
③ 갓길의 붕괴 방지
④ 도로 폭의 유지

▲ 해당 답안 중 3가지 선택 기재

12 목재가공용 둥근톱 방호장치 2가지를 쓰시오.(4점) [산기1104/산기1201/산기1601/산기1801/산기1804/산기2201]

① 반발예방장치
② 톱날 접촉예방장치

13 일반건설공사(갑)에서 재료비와 직접노무비의 합이 4,500,000,000원일 때 산업안전보건관리비를 계산하시오.(단, 일반건설공사(갑)의 계상율은 1.86%, 기초액은 5,349,000원이다)(4점) [산기2201]

- 산업안전보건관리비 = 대상액(재료비+직접노무비) × 요율 + 기초액에서 대상액은 45억원이고, 요율은 일반건설공사(갑)이고 대상액이 5억원 이상 50억원 미만이므로 1.86%이고, 기초액은 5,349,000원이 된다.
- 산업안전보건관리비 계상액 = 45억원 × 1.86% + 5,349,000 = 89,049,,000원이다.

01 산업안전보건법령에 의거 다음 설명에 해당하는 안전모의 종류를 ( )에 채우시오.(6점)

[기사0604/기사1504/산기1802/기사1902/기사2004/산기2104]

종류	사용 구분
(①)	물체의 낙하 또는 비래 및 추락에 의한 위험을 방지 또는 경감시키기 위한 것
(②)	물체의 낙하 또는 비래에 의한 위험을 방지 또는 경감하고, 머리부위 감전에 의한 위험을 방지하기 위한 것
(③)	물체의 낙하 또는 비래 및 추락에 의한 위험을 방지 또는 경감하고, 머리부위 감전에 의한 위험을 방지하기 위한 것

① AB   ② AE   ③ ABE

02 산업안전보건법령상 항타기 또는 항발기의 권상용 와이어로프로 사용해서는 안 되는 경우 4가지를 보기에서 골라 쓰시오.(4점)

[기사0302/기사0404/산기0601/

기사0704/산기0804/기사0901/산기1002/산기1201/기사1502/산기1502/기사1602/산기1602/산기1701/산기1901/기사2001/기사2004/산기2104]

```
① 이음매가 있는 것
② 와이어로프의 한 꼬임에서 끊어진 소선(素線)의 수가 10% 이상인 것
③ 지름의 감소가 공칭지름의 7%를 초과하는 것
④ 균열이 있는 것
⑤ 꼬인 것
⑥ 이음매가 없는 것
```

• ①, ②, ③, ⑤

03 차량계 하역운반기계에 화물 적재 시 준수사항을 3가지 쓰시오.(6점)   [기사1004/산기1102/기사1604/산기2104]

① 하중이 한쪽으로 치우치지 않도록 적재한다.
② 구내운반차 또는 화물자동차의 경우 화물의 붕괴 또는 낙하에 의한 위험을 방지하기 위하여 화물에 로프를 거는 등 필요한 조치를 한다.
③ 운전자의 시야를 가리지 않도록 화물을 적재한다.
④ 화물을 적재하는 경우에는 최대적재량을 초과해서는 아니 된다.

▲ 해당 답안 중 3가지 선택 기재

04 산업안전보건기준에 관한 규칙에서 거푸집 동바리의 조립 시 동바리의 이음 방법 2가지를 쓰시오.(4점)

[산기|2104]

① 맞댄이음
② 장부이음

05 무재해운동기법 중 "작업 시작 전 및 후에 10분정도의 시간으로 10명 이하로 구성된 팀원 전원이 모여 현장에서 있었던 상황에 대해서 대화한 후 납득하는 작업장 안전회의"와 관련된 위험예지활동을 쓰시오.
(3점)

[산기0504/산기0701/산기0902/산기1502/산기1702/산기1902/산기2104]

• TBM(Tool Box Meeting)

06 철골구조물 건립 중 강풍에 의한 풍압 등 외압에 대한 내력이 설계에 고려될 사항을 4가지 쓰시오.(4점)

[기사0604/기사0902/기사1001/기사1102/기사1204/기사1301/기사1504/기사1602/기사1804/기사1904/산기2104]

① 높이 20m 이상의 구조물
② 구조물의 폭과 높이의 비가 1:4 이상인 구조물
③ 단면구조에 현저한 차이가 있는 구조물
④ 이음부가 현장용접인 구조물
⑤ 연면적당 철골량이 $50kg/m^2$ 이하인 구조물
⑥ 기둥이 타이플레이트(Tie plate)형인 구조물

▲ 해당 답안 중 4가지 선택 기재

07 다음 용어를 설명하시오.(4점)

[산기0501/산기0704/산기1702/산기2104]

① 히빙	② 보일링

① 연약한 점토지반에서 흙막이벽 굴삭면과 배면부의 토압 차이로 인해 흙막이벽 배면부의 흙이 가라앉으면서 굴삭 바닥면으로 융기하는 지반 융기현상이다.
② 사질지반에서 굴착부와 배면의 지하 수위의 차이로 인해 흙막이벽 배면부의 지하수가 굴삭 바닥면으로 모래와 함께 솟아오르는 지반 융기현상이다.

08 차량계 하역운반기계(지게차 등)의 운전자가 운전 위치를 이탈하고자 할 때 운전자가 준수하여야 할 사항을 3가지 쓰시오.(6점)　　[산기0604/산기0804/산기0901/산기1302/기사1602/기사2002/기사2101/산기2104]

① 포크, 버킷, 디퍼 등의 장치를 가장 낮은 위치 또는 지면에 내려 둘 것
② 원동기를 정지시키고 브레이크를 확실히 거는 등 갑작스러운 주행이나 이탈을 방지하기 위한 조치를 할 것
③ 운전석을 이탈하는 경우에는 시동키를 운전대에서 분리시킬 것

09 위험예지훈련 기초 4라운드 기법의 진행순서를 쓰시오.(4점)　　[산기0802/산기1402/산기1901/산기2104]

① 1단계 : 현상파악
② 2단계 : 본질추구
③ 3단계 : 대책수립
④ 4단계 : 목표설정

10 산업안전보건법상 사업주는 터널 지보공을 설치한 때에 설치 후 붕괴 등의 위험을 방지하기 위하여 수시로 점검하여야 하며 이상을 발견한 때에는 즉시 보강하거나 보수하여야 할 기준 3가지를 쓰시오.(6점)　　[산기1202/산기2104]

① 부재의 손상·변형·부식·변위 탈락의 유무 및 상태
② 부재의 긴압 정도
③ 부재의 접속부 및 교차부의 상태
④ 기둥침하의 유무 및 상태

▲ 해당 답안 중 3가지 선택 기재

11 다음은 흙막이 공사에서 사용하는 어떤 부재에 대한 설명인지 쓰시오.(3점)　　[산기1501/산기2104]

> 흙막이 벽에 작용하는 토압에 의한 휨모멘트와 전단력에 저항하도록 설치하는 부재로써 흙막이벽에 가해지는 토압을 버팀대 등에 전달하기 위하여 흙막이벽에 수평으로 설치하는 부재를 말한다.

• 띠장

12 소음작업, 강렬한 소음작업 또는 충격소음작업에 종사하는 근로자에게 알려줘야 하는 내용을 3가지 쓰시오.
(단, 그 밖에 소음으로 인한 건강장해 방지에 필요한 사항은 제외)(6점)　　　　　[산기1204/산기2104]

　　① 해당 작업장소의 소음 수준
　　② 인체에 미치는 영향과 증상
　　③ 보호구의 선정과 착용방법

13 근로자 50명이 근무하던 중 산업재해가 5건 발생하였고, 사망이 1명, 40일의 근로손실이 발생하였다. 강도율
을 구하시오.(단, 근로시간은 1일 9시간 250일 근무한다)(4점)　　　　　[산기1002/산기1902/산기2104]

　• 강도율을 구하기 위해 먼저 연간총근로시간을 구한다.
　• 연간총근로시간은 $50 \times 9 \times 250 = 112,500$시간이다.
　• 근로손실일수는 사망자 1인에 해당하는 7,500일에 40일을 더한 7,540일이 된다.
　• 강도율은 $\dfrac{7,540}{112,500} \times 1,000 \approx 67.02$이다.

01 산업안전보건기준에 관한 규칙에 의거 다음 설명에 해당하는 장치명을 쓰시오.(6점) [산기2102/산기2304]

> ① 동력을 사용하여 중량물을 매달아 상하 및 좌우로 운반하는 것을 목적으로 하는 기계 또는 기계장치
> ② 건축물이나 고정된 시설물에 설치되어 일정한 경로에 따라 사람이나 화물을 승강장으로 옮기는 데에 사용되는 설비
> ③ 동력을 사용하여 사람이나 화물을 운반하는 것을 목적으로 하는 기계설비

① 크레인   ② 승강기   ③ 리프트

02 양중기에 사용하는 권상용 와이어로프의 사용금지 사항을 4가지 쓰시오.(4점)

[기사0302/기사0404/산기0601/기사0704/산기0804/기사0901/산기1002/산기1201/
기사1502/산기1502/기사1602/산기1602/산기1701/산기1901/기사2001/기사2004/산기2102/산기2104/산기2204]

① 이음매가 있는 것
② 와이어로프의 한 꼬임에서 끊어진 소선의 수가 10% 이상인 것
③ 지름의 감소가 공칭지름의 7%를 초과하는 것
④ 꼬인 것
⑤ 심하게 변형 또는 부식된 것
⑥ 열과 전기충격에 의해 손상된 것

▲ 해당 답안 중 4가지 선택 기재

03 강관비계 중 틀비계(높이가 5m 미만인 것은 제외)의 조립 시 벽이음 또는 버팀을 설치할 때 조립간격에 대한 다음 빈칸을 채우시오.(4점)

[기사0402/산기0504/산기0604/기사0702/산기1102/산기1301/산기1402/산기1502/산기1804/기사1901/산기2102/산기2201]

> ① 수평방향 (   )m   ② 수직방향 (   )m

① 8   ② 6

04 곤돌라를 이용한 작업중에 곤돌라가 일정한 기준 이상 감기는 것을 방지하기 위한 방호장치의 이름을 쓰시오. (3점)　　　　　　　　　　　　　　　　　　　　　　　　　　　　　　　　[산기2102]

• 권과방지장치

05 차량계 건설기계를 사용하여 작업을 할 때는 작업계획을 작성하고, 그 작업계획에 따라 작업을 실시하도록 하여야 한다. 이 작업계획에 포함되어야 할 사항 3가지를 쓰시오.(6점)　　　　　　　　[기사0301/산기0504/
산기0604/기사0704/산기1002/산기1102/산기1304/산기1401/산기1502/기사1604/기사1702/기사1902/기사1904/산기2001/산기2102/산기2302]

① 사용하는 차량계 건설기계의 종류 및 성능
② 차량계 건설기계의 운행경로
③ 차량계 건설기계에 의한 작업방법

06 산업안전보건법상 사업 내 안전ㆍ보건교육에 대한 교육시간을 쓰시오.(6점)
[기사0302/기사0502/기사0804/기사0904/기사1201/산기1304/산기1604/기사1801/산기1804/산기2003/산기2102]

교육과정	교육대상	교육시간
정기교육	관리감독자의 지위에 있는 사람	연간 (①)시간 이상
채용 시의 교육	일용근로자 및 근로계약기간이 1주일 이하인 기간제 근로자	(②)시간 이상
작업내용 변경 시의 교육	일용근로자 및 근로계약기간이 1주일 이하인 기간제 근로자	(③)시간 이상
밀폐된 장소에서 작업에 종사하는 일용근로자의 특별교육		(④)시간 이상

① 16　　　　　　　　　　　　　　　② 1
③ 1　　　　　　　　　　　　　　　④ 2

07 지반의 이상현상 중 하나인 보일링 방지대책 3가지를 쓰시오.(6점)
[기사0802/기사0901/기사1002/산기1402/산기1504/기사1601/산기1804/기사1901/산기2102]

① 주변 지하수위를 저하시킨다.
② 흙막이 벽의 근입 깊이를 깊게 한다.
③ 지하수의 흐름을 막는다.
④ 굴착한 흙을 즉시 매립하여 원상회복시킨다.
⑤ 공사를 중지한다.

▲ 해당 답안 중 3가지 선택 기재

08 산업안전보건법령에 따라 건설업체의 산업재해 발생 보고시의 상시근로자의 수를 계산하는 공식을 완성하시오.(4점) [산기0902/산기1202/산기1604/산기2001/산기2102]

> 상시근로자 수 = (①) × (②) / {(③) × (④)}

① 연간 국내공사 실적액
② 노무비율
③ 건설업 월평균임금
④ 12

09 잠함 또는 우물통의 내부에서 근로자가 굴착작업을 하는 경우에 잠함 또는 우물통의 급격한 침하에 의한 위험을 방지하기 위해 준수해야 할 사항 2가지를 쓰시오.(4점) [산기0604/산기1502/산기2102/산기2204]

① 침하관계도에 따라 굴착방법 및 재하량 등을 정할 것
② 바닥으로부터 천장 또는 보까지의 높이는 1.8m 이상으로 할 것

10 산업안전보건법에서 규정한 안전보건표지와 관련된 설명이다. ( ) 안을 채우시오.(4점) [산기2102/산기2304]

> 가) 안전보건표지의 표시를 명확히 하기 위하여 필요한 경우에는 그 안전보건표지의 주위에 표시사항을 글자로 덧붙여 적을 수 있다. 이 경우 글자는 (①) 바탕에 (②) 한글(③)로 표기해야 한다.
> 나) 안전보건표지 속의 그림 또는 부호의 크기는 안전보건표지의 크기와 비례해야 하며, 안전보건표지 전체 규격의 (④)퍼센트 이상이 되어야 한다.

① 흰색   ② 검은색
③ 고딕체   ④ 30

11 거푸집 동바리의 조립 작업 시 동바리의 침하를 방지하기 위한 조치사항 3가지를 쓰시오.(3점) [산기0802/산기1402/산기2102]

① 깔목의 사용
② 콘크리트 타설
③ 말뚝박기

12 다음과 같은 조건의 건설업에서 선임해야 할 안전관리자의 인원을 쓰시오.(단, 전체 공사기간 중 전·후 15에 해당하는 기간은 제외)(6점)

[기사2003/산기2102]

① 공사금액 800억원 이상 1,500억원 미만 : ( ) 명 이상
② 공사금액 1,500억원 이상 2,200억원 미만 : ( ) 명 이상
③ 공사금액 2,200억원 이상 3,000억원 미만 : ( ) 명 이상

① 2   ② 3   ③ 4

13 비계 작업 시 비, 눈 그 밖의 기상상태의 불안정으로 날씨가 몹시 나빠서 작업을 중지시킨 후 그 비계에서 작업을 재개할 때 점검하고 이상을 발견하면 즉시 보수해야 할 사항을 4가지 쓰시오.(4점)

[산기0902/기사1001/산기1102/기사1301/기사1402/기사1404/산기1602/산기1704/기사1801/기사1901/산기2102/산기2304]

① 발판 재료의 손상 여부 및 부착 또는 걸림 상태
② 해당 비계의 연결부 또는 접속부의 풀림 상태
③ 연결 재료 및 연결 철물의 손상 또는 부식 상태
④ 손잡이의 탈락 여부
⑤ 기둥의 침하, 변형, 변위 또는 흔들림 상태
⑥ 로프의 부착 상태 및 매단 장치의 흔들림 상태

▲ 해당 답안 중 4가지 선택 기재

01 고용노동부장관에게 보고해야 하는 중대재해 3가지를 쓰시오.(5점)

[산기0502/산기0702/산기1002/산기1701/산기1704/산기2003/산기2101/산기2204]

① 사망자가 1명 이상 발생한 재해
② 3개월 이상의 요양이 필요한 부상자가 동시에 2명 이상 발생한 재해
③ 부상자 또는 직업성 질병자가 동시에 10명 이상 발생한 재해

02 다음은 강관비계의 구조에 대한 설명이다. ( ) 안을 채우시오.(4점)

[기사1302/산기1704/산기1802/산기1901/기사1904/산기2004/산기2101]

비계기둥의 간격은 띠장 방향에서는 (①)m 이하, 장선(長線) 방향에서는 (②)m 이하로 할 것

① 1.85 ② 1.5

03 콘크리트 펌프카 작업 시 감전위험이 있는 경우 사업주가 취해야 할 조치사항 2가지를 쓰시오.(4점)

[산기2101]

① 근로자가 차량 등의 그 어느 부분과도 접촉하지 않도록 울타리를 설치하거나 감시인 배치 등의 조치를 한다.
② 근로자가 해당 전압에 적합한 절연용 보호구등을 착용하거나 사용하게 한다.
③ 차량등의 절연되지 않은 부분이 접근 한계거리 이내로 접근하지 않도록 한다.
④ 충전전로 인근에서 접지된 차량등이 충전전로와 접촉할 우려가 있을 경우에는 지상의 근로자가 접지점에 접촉하지 않도록 조치하여야 한다.

▲ 해당 답안 중 2가지 선택 기재

04 차량용 건설기계 중 도로포장용 건설기계와 천공형 건설기계를 각각 2가지씩 쓰시오.(4점) [산기2101]

① 도로포장용 건설기계 : 아스팔트 살포기, 콘크리트 살포기, 아스팔트 피니셔, 콘크리트 피니셔
② 천공형 건설기계 : 어스오거, 어스드릴, 크롤러드릴, 점보드릴

▲ 해당 답안 중 각각 2가지씩 선택 기재

05 연평균 500명이 근무하는 건설현장에서 연간 작업하는 중 응급조치 이상의 안전사고가 15건 발생하였다. 도수율을 구하시오.(단, 연간 300일, 8시간/일)(4점)

[산기0601/산기1704/산기2101]

- 도수율은 1백만 시간동안 작업 시의 재해발생건수이다.
- 연간총근로시간을 먼저 구해야 하므로 계산하면 $500 \times 300 \times 8 = 1,200,000$시간이다.
- 재해건수 15건이므로 도수율 $= \dfrac{15}{1,200,000} \times 1,000,000 = 12.5$이다.

06 산업안전보건기준에 관한 규칙에서 타워크레인을 와이어로프로 지지하는 경우 사업주가 준수해야 할 사항 3가지를 쓰시오.(단, 설치작업설명서에 따라 설치, 관련 전문가의 확인을 받아 설치는 제외)(6점)

[산기2101]

① 서면심사에 관한 서류 또는 제조사의 설치작업설명서 등에 따라 설치할 것
② 건축구조·건설기계·기계안전·건설안전기술사 또는 건설안전분야 산업안전지도사의 확인을 받아 설치하거나 기종별·모델별 공인된 표준방법으로 설치할 것
③ 와이어로프를 고정하기 위한 전용 지지프레임을 사용할 것
④ 와이어로프가 가공전선(架空電線)에 근접하지 않도록 할 것
⑤ 와이어로프 설치각도는 수평면에서 60도 이내로 하되, 지지점은 4개소 이상으로 하고, 같은 각도로 설치할 것
⑥ 와이어로프와 그 고정부위는 충분한 강도와 장력을 갖도록 설치하고, 와이어로프를 클립·샤클(shackle, 연결고리) 등의 고정기구를 사용하여 견고하게 고정시켜 풀리지 아니하도록 하며, 사용 중에는 충분한 강도와 장력을 유지하도록 할 것

▲ 해당 답안 중 3가지 선택 기재(①과 ②는 벽체에 지지하는 경우와 와이어로프로 지지하는 경우의 공통 준수사항)

07 하인리히의 1:29:300의 법칙은 무상해사고 300건이 발생할 경우 29건의 경상과 1건의 중상이 발생할 수 있음을 의미한다. 중상이 6건 발생할 경우 경상 및 무상해사고는 각각 몇 건씩 발생할 수 있는지를 식과 답을 쓰시오.(5점)

[산기2101]

- 하인리히의 재해구성비율은 중상(1) : 경상(29) : 무상해사고(300)이므로 중상(6)건에는 경상 29×6, 무상해사고 300×6건이 발생할 수 있다.
- 계산하면 경상은 29×6 = 174건, 무상해사고는 300×6 = 1,800건이 발생할 수 있다.

08 동기부여의 이론 중 알더퍼의 ERG 이론에서 ERG는 각각 어떤 의미를 가지는지 쓰시오.(3점)

[산기0801/산기1404/산기2101]

① E : 존재욕구
② R : 관계욕구
③ G : 성장욕구

09 채석작업을 하는 때에는 채석작업 계획을 작성하고 그 계획에 의하여 작업을 실시하여야 하는데, 채석작업 시 작업계획서에 포함될 내용을 4가지 쓰시오.(4점)

[기사0504/기사0604/기사0801/산기0904/기사1002/기사1101/기사1202/산기1202/기사1402/기사1502/산기1702/기사1802/산기1902/산기2101]

① 발파방법   ② 암석의 가공장소   ③ 암석의 분할방법
④ 굴착면의 높이와 기울기   ⑤ 굴착면 소단의 위치와 넓이   ⑥ 표토 또는 용수의 처리방법
⑦ 노천굴착과 갱내굴착의 구별 및 채석방법
⑧ 갱내에서의 낙반 및 붕괴방지 방법
⑨ 토석 또는 암석의 적재 및 운반방법과 운반경로
⑩ 사용하는 굴착기계·분할기계·적재기계 또는 운반기계의 종류 및 성능

▲ 해당 답안 중 4가지 선택 기재

10 산업안전보건기준에 관한 규칙에 따라 지반 굴착 시 굴착면의 기울기 기준을 채우시오.(5점)

[기사0401/기사0504/기사0702/산기1502/기사1701/기사1702/산기1804/기사1904/산기2101]

지반의 종류	기울기	지반의 종류	기울기
모래	(①)	경암	(④)
연암	(②)	그 밖의 흙	(⑤)
풍화암	(③)		

① 1 : 1.8   ② 1 : 1.0   ③ 1 : 1.0
④ 1 : 0.5   ⑤ 1 : 1.2

11 작업발판 일체형 거푸집 종류 4가지를 쓰시오.(4점)   [기사1102/산기1304/산기2101/산기2202]

① 갱 폼
② 슬립 폼
③ 클라이밍 폼
④ 터널 라이닝 폼

12 발파작업에 종사하는 근로자가 준수하여야 할 사항에 대한 설명이다. ( )안에 알맞은 내용을 넣으시오.(6점)

[기사0401/기사0802/산기1301/산기2101]

> 가) 전기뇌관에 의한 발파의 경우 점화하기 전에 화약류를 장전한 장소로부터 (①)m 이상 떨어진 안전한 장소에서 전선에 대하여 저항측정 및 도통시험을 할 것
> 나) 전기뇌관에 의한 경우는 발파모선을 점화기에서 떼어 그 끝을 단락시켜 놓는 등 재점화되지 않도록 조치하고 그 때부터 (②)분 이상 경과한 후가 아니면 화약류의 장전장소에 접근시키지 않도록 할 것
> 다) 전기뇌관 외의 것에 의한 경우는 점화한 때부터 (③)분 이상 경과한 후가 아니면 화약류의 장전장소에 접근시키지 않도록 할 것

① 30   ② 5   ③ 15

13 산업안전보건기준에 관한 규칙에서 다음과 같은 작업조건에서 지급해야 하는 보호구를 각각 쓰시오.(6점)

[산기2101]

> ① 물체가 떨어지거나 날아올 위험 또는 근로자가 추락할 위험이 있는 작업
> ② 물체의 낙하·충격, 물체에의 끼임, 감전 또는 정전기의 대전(帶電)에 의한 위험이 있는 작업
> ③ 용접 시 불꽃이나 물체가 흩날릴 위험이 있는 작업

① 안전모
② 안전화
③ 보안면

4회 필답형 기출복원문제

01 흙의 동상 방지 대책 3가지를 쓰시오.(6점)

[기사0601/기사0602/기사0904/기사1304/산기1304/기사1401/기사1402/기사1702/기사1801/산기2004]

① 동결되지 않는 흙으로 치환한다.
② 지하수위를 낮춘다.
③ 흙 속에 단열재료를 매입한다.
④ 지표의 흙을 화학약품 처리하여 동결온도를 낮춘다.
⑤ 모관수의 상승을 차단하기 위하여 지하수위 상층에 조립토층을 설치한다.

▲ 해당 답안 중 3가지 선택 기재

02 차량계 하역운반기계 등에 단위화물의 무게가 100킬로그램 이상인 화물을 싣거나 내리는 작업을 하는 경우에 해당 작업의 지휘자 준수사항 3가지를 쓰시오.(6점)

[산기2004]

① 작업순서 및 그 순서마다의 작업방법을 정하고 작업을 지휘할 것
② 기구와 공구를 점검하고 불량품을 제거할 것
③ 해당 작업을 하는 장소에 관계 근로자가 아닌 사람이 출입하는 것을 금지할 것
④ 로프 풀기 작업 또는 덮개 벗기기 작업은 적재함의 화물이 떨어질 위험이 없음을 확인한 후에 하도록 할 것

▲ 해당 답안 중 3가지 선택 기재

03 산업안전보건법 시행규칙에 의하면 안전관리자에 선임된 후 3개월 이내에 직무를 수행하는 데 필요한 신규교육을 받아야 하며, 신규교육을 이수한 후 매 2년이 되는 날을 기준으로 전후 3개월 사이에 안전보건에 관한 보수교육을 받아야 한다. 이때 받아야 하는 교육시간을 각각 쓰시오.(3점)

[산기2004]

교육대상	교육시간	
	신규교육	보수교육
안전보건관리책임자	6시간 이상	(①)시간 이상
안전관리자, 안전관리전문기관의 종사자	34시간 이상	(②)시간 이상
보건관리자, 보건관리전문기관의 종사자	(③)시간 이상	24시간 이상

① 6   ② 24   ③ 34

04 토공사의 비탈면 보호방법(공법)의 종류를 4가지 쓰시오.(4점) [기사1601/산기1801/기사1902/산기2004]

① 식생공법 ② 피복공법
③ 뿜칠공법 ④ 붙임공법
⑤ 격자틀공법 ⑥ 낙석방호공법

▲ 해당 답안 중 4가지 선택 기재

05 대통령령으로 정하는 크기, 높이 등에 해당하는 건설공사를 착공하려는 경우 유해위험방지 계획서 제출과 관련한 다음 ( ) 안을 채우시오.(4점) [산기2004]

사업주가 유해 · 위험방지계획서를 제출할 때에는 건설공사 유해 · 위험방지계획서에 관련된 서류를 첨부하여 해당 공사의 (①)까지 공단에 (②)부를 제출해야 한다.

① 착공 전날 ② 2

06 산소결핍에 대한 설명이다. ( )에 알맞은 내용을 쓰시오.(3점) [산기2004]

산소결핍이란 공기 중의 산소 농도가 (   )% 미만인 상태를 말한다.

• 18

07 보호구 안전인증 안전모의 성능시험 항목 3가지를 쓰시오.(5점) [산기1001/산기1404/산기2004]

① 내관통성 시험 ② 충격흡수성 시험
③ 난연성 시험 ④ 내전압성 시험
⑤ 내수성 시험 ⑥ 턱끈풀림

▲ 해당 답안 중 3가지 선택 기재

08 계단의 설치기준에 대한 설명이다. ( ) 안을 채우시오.(3점)　　　　　　　　　　　[산기2004]

> 사업주는 계단을 설치하는 경우 바닥면으로부터 높이 ( )m 이내의 공간에 장애물이 없도록 하여야 한다.

- 2

09 사업주는 중대재해가 발생한 사실을 알게 된 경우에는 지체없이 관할 지방고용노동관서의 장에게 전화·팩스, 또는 그 밖에 적절한 방법으로 보고하여야 한다. 이때 보고내용 2가지를 쓰시오.(단, 그밖의 중요한 사항은 제외)(4점)　　　　　　　　　　　[산기2004]

① 발생 개요 및 피해 상황
② 조치 및 전망

10 다음은 강관비계의 구조에 대한 설명이다. ( ) 안을 채우시오.(6점)

[기사1302/산기1704/산기1802/산기1901/기사1904/산기2004/산기2101/산기2302]

> 가) 비계기둥의 간격은 띠장 방향에서는 (①)m 이하, 장선(長線) 방향에서는 (②)m 이하로 할 것
> 나) 띠장 간격은 (③)m 이하로 설치할 것

① 1.85　　　　　　　　② 1.5　　　　　　　　③ 2

11 사업주는 흙막이 지보공을 조립하는 경우 미리 조립도를 작성하여 그 조립도에 따라 조립하도록 해야 하는데 흙막이판·말뚝·버팀대 및 띠장 등 부재와 관련하여 조립도에 명시되어야 할 사항을 3가지 쓰시오.(6점)

[산기1501/산기2004]

① 배치　　　　　　　　　　② 치수
③ 재질　　　　　　　　　　④ 설치방법
⑤ 설치순서

▲ 해당 답안 중 3가지 선택 기재

12 작업발판의 끝이나 개구부로서 근로자가 추락할 위험이 있는 장소에서 작업 시 추락방지대책 3가지를 쓰시오.(6점)

[기사0401/산기0501/산기1002/기사1201/산기1201/산기1504/산기1802/산기1902/산기1904/기사2002/산기2003/산기2004/산기2201]

① 안전난간 설치　　　　　　　　② 울타리 설치
③ 추락방호망 설치　　　　　　　④ 수직형 추락방망 설치
⑤ 덮개 설치　　　　　　　　　　⑥ 개구부 표시

▲ 해당 답안 중 3가지 선택 기재

13 크레인을 이용하여 10kN의 화물을 주어진 조건으로 인양하는 경우 와이어로프 1가닥에 걸리는 장력(kN)을 계산하시오.(4점)

[산기0604/산기1204/산기2004]

① 화물을 각도 90도로 들어 올릴 때 와이어로프 1가닥이 받는 하중
② 화물을 각도 30도로 들어 올릴 때 와이어로프 1가닥이 받는 하중

① 와이어로프에 걸리는 장력 $= \dfrac{\dfrac{화물무게}{2}}{\cos\left(\dfrac{\theta}{2}\right)}$ 에 대입하면 $\dfrac{\dfrac{10}{2}}{\cos\dfrac{90}{2}} = 7.071\cdots$ 이므로 7.07[kN]이다.

② 와이어로프에 걸리는 장력 $= \dfrac{\dfrac{화물무게}{2}}{\cos\left(\dfrac{\theta}{2}\right)}$ 에 대입하면 $\dfrac{\dfrac{10}{2}}{\cos\dfrac{30}{2}} = 5.176\cdots$ 이므로 5.18[kN]이다.

01 산업안전보건법상 사업 내 안전·보건교육에 대한 교육시간을 쓰시오.(6점)

[기사0302/기사0502/기사0804/기사0904/기사1201/산기1301/산기1304/산기1604/기사1801/산기1804/산기2003/산기2102]

교육과정	교육대상	교육시간
정기교육	관리감독자의 지위에 있는 사람	(①)시간 이상
작업내용 변경 시의 교육	일용근로자 및 근로계약기간이 1주일 이하인 기간제 근로자	(②)시간 이상
건설업 기초안전·보건교육	건설 일용근로자	(③)시간 이상

① 연간 16   ② 1   ③ 4

02 굴착공사 시 토사붕괴의 발생을 예방하기 위해 점검해야 할 사항 3가지를 쓰시오.(6점)

[산기1001/산기1404/산기2003]

① 전 지표면의 답사
② 경사면의 지층 변화부 상황 확인
③ 부석의 상황 변화의 확인
④ 용수의 발생 유·무 또는 용수량의 변화 확인
⑤ 결빙과 해빙에 대한 상황의 확인
⑥ 각종 경사면 보호공의 변위, 탈락 유·무

▲ 해당 답안 중 3가지 선택 기재

03 달비계 와이어로프의 소선 가닥수가 10가닥, 와이어로프의 파단하중은 1,000kg이다. 달기 와이어로프에 걸리는 무게가 1,000kg과 100kg일 때 이 와이어로프를 사용할 수 있는 지의 여부를 판단하시오.(4점)

[산기0702/산기2003]

- 안전계수 = 10가닥 $\times \dfrac{1,000}{1,100}$ = 9.09이다.
- 달기 와이어로프의 안전계수는 10 이상이어야 하므로 이 와이어로프는 사용할 수 없다.

04 고용노동부장관에게 보고해야 하는 중대재해 3가지를 쓰시오.(3점)

[산기0502/산기0702/산기1002/산기1701/산기1704/산기2003/산기2101/산기2204]

① 사망자가 1명 이상 발생한 재해
② 3개월 이상의 요양이 필요한 부상자가 동시에 2명 이상 발생한 재해
③ 부상자 또는 직업성 질병자가 동시에 10명 이상 발생한 재해

05 다음은 강관비계에 관한 내용이다. 다음 물음에 답하시오.(4점)

[산기1602/산기2003/산기2101]

① 띠장 간격
② 비계기둥의 간격은 장선 방향

① 2m 이하
② 1.5m 이하

06 개인용 보호구의 하나인 안전모에 대한 설명이다. ( ) 안을 채우시오.(4점)

[산기1704/산기2003/산기2302]

가) (①)란 착용자의 머리부위를 덮는 주된 물체로서 단단하고 매끄럽게 마감된 재료를 말한다.
나) (②)란 머리받침끈, 머리고정대 및 머리받침고리로 구성되어 추락 및 감전 위험방지용 안전모 머리 부위에
고정시켜주며, 안전모에 충격이 가해졌을 때 착용자의 머리 부위에 전해지는 충격을 완화시켜주는 기능을
갖는 부품을 말한다.

① 모체
② 착장체

07 작업자가 고소에서 비계설치 작업 중 작업발판에 미끄러지면서 추락하는 사고를 당해 상해를 입었을 때,
기인물 및 가해물을 각각 쓰시오.(5점)

[산기2003]

기인물	①	가해물	②

① 작업발판
② 바닥

08 산업안전보건법상 안전보건표지의 색채 기준에 대한 설명이다. 빈칸을 채우시오.(4점) [산기1604/산기2003]

색채	사용례
(①)	화학물질 취급장소에서의 유해·위험경고
(②)	비상구 및 피난소, 사람 또는 차량의 통행표지
(③)	파란색 또는 녹색에 대한 보조색
(④)	문자 및 빨간색 또는 노란색에 대한 보조색

① 빨간색   ② 녹색
③ 흰색   ④ 검은색

09 차량계 건설기계 작업 시 넘어지거나, 굴러떨어짐에 의해 근로자에게 위험을 미칠 우려가 있을 경우 조치사항을 3가지 쓰시오.(6점) [산기0802/산기0902/산기1101/산기1201/산기1504/산기1801/산기2001/산기2003/산기2201]

① 유도하는 사람을 배치   ② 지반의 부동침하 방지
③ 갓길의 붕괴 방지   ④ 도로 폭의 유지

▲ 해당 답안 중 3가지 선택 기재

10 작업발판의 끝이나 개구부로서 근로자가 추락할 위험이 있는 장소에서 작업 시 추락방지대책 3가지를 쓰시오.(6점) [기사0401/산기0501/산기1002/기사1201/산기1201/산기1504/산기1802/산기1902/산기1904/기사2002/산기2003/산기2004]

① 안전난간 설치   ② 울타리 설치
③ 추락방호망 설치   ④ 수직형 추락방망 설치
⑤ 덮개 설치   ⑥ 개구부 표시

▲ 해당 답안 중 3가지 선택 기재

11 무거운 물건을 인력으로 들어 올리려 할 때 발생할 수 있는 재해유형 4가지를 쓰시오.(4점) [산기1702/산기2003]

① 추락   ② 낙하   ③ 전도
④ 협착   ⑤ 붕괴

▲ 해당 답안 중 4가지 선택 기재

12 달기 체인을 달비계에 사용해서는 안 되는 사용금지 기준 3가지를 쓰시오.(3점)

[산기1201/산기1302/산기2003]

① 달기 체인의 길이가 달기 체인이 제조된 때의 길이의 5%를 초과한 것
② 링의 단면지름이 달기 체인이 제조된 때의 해당 링의 지름의 10%를 초과하여 감소한 것
③ 균열이 있거나 심하게 변형된 것

13 굴착공사에는 원칙적으로 흙막이 지보공을 설치하여야 하나 흙막이 지보공이 없이 굴착 가능한 깊이의
기준을 쓰시오.

[산기2003]

• 1.5m 이하

01 NATM공법과 Shield공법을 설명하시오.(4점)   [산기0902/산기1204/산기2002]

① NATM공법은 암반 자체의 지지력을 기초로 하여 록볼트의 고정, 숏크리트와 지보재로 보강하여 지반을 안정시킨 후 터널을 굴착하는 방법이다.

② Shield공법은 원형 관에 해당하는 Shield를 수직구에 투입시켜 커트헤드를 회전시키면서 굴착하고, Shield 뒤쪽에서 세그먼트를 반복적으로 설치하면서 터널을 굴착하는 방법이다.

02 사업주가 작업으로 인하여 물체가 떨어지거나 날아올 위험을 방지하기 위해 취하는 안전조치 4가지를 쓰시오.(4점)   [산기1401/기사1601/산기1602/산기1604/산기1802/기사1901/산기2001/산기2002]

① 낙하물 방지망 설치   ② 수직보호망 설치
③ 방호선반 설치   ④ 출입금지구역의 설정
③ 보호구의 착용

▲ 해당 답안 중 4가지 선택 기재

03 산업안전보건법상 안전관리자가 수행하여야 할 업무사항 4가지를 쓰시오.(6점)   [기사0804/산기0901/기사1001/산기1302/기사1704/산기2002]

① 위험성평가에 관한 보좌 및 조언·지도
② 사업장 순회점검·지도 및 조치의 건의
③ 업무수행 내용의 기록·유지
④ 해당 사업장 안전교육계획의 수립 및 안전교육 실시에 관한 보좌 및 조언·지도
⑤ 산업안전보건위원회 또는 안전·보건에 관한 노사협의체에서 심의·의결한 업무와 해당 사업장의 안전보건관리규정 및 취업규칙에서 정한 업무
⑥ 안전인증대상 기계·기구 등과 자율안전확인대상 기계·기구 등 구입 시 적격품의 선정에 관한 보좌 및 지도·조언
⑦ 산업재해 발생의 원인 조사·분석 및 재발 방지를 위한 기술적 보좌 및 지도·조언
⑧ 산업재해에 관한 통계의 유지·관리·분석을 위한 보좌 및 지도·조언
⑨ 안전에 관한 사항의 이행에 관한 보좌 및 지도·조언

▲ 해당 답안 중 4가지 선택 기재

04 산업안전보건법상 정기 안전·보건점검의 실시 횟수를 쓰시오.(4점) [산기1301/산기2002]

① 건설업	② 토사석광업

① 2개월에 1회 이상
② 분기에 1회 이상

05 동바리로 사용하는 파이프 서포트 설치 시 준수사항에서 ( ) 안을 채우시오.(4점) [산기2002]

- 파이프 서포트를 (①)개 이상 이어서 사용하지 않도록 할 것
- 파이프 서포트를 이어서 사용하는 경우에는 (②)개 이상의 볼트 또는 전용철물을 사용하여 이을 것

① 3
② 4

06 연약한 점토지반을 굴착할 때 흙막이벽 굴삭면과 배면부의 토압 차이로 인해 흙막이벽 배면부의 흙이 가라앉으면서 굴삭 바닥면이 부풀어 오르는 현상을 쓰시오.(3점) [산기0701/산기0904/산기1601/산기1901/산기2002]

- 히빙(Heaving) 현상

07 근로자 400명이 근무하는 사업장에서 30건의 산업재해로 32명의 재해자가 발생하였다. 도수율과 연천인율을 구하시오.(단, 근로시간은 1일 8시간 280일 근무한다)(6점) [산기2002]

① 도수율
- 도수율을 구하기 위해 먼저 연간총근로시간을 구한다.
- 연간총근로시간은 $400 \times 8 \times 280 = 896,000$ 시간이다.
- 도수율은 $\dfrac{30}{896,000} \times 1,000,000 = 33.482\cdots$ 이므로 33.48 이다.

② 연천인율
- 연천인율은 $\dfrac{32}{400} \times 1,000 = 80$ 이다.

08 산업안전보건법에 따른 안전인증대상 보호구 5개를 쓰시오.(단, 법규에 따른 용어를 정확히 쓸 것)(5점)

[산기0502/산기0701/산기2002]

① 안전화　　　　　　　　② 안전장갑　　　　　　　③ 방진마스크
④ 방독마스크　　　　　　⑤ 송기마스크　　　　　　⑥ 전동식 호흡보호구
⑦ 보호복　　　　　　　　⑧ 안전대　　　　　　　　⑨ 용접용 보안면
⑩ 방음용 귀마개 또는 귀덮개
⑪ 추락및 감전위험방지용 안전모
⑫ 차광 및 비산물 위험방지용 보안경

▲ 해당 답안 중 5가지 선택 기재

09 고용노동관서의 장은 사업주에게 특별한 사유가 발생한 경우 안전관리자를 정수 이상으로 증원 및 교체하여 임명할 것을 명할 수 있다. 이의 사유를 3가지 쓰시오.(6점)

[산기0802/산기0804/기사1001/기사1402/산기1501/산기1702/기사1704/산기2001/산기2002]

① 해당 사업장의 연간재해율이 같은 업종의 평균재해율의 2배 이상인 경우
② 중대재해가 연간 2건 이상 발생한 경우
③ 관리자가 질병이나 그 밖의 사유로 3개월 이상 직무를 수행할 수 없게 된 경우
④ 화학적 인자로 인한 직업성질병자가 연간 3명 이상 발생한 경우

▲ 해당 답안 중 3가지 선택 기재

10 안전관리조직 중 라인형 조직과 라인-스텝형 조직의 장·단점을 각각 2가지씩 쓰시오.(4점)

[산기1101/산기1302/산기2002]

	라인형 조직	라인-스텝형 조직
장점	① 안전에 관한 지시나 조치가 신속하고 철저하다. ② 참모형 조직보다 경제적인 조직이다.	① 안전 전문가에 의해 입안된 것을 경영자의 지침으로 명령 실시하므로 정확하고 신속하다. ② 조직원 전원을 자율적으로 안전활동에 참여시킬 수 있다.
단점	① 안전보건에 관한 전문 지식이나 기술축적이 쉽지 않다. ② 안전정보 및 신기술 개발이 어렵다.	① 명령계통과 조언·권고적 참여가 혼동되기 쉽다. ② 스태프의 월권행위가 발생하는 경우가 있다.

11 타워크레인의 작업중지에 관한 내용이다. 빈칸을 채우시오.(4점)

[산기|0601/산기0804/산기|0901/산기|1302/기사2002/산기2002]

> 사업주는 순간풍속이 초당 (①)m를 초과하는 경우 타워크레인의 설치·수리·점검 또는 해체작업을 중지하여
> 야 하며, 순간풍속이 초당 (②)m를 초과하는 경우에는 타워크레인의 운전작업을 중지하여야 한다.

① 10
② 15

12 흙막이 지보공을 설치하였을 때 정기적으로 점검해야 할 사항 3가지를 쓰시오.(6점)

[산기0602/산기0701/산기1402/산기1702/산기2002/산기2201]

① 부재의 손상·변형·부식·변위 및 탈락의 유무와 상태
② 버팀대 긴압의 정도
③ 부재의 접속부·부착부 및 교차부의 상태
④ 침하의 정도

▲ 해당 답안 중 3가지 선택 기재

13 산업안전보건법상 산업재해가 발생했을 경우 기록 및 보존해야 하는 항목을 재해 재발방지계획을 제외하고
4가지 쓰시오.(4점) [기사0501/기사0701/산기1204/기사1801/기사2002/산기2002]

① 사업장의 개요
② 근로자의 인적사항
③ 재해 발생의 일시 및 장소
④ 재해 발생의 원인 및 과정

01 작업발판에 대한 다음 ( )안에 알맞은 수치를 쓰시오.(4점) [기사1401/산기1702/기사1902/산기2001]

> 비계의 높이가 2m 이상인 작업장소에 설치하는 작업발판의 폭은 (①)cm 이상으로 하고, 발판재료 간의 틈은 (②)cm 이하로 할 것

① 40 ② 3

02 차량계 건설기계를 사용하는 작업할 때에 그 기계가 넘어지거나 굴러떨어짐으로써 근로자가 위험해질 우려가 있는 경우에 사업주의 조치사항을 3가지 쓰시오.(6점)

[기사0304/기사0401/기사0504/기사0704/기사1702/기사1804/기사2001/산기2001]

① 유도하는 사람을 배치
② 지반의 부동침하 방지
③ 갓길의 붕괴 방지
④ 도로 폭의 유지

▲ 해당 답안 중 3가지 선택 기재

03 굴착작업에 있어서 지반의 붕괴 또는 토석의 낙하에 의하여 근로자에게 위험을 미칠 우려가 있는 경우에 사업주의 위험방지를 위한 조치사항을 3가지 쓰시오.(6점) [산기1804/산기2001]

① 흙막이 지보공의 설치
② 방호망의 설치
③ 근로자의 출입 금지

04 건설공사 중 발생되는 보일링 현상을 간략히 설명하시오.(3점) [산기0804/산기1602/산기2001]

- 사질토 지반에서 굴착저면과 흙막이 배면과의 수위차이로 인해 굴착저면의 흙과 물이 함께 위로 솟구쳐 오르는 현상

05 차량계 건설기계를 사용하여 작업을 할 때는 작업계획을 작성하고, 그 작업계획에 따라 작업을 실시하도록 하여야 한다. 이 작업계획에 포함되어야 할 사항 3가지를 쓰시오.(6점)

[기사0301/산기0504/
산기0604/기사0704/산기1002/산기1102/산기1304/산기1401/산기1502/기사1604/기사1702/기사1902/기사1904/산기2001/산기2102/산기2302]

① 사용하는 차량계 건설기계의 종류 및 성능
② 차량계 건설기계의 운행경로
③ 차량계 건설기계에 의한 작업방법

06 밀폐공간 작업으로 인한 건강장해의 예방에 관한 다음 용어의 설명에서 ( ) 안을 채우시오.(4점)

[산기0902/산기1204/산기1802/기사2001/산기2001]

적정공기란 산소농도의 범위가 (①) 이상 (②) 미만, 탄산가스의 농도가 (③) 미만, 일산화탄소의 농도가 30피피엠 미만, 황화수소의 농도가 (④) 미만인 수준의 공기를 말한다.

① 18%   ② 23.5%
③ 1.5%   ④ 10ppm

07 산업안전보건법상 안전보건표지의 색채 기준을 ( ) 안에 쓰시오.(4점)

[산기0901/산기1101/산기1204/산기1901/산기2001]

- (①) 화학물질 취급 장소에서의 유해·위험 경고
- (②) 특정 행위의 지시 및 사실의 고지
- (③) 파란색 또는 녹색에 대한 보조색
- (④) 문자 및 빨간색 또는 노란색에 대한 보조색

① 빨간색   ② 파란색
③ 흰색   ④ 검은색

08 산업재해발생률에서 상시근로자 산출 식을 쓰시오.(4점)   [산기0902/산기1202/산기1604/산기2001/산기2102]

- 상시근로자 수 $= \dfrac{\text{연간국내공사실적액} \times \text{노무비율}}{\text{건설업월평균임금} \times 12}$ 이다.

09 다음은 강관비계에 관한 내용이다. 다음 빈칸을 채우시오.(3점) [산기1601/산기1801/산기2001]

비계기둥의 제일 윗부분으로부터 (　　)되는 지점 밑 부분의 비계기둥은 2개의 강관으로 묶어 세울 것

- 31m

10 하인리히가 제시한 재해예방의 4원칙을 쓰시오.(4점)

[산기0902/산기1101/산기1202/산기1401/기사1501/기사1801/산기2001]

① 예방가능의 원칙
② 손실우연의 원칙
③ 원인연계의 원칙
④ 대책선정의 원칙

11 고용노동관서의 장은 사업주에게 특별한 사유가 발생한 경우 안전관리자를 정수 이상으로 증원 및 교체하여 임명할 것을 명할 수 있다. 이의 사유를 3가지 쓰시오.(6점)

[산기0802/산기0804/기사1001/기사1402/산기1501/산기1702/기사1704/산기2001/산기2002]

① 해당 사업장의 연간재해율이 같은 업종의 평균재해율의 2배 이상인 경우
② 중대재해가 연간 2건 이상 발생한 경우
③ 관리자가 질병이나 그 밖의 사유로 3개월 이상 직무를 수행할 수 없게 된 경우
④ 화학적 인자로 인한 직업성질병자가 연간 3명 이상 발생한 경우

▲ 해당 답안 중 3가지 선택 기재

12 대통령으로 정하는 크기, 높이 등에 해당하는 건설공사를 착공하려는 경우 제출해야 하는 유해 · 위험방지계획서에 대한 다음 물음에 답하시오.(5점) [산기1104/산기1302/산기1404/산기2001]

가) 제출시기	나) 심사 결과의 종류 3가지	

가) 공사의 착공 전날
나)　　① 적정　　　　　② 조건부 적정　　　　　③ 부적정

13 사업주가 작업으로 인하여 물체가 떨어지거나 날아올 위험을 방지하기 위해 취하는 안전조치 3가지를 쓰시오.(6점) [산기1401/기사1601/산기1602/산기1604/산기1802/기사1901/산기2001/산기2002]

① 낙하물 방지망 설치
② 수직보호망 설치
③ 방호선반 설치
④ 출입금지구역의 설정
⑤ 보호구의 착용

▲ 해당 답안 중 3가지 선택 기재

01 산업안전보건법상 건설업 중 유해·위험방지계획서 제출 대상사업에 대한 설명이다. ( )에 알맞은 내용을 쓰시오.(4점)

[기사0302/산기0502/기사0504/산기0602/기사0702/
기사0802/산기0901/산기1001/기사1102/산기1301/산기1601/산기1701/산기1802/기사1802/기사1901/산기1904]

> 가) 지상높이가 (①)m 이상인 건축물 또는 인공구조물, 연면적 3만m^2 이상인 건축물 또는 연면적 5천m^2
>   이상의 문화 및 집회시설, 판매시설, 운수시설, 종교시설, 의료시설 중 종합병원, 숙박시설 중 관광숙박시설,
>   지하도상가 또는 냉동·냉장창고시설의 건설·개조 또는 해체
> 나) 최대 지간길이가 (②)m 이상인 교량 건설 등 공사
> 다) 깊이 (③)m 이상인 굴착공사
> 라) 연면적 (④)m^2 이상의 냉동·냉장창고시설의 설비공사 및 단열공사

① 31 ② 50
③ 10 ④ 5천

02 화물자동차를 사용하는 작업을 하게 할 때 작업 시작 전 점검사항을 3가지 쓰시오.(6점) [산기1904]

① 제동장치 및 조종장치의 기능
② 하역장치 및 유압장치의 기능
③ 바퀴의 이상 유무

03 다음은 사다리식 통로의 안전기준에 대한 사항이다. 빈칸을 채우시오.(4점)

[기사0302/기사0401/기사0601/산기0702/산기0801/산기1402/산기1601/기사1602/산기1604/산기1902/산기1904/산기2304]

> 가) 발판과 벽의 사이는 (①)cm 이상의 간격을 유지할 것
> 나) 사다리의 상단은 걸쳐놓은 지점으로부터 (②)cm 이상 올라가도록 할 것
> 다) 사다리식 통로의 길이가 (③)m 이상인 경우에는 (④)m 이내마다 계단참을 설치할 것

① 15 ② 60
③ 10 ④ 5

04 산업안전보건법상 이동식 크레인을 사용하여 작업을 하기 전에 점검할 사항을 3가지 쓰시오.(6점)

[산기0501/기사0802/산기1202/산기1302/산기1701/기사1902/산기1904]

① 권과방지장치나 그 밖의 경보장치의 기능
② 브레이크·클러치 및 조정장치의 기능
③ 와이어로프가 통하고 있는 곳 및 작업장소의 지반상태

05 작업자가 계단에서 굴러 떨어져 바닥에 부딪히는 사고를 당해 상해를 입었을 때, 재해의 발생형태, 기인물 및 가해물을 각각 쓰시오.(6점)

[산기1904]

발생형태	①	기인물	②	가해물	③

① 전도   ② 계단   ③ 바닥

06 산업안전보건법상 양중기 종류 3가지를 쓰시오.(세부사항까지 쓰시오)(3점)

[기사0502/산기0701/기사1201/산기1401/산기1502/산기1701/기사1902/산기1904/산기2202]

① 이동식 크레인
② 곤돌라
③ 승강기
④ 크레인[호이스트(hoist)를 포함한다]
⑤ 리프트(이삿짐운반용 리프트의 경우는 적재하중이 0.1톤 이상인 것으로 한정한다)

▲ 해당 답안 중 3가지 선택 기재

07 작업발판의 끝이나 개구부로서 근로자가 추락할 위험이 있는 장소에서 작업 시 추락방지대책 3가지를 쓰시오.(6점)

[기사0401/산기0501/산기1002/기사1201/산기1201/산기1504/산기1802/산기1902/산기1904/기사2002/산기2003/산기2004/산기2201]

① 안전난간 설치   ② 울타리 설치
③ 추락방호망 설치   ④ 수직형 추락방망 설치
⑤ 덮개 설치   ⑥ 개구부 표시

▲ 해당 답안 중 3가지 선택 기재

08 히빙으로 인해 인접 지반 및 흙막이 지보공에 영향을 미치는 현상을 2가지 쓰시오.(4점)

[산기1002/산기1504/산기1904/산기2202]

① 흙막이 지보공의 파괴
② 배면 토사의 붕괴

09 다음 경고표지의 명칭을 쓰시오.(3점)

[산기1904]

①   ②   ③

① 인화성물질경고
② 급성독성물질경고
③ 산화성물질경고

10 잠함, 우물통 수직갱 기타 이와 유사한 건설물 또는 설비의 내부에서 굴착작업을 하는 때에 사업주가 준수하여야 할 사항 2가지를 쓰시오.(4점)

[기사0402/기사0501/기사0502/기사0704/기사0801/기사0802/기사0904/산기1302/산기1501/기사1604/산기1902/산기1904]

① 산소 결핍 우려가 있는 경우에는 산소의 농도를 측정하는 사람을 지명하여 측정하도록 할 것
② 근로자가 안전하게 오르내리기 위한 설비를 설치할 것
③ 굴착 깊이가 20m를 초과하는 경우에는 해당 작업장소와 외부와의 연락을 위한 통신설비 등을 설치할 것
④ 산소 결핍이 인정되거나 굴착 깊이가 20m를 초과하는 경우에는 송기를 위한 설비를 설치하여 필요한 양의 공기를 공급해야 한다.

▲ 해당 답안 중 2가지 선택 기재

11 Off-J.T의 정의를 쓰시오.(4점)

[산기1904/산기2202]

• Off the Job Training의 약자로, 전문가를 위촉하여 다수의 교육생을 특정 장소에 소집하여 일괄적, 조직적, 집중적으로 교육하는 방법을 말한다.

12 경사면 붕괴방지를 위해 설치하거나 조치를 하여야 할 사항 3가지를 쓰시오.(6점)

[기사0302/기사1201/기사1804/기사1902/산기1904]

① 옹벽을 쌓아 경사면 붕괴를 방지한다.
② 균열이 많은 암반에 철망을 씌워 경사면 붕괴를 방지한다.
③ 토석을 제거한다.
④ 측구를 설치하여 지표수 침투를 방지한다.

▲ 해당 답안 중 3가지 선택 기재

13 어느 공장의 도수율이 4.0이고, 강도율이 1.5일 때 다음을 구하시오.(4점)

[산기1904/산기2202]

① 평균강도율	② 환산강도율

① 평균강도율은 $\frac{강도율}{도수율} \times 1,000$ 이므로 대입하면 $\frac{1.5}{4} \times 1,000 = 375$ 이다.

② 환산강도율은 강도율 $\times \frac{총근로시간수}{1,000}$ 인데 총근로시간수가 주어지지 않았다. 작업자 1인의 평생작업시간은 보통 100,000시간으로 주어지므로 대입하면 $1.5 \times \frac{100,000}{1,000} = 1.5 \times 100 = 150$ 이다.

01 산업안전보건법상 크레인에 설치한 방호장치의 종류 4가지를 쓰시오(4점)

[산기0704/기사0904/기사1404/산기1601/기사1702/산기1801/산기1902]

① 과부하방지장치
② 권과방지장치
③ 비상정지장치
④ 제동장치

02 채석작업을 하는 때에는 채석작업 계획을 작성하고 그 계획에 의하여 작업을 실시하여야 하는데, 채석작업 시 작업계획서에 포함될 내용을 4가지 쓰시오.(4점)

[기사0504/기사0604/기사0801/산기0904/기사1002/기사1101/기사1202/산기1202/기사1402/기사1502/산기1702/기사1802/산기1902/산기2101]

① 발파방법   ② 암석의 가공장소   ③ 암석의 분할방법
④ 굴착면의 높이와 기울기   ⑤ 굴착면 소단의 위치와 넓이   ⑥ 표토 또는 용수의 처리방법
⑦ 노천굴착과 갱내굴착의 구별 및 채석방법
⑧ 갱내에서의 낙반 및 붕괴방지 방법
⑨ 토석 또는 암석의 적재 및 운반방법과 운반경로
⑩ 사용하는 굴착기계 · 분할기계 · 적재기계 또는 운반기계의 종류 및 성능

▲ 해당 답안 중 4가지 선택 기재

03 산업안전보건법상 특별안전보건교육 중 거푸집 동바리의 조립 또는 해체작업 대상 작업에 대한 교육내용에 해당되는 사항을 3가지 쓰시오.(단, 그 밖의 안전보건관리에 필요한 사항은 제외한다)(6점)

[산기0701/기사1002/산기1104/기사1401/기사1601/기사1604/산기1902/산기2201]

① 동바리의 조립방법 및 작업 절차에 관한 사항
② 조립 해체 시의 사고 예방에 관한 사항
③ 보호구 착용 및 점검에 관한 사항
④ 조립재료의 취급방법 및 설치기준에 관한 사항

▲ 해당 답안 중 3가지 선택 기재

04 히빙 방지대책 3가지를 쓰시오.(6점) [기사0704/기사0902/산기1101/산기1201/기사1602/기사1801/산기1902]

① 어스앵커를 설치한다.
② 굴착주변을 웰 포인트(Well point)공법과 병행한다.
③ 흙막이 벽의 근입심도를 확보한다.
④ 지반개량으로 흙의 전단강도를 높인다.
⑤ 굴착주변의 상재하중을 제거하여 토압을 최대한 낮춘다.
⑥ 토류벽의 배면토압을 경감시킨다.
⑦ 굴착저면에 토사 등 인공중력을 가중시킨다.
⑧ 굴착방식을 아일랜드 컷 방식으로 개선한다.

▲ 해당 답안 중 3가지 선택 기재

05 잠함, 우물통 수직갱 기타 이와 유사한 건설물 또는 설비의 내부에서 굴착작업을 하는 때에 사업주가 준수하여야 할 사항 3가지를 쓰시오.(6점) [기사0402/기사0501/기사0502/기사0704/기사0801/기사0802/기사0904/산기1302/기사1501/기사1604/산기1902/산기1904]

① 산소 결핍 우려가 있는 경우에는 산소의 농도를 측정하는 사람을 지명하여 측정하도록 할 것
② 근로자가 안전하게 오르내리기 위한 설비를 설치할 것
③ 굴착 깊이가 20m를 초과하는 경우에는 해당 작업장소와 외부와의 연락을 위한 통신설비 등을 설치할 것
④ 산소 결핍이 인정되거나 굴착 깊이가 20m를 초과하는 경우에는 송기를 위한 설비를 설치하여 필요한 양의 공기를 공급해야 한다.

▲ 해당 답안 중 3가지 선택 기재

06 산업안전보건법령상 다음 경우에 해당하는 양중기의 와이어로프(또는 달기 체인)의 안전계수를 빈칸을 채우시오.(4점) [기사0801/산기1001/기사1202/산기1204/기사1501/산기1504/기사1701/기사1702/산기1902]

가) 근로자가 탑승하는 운반구를 지지하는 경우 : (①) 이상
나) 화물의 하중을 직접 지지하는 경우 : (②) 이상
다) 훅, 샤클, 클램프, 리프팅 빔의 경우 : (③) 이상
라) 그 밖의 경우 : (④) 이상

① 10   ② 5
③ 3   ④ 4

07 무재해운동기법 중 "작업 시작 전 및 후에 10분정도의 시간으로 10명 이하로 구성된 팀원 전원이 모여 현장에서 있었던 상황에 대해서 대화한 후 납득하는 작업장 안전회의"와 관련된 위험예지활동을 쓰시오. (3점)　　　　　[산기0504/산기0701/산기0902/산기1502/산기1702/산기1902/산기2104]

● TBM(Tool Box Meeting)

08 작업발판의 끝이나 개구부로서 근로자가 추락할 위험이 있는 장소에서 작업 시 추락방지대책 3가지를 쓰시오.(6점)

[기사0401/산기0501/산기1002/기사1201/산기1201/산기1504/산기1802/산기1902/산기1904/기사2002/산기2003/산기2004/산기2201]

① 안전난간 설치
② 울타리 설치
③ 추락방호망 설치
④ 수직형 추락방망 설치
⑤ 덮개 설치
⑥ 개구부 표시

▲ 해당 답안 중 3가지 선택 기재

09 유해·위험방지계획서의 심사결과에 해당하는 적정, 조건부 적정, 부적정을 설명하시오.(6점)　　[산기1902]

① 적정 : 근로자의 안전과 보건을 위하여 필요한 조치가 구체적으로 확보되었다고 인정되는 경우
② 조건부 적정 : 근로자의 안전과 보건을 확보하기 위하여 일부 개선이 필요하다고 인정되는 경우
③ 부적정 : 기계·설비 또는 건설물이 심사기준에 위반되어 공사착공 시 중대한 위험발생의 우려가 있거나 계획에 근본적 결함이 있다고 인정되는 경우

10 다음은 사다리식 통로의 안전기준에 대한 사항이다. 빈칸을 채우시오.(4점)
[기사0302/기사0401/기사0601/산기0702/산기0801/산기1402/산기1601/기사1602/산기1604/산기1902/산기1904/산기2204/산기2304]

> 가) 사다리의 상단은 걸쳐놓은 지점으로부터 (①)cm 이상 올라가도록 할 것
> 나) 사다리식 통로의 길이가 10m 이상인 경우에는 (②)m 이내마다 계단참을 설치할 것

① 60
② 5

11 동바리로 사용하는 파이프 서포트 설치 시 준수사항으로 다음 빈칸을 채우시오.(3점)　　　[산기1902]

> 높이가 3.5m를 초과하는 경우에는 높이 2m 이내마다 (　) 를 2개 방향으로 만들고 수평연결재의 변위를 방지할 것

- 수평연결재

12 산업안전보건법령상 고용노동부장관이 명예산업안전감독관을 해촉할 수 있는 경우 2가지를 쓰시오.(4점)

[기사1004/기사1204/기사1601/기사1902/산기1902]

① 근로자대표가 사업주의 의견을 들어 명예감독관의 해촉을 요청한 경우
② 명예감독관의 업무와 관련하여 부정한 행위를 한 경우
③ 명예산업안전감독관이 해당 단체 또는 그 산하조직으로부터 퇴직하거나 해임된 경우
④ 질병이나 부상 등의 사유로 명예산업안전감독관의 업무수행이 곤란하게 된 경우

▲ 해당 답안 중 2가지 선택 기재

13 근로자 50명이 근무하던 중 산업재해가 5건 발생하였고, 사망이 1명, 40일의 근로손실이 발생하였다. 강도율을 구하시오.(단, 근로시간은 1일 9시간 250일 근무한다)(4점)　　　[산기1002/산기1902/산기2104]

- 강도율을 구하기 위해 먼저 연간총근로시간을 구한다.
- 연간총근로시간은 $50 \times 9 \times 250 = 112,500$ 시간이다.
- 근로손실일수는 사망자 1인에 해당하는 7,500일에 40일을 더한 7,540일이 된다.
- 강도율은 $\frac{7,540}{112,500} \times 1,000 \simeq 67.02$ 이다.

01 발파작업 시 발파공의 충진재료로 사용할 수 있는 것 2가지를 쓰시오.(4점) [산기1901]

① 점토
② 모래

02 다음은 강관비계에 관한 내용이다. 다음 빈칸을 채우시오.(5점)

[기사1302/산기1704/산기1802/산기1901/기사1904/산기2004/산기2101/산기2302]

가) 띠장간격은 (①)m 이하로 설치할 것
나) 비계기둥의 간격은 띠장 방향에서는 (②) 이하, 장선 방향에서는 (③)m 이하로 할 것
다) 비계기둥의 제일 윗부분으로부터 (④)m되는 지점 밑 부분의 비계기둥은 2개의 강관으로 묶어 세울 것
라) 비계기둥 간의 적재하중은 (⑤)kg을 초과하지 않도록 할 것

① 2   ② 1.85   ③ 1.5
④ 31   ⑤ 400

03 위험예지훈련 기초 4라운드 기법의 진행순서를 쓰시오.(4점) [산기0802/산기1402/산기1901/산기2104]

① 1단계 : 현상파악
② 2단계 : 본질추구
③ 3단계 : 대책수립
④ 4단계 : 목표설정

04 터널굴착 작업에 있어 근로자 위험방지를 위해 사전 조사 후 작업계획서에 포함하여야 하는 사항 3가지를 쓰시오.(6점) [산기1004/산기1401/산기1901/산기2202]

① 굴착의 방법
② 터널지보공 및 복공의 시공방법과 용수의 처리방법
③ 환기 또는 조명시설을 설치할 때는 그 방법

05 흙막이 공사 후 안전성을 위해 계측기로 계측해야 하는 지점과 해당 계측기를 3가지 쓰시오.(6점)

[산기1204/산기1901]

① 수위계 : 토류벽 배면 지반
② 경사계 : 인접구조물의 골조 또는 벽체
③ 하중계 : 흙막이 지보공의 버팀대
④ 침하계 : 토류벽 배면
⑤ 응력계 : 토류벽 심재

▲ 해당 답안 중 3가지 선택 기재

06 하인리히 및 버드의 재해구성 비율에 대해 설명하시오.(6점)

[산기1301/산기1901]

① 하인리히의 1:29:300 재해구성 비율
  • 중상(1) : 경상(29) : 무상해사고(300)의 재해구성 비율을 말한다.
  • 총 사고 발생건수 330건을 대상으로 분석한 비율이다.
② 버드(Bird)의 재해발생비율
  • 1:10:30:600의 법칙을 말한다.
  • 중상(1) : 경상(10) : 무상해사고(30) : 무상해무사고(600)의 비율을 말한다.

07 근로자 500명이 근무하는 사업장에서 연간 15건의 재해가 발생하고, 18명이 재해를 입어 120일의 근로손실과 43일의 휴업일수가 발생하였다. ① 연천인율, ② 빈도율(도수율), ③ 강도율을 구하시오.(단, 종업원의 근무시간은 1일 8시간, 연간 280일이다)(6점)

[산기1001/산기1104/산기1901]

① 연천인율은 $\dfrac{연간 재해자 수}{연평균 근로자 수} \times 1,000$ 이므로 대입하면 $\dfrac{18}{500} \times 1,000 = 36$ 이다.

• 연간총근로시간을 구하면 $500 \times 8 \times 280 = 1,120,000$ 시간이다.

② 도수율은 $\dfrac{연간 재해 건수}{연간총근로 시간} \times 10^6$ 이므로 대입하면 $\dfrac{15}{1,120,000} \times 1,000,000 = 13.39$ 이다.

• 43일의 휴업일수를 근로손실일수로 환산하면 $43 \times \dfrac{280}{365} = 32.99$ 일이다.

따라서 근로손실일수의 합은 120+32.99 = 152.99일이다.

③ 강도율은 $\dfrac{근로손실 일 수}{연간총근로 시간} \times 1,000$ 이므로 대입하면 $\dfrac{152.99}{1,120,000} \times 1,000 = 0.1365 \cdots$ 이므로 0.14이다.

08 달비계의 적재하중을 정하고자 한다. 다음 ( )안에 안전계수를 쓰시오.(3점)　　　　　　[산기1901]

> 달기와이어로프 및 달기강선의 안전계수 : ( ) 이상

- 10

09 양중기에 사용하는 권상용 와이어로프의 사용금지 사항을 4가지 쓰시오.(4점)

[기사0302/기사0404/산기0601/기사0704/산기0804/기사0901/산기1002/산기1201/
기사1502/산기1502/기사1602/산기1602/산기1701/산기1901/기사2001/기사2004/산기2102/산기2104/산기2204]

① 이음매가 있는 것
② 와이어로프의 한 꼬임에서 끊어진 소선의 수가 10% 이상인 것
③ 지름의 감소가 공칭지름의 7%를 초과하는 것
④ 꼬인 것
⑤ 심하게 변형 또는 부식된 것
⑥ 열과 전기충격에 의해 손상된 것

▲ 해당 답안 중 4가지 선택 기재

10 산업안전보건법상 안전보건표지의 색채와 사용례를 설명한 것이다. 빈칸을 채우시오.(6점)

[산기0901/산기1101/산기1204/산기1901/산기2001]

색채	사 용 례
(①)	화학물질 취급 장소에서의 유해·위험 경고
(②)	특정행위의 지시 및 사실의 고지
(③)	파란색 또는 녹색에 대한 보조색
검은색	문자 및 빨간색 또는 노란색에 대한 보조색

① 빨간색　　　　　　② 파란색　　　　　　③ 흰색

11 연약한 점토지반을 굴착할 때 흙막이벽 굴삭면과 배면부의 토압 차이로 인해 흙막이벽 배면부의 흙이 가라앉으면서 굴삭 바닥면이 부풀어 오르는 현상을 쓰시오.(3점)　　[산기0701/산기0904/산기1601/산기1901/산기2002]

- 히빙(Heaving) 현상

12 차량용 건설기계 중 도저형 건설기계와 천공형 건설기계를 각각 2가지씩 쓰시오.(4점) [산기1604/산기1901]

① 도저형 건설기계 : 불도저, 앵글도저, 스트레이트도저, 틸트도저, 버킷도저
② 천공형 건설기계 : 어스오거, 어스드릴, 크롤러드릴, 점보드릴

▲ 해당 답안 중 각각 2가지씩 선택 기재

13 굴착작업 시 풍화암의 비탈면 안전 기울기를 쓰시오.(3점) [산기1901]

• 1 : 1.0

01 산업안전보건법상 사업 내 안전 · 보건교육에 대한 교육시간을 쓰시오.(5점)

[기사0302/기사0502/기사0804/기사0904/기사1201/산기1202/산기1301/산기1304/산기1604/기사1801/산기1804/산기2003/산기2102]

교육과정	교육대상	교육시간
채용 시의 교육	일용근로자 및 근로계약기간이 1주일 이하인 기간제 근로자	(①)시간 이상
	근로계약기간이 1주일 초과 1개월 이하인 기간제 근로자	(②)시간 이상
	그 밖의 근로자	(③)시간 이상
작업내용 변경 시의 교육	일용근로자 및 근로계약기간이 1주일 이하인 기간제 근로자	(④)시간 이상
	그 밖의 근로자	(⑤)시간 이상
건설업 기초안전 · 보건교육	건설 일용근로자	(⑥)시간 이상

① 1   ② 4   ③ 8

④ 1   ⑤ 2   ⑥ 4

02 고소작업대를 사용하는 경우 작업 시작 전 점검사항을 3가지 쓰시오.(6점)   [산기0702/산기1804]

① 비상정지장치 및 비상하강 방지장치 기능의 이상 유무

② 아웃트리거 또는 바퀴의 이상 유무

③ 작업면의 기울기 또는 요철 유무

④ 활선작업용 장치의 경우 홈 · 균열 · 파손 등 그 밖의 손상 유무

⑤ 과부하 방지장치의 작동 유무(와이어로프 또는 체인구동방식의 경우)

▲ 해당 답안 중 3가지 선택 기재

03 산업안전보건법상 승강기의 종류를 4가지 쓰시오.(4점)   [기사0801/산기0904/기사1004/기사1802/산기1804]

① 승객용 엘리베이터

② 승객화물용 엘리베이터

③ 화물용 엘리베이터

④ 소형화물용 엘리베이터

⑤ 에스컬레이터

▲ 해당 답안 중 4가지 선택 기재

04 목재가공용 둥근톱 방호장치 2가지를 쓰시오.(4점) [산기1104/산기1201/산기1601/산기1801/산기1804/산기2201]

① 반발예방장치
② 톱날 접촉예방장치

05 지반의 이상현상 중 하나인 보일링 방지대책 2가지를 쓰시오.(4점)

[기사0802/기사0901/기사1002/산기1402/기사1504/기사1601/산기1804/기사1901/산기2102]

① 주변 지하수위를 저하시킨다.
② 흙막이 벽의 근입 깊이를 깊게 한다.
③ 지하수의 흐름을 막는다.
④ 굴착한 흙을 즉시 매립하여 원상회복시킨다.
⑤ 공사를 중지한다.

▲ 해당 답안 중 2가지 선택 기재

06 기계가 서 있는 지반보다 높은 곳을 굴착할 때 사용하는 건설기계를 쓰시오.(3점) [산기1602/산기1804]

• 파워셔블(Power shovel)

07 강관비계 조립 시 벽이음 또는 버팀을 설치하는 간격을 보여주고 있다. ( )을 채우시오.(4점)

[기사0402/산기0504/산기0604/기사0702/산기1102/산기1301/산기1402/산기1502/산기1804/기사1901/산기2102/산기2201/산기2304]

종류	조립간격(단위: m)	
	수직방향	수평방향
단관비계	(①)	(②)
틀비계(높이가 5m 미만의 것을 제외)	(③)	(④)

① 5   ② 5
③ 6   ④ 8

08 산업안전보건기준에 관한 규칙에 따라 지반 굴착 시 굴착면의 기울기 기준을 채우시오.(5점)

[기사0401/기사0504/기사0702/산기1502/기사1701/기사1702/산기1804/기사1904]

지반의 종류	기울기	지반의 종류	기울기
모래	(①)	경암	(④)
연암	(②)	그 밖의 흙	(⑤)
풍화암	(③)		

① 1 : 1.8   ② 1 : 1.0   ③ 1 : 1.0

④ 1 : 0.5   ⑤ 1 : 1.2

09 연간 근로시간이 1,400,000시간이고, 재해건수가 5건 발생하여 6명이 사망하고 휴업일수가 219일이다. 이 사업장의 도수율과 강도율을 각각 구하시오.(6점) [산기0902/산기1504/산기1804]

① 도수율

- 도수율은 1백만 시간동안 작업 시의 재해발생건수이다.

- 연간총근로시간이 주어졌으므로 대입하면 도수율 = $\frac{5}{1,400,000} \times 1,000,000 = 3.571 \cdots$ 이므로 3.57이다.

② 강도율

- 강도율은 1천 시간동안 근로할 때 발생하는 근로손실일수이다.
- 근로손실일수를 구하기 위하여 사망자 1인당 7,500일이므로 6명의 사망자는 45,000일이고, 휴업일수 219일은 근로손실일수로 변환하기 위해서 연간근로시간을 300일로 적용하면 $219 \times \frac{300}{365} = 180$일이다. 따라서 근로손실일수는 45,000+180 = 45,180일이다.

- 강도율 = $\frac{45,180}{1,400,000} \times 1,000 = 32.271 \cdots$ 이므로 32.27이다.

10 로프 길이 150cm의 안전대를 착용한 근로자가 추락으로 인한 부상을 당하지 않기 위한 지지점에서 최하단까지의 거리 h를 구하시오.(단, 로프의 신장률은 30%, 근로자의 신장 170cm)(4점) [산기1602/산기1804]

- 구하고자 하는 지지점에서 최하단까지의 거리는 h 즉, (로프의 길이+로프의 신장길이+작업자 키의 1/2)보다 작아야 한다.
- 주어진 값을 대입하면 h = 150+(150×0.3)+(170/2) = 150+45+85=280cm이다.

11 굴착작업에 있어서 지반의 붕괴 또는 토석의 낙하에 의하여 근로자에게 위험을 미칠 우려가 있는 경우에 사업주의 위험방지를 위한 조치사항을 3가지 쓰시오.(6점) [산기|1804/산기|2001]

① 흙막이 지보공의 설치
② 방호망의 설치
③ 근로자의 출입 금지

12 응급구호 표지를 그리고 바탕색과 기본 모형 및 관련부호의 색을 쓰시오.(6점) [산기|1804]

① 바탕색 : 녹색
② 기본모형 : 흰색

13 산업안전보건법상 명예산업안전감독관의 임기를 쓰시오.(3점) [산기|1804]

• 임기 : 2년으로 하되, 연임할 수 있다.

01 안전모의 종류 AB, AE, ABE 사용구분에 따른 용도를 쓰시오.(6점)

[기사0604/기사1504/산기1802/기사1902/기사2004/산기2104]

① AB : 물체의 낙하 또는 비래 및 추락에 의한 위험을 방지 또는 경감시키기 위한 것
② AE : 물체의 낙하 또는 비래에 의한 위험을 방지 또는 경감하고, 머리부위 감전에 의한 위험을 방지하기 위한 것
③ ABE : 물체의 낙하 또는 비래 및 추락에 의한 위험을 방지 또는 경감하고, 머리부위 감전에 의한 위험을 방지하기 위한 것

02 작업발판의 끝이나 개구부로서 근로자가 추락할 위험이 있는 장소에서 작업 시 추락방지대책 3가지를 쓰시오.(3점)

[기사0401/산기0501/산기1002/기사1201/산기1201/산기1504/산기1802/산기1902/산기1904/기사2002/산기2003/산기2004/산기2201]

① 안전난간 설치   ② 울타리 설치
③ 추락방호망 설치   ④ 수직형 추락방망 설치
⑤ 덮개 설치   ⑥ 개구부 표시

▲ 해당 답안 중 3가지 선택 기재

03 종합재해지수를 구하시오.(5점)

[산기0901/산기1304/산기1801/산기1802]

- 연근로시간 : 257,600시간
- 근로손실일수 : 420일
- 연간재해발생건수 : 17건
- 휴업일수 : 34일

- 종합재해지수를 구하기 위해서는 강도율과 도수율을 구해야 한다.
- 근로손실일수는 주어진 420일과 휴업일수 34일을 근로손실일수로 변환($34 \times \frac{300}{365} = 27.945\cdots$)하면 27.945일이므로 근로손실일수의 합계는 447.95일이다.
- 도수율 $= \frac{17}{257,600} \times 10^6 = 65.99$이다.
- 강도율 $= \frac{447.95}{257,600} \times 1,000 = 1.74$이다.
- 종합재해지수 $= \sqrt{65.99 \times 1.74} = 10.7155\cdots$이므로 10.72이다.

04 철근 없이 콘크리트 자중만으로 버티는 중력식 옹벽을 축조할 경우, 필요한 안정조건을 3가지 쓰시오.(6점)

[기사1801/산기1802]

① 활동에 대한 안정   ② 전도에 대한 안정

③ 지반지지력에 대한 안정   ④ 원호활동에 대한 안정

▲ 해당 답안 중 3가지 선택 기재

05 사업주가 작업으로 인하여 물체가 떨어지거나 날아올 위험을 방지하기 위해 취하는 안전조치 3가지를 쓰시오.(6점)

[산기1401/기사1601/산기1602/산기1604/산기1802/기사1901/산기2001/산기2002]

① 낙하물 방지망 설치   ② 수직보호망 설치

③ 방호선반 설치   ④ 출입금지구역의 설정

③ 보호구의 착용

▲ 해당 답안 중 3가지 선택 기재

06 다음은 강관비계에 관한 내용이다. 다음 빈칸을 채우시오.(3점)

[기사1302/산기1704/산기1802/산기1901/기사1904/산기2004/산기2101/산기2302]

가) 비계기둥의 간격은 띠장 방향에서는 1.85m 이하, 장선 방향에서는 (①)m 이하로 할 것
나) 비계기둥의 제일 윗부분으로부터 (②)m 되는 지점 밑 부분의 비계기둥은 2개의 강관으로 묶어 세울 것
다) 비계기둥 간의 적재하중은 (③)kg을 초과하지 않도록 할 것

① 1.5   ② 31   ③ 400

07 작업장에서 크레인(이동식 크레인 제외)을 사용하여 운반작업을 하려고 한다. 작업개시 전에 점검하여야 할 사항을 3가지 쓰시오.(6점)

[기사0304/기사0404/산기0502/
산기0601/산기0704/기사1001/산기1401/산기1402/기사1501/기사1702/산기1802/기사2004/산기2301]

① 권과방지장치·브레이크·클러치 및 운전장치의 기능
② 주행로의 상측 및 트롤리(Trolley)가 횡행하는 레일의 상태
③ 와이어로프가 통하고 있는 곳의 상태

08 근로자 350명이 근무하는 사업장에서 15건의 산업재해로 18명의 재해자가 발생하였다. 도수율과 연천인율을 구하시오.(단, 근로시간은 1일 9시간 250일 근무한다)(6점) [산기1004/산기1302/산기1702/산기1802]

① 도수율
- 도수율을 구하기 위해 먼저 연간총근로시간을 구한다.
- 연간총근로시간은 $350 \times 9 \times 250 = 787,500$시간이다.
- 도수율은 $\dfrac{15}{787,500} \times 1,000,000 = 19.047\cdots$이므로 19.05이다.

② 연천인율
- 연천인율은 $\dfrac{18}{350} \times 1,000 = 51.4285\cdots$이므로 51.43이다.

09 산업안전보건법상 건설업 중 유해·위험방지계획서 제출 대상사업 3가지를 쓰시오.(3점) [기사0302/산기050
2/기사0504/산기0602/기사0702/기사0802/산기0901/산기1001/기사1102/산기1301/산기1601/산기1701/산기1802/기사1802/산기1901/산기1904]

① 최대 지간길이가 50m 이상인 교량 건설 등 공사
② 터널 건설 등의 공사
③ 깊이 10m 이상인 굴착공사
④ 지상높이가 31m 이상인 건축물 또는 인공구조물
⑤ 연면적 5천m² 이상의 냉동·냉장창고시설의 설비공사 및 단열공사
⑥ 지상높이가 31m 이상인 건축물 또는 인공구조물, 연면적 3만m² 이상인 건축물 또는 연면적 5천m² 이상의 문화 및 집회시설, 판매시설, 운수시설, 종교시설, 의료시설 중 종합병원, 숙박시설 중 관광숙박시설, 지하도상가 또는 냉동·냉장창고시설의 건설·개조 또는 해체

▲ 해당 답안 중 3가지 선택 기재

10 중량물 취급작업 시 작업계획서에 포함되어야 하는 사항을 3가지 쓰시오.(6점)

[기사0502/기사0604/기사1401/산기1802]

① 추락위험을 예방할 수 있는 안전대책
② 낙하위험을 예방할 수 있는 안전대책
③ 전도위험을 예방할 수 있는 안전대책
④ 협착위험을 예방할 수 있는 안전대책
⑤ 붕괴위험을 예방할 수 있는 안전대책

▲ 해당 답안 중 3가지 선택 기재

11 크램쉘(Clamshell)의 사용 용도를 쓰시오.(3점) [산기1802]

- 수중굴착 및 협소하고 깊은 범위의 굴착

12 밀폐공간 작업으로 인한 건강장해의 예방에 관한 다음 용어의 설명에서 ( ) 안을 채우시오.(3점)

[산기0902/산기1204/산기1802/기사2001/산기2001]

적정공기란 산소농도의 범위가 (①)% 이상 (②)% 미만, 탄산가스의 농도가 (③)% 미만, 일산화탄소의 농도가 30ppm 미만, 황화수소의 농도가 10ppm 미만인 수준의 공기를 말한다.

① 18   ② 23.5   ③ 1.5

13 해체공사의 공법에 따라 발생하는 소음과 진동의 예방대책을 4가지 쓰시오.(4점) [산기1601/산기1802]

① 전도공법의 경우 전도물 규모를 작게 하여 중량을 최소화하며 전도대상물의 높이도 되도록 작게 하여야 한다.
② 철 햄머 공법의 경우 햄머의 중량과 낙하높이를 가능한 한 낮게 하여야 한다.
③ 현장 내에서는 대형 부재로 해체하며 장외에서 잘게 파쇄하여야 한다.
④ 인접건물의 피해를 줄이기 위해 방음, 방진 목적의 가시설을 설치하여야 한다.
⑤ 공기압축기 등은 적당한 장소에 설치하여야 하며 장비의 소음 진동기준은 관계법에서 정하는 바에 따라서 처리 하여야 한다.

▲ 해당 답안 중 4가지 선택 기재

01 다음은 강관비계에 관한 내용이다. 다음 빈칸을 채우시오.(4점) [산기1601/산기1801/산기2001]

> 비계기둥의 제일 윗부분으로부터 (①)m되는 지점 밑 부분의 비계기둥은 (②)개의 강관으로 묶어 세울 것

① 31
② 2

02 하역작업을 할 때 화물운반용 또는 고정용으로 사용할 수 없는 섬유로프의 사용제한 조건 2가지를 쓰시오.
(4점) [기사0904/산기1101/산기1104/기사1302/산기1402/산기1702/산기1801/기사1802/기사1804]

① 꼬임이 끊어진 것
② 심하게 손상되거나 부식된 것

03 차량계 건설기계 작업 시 넘어지거나, 굴러떨어짐에 의해 근로자에게 위험을 미칠 우려가 있을 경우 조치사항
을 3가지 쓰시오.(6점) [산기0802/산기0902/산기1101/산기1201/산기1504/산기1801/산기2001/산기2003/산기2201]

① 유도하는 사람을 배치 ② 지반의 부동침하 방지
③ 갓길의 붕괴 방지 ④ 도로 폭의 유지

▲ 해당 답안 중 3가지 선택 기재

04 계단 설치기준에 관한 설명이다. 다음 ( )을 채우시오.(4점) [산기1801]

> 사업주는 계단 및 계단참을 설치하는 경우 매 m^2당 (①)kg 이상의 하중에 견딜 수 있는 강도를 가진 구조로
> 설치하여야 하며, 안전율은 (②) 이상으로 하여야 한다.

① 500
② 4

05 토공사의 비탈면 보호방법(공법)의 종류를 4가지 쓰시오.(6점)   [기사1601/산기1801/기사1902/산기2004]

① 식생공법   ② 피복공법

③ 뿜칠공법   ④ 붙임공법

⑤ 격자틀공법   ⑥ 낙석방호공법

▲ 해당 답안 중 4가지 선택 기재

06 목재가공용 둥근톱 방호장치 2가지를 쓰시오.(4점)   [산기1104/산기1201/산기1601/산기1801/산기1804/산기2201]

① 반발예방장치

② 톱날 접촉예방장치

07 작업자가 시야가 가려지는 부피가 큰 짐을 운반하던 중 덮개 없는 개구부로 떨어지는 사고를 당해 상해를 입었을 때, 재해의 발생형태, 기인물 및 가해물 등을 각각 쓰시오.(5점)   [산기0702/산기1404/산기1801/산기2204]

재해형태	(①)	불안전한 행동	(④)
가해물	(②)	불안전한 상태	(⑤)
기인물	(③)		

① 추락(떨어짐)

② 바닥

③ 큰 짐

④ 전방확인이 불가능한 부피가 큰 짐을 혼자서 들고 이동

⑤ 개구부 덮개 미설치

08 기술지도는 공사기간 중 월 2회 이상 실시하여야 하며, 기술지도비가 계상된 안전관리비 총액의 20%를 초과하는 경우에는 그 이내에서 기술지도 횟수를 조정할 수 있다. 전문기술지도 또는 정기기술지도를 실시하지 않아도 되는 공사 3가지를 쓰시오.(6점)   [산기1801]

① 공사기간이 1개월 미만인 공사

② 육지와 연결되지 아니한 섬지역(제주특별자치도는 제외)에서 이루어지는 공사

③ 유해·위험방지계획서를 제출하여야 하는 공사

④ 사업주가 안전관리자의 자격을 가진 사람을 선임하여 안전관리자의 업무만을 전담하도록 하는 공사

▲ 해당 답안 중 3가지 선택 기재

09 철골공사 작업을 중지해야 하는 기상조건을 쓰시오.(단, 단위를 명확히 쓰시오)(3점)

[산기0501/산기0701/산기0704/기사0901/기사1302/산기1404/기사1502/기사1504/산기1801/기사2004/산기2301]

① 풍속 – 초당 10m 이상
② 강설량 – 시간당 1cm 이상
③ 강우량 – 시간당 1mm 이상

10 산업안전보건법상 크레인, 이동식 크레인, 리프트, 곤돌라 또는 승강기에 설치하는 방호장치의 종류 4가지를 쓰시오.(4점)

[산기0704/기사0904/기사1404/산기1601/기사1702/산기1801/산기1902/기사2204]

① 과부하방지장치
② 권과방지장치
③ 비상정지장치
④ 제동장치

11 깊이 10.5[m] 이상의 굴착에서 흙막이 구조의 안전을 예측하기 위해 설치하여야하는 계측기기 3가지를 쓰시오.(3점)

[산기0701/산기1302/산기1801]

① 수위계   ② 경사계
③ 하중계   ④ 침하계
⑤ 응력계

▲ 해당 답안 중 3가지 선택 기재

12 밀폐공간에서의 작업하는 근로자에 대한 작업별 특별교육 내용을 3가지 쓰시오.(단, 그 밖에 안전·보건관리에 필요한 사항은 제외)(6점)

[산기1102/산기1801]

① 산소농도 측정 및 작업환경에 관한 사항
② 사고 시의 응급처치 및 비상 시 구출에 관한 사항
③ 보호구 착용 및 사용방법에 관한 사항
④ 작업내용·안전작업방법 및 절차에 관한 사항
⑤ 장비·설비 및 시설 등의 안전점검에 관한 사항

▲ 해당 답안 중 3가지 선택 기재

13 종합재해지수를 구하시오.(4점)

[산기|0901/산기|1304/산기|1801/산기|1802]

- 연근로시간 : 257,600시간
- 근로손실일수 : 420일
- 연간재해발생건수 : 17건
- 휴업일수 : 34일

- 종합재해지수를 구하기 위해서는 강도율과 도수율을 구해야 한다.
- 근로손실일수는 주어진 420일과 휴업일수 34일을 근로손실일수로 변환($34 \times \dfrac{300}{365} = 27.945\cdots$)하면 27.945일이므로 근로손실일수의 합계는 447.95일이다.
- 도수율 $= \dfrac{17}{257.600} \times 10^6 = 65.99$이다.
- 강도율 $= \dfrac{447.95}{257.600} \times 1,000 = 1.74$이다.
- 종합재해지수 $= \sqrt{65.99 \times 1.74} \equiv 10.7155\cdots$이므로 10.72이다.

01 달비계의 적재하중을 정하고자 한다. 다음 (   )안에 안전계수를 쓰시오.(4점)

[산기0504/산기0704/산기1501/산기1701/산기1704/산기2302]

> 가) 달기와이어로프 및 달기강선의 안전계수 : (①) 이상
> 나) 달기 체인 및 달기 훅의 안전계수: (②) 이상
> 다) 달기 강대와 달비계의 하부 및 상부 지점의 안전계수: 강재(鋼材)의 경우 (③) 이상, 목재의 경우 (④) 이상

① 10   ② 5
③ 2.5   ④ 5

02 비계 작업 시 비, 눈 그 밖의 기상상태의 불안정으로 날씨가 몹시 나빠서 작업을 중지시킨 후 그 비계에서 작업을 재개할 때 점검하고 이상을 발견하면 즉시 보수해야 할 사항을 3가지 쓰시오.(6점)

[산기0902/기사1001/산기1102/기사1301/기사1402/기사1404/산기1602/산기1704/산기1801/기사1901/산기2102/산기2304]

① 발판 재료의 손상 여부 및 부착 또는 걸림 상태
② 해당 비계의 연결부 또는 접속부의 풀림 상태
③ 연결 재료 및 연결 철물의 손상 또는 부식 상태
④ 손잡이의 탈락 여부
⑤ 기둥의 침하, 변형, 변위 또는 흔들림 상태
⑥ 로프의 부착 상태 및 매단 장치의 흔들림 상태

▲ 해당 답안 중 3가지 선택 기재

03 감전 시 인체에 영향을 미치는 감전 위험 요인 3가지를 쓰시오.(6점)   [기사0402/기사0704/산기1704/기사1901]

① 통전전류의 크기
② 통전경로
③ 통전시간
④ 통전전원의 종류와 질

▲ 해당 답안 중 3가지 선택 기재

04 인력굴착 작업 시 일일준비 작업을 할 때 준수할 사항 3가지를 쓰시오.(6점)

[산기0801/산기1002/산기1401/산기1704]

① 작업 전에 반드시 작업장소의 불안전한 상태 유무를 점검하고 미비점이 있을 경우 즉시 조치하여야 한다.
② 근로자를 적절히 배치하여야 한다.
③ 사용하는 기기, 공구 등을 근로자에게 확인시켜야 한다.
④ 근로자의 안전모 착용 및 복장상태, 또 추락의 위험이 있는 고소작업자는 안전대를 착용하고 있는가 등을 확인하여야 한다.
⑤ 근로자에게 당일의 작업량, 작업방법을 설명하고, 작업의 단계별 순서와 안전상의 문제점에 대하여 교육하여야 한다.
⑥ 작업장소에 관계자 이외의 자가 출입하지 않도록 하고, 또 위험장소에는 근로자가 접근하지 않도록 출입금지 조치를 하여야 한다.
⑦ 굴착된 흙이 차량으로 운반될 경우 통로를 확보하고 굴착자와 차량 운전자가 상호 연락할 수 있도록 하되, 그 신호는 노동부장관이 고시한 크레인작업표준신호지침에서 정하는 바에 의한다.

▲ 해당 답안 중 3가지 선택 기재

05 고용노동부장관에게 보고해야 하는 중대재해 3가지를 쓰시오.(6점)

[산기0502/산기0702/산기1002/산기1701/산기1704/산기2003/산기2101/산기2204]

① 사망자가 1명 이상 발생한 재해
② 3개월 이상의 요양이 필요한 부상자가 동시에 2명 이상 발생한 재해
③ 부상자 또는 직업성 질병자가 동시에 10명 이상 발생한 재해

06 연평균 500명이 근무하는 건설현장에서 연간 작업하는 중 응급조치 이상의 안전사고가 15건 발생하였다. 도수율을 구하시오.(단, 연간 300일, 8시간/일)(4점)

[산기0601/산기1704/산기2101]

- 도수율은 1백만 시간동안 작업 시의 재해발생건수이다.
- 연간총근로시간을 먼저 구해야 하므로 계산하면 $500 \times 300 \times 8 = 1,200,000$시간이다.
- 재해건수 15건이므로 도수율 $= \dfrac{15}{1,200,000} \times 1,000,000 = 12.5$이다.

07 제품의 생산 공정과 직접적으로 관련된 건설물·기계·기구 및 설비 등 일체를 설치·이전하거나 그 주요 구조부분을 변경하려는 경우 유해위험방지계획서를 제출하여야 한다. 이때 첨부할 서류를 2가지 쓰시오.(단, 그 밖에 고용노동부장관이 정하는 도면 및 서류는 제외)(4점) [산기0601/산기1004/산기1402/산기1704]

① 건축물 각 층의 평면도
② 기계·설비의 개요를 나타내는 서류
③ 기계·설비의 배치도면
④ 원재료 및 제품의 취급, 제조 등의 작업방법의 개요

▲ 해당 답안 중 2가지 선택 기재

08 콘크리트 타설 시 고려해야 할 거푸집에 가해지는 하중 3가지를 쓰시오.(3점) [산기0804/산기1704]

① 연직방향 하중
② 횡방향 하중
③ 콘크리트 측압
④ 특수하중

▲ 해당 답안 중 3가지 선택 기재

09 다음은 강관비계에 관한 내용이다. 다음 빈칸을 채우시오.(4점)

[기사1302/산기1704/산기1802/산기1901/기사1904/산기2004/산기2101/산기2302]

가) 비계기둥의 간격은 띠장 방향에서는 (①)m 이하, 장선 방향에서는 (②)m 이하로 할 것
나) 비계기둥의 제일 윗부분으로부터 31m 되는 지점 밑 부분의 비계기둥은 (③)개의 강관으로 묶어 세울 것
다) 비계기둥 간의 적재하중은 (④)kg을 초과하지 않도록 할 것

① 1.85   ② 1.5
③ 2   ④ 400

10 재해로 인하여 의도치 않게 손실된 비용을 무엇이라고 하는가?(3점) [산기1704]

● 총재해 손실비용(코스트)

11 누전차단기의 정격감도전류와 작동시간에 대한 설명이다. ( ) 안을 채우시오.(4점)　　[산기0701/산기1704]

전기기계·기구에 설치되어 있는 누전차단기는 정격감도전류가 (①) 이하이고 작동시간은 (②) 이내일 것. 다만, 정격전부하전류가 50암페어 이상인 전기기계·기구에 접속되는 누전차단기는 오작동을 방지하기 위하여 정격감도전류는 (③) 이하로, 작동시간은 (④) 이내로 할 수 있다.

① 30mA

② 0.03초

③ 200mA

④ 0.1초

12 터널건설작업을 할 때 그 터널 등의 내부에서 금속의 용접·용단 또는 가열작업을 하는 경우 화재를 예방하기 위한 조치사항 3가지를 쓰시오.(6점)　　[산기1202/산기1704]

① 부근에 있는 넝마, 나무부스러기, 종이부스러기, 그 밖의 인화성 액체를 제거하거나, 그 인화성 액체에 불연성 물질의 덮개를 하거나, 그 작업에 수반하는 불티 등이 날아 흩어지는 것을 방지하기 위한 격벽을 설치할 것
② 해당 작업에 종사하는 근로자에게 소화설비의 설치장소 및 사용방법을 주지시킬 것
③ 해당 작업 종료 후 불티 등에 의하여 화재가 발생할 위험이 있는지를 확인할 것

13 개인용 보호구의 하나인 안전모에 대한 설명이다. ( ) 안을 채우시오.(4점)　　[산기1704/산기2003/산기2302]

가) (①)란 착용자의 머리부위를 덮는 주된 물체로서 단단하고 매끄럽게 마감된 재료를 말한다.
나) (②)란 머리받침끈, 머리고정대 및 머리받침고리로 구성되어 추락 및 감전 위험방지용 안전모 머리 부위에 고정시켜주며, 안전모에 충격이 가해졌을 때 착용자의 머리 부위에 전해지는 충격을 완화시켜주는 기능을 갖는 부품을 말한다.

① 모체
② 착장체

01 근로자 350명이 근무하는 사업장에서 15건의 산업재해로 18명의 재해자가 발생하였다. 도수율과 연천인율을 구하시오.(단, 근로시간은 1일 9시간 250일 근무한다)(5점)　[산기1004/산기1302/산기1702/산기1802]

① 도수율
- 도수율을 구하기 위해 먼저 연간총근로시간을 구한다.
- 연간총근로시간은 $350 \times 9 \times 250 = 787,500$시간이다.
- 도수율은 $\frac{15}{787,500} \times 1,000,000 = 19.047 \cdots$이므로 19.05이다.

② 연천인율
- 연천인율은 $\frac{18}{350} \times 1,000 = 51.4285 \cdots$이므로 51.43이다.

02 채석작업을 하는 때에는 채석작업 계획을 작성하고 그 계획에 의하여 작업을 실시하여야 하는데, 채석작업 시 작업계획서에 포함될 내용을 4가지 쓰시오.(4점)

[기사0504/기사0604/기사0801/산기0904/기사1002/기사1101/기사1202/산기1202/기사1402/기사1502/산기1702/기사1802/산기1902/산기2101]

① 발파방법　　　　　　　② 암석의 가공장소　　　　③ 암석의 분할방법
④ 굴착면의 높이와 기울기　　⑤ 굴착면 소단의 위치와 넓이　⑥ 표토 또는 용수의 처리방법
⑦ 노천굴착과 갱내굴착의 구별 및 채석방법
⑧ 갱내에서의 낙반 및 붕괴방지 방법
⑨ 토석 또는 암석의 적재 및 운반방법과 운반경로
⑩ 사용하는 굴착기계·분할기계·적재기계 또는 운반기계의 종류 및 성능

▲ 해당 답안 중 4가지 선택 기재

03 무재해운동기법 중 "작업 시작 전 및 후에 10분정도의 시간으로 10명 이하로 구성된 팀원 전원이 모여 현장에서 있었던 상황에 대해서 대화한 후 납득하는 작업장 안전회의"와 관련된 위험예지활동을 쓰시오.(3점)　[산기0504/산기0701/산기0902/산기1502/산기1702/산기1902/산기2104]

- TBM(Tool Box Meeting)

04 흙막이 지보공을 설치하였을 때 정기적으로 점검해야 할 사항 3가지를 쓰시오.(6점)

[산기0602/산기0701/산기1402/산기1702/산기2002]

① 부재의 손상·변형·부식·변위 및 탈락의 유무와 상태
② 버팀대 긴압의 정도
③ 부재의 접속부·부착부 및 교차부의 상태
④ 침하의 정도

▲ 해당 답안 중 3가지 선택 기재

05 이동식 크레인 탑승설비 작업 시 추락에 의한 근로자의 위험방지를 위한 조치사항 3가지를 쓰시오.(6점)

[산기0602/산기1202/산기1702]

① 탑승설비가 뒤집히거나 떨어지지 않도록 필요한 조치를 할 것
② 안전대나 구명줄을 설치하고, 안전난간을 설치할 수 있는 구조인 경우에는 안전난간을 설치할 것
③ 탑승설비를 하강시킬 때에는 동력하강방법으로 할 것

06 터널 등의 건설작업을 하는 경우 낙반 등에 의하여 근로자의 위험을 방지하기 위한 조치사항 3가지를 쓰시오. (6점)

[기사0304/산기0804/산기1002/산기1702/기사2004/산기2301]

① 터널 지보공의 설치
② 록볼트의 설치
③ 부석의 제거

07 다음 용어를 설명하시오.(4점)

[산기0501/산기0704/산기1702/산기2104]

① 히빙	② 보일링

① 연약한 점토지반에서 흙막이벽 굴삭면과 배면부의 토압 차이로 인해 흙막이벽 배면부의 흙이 가라앉으면서 굴삭 바닥면으로 융기하는 지반 융기현상이다.
② 사질지반에서 굴착부와 배면의 지하 수위의 차이로 인해 흙막이벽 배면부의 지하수가 굴삭 바닥면으로 모래와 함께 솟아오르는 지반 융기현상이다.

08 하역작업을 할 때 화물운반용 또는 고정용으로 사용할 수 없는 섬유로프의 사용제한 조건 2가지를 쓰시오. (4점)　　　　　[기사0904/산기1101/산기1104/기사1302/산기1402/산기1702/산기1801/기사1802/기사1804]

① 꼬임이 끊어진 것
② 심하게 손상되거나 부식된 것

09 작업발판에 대한 다음 (　)안에 알맞은 수치를 쓰시오.(4점)　　　　　[기사1401/산기1702/기사1902/산기2001]

> 비계의 높이가 2m 이상인 작업장소에 설치하는 작업발판의 폭은 (　①　)cm 이상으로 하고, 발판재료 간의 틈은 (　②　)cm 이하로 할 것

① 40　　　　　　　　　　　　　　　② 3

10 고용노동관서의 장은 사업주에게 특별한 사유가 발생한 경우 안전관리자를 정수 이상으로 증원 및 교체하여 임명할 것을 명할 수 있다. 이의 사유를 3가지 쓰시오.(6점)　　　　　[산기0802/산기0804/기사1001/기사1402/산기1501/산기1702/기사1704/산기2001/산기2002]

① 해당 사업장의 연간재해율이 같은 업종의 평균재해율의 2배 이상인 경우
② 중대재해가 연간 2건 이상 발생한 경우
③ 관리자가 질병이나 그 밖의 사유로 3개월 이상 직무를 수행할 수 없게 된 경우
④ 화학적 인자로 인한 직업성질병자가 연간 3명 이상 발생한 경우

▲ 해당 답안 중 3가지 선택 기재

11 무거운 물건을 인력으로 들어 올리려 할 때 발생할 수 있는 재해유형 4가지를 쓰시오.(4점)　　　　　[산기1702/산기2003]

① 추락　　　　　　　　　　　　　② 낙하
③ 전도　　　　　　　　　　　　　④ 협착
⑤ 붕괴

▲ 해당 답안 중 4가지 선택 기재

12 셔블계 건설기계 사용 시 안전수칙을 4가지 쓰시오.(4점) [산기1702]

① 작업 시 작업공간에 근로자의 출입을 금지한다.
② 유도자를 배치하고 운전자는 유도자의 유도에 따르도록 한다.
③ 승차석이 아닌 위치에 근로자를 탑승시켜서는 안 된다.
④ 기계의 구조 및 사용상 안전도 및 최대사용하중을 준수하도록 한다.
⑤ 기계의 주된 용도에만 사용하도록 한다.

▲ 해당 답안 중 4가지 선택 기재

13 차량계 하역운반기계 등의 수리 또는 부속장치의 장착 및 해체작업을 할 때 기계의 암이나 붐 등을 올리고 그 아래에서 수리 및 점검을 하는데 붐이나 암의 갑작스런 하강 위험을 방지하기 위한 조치사항으로 설치하는 것을 2가지 쓰시오.(4점) [산기1702]

① 안전지지대
② 안전블록

안전블록을 설치하고 정비작업 중인 트럭 적재함 →

01 고용노동부장관에게 보고해야 하는 중대재해 3가지를 쓰시오.(3점)

[산기0502/산기0702/산기1002/산기1701/산기1704/산기2003/산기2101/산기2204]

① 사망자가 1명 이상 발생한 재해
② 3개월 이상의 요양이 필요한 부상자가 동시에 2명 이상 발생한 재해
③ 부상자 또는 직업성 질병자가 동시에 10명 이상 발생한 재해

02 동바리로 사용하는 파이프 서포트 설치 시 준수사항으로 다음 빈칸을 채우시오.(4점)

[산기0904/산기1604/산기1701]

> 가) 파이프 서포트를 (①)개 이상 이어서 사용하지 않도록 할 것
> 나) 파이프 서포트를 이어서 사용하는 경우에는 (②)개 이상의 볼트 또는 전용철물을 사용하여 이을 것
> 다) 높이가 3.5m를 초과하는 경우에는 높이 (③)m 이내마다 수평연결재를 (④)개 방향으로 만들고 수평연결재의 변위를 방지할 것

① 3   ② 4
③ 2   ④ 2

03 산업안전보건법상 이동식 크레인을 사용하여 작업을 하기 전에 점검할 사항을 3가지 쓰시오.(6점)

[산기0501/기사0802/산기1202/산기1302/산기1701/기사1902/산기1904]

① 권과방지장치나 그 밖의 경보장치의 기능
② 브레이크·클러치 및 조정장치의 기능
③ 와이어로프가 통하고 있는 곳 및 작업장소의 지반상태

04 안전관리조직을 효율적으로 운영하기 위한 조직 형태 3가지를 쓰시오.(3점)

[산기0501/산기0602/산기1602/산기1701]

① 직계식(Line)   ② 참모식(Staff)
③ 직계·참모식(Line·Staff)

05 산업안전보건법상 건설업 중 유해·위험방지계획서 제출 대상사업 3가지를 쓰시오.(6점)

[기사0302/기사0504/산기0602/기사0702/기사0802/산기1001/기사1102/산기1601/기사1802/기사1901/산기1904/산기2202]

① 최대 지간길이가 50m 이상인 교량 건설 등 공사

② 터널 건설 등의 공사

③ 깊이 10m 이상인 굴착공사

④ 지상높이가 31m 이상인 건축물 또는 인공구조물

⑤ 연면적 5천m² 이상의 냉동·냉장창고시설의 설비공사 및 단열공사

⑥ 지상높이가 31m 이상인 건축물 또는 인공구조물, 연면적 3만m² 이상인 건축물 또는 연면적 5천m² 이상의 문화 및 집회시설, 판매시설, 운수시설, 종교시설, 의료시설 중 종합병원, 숙박시설 중 관광숙박시설, 지하도상가 또는 냉동·냉장창고시설의 건설·개조 또는 해체

▲ 해당 답안 중 3가지 선택 기재

06 달비계의 적재하중을 정하고자 한다. 다음 ( )안에 안전계수를 쓰시오.(6점)

[산기0504/산기0704/산기1501/산기1701/산기1704/산기2302]

가) 달기와이어로프 및 달기강선의 안전계수 : (①) 이상

나) 달기 체인 및 달기 훅의 안전계수: (②) 이상

다) 달기 강대와 달비계의 하부 및 상부 지점의 안전계수: 강재(鋼材)의 경우 (③) 이상, 목재의 경우 (④) 이상

① 10   ② 5

③ 2.5   ④ 5

07 양중기에 사용하는 권상용 와이어로프의 사용금지 사항을 3가지 쓰시오.(6점)

[기사0302/기사0404/산기0601/기사0704/산기0804/기사0901/산기1002/산기1201/

기사1502/산기1502/기사1602/산기1602/산기1701/산기1901/기사2001/기사2004/산기2102/산기2104/산기2204]

① 이음매가 있는 것

② 와이어로프의 한 꼬임에서 끊어진 소선의 수가 10% 이상인 것

③ 지름의 감소가 공칭지름의 7%를 초과하는 것

④ 꼬인 것

⑤ 심하게 변형 또는 부식된 것

⑥ 열과 전기충격에 의해 손상된 것

▲ 해당 답안 중 3가지 선택 기재

08 흙막이 공사 지반침하의 원인에 해당하는 현상에 대한 설명이다. (   )안에 알맞은 내용을 쓰시오.(4점)

[산기0602/산기1302/산기1701]

- 연약한 하부 지반의 흙파기에서 흙막이 내외면의 중량차이로 인해 저면 흙이 붕괴되고 흙막이 외부 흙이 내부로 밀려들어와 불룩하게 되는 현상 : (①   )
- 사질토 지반에서 굴착저면과 흙막이 배면사이의 지하수위 차이로 인해 굴착저면의 흙과 물이 위로 솟구쳐 오르는 현상 : (②   )

① 히빙현상
② 보일링현상

09 산업안전보건법상 양중기 종류 4가지를 쓰시오.(세부사항까지 쓰시오)(4점)

[기사0502/산기0701/기사1201/산기1401/산기1502/산기1701/기사1902/산기1904/산기2202]

① 이동식 크레인
② 곤돌라
③ 승강기
④ 크레인[호이스트(hoist)를 포함한다]
⑤ 리프트(이삿짐운반용 리프트의 경우는 적재하중이 0.1톤 이상인 것으로 한정한다)

▲ 해당 답안 중 4가지 선택 기재

10 시각적 표시장치에 비교할 때 청각적 표시장치를 사용하는 것이 더 좋은 경우를 3가지 쓰시오.(3점)

[산기1101/산기1104/산기1701/산기2304]

① 수신 장소가 너무 밝거나 암순응이 요구될 때
② 정보의 내용이 시간적인 사건을 다루는 경우
③ 정보의 내용이 간단한 경우
④ 직무상 수신자가 자주 움직이는 경우
⑤ 정보의 내용이 후에 재참조되지 않는 경우
⑥ 메시지가 즉각적인 행동을 요구하는 경우

▲ 해당 답안 중 3가지 선택 기재

11 연천인율이 50이라는 것은 어떤 의미인지 쓰시오.(3점)

[산기1701]

- 연간 1천명이 작업할 경우 50명의 재해자가 발생한다는 의미이다.

12 A공장의 도수율이 4.0이고, 강도율이 1.5이다. 이 공장에 근무하는 근로자가 입사에서부터 정년퇴직에 이르기까지 몇 회의 재해를 입을지와 얼마의 근로손실일수를 가지는지를 계산하시오.(6점)

[산기1501/산기1701]

① 도수율이 4.0이므로 환산도수율은 0.4로 근로자가 정년퇴직에 이르기까지 0.4회의 재해를 입을 수 있다.
② 강도율이 1.5이므로 환산강도율은 150이고, 이는 근로자가 정년퇴직에 이르기까지 150일의 근로손실일수를 가진다는 것을 의미한다.

13 콘크리트 타설을 위한 콘크리트 펌프나 콘크리트 펌프카 이용 작업 시 준수사항 3가지를 쓰시오.(6점)

[기사1104/기사1601/산기1701]

① 작업을 시작하기 전에 콘크리트 펌프용 비계를 점검하고 이상을 발견하였으면 즉시 보수할 것
② 건축물의 난간 등에서 작업하는 근로자가 호스의 요동·선회로 인하여 추락하는 위험을 방지하기 위하여 안전난간 설치 등 필요한 조치를 할 것
③ 콘크리트 펌프카의 붐을 조정하는 경우는 주변의 전선 등에 의한 위험을 예방하기 위한 적절한 조치를 할 것
④ 작업 중에 지반의 침하, 아웃트리거의 손상 등에 의하여 콘크리트 펌프카가 넘어질 우려가 있는 경우는 이를 방지하기 위한 적절한 조치를 할 것

▲ 해당 답안 중 3가지 선택 기재

신규문제 2문항 중복문제 11문항

01 산업안전보건법상 사업 내 안전·보건교육에 대한 교육시간을 쓰시오.(5점)

[기사0302/기사0502/기사0804/기사0904/기사1201/산기1202/산기1301/산기1304/산기1604/기사1801/산기1804/산기2003/산기2102]

교육과정	교육대상	교육시간
채용 시의 교육	일용근로자 및 근로계약기간이 1주일 이하인 기간제 근로자	(①)시간 이상
건설업 기초안전·보건교육	건설 일용근로자	(②)시간 이상
굴착면의 높이가 2m 이상이 되는 구축물 파쇄작업에서의 일용근로자 특별교육		(③)시간 이상

① 1   ② 4   ③ 2

02 사업장 안전활동 계획을 의미하는 PDCA의 단계를 순서대로 쓰시오.(4점)

[산기1002/산기1402/산기1602/산기1604]

① 계획(Plan)   ② 실시(Do)
③ 검토(Check)   ④ 조치(Action)

03 차량용 건설기계 중 도저형 건설기계와 천공형 건설기계를 각각 2가지씩 쓰시오.(4점) [산기1604/산기1901]

① 도저형 건설기계 : 불도저, 앵글도저, 스트레이트도저, 틸트도저, 버킷도저
② 천공형 건설기계 : 어스오거, 어스드릴, 크롤러드릴, 점보드릴

▲ 해당 답안 중 각각 2가지씩 선택 기재

04 사업주가 작업으로 인하여 물체가 떨어지거나 날아올 위험을 방지하기 위해 취하는 안전조치 4가지를 쓰시오.(4점)

[산기1401/기사1601/산기1602/산기1604/산기1802/기사1901/산기2001/산기2002]

① 낙하물 방지망 설치   ② 수직보호망 설치
③ 방호선반 설치   ④ 출입금지구역의 설정
③ 보호구의 착용

▲ 해당 답안 중 4가지 선택 기재

05 하인리히의 재해예방 대책 5단계를 순서대로 쓰시오.(5점) [기사0804/산기1604/기사1802/기사2004/산기2202]

① 안전관리조직
② 사실의 발견
③ 분석평가
④ 시정책의 선정
⑤ 시정책의 적용

06 섬유로프 등을 화물자동차의 짐걸이에 사용하여 100kg 이상의 화물을 싣거나 내리는 작업을 하는 경우 해당 작업을 시작하기 전 조치사항 3가지를 쓰시오.(6점) [산기1004/산기1604/산기2304]

① 작업순서와 순서별 작업방법을 결정하고 작업을 직접 지휘하는 일
② 기구와 공구를 점검하고 불량품을 제거하는 일
③ 해당 작업을 하는 장소에 관계 근로자가 아닌 사람의 출입을 금지하는 일
④ 로프 풀기 작업 및 덮개 벗기기 작업을 하는 경우에는 적재함의 화물에 낙하 위험이 없음을 확인한 후에 해당 작업의 착수를 지시하는 일

▲ 해당 답안 중 3가지 선택 기재

07 다음은 사다리식 통로의 안전기준에 대한 사항이다. 빈칸을 채우시오.(4점)

[기사0302/기사0401/기사0601/산기0702/산기0801/산기1402/산기1601/기사1602/산기1604/산기1902/산기1904/산기2204/산기2304]

가) 사다리의 상단은 걸쳐놓은 지점으로부터 (①)cm 이상 올라가도록 할 것
나) 사다리식 통로의 길이가 10m 이상인 경우에는 (②)m 이내마다 계단참을 설치할 것

① 60
② 5

08 산업재해발생률에서 상시근로자 산출 식을 쓰시오.(4점) [산기0902/산기1202/산기1604/산기2001/산기2102]

• 상시근로자 수 = $\dfrac{\text{연간국내공사실적액} \times \text{노무비율}}{\text{건설업월평균임금} \times 12}$ 이다.

09 동바리로 사용하는 파이프 서포트 설치 시 준수사항으로 다음 빈칸을 채우시오.(4점)

[산기0904/산기1604/산기1701]

> 가) 파이프 서포트를 (①)개 이상 이어서 사용하지 않도록 할 것
> 나) 파이프 서포트를 이어서 사용하는 경우에는 (②)개 이상의 볼트 또는 전용철물을 사용하여 이을 것
> 다) 높이가 3.5m를 초과하는 경우에는 높이 (③)m 이내마다 수평연결재를 (④)개 방향으로 만들고 수평연결재의 변위를 방지할 것

① 3   ② 4
③ 2   ④ 2

10 다음은 와이어로프의 클립에 관한 내용이다. 빈칸을 채우시오.(6점)

[산기1604]

와이어로프 직경(mm)	클립의 수
32	(①)
24	(②)
9~16	(③)

① 6
② 5
③ 4

11 안전 · 보건표지의 색도기준이다. 빈칸을 채우시오.(4점)

[기사0502/기사0702/산기1604/기사1802/산기2003]

색채	색도기준	용도	사 용 례
(①)	7.5R 4/14	금지	정지신호, 소화설비 및 그 장소, 유해행위의 금지
(②)	2.5G 4/10	안내	비상구 및 피난소, 사람 또는 차량의 통행표지
(③)	N9.5		파란색 또는 녹색에 대한 보조색
(④)	N0.5		문자 및 빨간색 또는 노란색에 대한 보조색

① 빨간색   ② 녹색
③ 흰색   ④ 검정색

12 통나무 비계의 구조에 관한 내용이다. 다음 빈칸을 채우시오.(4점) [산기1202/산기1604]

> 통나무 비계는 지상높이 (①)층 이하 또는 (②)m 이하인 건축물·공작물 등의 건조·해체 및 조립 등의 작업에만 사용할 수 있다.

① 4
② 12

13 다음 유해·위험 기계의 방호장치를 쓰시오.(6점) [산기1604/산기2304]

① 예초기	② 원심기	③ 공기압축기

① 날접촉 예방장치
② 회전체 접촉 예방장치
③ 압력방출장치

01 양중기에 사용하는 권상용 와이어로프의 사용금지 사항을 3가지 쓰시오.(6점)

[기사0302/기사0404/산기0601/기사0704/산기0804/기사0901/산기1002/산기1201/

기사1502/산기1502/기사1602/산기1602/산기1701/산기1901/기사2001/기사2004/산기2102/산기2104/산기2204]

① 이음매가 있는 것
② 와이어로프의 한 꼬임에서 끊어진 소선의 수가 10% 이상인 것
③ 지름의 감소가 공칭지름의 7%를 초과하는 것
④ 꼬인 것
⑤ 심하게 변형 또는 부식된 것
⑥ 열과 전기충격에 의해 손상된 것

▲ 해당 답안 중 3가지 선택 기재

02 강관틀 비계의 조립 시 준수해야 할 사항이다. 다음 빈칸을 채우시오.(6점)

[산기0502/산기0601/산기0604/산기1202/산기1401/산기1602]

가) 높이가 20m를 초과하거나 중량물의 적재를 수반하는 작업을 할 경우 주틀 간의 간격을 (①)m 이하로 할 것
나) 수직방향으로 (②)m, 수평방향으로 (③)m 이내마다 벽이음을 할 것
다) 길이가 띠장 방향으로 4m 이하이고 높이가 10m를 초과하는 경우에는 (④)m 이내마다 띠장 방향으로
　　버팀기둥을 설치할 것

① 1.8   ② 6
③ 8   ④ 10

03 안전관리조직을 효율적으로 운영하기 위한 조직 형태 3가지를 쓰시오.(5점)

[산기0501/산기0602/산기1602/산기1701]

① 직계식(Line)
② 참모식(Staff)
③ 직계·참모식(Line·Staff)

04 말비계를 조립하여 사용하는 경우의 준수사항에 대한 설명이다. ( ) 안을 채우시오.(4점)

[산기1602/산기2302]

> 가) 지주부재(支柱部材)의 하단에는 (①)를 하고, 근로자가 양측 끝부분에 올라서서 작업하지 않도록 할 것
> 나) 지주부재와 수평면의 기울기를 (②) 이하로 하고, 지주부재와 지주부재 사이를 고정시키는 보조부재를
>   설치할 것
> 다) 말비계의 높이가 (③)를 초과하는 경우에는 작업발판의 폭을 (④) 이상으로 할 것

① 미끄럼방지장치   ② 75도

③ 2m   ④ 40cm

05 산업안전보건법상 건설업 중 유해 · 위험방지계획서 제출 대상사업 4가지를 쓰시오.(5점)

[기사0302/기사0504/산기0602/기사0702/기사0802/산기1001/기사1102/산기1601/기사1802/기사1901/산기1904/산기2202]

① 최대 지간길이가 50m 이상인 교량 건설 등 공사

② 터널 건설 등의 공사

③ 깊이 10m 이상인 굴착공사

④ 지상높이가 31m 이상인 건축물 또는 인공구조물

⑤ 연면적 5천m^2 이상의 냉동 · 냉장창고시설의 설비공사 및 단열공사

⑥ 지상높이가 31m 이상인 건축물 또는 인공구조물, 연면적 3만m^2 이상인 건축물 또는 연면적 5천m^2 이상의
  문화 및 집회시설, 판매시설, 운수시설, 종교시설, 의료시설 중 종합병원, 숙박시설 중 관광숙박시설, 지하도상
  가 또는 냉동 · 냉장창고시설의 건설 · 개조 또는 해체

▲ 해당 답안 중 4가지 선택 기재

06 기계가 서 있는 지반보다 높은 곳을 굴착할 때 사용하는 건설기계를 쓰시오.(4점)   [산기1602/산기1804]

- 파워셔블(Power shovel)

07 사업주가 작업으로 인하여 물체가 떨어지거나 날아올 위험을 방지하기 위해 취하는 안전조치 4가지를 쓰시오.(4점) [산기1401/기사1601/산기1602/산기1604/산기1802/기사1901/산기2001/산기2002]

① 낙하물 방지망 설치   ② 수직보호망 설치
③ 방호선반 설치   ④ 출입금지구역의 설정
③ 보호구의 착용

▲ 해당 답안 중 4가지 선택 기재

08 하인리히의 재해 코스트 방식에 대한 다음 물음에 답하시오.(6점) [산기1602/산기2201]

> 가) 직접비 : 간접비 = ( ) : ( )
> 나) 직접비에 해당하는 항목을 4가지 쓰시오.

가) 직접비 : 간접비 = 1:4
나) ① 치료비   ② 휴업급여   ③ 장해급여   ④ 유족급여
    ⑤ 간병급여   ⑥ 직업재활급여   ⑦ 장례비

▲ 나)의 답안 중 4가지 선택 기재

09 다음은 강관비계에 관한 내용이다. 다음 물음에 답하시오.(4점) [산기1602/산기2003/산기2101]

> ① 비계기둥의 간격은 띠장 방향
> ② 비계기둥의 간격은 장선 방향

① 1.85m 이하
② 1.5m 이하

10 로프 길이 150cm의 안전대를 착용한 근로자가 추락으로 인한 부상을 당하지 않기 위한 지지점에서 최하단까지의 거리 h를 구하시오.(단, 로프의 신장률은 30%, 근로자의 신장 170cm)(4점) [산기1602/산기1804]

- 구하고자 하는 지지점에서 최하단까지의 거리는 h 즉, (로프의 길이+로프의 신장길이+작업자 키의 1/2)보다 작아야 한다.
- 주어진 값을 대입하면 h = 150+(150×0.3)+(170/2) = 150+45+85=280cm이다.

11 건설공사 중 발생되는 보일링 현상을 간략히 설명하시오.(4점) [산기0804/산기1602/산기2001]

- 사질토 지반에서 굴착저면과 흙막이 배면과의 수위차이로 인해 굴착저면의 흙과 물이 함께 위로 솟구쳐 오르는 현상

12 사업장 안전활동 계획을 의미하는 PDCA의 단계를 순서대로 쓰시오.(4점) [산기1002/산기1402/산기1602/산기1604]

① 계획(Plan)
② 실시(Do)
③ 검토(Check)
④ 조치(Action)

13 비계 작업 시 비, 눈 그 밖의 기상상태의 불안정으로 날씨가 몹시 나빠서 작업을 중지시킨 후 그 비계에서 작업을 재개할 때 점검하고 이상을 발견하면 즉시 보수해야 할 사항을 4가지 쓰시오.(4점)

[산기0902/기사1001/산기1102/기사1301/기사1402/기사1404/산기1602/산기1704/기사1801/기사1901/산기2102/산기2304]

① 발판 재료의 손상 여부 및 부착 또는 걸림 상태
② 해당 비계의 연결부 또는 접속부의 풀림 상태
③ 연결 재료 및 연결 철물의 손상 또는 부식 상태
④ 손잡이의 탈락 여부
⑤ 기둥의 침하, 변형, 변위 또는 흔들림 상태
⑥ 로프의 부착 상태 및 매단 장치의 흔들림 상태

▲ 해당 답안 중 4가지 선택 기재

01 다음은 사고사례에 대한 설명이다. 각 사례의 기인물을 쓰시오.(6점) [산기1304/산기1601]

① 이동차량에 치여 벽에 부딪힌 사고가 발생하였다.
② 외부요인 없이 사람이 걷다가 발목을 접질려 다쳤다.
③ 트럭과 지게차가 운전 중 정면충돌하여 지게차 운전자가 사명하였다.

① 차량   ② 사람
③ 지게차

02 추락방호망의 설치기준에 대한 설명이다. 빈칸을 채우시오.(6점) [기사1302/산기1601/기사1604]

가) 추락방호망의 설치위치는 가능하면 작업면으로부터 가까운 지점에 설치하여야 하며, 작업면으로부터 망의
 설치지점까지의 수직거리는 (①)m를 초과하지 아니할 것
나) 추락방호망은 수평으로 설치하고, 망의 처짐은 짧은 변 길이의 (②)% 이상이 되도록 할 것
다) 건축물 등의 바깥쪽으로 설치하는 경우 추락방호망의 내민 길이는 벽면으로부터 (③)m 이상 되도록 할 것

① 10   ② 12
③ 3

03 이동식 비계 조립 작업 시의 준수사항 4가지를 쓰시오.(4점) [산기1104/산기1601]
① 승강용사다리는 견고하게 설치할 것
② 비계의 최상부에서 작업을 하는 경우에는 안전난간을 설치할 것
③ 이동식 비계의 바퀴에는 뜻밖의 갑작스러운 이동 또는 전도를 방지하기 위하여 브레이크 · 쐐기 등으로 바퀴를
 고정시킨 다음 비계의 일부를 견고한 시설물에 고정하거나 아웃트리거(outrigger, 전도방지용 지지대)를 설치
 하는 등 필요한 조치를 할 것
④ 작업발판의 최대적재하중은 250kg을 초과하지 않도록 할 것
⑤ 작업발판은 항상 수평을 유지하고 작업발판 위에서 안전난간을 딛고 작업을 하거나 받침대 또는 사다리를 사용
 하여 작업하지 않도록 할 것

▲ 해당 답안 중 4가지 선택 기재

04 산업안전보건법상 타워크레인에 설치하는 방호장치의 종류 4가지를 쓰시오.(4점)

[산기0704/기사0904/기사1404/산기1601/기사1702/산기1801/산기1902]

① 과부하방지장치
② 권과방지장치
③ 비상정지장치
④ 제동장치

05 연약한 점토지반을 굴착할 때 흙막이벽 굴삭면과 배면부의 토압 차이로 인해 흙막이벽 배면부의 흙이 가라앉
으면서 굴삭 바닥면이 부풀어 오르는 현상을 쓰시오.(4점)   [산기0701/산기0904/산기1601/산기1901/산기2002]

• 히빙(Heaving) 현상

06 다음은 강관비계에 관한 내용이다. 다음 빈칸을 채우시오.(4점)   [산기1601/산기1801/산기2001]

비계기둥의 제일 윗부분으로부터 (①)m되는 지점 밑 부분의 비계기둥은 (②)개의 강관으로 묶어 세울 것

① 31
② 2

07 목재가공용 둥근톱 방호장치 2가지를 쓰시오.(4점)   [산기1104/산기1201/산기1601/산기1801/산기1804/산기2201]

① 반발예방장치
② 톱날 접촉예방장치

08 A 사업장의 도수율이 2.2이고, 강도율이 7.5일 경우 이 사업장의 종합재해지수를 구하시오.(4점)

[산기1601/산기2204]

• 주어진 강도율과 도수율을 대입하면 종합재해지수는 $\sqrt{2.2 \times 7.5} = 4.062 \cdots$ 이므로 4.06이다.

09 산업안전보건관리비의 적용범위는 산업재해보상보험법의 적용을 받는 공사 중 총 공사금액이 얼마 이상인 공사에 적용되는지 쓰시오.(4점) [산기0701/산기0804/산기0904/산기1204/산기1601]

- 2천만원

10 산업안전보건법상 건설업 중 유해 · 위험방지계획서 제출 대상사업 3가지를 쓰시오.(6점)

[기사0302/기사0504/산기0602/기사0702/기사0802/산기1001/기사1102/산기1601/기사1802/기사1901/산기1904/산기2202]

① 최대 지간길이가 50m 이상인 교량 건설 등 공사
② 터널 건설 등의 공사
③ 깊이 10m 이상인 굴착공사
④ 지상높이가 31m 이상인 건축물 또는 인공구조물
⑤ 연면적 5천m² 이상의 냉동 · 냉장창고시설의 설비공사 및 단열공사
⑥ 지상높이가 31m 이상인 건축물 또는 인공구조물, 연면적 3만m² 이상인 건축물 또는 연면적 5천m² 이상의 문화 및 집회시설, 판매시설, 운수시설, 종교시설, 의료시설 중 종합병원, 숙박시설 중 관광숙박시설, 지하도상가 또는 냉동 · 냉장창고시설의 건설 · 개조 또는 해체

▲ 해당 답안 중 3가지 선택 기재

11 다음은 사다리식 통로의 안전기준에 대한 사항이다. 빈칸을 채우시오.(4점)

[기사0302/기사0401/기사0601/산기0702/산기0801/산기1402/산기1601/기사1602/산기1604/산기1902/산기1904/산기2304]

사다리식 통로의 기울기는 (   )도 이하로 할 것

- 75

12 어느 사업장에서 1년간 1,980명의 재해자가 발생하였다. 하인리히의 재해구성 비율에 의하면 경상의 재해자는 몇 명으로 추정되는지를 계산하시오. (단, 계산식도 작성하시오)(4점) [산기1601]

- 하인리히의 재해구성비율은 중상(1) : 경상(29) : 무상해사고(300)으로 구성된다. 즉, 총 330건의 재해 중에 경상은 29건이 발생하는 것으로 추정할 수 있다.
- $330:29 = 1,980:x$의 비례식으로 계산하면 $x = \dfrac{29 \times 1,980}{330} = 174$명이다.

13 해체공사의 공법에 따라 발생하는 소음과 진동의 예방대책을 3가지 쓰시오.(6점) [산기1601/산기1802]

① 전도공법의 경우 전도물 규모를 작게 하여 중량을 최소화하며 전도대상물의 높이도 되도록 작게 하여야 한다.

② 철 햄머 공법의 경우 햄머의 중량과 낙하높이를 가능한 한 낮게 하여야 한다.

③ 현장 내에서는 대형 부재로 해체하며 장외에서 잘게 파쇄하여야 한다.

④ 인접건물의 피해를 줄이기 위해 방음, 방진 목적의 가시설을 설치하여야 한다.

⑤ 공기압축기 등은 적당한 장소에 설치하여야 하며 장비의 소음 진동기준은 관계법에서 정하는 바에 따라서 처리하여야 한다.

▲ 해당 답안 중 3가지 선택 기재

01 산업재해가 발생할 급박한 위험이 있을 때 또는 중대재해가 발생했을 때 사업주의 대책을 2가지 쓰시오.
(4점)   [산기1504]

① 즉시 작업을 중지시킨다.
② 근로자를 작업장소에서 대피시킨다.

02 안전보건총괄책임자를 선임하는 도급사업 시 도급인이 이행해야 할 산업재해 예방조치 2가지를 쓰시오.
(4점)   [기사1502/산기1504/기사2003]

① 도급인과 수급인을 구성원으로 하는 안전 및 보건에 관한 협의체의 구성 및 운영
② 작업장 순회점검
③ 관계수급인이 근로자에게 하는 안전보건교육을 위한 장소 및 자료의 제공 등 지원
④ 관계수급인이 근로자에게 하는 안전보건교육의 실시 확인
⑤ 발파, 화재·폭발, 토사·구축물 등의 붕괴 또는 지진 등이 발생한 경우를 대비한 경보체계 운영과 대피방법 등 훈련
⑥ 위생시설 등 고용노동부령으로 정하는 시설의 설치 등을 위하여 필요한 장소의 제공 또는 도급인이 설치한 위생시설 이용의 협조

▲ 해당 답안 중 2가지 선택 기재

03 차량계 하역운반기계등을 이송하기 위하여 자주(自走) 또는 견인에 의하여 화물자동차에 싣거나 내리는 작업을 할 때 전도 또는 굴러 떨어짐에 의한 위험을 방지하기 위하여 준수할 사항 3가지를 쓰시오.(6점)
                                                                              [산기1504]

① 싣거나 내리는 작업은 평탄하고 견고한 장소에서 할 것
② 발판을 사용하는 경우에는 충분한 길이·폭 및 강도를 가진 것을 사용하고 적당한 경사를 유지하기 위하여 견고하게 설치할 것
③ 가설대 등을 사용하는 경우에는 충분한 폭 및 강도와 적당한 경사를 확보할 것
④ 지정운전자의 성명·연락처 등을 보기 쉬운 곳에 표시하고 지정운전자 외에는 운전하지 않도록 할 것

▲ 해당 답안 중 3가지 선택 기재

04 흙막이 개굴착의 장점을 3가지 쓰시오.(3점) [산기1504]

① 연약지반에도 시공 가능
② 안전성 증가
③ 부지의 효율적 이용

05 차량계 건설기계 작업 시 넘어지거나, 굴러떨어짐에 의해 근로자에게 위험을 미칠 우려가 있을 경우 조치사항
을 3가지 쓰시오.(6점) [산기0802/산기0902/산기1101/산기1201/산기1504/산기1801/산기2001/산기2003/산기2201]

① 유도하는 사람을 배치   ② 지반의 부동침하 방지
③ 갓길의 붕괴 방지   ④ 도로 폭의 유지

▲ 해당 답안 중 3가지 선택 기재

06 히빙으로 인해 인접 지반 및 흙막이 지보공에 영향을 미치는 현상을 2가지 쓰시오.(4점)
[산기1002/산기1504/산기1904/산기2202]

① 흙막이 지보공의 파괴
② 배면 토사의 붕괴

07 연간 근로시간이 1,400,000시간이고, 재해건수가 5건 발생하여 6명이 사망하고 휴업일수가 219일이다.
이 사업장의 도수율과 강도율을 각각 구하시오.(6점) [산기0902/산기1504/산기1804]

① 도수율
 • 도수율은 1백만 시간동안 작업 시의 재해발생건수이다.
 • 연간총근로시간이 주어졌으므로 대입하면 도수율 $= \dfrac{5}{1,400,000} \times 1,000,000 = 3.571 \cdots$ 이므로 3.57이다.

② 강도율
 • 강도율은 1천 시간동안 근로할 때 발생하는 근로손실일수이다.
 • 근로손실일수를 구하기 위하여 사망자 1인당 7,500일이므로 6명의 사망자는 45,000일이고, 휴업일수 219일
  은 근로손실일수로 변환하기 위해서 연간근로시간을 300일로 적용하면 $219 \times \dfrac{300}{365} = 180$ 일이다. 따라서 근로
  손실일수는 45,000+180 = 45,180일이다.
 • 강도율 $= \dfrac{45,180}{1,400,000} \times 1,000 = 32.271 \cdots$ 이므로 32.27이다.

08 크레인의 설치 · 조립 · 수리 · 점검 또는 해체작업을 하는 경우의 사업주 조치사항을 3가지 쓰시오.(6점)

[산기1004/산기1504]

① 작업순서를 정하고 그 순서에 따라 작업을 할 것
② 작업을 할 구역에 관계 근로자가 아닌 사람의 출입을 금지하고 그 취지를 보기 쉬운 곳에 표시할 것
③ 비, 눈, 그 밖에 기상상태의 불안정으로 날씨가 몹시 나쁜 경우에는 그 작업을 중지시킬 것
④ 작업장소는 안전한 작업이 이루어질 수 있도록 충분한 공간을 확보하고 장애물이 없도록 할 것
⑤ 들어 올리거나 내리는 기자재는 균형을 유지하면서 작업을 하도록 할 것
⑥ 크레인의 성능, 사용조건 등에 따라 충분한 응력을 갖는 구조로 기초를 설치하고 침하 등이 일어나지 않도록 할 것
⑦ 규격품인 조립용 볼트를 사용하고 대칭되는 곳을 차례로 결합하고 분해할 것

▲ 해당 답안 중 3가지 선택 기재

09 산업안전보건법상 안전보건표지에서 있어 경고표지의 종류를 4가지 쓰시오.(4점)

[산기1004/산기1201/산기1504/산기2302]

① 인화성물질경고　　② 부식성물질경고　　③ 급성독성물질경고
④ 산화성물질경고　　⑤ 폭발성물질경고　　⑥ 방사성물질경고
⑦ 고압전기경고　　　⑧ 매달린물체경고　　⑨ 낙하물경고
⑩ 고온/저온경고　　　⑪ 위험장소경고　　　⑫ 몸균형상실경고
⑬ 레이저광선경고

▲ 해당 답안 중 4가지 선택 기재

10 작업발판의 끝이나 개구부로서 근로자가 추락할 위험이 있는 장소에서 작업 시 추락방지대책 4가지를 쓰시오.(4점)

[기사0401/산기0501/산기1002/기사1201/산기1201/산기1504/산기1802/산기1902/산기1904/기사2002/산기2003/산기2004/산기2201]

① 안전난간 설치　　　　② 울타리 설치
③ 추락방호망 설치　　　④ 수직형 추락방망 설치
⑤ 덮개 설치　　　　　　⑥ 개구부 표시

▲ 해당 답안 중 4가지 선택 기재

11 산업안전보건법령상 다음 경우에 해당하는 양중기의 와이어로프(또는 달기 체인)의 안전계수를 빈칸을 채우시오.(3점)   [기사0801/산기1001/기사1202/산기1204/기사1501/산기1504/기사1701/기사1702/산기1902]

> 가) 근로자가 탑승하는 운반구를 지지하는 경우 : (①) 이상
> 나) 화물의 하중을 직접 지지하는 경우 : (②) 이상
> 다) 훅, 샤클, 클램프, 리프팅 빔의 경우 : (③) 이상

① 10   ② 5

③ 3

12 사다리식 통로 등을 설치하는 경우의 준수사항을 4가지 쓰시오.(4점)   [산기0601/산기1101/산기1504]

① 견고한 구조로 할 것
② 심한 손상·부식 등이 없는 재료를 사용할 것
③ 발판의 간격은 일정하게 할 것
④ 발판과 벽과의 사이는 15cm 이상의 간격을 유지할 것
⑤ 폭은 30cm 이상으로 할 것
⑥ 사다리가 넘어지거나 미끄러지는 것을 방지하기 위한 조치를 할 것
⑦ 사다리의 상단은 걸쳐놓은 지점으로부터 60cm 이상 올라가도록 할 것
⑧ 사다리식 통로의 길이가 10m 이상인 경우는 5m 이내마다 계단참을 설치할 것
⑨ 사다리식 통로의 기울기는 75도 이하로 할 것
⑩ 고정식 사다리식 통로의 기울기는 90도 이하로 하고, 그 높이가 7m 이상인 경우는 바닥으로부터 높이가 2.5m
   되는 지점부터 등받이울을 설치할 것
⑪ 접이식 사다리 기둥은 사용 시 접혀지거나 펼쳐지지 않도록 철물 등을 사용하여 견고하게 조치할 것

▲ 해당 답안 중 4가지 선택 기재

13 지게차를 사용하여 작업을 하는 때 작업 시작 전 점검사항 3가지를 쓰시오.(6점)   [산기0901/기사1201/기사1402/산기1504]

① 제동장치 및 조종장치 기능의 이상 유무
② 하역장치 및 유압장치 기능의 이상 유무
③ 바퀴의 이상 유무
④ 전조등·후미등·방향지시기 및 경보장치 기능의 이상 유무

▲ 해당 답안 중 3가지 선택 기재

01 다음은 터널 등의 건설작업에 대한 내용이다. 빈칸을 채우시오.(4점)   [산기1502]

> 사업주는 터널 등의 건설작업을 할 때 터널 등의 출입구 부근의 지반의 붕괴나 토석의 낙하에 의하여 근로자가 위험해질 우려가 있는 경우에는 (①)이나 (②)을 설치하는 등 위험을 방지하기 위하여 필요한 조치를 하여야 한다.

① 흙막이 지보공
② 방호망

02 산업안전보건법상 양중기 종류 4가지를 쓰시오.(세부사항까지 쓰시오)(4점)

[기사0502/산기0701/기사1201/산기1401/산기1502/산기1701/기사1902/산기1904/산기2202]

① 이동식 크레인
② 곤돌라
③ 승강기
④ 크레인[호이스트(hoist)를 포함한다]
⑤ 리프트(이삿짐운반용 리프트의 경우는 적재하중이 0.1톤 이상인 것으로 한정한다)

▲ 해당 답안 중 4가지 선택 기재

03 양중기에 사용하는 권상용 와이어로프의 사용금지 사항을 4가지 쓰시오.(4점)

[기사0302/기사0404/산기0601/기사0704/산기0804/기사0901/산기1002/산기1201/

기사1502/산기1502/기사1602/산기1602/산기1701/산기1901/기사2001/기사2004/산기2102/산기2104/산기2204]

① 이음매가 있는 것
② 와이어로프의 한 꼬임에서 끊어진 소선의 수가 10% 이상인 것
③ 지름의 감소가 공칭지름의 7%를 초과하는 것
④ 꼬인 것
⑤ 심하게 변형 또는 부식된 것
⑥ 열과 전기충격에 의해 손상된 것

▲ 해당 답안 중 4가지 선택 기재

04 수중굴착 및 구조물의 기초바닥 등과 같은 협소하고 상당히 깊은 범위의 굴착과 호퍼작업에 가장 적당한
굴착기계를 쓰시오.(3점) [산기1502]

- 크램쉘

05 차량계 건설기계를 사용하여 작업을 할 때는 작업계획을 작성하고, 그 작업계획에 따라 작업을 실시하도록
하여야 한다. 이 작업계획에 포함되어야 할 사항 3가지를 쓰시오.(6점) [기사0301/산기0504/
산기0604/기사0704/산기1002/산기1102/산기1304/산기1401/산기1502/기사1604/기사1702/기사1902/기사1904/산기2001/산기2102/산기2302]

① 사용하는 차량계 건설기계의 종류 및 성능
② 차량계 건설기계의 운행경로
③ 차량계 건설기계에 의한 작업방법

06 강관비계 조립 시 벽이음 또는 버팀을 설치하는 간격을 보여주고 있다. ( )을 채우시오.(4점)
[기사0402/산기0504/산기0604/기사0702/산기1102/산기1301/산기1402/산기1502/산기1804/기사1901/산기2102/산기2201/산기2304]

종류	조립간격(단위: m)	
	수직방향	수평방향
단관비계	(①)	(②)
틀비계(높이가 5m 미만의 것을 제외)	(③)	(④)

① 5   ② 5
③ 6   ④ 8

07 무재해운동기법 중 "작업 시작 전 및 후에 10분정도의 시간으로 10명 이하로 구성된 팀원 전원이 모여
현장에서 있었던 상황에 대해서 대화한 후 납득하는 작업장 안전회의"와 관련된 위험예지활동을 쓰시오.
(3점) [산기0504/산기0701/산기0902/산기1502/산기1702/산기1902/산기2104]

- TBM(Tool Box Meeting)

08 잠함 또는 우물통의 내부에서 근로자가 굴착작업을 하는 경우에 잠함 또는 우물통의 급격한 침하에 의한 위험을 방지하기 위해 준수해야 할 사항 2가지를 쓰시오.(4점) [산기0604/산기1502/산기2102/산기2204]

① 침하관계도에 따라 굴착방법 및 재하량 등을 정할 것
② 바닥으로부터 천장 또는 보까지의 높이는 1.8m 이상으로 할 것

09 안전대의 사용구분에 따른 종류 4가지를 쓰시오.(4점) [산기1502]

① 1개 걸이용
② U자 걸이용
③ 추락방지대
④ 안전블록

10 산업안전보건기준에 관한 규칙에 따라 지반 굴착 시 굴착면의 기울기 기준을 채우시오.(5점)

[기사0401/기사0504/기사0702/산기1502/기사1701/기사1702/산기1804/기사1904/산기2101]

지반의 종류	기울기	지반의 종류	기울기
모래	(①)	경암	(④)
연암	(②)	그 밖의 흙	(⑤)
풍화암	(③)		

① 1 : 1.8   ② 1 : 1.0   ③ 1 : 1.0
④ 1 : 0.5   ⑤ 1 : 1.2

11 근로자가 1시간 동안 1분당 9[kcal]의 에너지를 소모하는 작업을 수행하는 경우 ① 휴식시간 ② 작업시간을 각각 구하시오. (단, 작업에 대한 권장 에너지 소비량은 분당 5[kcal])(6점) [산기0904/산기1502]

- 휴식 중 에너지 소모량이 주어지지 않았으므로 1.5kcal로 생각한다.
- 주어진 값을 대입하면 휴식시간 $R = \dfrac{60(E-5)}{E-1.5} = \dfrac{60(9-5)}{9-1.5} = 32$[분]이다.
- 작업시간은 60-32 = 28[분]이다.

12 다음은 근로시간 제한에 관한 내용이다. 다음 빈칸을 채우시오.(6점) [산기1004/산기1502]

> 사업주는 유해하거나 위험한 작업으로서 높은 기압에서 하는 작업 등(잠함 또는 잠수작업 등)에 종사하는
> 근로자에게는 1일 (①)시간, 1주 (②)시간을 초과하여 근로하게 해서는 아니 된다.

① 6   ② 34

13 산업안전보건법 시행규칙에 의하면 안전관리자에 선임된 후 3개월 이내에 직무를 수행하는 데 필요한 신규교
육을 받아야 하며, 신규교육을 이수한 후 매 2년이 되는 날을 기준으로 전후 3개월 사이에 안전보건에
관한 보수교육을 받아야 한다. 이때 받아야 하는 교육시간을 각각 쓰시오.(4점)

[기사0702/산기1204/산기1502/기사2002]

교육대상	보수교육시간
안전보건관리책임자	(①)시간 이상
안전관리자, 안전관리전문기관의 종사자	(②)시간 이상
보건관리자, 보건관리전문기관의 종사자	(③)시간 이상
건설재해예방전문지도기관의 종사자	(④)시간 이상

① 6   ② 24
③ 24   ④ 24

14 터널굴착작업 시 보링(Boring) 등 적절한 방법으로 낙반·출수(出水) 및 가스폭발 등으로 인한 근로자의
위험을 방지하기 위하여 미리 조사해야 하는 사항 3가지를 쓰시오.(3점) [산기0704/산기1502]

① 지형
② 지질
③ 지층상태

01 빗버팀대 흙막이 공법의 순서를 바르게 쓰시오.(4점) [산기1501]

| ① 줄파기 | ② 규준대 대기 | ③ 널말뚝 박기 | ④ 중앙부 흙파기 |
| ⑤ 띠장 대기 | ⑥ 버팀말뚝 및 버팀대 대기 | ⑦ 주변부 흙파기 | |

- ① → ② → ③ → ④ → ⑤ → ⑥ → ⑦

02 고용노동관서의 장은 사업주에게 특별한 사유가 발생한 경우 안전관리자를 정수 이상으로 증원 및 교체하여 임명할 것을 명할 수 있다. 이의 사유를 3가지 쓰시오.(6점)

[산기0802/산기0804/기사1001/기사1402/산기1501/산기1702/기사1704/산기2001/산기2002]

① 해당 사업장의 연간재해율이 같은 업종의 평균재해율의 2배 이상인 경우
② 중대재해가 연간 2건 이상 발생한 경우
③ 관리자가 질병이나 그 밖의 사유로 3개월 이상 직무를 수행할 수 없게 된 경우
④ 화학적 인자로 인한 직업성질병자가 연간 3명 이상 발생한 경우

▲ 해당 답안 중 3가지 선택 기재

03 청각적 표시장치에 비교할 때 시각적 표시장치를 사용하는 것이 더 좋은 경우를 4가지 쓰시오.(4점)

[산기1501/산기2202]

① 수신 장소의 소음이 심한 경우
② 정보가 공간적인 위치를 다룬 경우
③ 정보의 내용이 복잡하고 긴 경우
④ 직무상 수신자가 한 곳에 머무르는 경우
⑤ 메시지를 추후 참고할 필요가 있는 경우
⑥ 정보의 내용이 즉각적인 행동을 요구하지 않는 경우

▲ 해당 답안 중 4가지 선택 기재

04 다음은 터널 내 환기에 대한 설명이다. 빈칸을 채우시오.(3점) [산기0702/산기1501/산기2204]

> 가) 발파 후 유해가스, 분진 및 내연기관의 배기가스 등을 신속히 환기시켜야 하며 발파 후 (①)분 이내
> 배기, 송기가 완료되도록 하여야 한다.
> 나) 환기가스처리장치가 없는 (②)기관은 터널 내의 투입을 금하여야 한다.
> 다) 터널 내의 기온은 (③)℃ 이하가 되도록 신선한 공기로 환기시켜야 하며 근로자의 작업조건에 유해하지
> 아니한 상태를 유지하여야 한다.

① 30   ② 디젤

③ 37

05 산업안전보건법상 안전보건표지 중 "출입금지"표지를 그리고, 물음에 답하시오.(단, 색상표시는 글자로 나타
내도록 하고, 크기에 대한 기준은 표시하지 않아도 된다)(4점) [산기0502/산기1501]

> ① 바탕색   ② 도형색   ③ 화살표색

① 바탕 : 흰색
② 도형 : 빨간색
③ 화살표 : 검정색

06 안전검사에 대한 설명이다. 빈칸을 채우시오.(6점) [산기1501]

> 가) 안전검사를 받아야 하는 자는 안전검사 신청서를 검사 주기 만료일 (①)일 전에 안전검사 업무를 위탁받은
> 기관에 제출해야 한다.
> 나) 크레인(이동식 크레인은 제외), 리프트(이삿짐운반용 리프트는 제외) 및 곤돌라 : 사업장에 설치가 끝난 날부
> 터 3년 이내에 최초 안전검사를 실시하되, 건설현장에서 사용하는 것은 최초로 설치한 날부터 (②)개월마다
> 안전검사를 실시한다.
> 다) 크레인(이동식 크레인은 제외), 리프트(이삿짐운반용 리프트는 제외) 및 곤돌라 : 사업장에 설치가 끝난
> 날부터 3년 이내에 최초 안전검사를 실시하되, 그 이후부터 (③)년마다 안전검사를 실시한다.

① 30   ② 6   ③ 2

07 사업주는 흙막이 지보공을 조립하는 경우 미리 조립도를 작성하여 그 조립도에 따라 조립하도록 해야 하는데 흙막이판·말뚝·버팀대 및 띠장 등 부재와 관련하여 조립도에 명시되어야 할 사항을 2가지 쓰시오.(4점)

[산기1501/산기2004]

① 배치   ② 치수   ③ 재질
④ 설치방법   ⑤ 설치순서

▲ 해당 답안 중 2가지 선택 기재

08 달비계의 적재하중을 정하고자 한다. 다음 ( )안에 안전계수를 쓰시오.(6점)

[산기0504/산기0704/신기1501/산기1701/산기1704/산기2302]

가) 달기와이어로프 및 달기강선의 안전계수 : (①) 이상
나) 달기 체인 및 달기 훅의 안전계수: (②) 이상
다) 달기 강대와 달비계의 하부 및 상부 지점의 안전계수: 강재(鋼材)의 경우 2.5 이상, 목재의 경우 (③) 이상

① 10   ② 5
③ 5

09 다음은 흙막이 공사에서 사용하는 어떤 부재에 대한 설명인지 쓰시오.(4점)

[산기1501/산기2104]

흙막이 벽에 작용하는 토압에 의한 휨모멘트와 전단력에 저항하도록 설치하는 부재로써 흙막이벽에 가해지는 토압을 버팀대 등에 전달하기 위하여 흙막이벽에 수평으로 설치하는 부재를 말한다.

• 띠장

10 노사협의체 정기회의 개최주기 및 회의록 내용 2가지를 쓰시오.(단, 개최 일시 및 장소, 그 밖의 토의사항 제외)(4점)

[산기1501]

가) 개최주기 : 2개월마다
나) 회의록 내용
① 출석위원
② 심의 내용 및 의결 결정사항

11 A공장의 도수율이 4.0이고, 강도율이 1.5이다. 이 공장에 근무하는 근로자가 입사에서부터 정년퇴직에 이르기까지 몇 회의 재해를 입을지와 얼마의 근로손실일수를 가지는지를 계산하시오.(6점)

[산기1501/산기1701]

① 도수율이 4.0이므로 환산도수율은 0.4로 근로자가 정년퇴직에 이르기까지 0.4회의 재해를 입을 수 있다.
② 강도율이 1.5이므로 환산강도율은 150이고, 이는 근로자가 정년퇴직에 이르기까지 150일의 근로손실일수를 가진다는 것을 의미한다.

12 근로자의 추락 등에 의한 위험방지를 위하여 안전난간 설치 기준이다. ( )안을 채우시오.(4점)

[산기0502/산기0904/기사1102/산기1501/기사1704/산기2302]

가) 상부 난간대는 바닥면·발판 또는 경사로의 표면으로부터 90cm 이상 지점에 설치하고, 상부 난간대를 120cm 이하에 설치하는 경우에는 중간 난간대는 상부 난간대와 바닥면 등의 중간에 설치하여야 하며, 120cm 이상 지점에 설치하는 경우에는 중간 난간대를 2단 이상으로 균등하게 설치하고 난간의 상하 간격은 (①)cm 이하가 되도록 할 것
나) 발끝막이판은 바닥면 등으로부터 (②)cm 이상의 높이를 유지할 것
다) 난간대는 지름 (③)cm 이상의 금속제 파이프나 그 이상의 강도가 있는 재료일 것
라) 안전난간은 구조적으로 가장 취약한 지점에서 가장 취약한 방향으로 작용하는 (④)kg 이상의 하중에 견딜 수 있는 튼튼한 구조일 것

① 60   ② 10
③ 2.7   ④ 100

13 달비계 또는 높이 5m 이상의 비계를 조립, 해체하거나 변경작업을 할 때 사업주로서 준수하여야 할 사항을 5가지 쓰시오.(5점) [기사0304/기사0402/산기0501/산기0604/기사0702/산기0801/기사0802/기사1102/기사1501/산기1501/기사1904]

① 근로자가 관리감독자의 지휘에 따라 작업하도록 할 것
② 조립·해체 또는 변경의 시기·범위 및 절차를 그 작업에 종사하는 근로자에게 주지시킬 것
③ 조립·해체 또는 변경 작업구역에는 해당 작업에 종사하는 근로자가 아닌 사람의 출입을 금지하고 그 내용을 보기 쉬운 장소에 게시할 것
④ 비, 눈, 그 밖의 기상상태의 불안정으로 날씨가 몹시 나쁜 경우에는 그 작업을 중지시킬 것
⑤ 재료·기구 또는 공구 등을 올리거나 내리는 경우에는 근로자가 달줄 또는 달포대 등을 사용하게 할 것
⑥ 비계재료의 연결·해체작업을 하는 경우는 폭 20cm 이상의 발판을 설치하고 근로자로 하여금 안전대를 사용하도록 하는 등 추락을 방지하기 위한 조치를 할 것

▲ 해당 답안 중 5가지 선택 기재

01 다음은 하적단에 대한 물음이다. 물음에 답하시오.(4점) [산기0501/산기1102/산기1404]

> ① 하적단의 붕괴나 낙하위험을 방지하기 위한 조치사항을 쓰시오.
> ② 하적단을 헐어내는 방법을 쓰시오.

① 하적단을 로프로 묶거나 망을 친다.
② 위에서부터 순차적으로 층계를 만들면서 헐어낸다.

02 터널공사 등의 건설작업을 할 때 인화성 가스가 존재하여 폭발이나 화재가 발생할 위험이 있는 경우에는 인화성 가스 농도의 이상 상승을 조기에 파악하기 위하여 그 장소에 자동경보장치를 설치하여야 한다. 설치된 자동경보장치에 대하여 당일의 작업 시작 전에 점검할 사항 3가지를 쓰시오.(6점) [산기0802/산기0804/산기1404]

① 계기의 이상 유무
② 검지부의 이상 유무
③ 경보장치의 작동상태

03 보호구 안전인증 안전모의 성능시험 항목 3가지를 쓰시오.(5점) [산기1001/산기1404/산기2004]

① 내관통성 시험   ② 충격흡수성 시험   ③ 난연성 시험
④ 내전압성 시험   ⑤ 내수성 시험   ⑥ 턱끈풀림

▲ 해당 답안 중 3가지 선택 기재

04 통나무 비계에서 비계기둥이 미끄러지거나 침하하는 것을 방지하기 위하여 조치하는 사항 2가지를 쓰시오. (4점) [산기1404]

① 깔판·깔목 등을 사용해 밑둥잡이를 설치한다.
② 밑받침철물을 사용한다.

05 구축물 또는 이와 유사한 시설물에 대하여 안전진단 등 안전성평가를 실시하여 근로자에게 미칠 위험성을 미리 제거하여야 하는 경우 3가지를 쓰시오.(단, 그 밖의 잠재위험이 예상될 경우 제외)(6점)

[산기0601/기사1004/기사1101/기사1204/기사1302/산기1404/기사1602/기사1902]

① 구축물등의 인근에서 굴착·항타작업 등으로 침하·균열 등이 발생하여 붕괴의 위험이 예상될 경우
② 구축물등에 지진, 동해(凍害), 부동침하(不同沈下) 등으로 균열·비틀림 등이 발생했을 경우
③ 구축물등이 그 자체의 무게·적설·풍압 또는 그 밖에 부가되는 하중 등으로 붕괴 등의 위험이 있을 경우
④ 화재 등으로 구축물등의 내력(耐力)이 심하게 저하됐을 경우
⑤ 오랜 기간 사용하지 않던 구축물등을 재사용하게 되어 안전성을 검토해야 하는 경우
⑥ 구축물등의 주요구조부에 대한 설계 및 시공 방법의 전부 또는 일부를 변경하는 경우

▲ 해당 답안 중 3가지 선택 기재

06 통나무 비계의 비계기둥 이음방법 2가지를 쓰시오.(4점) [산기0604/산기1404]

① 겹침이음 : 이음 부분에서 1m 이상을 서로 겹쳐서 두 군데 이상을 묶어준다.
② 맞댄이음 : 비계 기둥을 쌍기둥틀로 하거나 1.8m 이상의 덧댐목을 사용하여 네 군데 이상을 묶어준다.

07 대통령으로 정하는 크기, 높이 등에 해당하는 건설공사를 착공하려는 경우 제출해야 하는 유해·위험방지계획서에 대한 다음 물음에 답하시오.(4점) [산기1104/산기1302/산기1404/산기2001]

가) 제출시기	나) 심사 결과의 종류 3가지	

가) 공사의 착공 전날
나)　　① 적정　　　　　　② 조건부 적정　　　　　③ 부적정

08 동기부여의 이론 중 알더퍼의 ERG 이론에서 ERG는 각각 어떤 의미를 가지는지 쓰시오.(3점)

[산기0801/산기1404/산기2101]

① E : 존재욕구
② R : 관계욕구
③ G : 성장욕구

09 작업자가 시야가 가려지는 부피가 큰 짐을 운반하던 중 덮개 없는 개구부로 떨어지는 사고를 당해 상해를 입었을 때, 재해의 발생형태, 기인물 및 가해물 등을 각각 쓰시오.(5점) [산기0702/산기1404/산기1801/산기2204]

재해형태	(①)	불안전한 행동	(④)
가해물	(②)	불안전한 상태	(⑤)
기인물	(③)		

① 추락(떨어짐)
② 바닥
③ 큰 짐
④ 전방확인이 불가능한 부피가 큰 짐을 혼자서 들고 이동
⑤ 개구부 덮개 미설치

10 굴착공사 시 토사붕괴의 발생을 예방하기 위해 점검해야 할 사항 3가지를 쓰시오.(6점)

[산기1001/산기1404/산기2003]

① 전 지표면의 답사
② 경사면의 지층 변화부 상황 확인
③ 부석의 상황 변화의 확인
④ 용수의 발생 유·무 또는 용수량의 변화 확인
⑤ 결빙과 해빙에 대한 상황의 확인
⑥ 각종 경사면 보호공의 변위, 탈락 유·무

▲ 해당 답안 중 3가지 선택 기재

11 철골공사 작업을 중지해야 하는 기상조건을 쓰시오.(단, 단위를 명확히 쓰시오)(3점)

[산기0501/산기0701/산기0704/기사0901/기사1302/산기1404/기사1502/기사1504/산기1801/기사2004/산기2201/산기2301]

① 풍속 – 초당 10m 이상
② 강설량 – 시간당 1cm 이상
③ 강우량 – 시간당 1mm 이상

12 권과방지장치를 설치하지 않은 크레인에 대하여 권상용 와이어로프에 조치할 사항을 2가지 쓰시오.(4점)

[산기1404]

① 위험표시를 한다.
② 경보장치를 설치한다.

13 히빙현상에 대한 다음 물음에 답하시오.(6점)   [기사0301/기사0502/기사0801/기사0804/기사1404/산기1404]

> 가) 발생원인을 공학적으로 설명하시오.
> 나) 발생현상을 2가지 쓰시오.
> 다) 방지대책을 3가지 쓰시오.

가) 공학적 설명 : 연약한 점토지반에서 흙막이벽 굴삭면과 배면부의 토압 차이로 인해 흙막이벽 배면부의 흙이 가라앉으면서 굴삭 바닥면으로 융기하는 지반 융기현상이다.
나) 발생현상
  ① 흙막이 지보공의 파괴
  ② 배면 토사의 붕괴
다) 방지대책
  ① 어스앵커를 설치한다.
  ② 굴착주변을 웰 포인트(Well point)공법과 병행한다.
  ③ 흙막이 벽의 근입심도를 확보한다.
  ④ 지반개량으로 흙의 전단강도를 높인다.
  ⑤ 굴착주변의 상재하중을 제거하여 토압을 최대한 낮춘다.
  ⑥ 토류벽의 배면토압을 경감시킨다.
  ⑦ 굴착저면에 토사 등 인공중력을 가중시킨다.
  ⑧ 굴착방식을 아일랜드 컷 방식으로 개선한다.

▲ 다)의 답안 중 3가지 선택 기재

01 제품의 생산 공정과 직접적으로 관련된 건설물·기계·기구 및 설비 등 일체를 설치·이전하거나 그 주요 구조부분을 변경하려는 경우 유해위험방지계획서를 제출하여야 한다. 이때 첨부할 서류를 2가지 쓰시오.(단, 그 밖에 고용노동부장관이 정하는 도면 및 서류는 제외)(4점)　　　[산기0601/산기1004/산기1402/산기1704]

① 건축물 각 층의 평면도
② 기계·설비의 개요를 나타내는 서류
③ 기계·설비의 배치도면
④ 원재료 및 제품의 취급, 제조 등의 작업방법의 개요

▲ 해당 답안 중 2가지 선택 기재

02 사업장 안전활동 계획을 의미하는 PDCA의 단계를 순서대로 쓰시오.(4점)　　　[산기1002/산기1402/산기1602/산기1604]

① 계획(Plan)　　　　　　② 실시(Do)
③ 검토(Check)　　　　　④ 조치(Action)

03 위험예지훈련 기초 4라운드 기법의 진행순서를 쓰시오.(4점)　　　[산기0802/산기1402/산기1901/산기2104]

① 1단계 : 현상파악
② 2단계 : 본질추구
③ 3단계 : 대책수립
④ 4단계 : 목표설정

04 인간의 주의에 대한 특성 3가지에 대하여 설명하시오.(4점)　　　[산기0804/산기1402]

① 선택성 : 여러 종류의 자극을 자각할 때, 소수의 특정한 것에 한하여 주의가 집중되는 것
② 변동성(단속성) : 주의는 일정하게 유지되는 것이 아니라 일정한 주기로 부주의하는 리듬이 존재한다.
③ 방향성 : 한 지점에 주의를 집중하면 다른 곳의 주의가 약해지는 성질

05 리프트의 설치·조립·수리·점검 또는 해체작업을 하는 경우 사업주의 조치사항을 3가지 쓰시오.(6점)
[산기1402]

① 작업을 지휘하는 사람을 선임하여 그 사람의 지휘하에 작업을 실시할 것
② 작업을 할 구역에 관계 근로자가 아닌 사람의 출입을 금지하고 그 취지를 보기 쉬운 장소에 표시할 것
③ 비, 눈, 그 밖에 기상상태의 불안정으로 날씨가 몹시 나쁜 경우에는 그 작업을 중지시킬 것

06 작업장에서 크레인(이동식 크레인 제외)을 사용하여 운반작업을 하려고 한다. 작업개시 전에 점검하여야 할 사항을 3가지 쓰시오.(6점)
[기사0304/기사0404/산기0502/
산기0601/산기0704/기사1001/산기1401/산기1402/기사1501/기사1702/산기1802/기사2004/산기2301]

① 권과방지장치·브레이크·클러치 및 운전장치의 기능
② 주행로의 상측 및 트롤리(Trolley)가 횡행하는 레일의 상태
③ 와이어로프가 통하고 있는 곳의 상태

07 동바리로 사용하는 파이프 서포트 설치 시 준수사항 2가지를 쓰시오.(4점)
[산기0802/산기1402]

① 파이프 서포트를 3개 이상 이어서 사용하지 않도록 할 것
② 파이프 서포트를 이어서 사용하는 경우에는 4개 이상의 볼트 또는 전용철물을 사용하여 이을 것
③ 높이가 3.5m를 초과하는 경우 높이 2m 이내마다 수평연결재를 2개 방향으로 만들고 수평연결재의 변위를 방지할 것

▲ 해당 답안 중 2가지 선택 기재

08 강관비계 조립 시 벽이음 또는 버팀을 설치하는 간격을 보여주고 있다. (   )을 채우시오.(4점)
[기사0402/산기0504/산기0604/기사0702/산기1102/산기1301/산기1402/산기1502/산기1804/기사1901/산기2102/산기2201/산기2304]

종류	조립간격(단위: m)	
	수직방향	수평방향
단관비계	(①)	(②)
틀비계(높이가 5m 미만의 것을 제외)	(③)	(④)

① 5
② 5
③ 6
④ 8

09 하역작업을 할 때 화물운반용 또는 고정용으로 사용할 수 없는 섬유로프의 사용제한 조건 2가지를 쓰시오. (4점)　　[기사0904/산기1101/산기1104/기사1302/산기1402/산기1702/산기1801/기사1802/기사1804]

① 꼬임이 끊어진 것
② 심하게 손상되거나 부식된 것

10 흙막이 지보공을 설치하였을 때 정기적으로 점검해야 할 사항 3가지를 쓰시오.(6점)
　　[산기0602/산기0701/산기1402/산기1702/산기2002/산기2201]

① 부재의 손상·변형·부식·변위 및 탈락의 유무와 상태
② 버팀대 긴압의 정도
③ 부재의 접속부·부착부 및 교차부의 상태
④ 침하의 정도

▲ 해당 답안 중 3가지 선택 기재

11 지반의 이상현상 중 하나인 보일링 방지대책 3가지를 쓰시오.(6점)
　　[기사0802/기사0901/기사1002/산기1402/기사1504/기사1601/산기1804/기사1901/산기2102]

① 주변 지하수위를 저하시킨다.
② 흙막이 벽의 근입 깊이를 깊게 한다.
③ 지하수의 흐름을 막는다.
④ 굴착한 흙을 즉시 매립하여 원상회복시킨다.
⑤ 공사를 중지한다.

▲ 해당 답안 중 3가지 선택 기재

12 다음은 사다리식 통로의 안전기준에 대한 사항이다. 빈칸을 채우시오.(4점)
　　[기사0302/기사0401/기사0601/산기0702/산기0801/산기1402/산기1601/기사1602/산기1604/산기1902/산기1904/산기2204/산기2304]

> 가) 사다리의 상단은 걸쳐놓은 지점으로부터 (①)cm 이상 올라가도록 할 것
> 나) 사다리식 통로의 길이가 10m 이상인 경우에는 (②)m 이내마다 계단참을 설치할 것

① 60　　　　　　　　　　　　　　　② 5

13 다음 시스템의 신뢰도를 구하시오.(4점)

[산기1402]

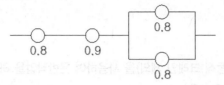

- 먼저 병렬연결된 부품의 신뢰도부터 구하면 $1-(1-0.8)(1-0.8) = 1-0.04=0.96$이다.
- 나머지 직렬연결된 부품들의 신뢰도를 구하면 $0.8 \times 0.9 \times 0.96 = 0.6912$이므로 0.69이다.

01 작업장에서 크레인(이동식 크레인 제외)을 사용하여 운반작업을 하려고 한다. 작업개시 전에 점검하여야 할 사항을 3가지 쓰시오.(6점)

[기사0304/기사0404/산기0502/
산기0601/산기0704/기사1001/산기1401/산기1402/기사1501/기사1702/산기1802/기사2004/산기2301]

① 권과방지장치·브레이크·클러치 및 운전장치의 기능

② 주행로의 상측 및 트롤리(Trolley)가 횡행하는 레일의 상태

③ 와이어로프가 통하고 있는 곳의 상태

02 안전관리조직을 효율적으로 운영하기 위한 조직 형태 3가지와 대형건설사에 적합한 안전조직의 장점을 1가지 쓰시오.(4점)

[산기1401]

가) 안전관리조직의 종류

① 직계식(Line)　　　② 참모식(Staff)　　　③ 직계·참모식(Line·Staff)

나) 장점

① 정확하고 신속하다.

② 조직원 전원을 자율적으로 안전활동에 참여시킬 수 있다.

③ 안전 활동과 생산업무가 유리될 우려가 없기 때문에 균형을 유지할 수 있어 이상적인 조직형태이다.

▲ 나)의 답안 중 1가지 선택 기재

03 근로자 500명이 근무하는 사업장에서 3건의 재해가 발생하여 1명이 사망, 1명이 110일, 1명이 30일의 휴업일수가 각각 발생하였다. ① 연천인율과 ② 강도율을 구하시오.(단, 종업원의 근무시간은 1일 10시간, 연간 300일이다)(5점)

[산기0701/산기1102/산기1401]

① 연천인율은 $\frac{\text{연간 재해자수}}{\text{연평균 근로자수}} \times 1,000$이므로 대입하면 $\frac{3}{500} \times 1,000 = 6$이다.

- 연간총근로시간을 구하면 $500 \times 10 \times 300 = 1,500,000$시간이다.

- 근로손실일수는 사망자 1인당 7,500일이고, 휴업일수는 근로손실일수로 변환해야 한다. 휴업일수 110일+30일 = 140이고 이는 $140 \times \frac{300}{365} = 115.068 \cdots$이므로 115.07일이다. 근로손실일수의 합은 7,500+115.07 = 7,615.07일이다.

② 강도율은 $\frac{\text{근로손실일수}}{\text{연간총근로시간}} \times 1,000$이므로 대입하면 $\frac{7,615.07}{1,500,000} \times 1,000 = 5.076 \cdots$이므로 5.08이다.

04 굴착공사 전 굴착시기와 작업순서를 정하기 위해 사전에 수행하는 토질조사 사항을 3가지 쓰시오.(6점)

[기사0302/기사0404/산기0502/기사0504/산기0602/산기0801/기사0804/기사1001/기사1004/산기1101/산기1104/산기1401/기사1802]

① 형상·지질 및 지층의 상태
② 균열·함수·용수 및 동결의 유무 또는 상태
③ 매설물 등의 유무 또는 상태
④ 지반의 지하수위 상태

▲ 해당 답안 중 3가지 선택 기재

05 인력굴착 작업 시 일일준비 작업을 할 때 준수할 사항 3가지를 쓰시오.(6점)

[산기0801/산기1002/산기1401/산기1704]

① 작업 전에 반드시 작업장소의 불안전한 상태 유무를 점검하고 미비점이 있을 경우 즉시 조치하여야 한다.
② 근로자를 적절히 배치하여야 한다.
③ 사용하는 기기, 공구 등을 근로자에게 확인시켜야 한다.
④ 근로자의 안전모 착용 및 복장상태, 또 추락의 위험이 있는 고소작업자는 안전대를 착용하고 있는가 등을 확인하여야 한다.
⑤ 근로자에게 당일의 작업량, 작업방법을 설명하고, 작업의 단계별 순서와 안전상의 문제점에 대하여 교육하여야 한다.
⑥ 작업장소에 관계자 이외의 자가 출입하지 않도록 하고, 또 위험장소에는 근로자가 접근하지 않도록 출입금지 조치를 하여야 한다.
⑦ 굴착된 흙이 차량으로 운반될 경우 통로를 확보하고 굴착자와 차량 운전자가 상호 연락할 수 있도록 하되, 그 신호는 노동부장관이 고시한 크레인작업표준신호지침에서 정하는 바에 의한다.

▲ 해당 답안 중 3가지 선택 기재

06 산업안전보건법상 양중기 종류 4가지를 쓰시오.(세부사항까지 쓰시오)(4점)

[기사0502/산기0701/기사1201/산기1401/산기1502/산기1701/기사1902/산기1904/산기2202]

① 이동식 크레인
② 곤돌라
③ 승강기
④ 크레인[호이스트(hoist)를 포함한다]
⑤ 리프트(이삿짐운반용 리프트의 경우는 적재하중이 0.1톤 이상인 것으로 한정한다)

▲ 해당 답안 중 4가지 선택 기재

07 하인리히가 제시한 재해예방의 4원칙을 쓰시오.(4점)

[산기0902/산기1101/산기1202/산기1401/기사1501/기사1801/산기2001]

① 예방가능의 원칙
② 손실우연의 원칙
③ 원인연계의 원칙
④ 대책선정의 원칙

08 강관틀 비계의 조립 시 준수해야 할 사항이다. 다음 빈칸을 채우시오.(4점)

[산기0502/산기0601/산기0604/산기1202/산기1401/산기1602]

가) 높이가 20m를 초과하거나 중량물의 적재를 수반하는 작업을 할 경우 주틀 간의 간격을 (①)m 이하로 할 것
나) 수직방향으로 (②)m, 수평방향으로 (③)m 이내마다 벽이음을 할 것
다) 길이가 띠장 방향으로 4m 이하이고 높이가 10m를 초과하는 경우에는 (④)m 이내마다 띠장 방향으로 버팀기둥을 설치할 것

① 1.8   ② 6
③ 8   ④ 10

09 사업주가 작업으로 인하여 물체가 떨어지거나 날아올 위험을 방지하기 위해 취하는 안전조치 4가지를 쓰시오.(4점)

[산기1401/기사1601/산기1602/산기1604/산기1802/기사1901/산기2001/산기2002]

① 낙하물 방지망 설치   ② 수직보호망 설치
③ 방호선반 설치   ④ 출입금지구역의 설정
⑤ 보호구의 착용

▲ 해당 답안 중 4가지 선택 기재

10 거푸집 동바리의 조립 작업 시 동바리의 침하를 방지하기 위한 조치사항 3가지를 쓰시오.(3점)

[산기0802/산기1402/산기2102]

① 깔목의 사용
② 콘크리트 타설
③ 말뚝박기

11 차량계 건설기계를 사용하여 작업을 할 때는 작업계획을 작성하고, 그 작업계획에 따라 작업을 실시하도록 하여야 한다. 이 작업계획에 포함되어야 할 사항 3가지를 쓰시오.(6점) [기사0301/산기0504/
산기0604/기사0704/산기1002/산기1102/산기1304/산기1401/산기1502/기사1604/기사1702/기사1902/기사1904/산기2001/산기2102/산기2302]

① 사용하는 차량계 건설기계의 종류 및 성능
② 차량계 건설기계의 운행경로
③ 차량계 건설기계에 의한 작업방법

12 사업주는 중대재해가 발생한 사실을 알게 된 경우에는 지체 없이 관할 지방고용노동관서의 장에게 전화·팩스, 또는 그 밖에 적절한 방법으로 보고하여야 한다. 중대재해 발생 시 ① 보고기간, ② 보고사항을 2가지(단, 그밖의 중요한 사항은 제외) 쓰시오.(4점) [기사0401/기사0602/기사0701/산기1401/기사1902]

① 보고기간 : 지체없이
② 보고사항 : ㉠ 발생 개요 및 피해 상황   ㉡ 조치 및 전망

13 터널굴착 작업에 있어 근로자 위험방지를 위해 사전 조사 후 작업계획서에 포함하여야 하는 사항 4가지를 쓰시오.(4점) [산기1004/산기1401/산기1901/산기2202]

① 굴착의 방법
② 터널지보공 및 복공의 시공방법
③ 용수의 처리방법
④ 환기 또는 조명시설을 설치할 때는 그 방법

MEMO

2024 | 한국산업인력공단 | 국가기술자격

고시넷
고패스

건설안전산업기사 [실기]
필답형 + 작업형
기출복원문제 + 유형분석

필답형 회차별
기출복원문제 31회분
2014 ~ 2023년
[실전풀이문제]

gosinet
(주)고시넷

01 다음은 사다리식 통로의 안전기준에 대한 사항이다. 빈칸을 채우시오.(5점)

[기사0302/기사0401/기사0601/산기0702/산기0801/산기1402/산기1601/기사1602/산기1604/산기1902/산기1904/산기2204/산기2304]

> 가) 발판과 벽의 사이는 (①)cm 이상의 간격을 유지할 것
> 나) 폭은 (②)cm 이상으로 할 것
> 다) 사다리의 상단은 걸쳐놓은 지점으로부터 (③)cm 이상 올라가도록 할 것
> 라) 사다리식 통로의 기울기는 (④)도 이하로 할 것

02 화물의 낙하에 의하여 지게차의 운전자에 위험을 미칠 우려가 있는 작업장에서 사용된 지게차의 헤드가드가 갖추어야 할 사항 2가지를 쓰시오.(4점)

[산기2304]

03 시각적 표시장치에 비교할 때 청각적 표시장치를 사용하는 것이 더 좋은 경우를 3가지 쓰시오.(3점)

[산기1101/산기1104/산기1701/산기2304]

04 비계 작업 시 비, 눈 그 밖의 기상상태의 불안정으로 날씨가 몹시 나빠서 작업을 중지시킨 후 그 비계에서 작업을 재개할 때 점검하고 이상을 발견하면 즉시 보수해야 할 사항을 3가지 쓰시오.(6점)

[산기0902/기사1001/산기1102/기사1301/기사1402/기사1404/산기1602/산기1704/기사1801/기사1901/산기2102/산기2304]

05 섬유로프 등을 화물자동차의 짐걸이에 사용하여 100kg 이상의 화물을 싣거나 내리는 작업을 하는 경우 해당 작업을 시작하기 전 조치사항 3가지를 쓰시오.(6점)

[산기1004/산기1604/산기2304]

06 강관비계 조립 시 벽이음 또는 버팀을 설치하는 간격을 보여주고 있다. (   )을 채우시오.(4점)

[기사0402/산기0504/산기0604/기사0702/산기1102/산기1301/기사1402/산기1502/산기1804/기사1901/산기2102/산기2201/산기2304]

종류	조립간격(단위: m)	
	수직방향	수평방향
단관비계	(①)	(②)
틀비계(높이가 5m 미만의 것을 제외)	(③)	(④)

07 산업안전보건법상 건설공사도급인은 사업장에 타워크레인 등이 설치되어 있거나 작동하고 있는 경우 또는 이를 설치·해체·조립하는 등의 작업이 이루어지고 있는 경우에는 필요한 안전조치 및 보건조치를 해야 한다. 이에 해당하는 기계·기구 또는 설비를 2가지 쓰시오.(단, 타워크레인은 제외)(4점) [산기2304]

08 다음 유해·위험 기계의 방호장치를 쓰시오.(6점) [산기1604/산기2304]

① 예초기	② 원심기	③ 공기압축기

09 사업주가 작업의자형 달비계를 설치하는 경우 사용해서는 안 되는 작업용 섬유로프 또는 안전대의 섬유벨트의 조건을 3가지 쓰시오.(3점) [산기2304]

10 산업안전보건기준에 관한 규칙에 의거 다음 설명에 해당하는 장치명을 쓰시오.(6점) [산기2102/산기2304]

① 동력을 사용하여 중량물을 매달아 상하 및 좌우로 운반하는 것을 목적으로 하는 기계 또는 기계장치
② 건축물이나 고정된 시설물에 설치되어 일정한 경로에 따라 사람이나 화물을 승강장으로 옮기는 데에 사용되는 설비
③ 동력을 사용하여 사람이나 화물을 운반하는 것을 목적으로 하는 기계설비

11 안전교육의 3단계 교육과정을 쓰시오.(3점) [산기2304]

12 산업안전보건법에서 규정한 안전보건표지와 관련된 설명이다. ( ) 안을 채우시오.(6점) [산기2102/산기2304]

> 안전보건표지의 표시를 명확히 하기 위하여 필요한 경우에는 그 안전보건표지의 주위에 표시사항을 글자로 덧붙여 적을 수 있다. 이 경우 글자는 (①) 바탕에 (②) 한글(③)로 표기해야 한다.

13 도수율과 강도율의 계산식을 쓰시오.(4점) [산기2304]

01 산업안전보건법상 안전보건표지에서 있어 경고표지의 종류를 3가지 쓰시오.(6점)

[산기1004/산기1201/산기1504/산기2302]

02 동기부여와 관련된 인간의 욕구이론 중 매슬로우(Maslow)의 욕구 5단계에 대한 다음 설명 중 ( ) 안을 채우시오.(3점)

[산기2302]

제1단계	(①)
제2단계	(②)
제3단계	사회적 욕구
제4단계	존경의 욕구
제5단계	(③)

03 다음은 강관비계에 관한 내용이다. 다음 빈칸을 채우시오.(5점)

[기사1302/산기1704/산기1802/산기1901/기사1904/산기2004/산기2101/산기2302]

가) 띠장간격은 (①)m 이하로 설치할 것
나) 비계기둥의 간격은 띠장 방향에서는 (②) 이하, 장선 방향에서는 (③)m 이하로 할 것. 다만, 선박 및 보트 건조작업의 경우에는 안전성에 대한 구조검토를 실시하고 조립도를 작성하면 띠장 방향 및 장선 방향으로 각각 (④)미터 이하로 할 수 있다.
다) 비계기둥 간의 적재하중은 (⑤)kg을 초과하지 않도록 할 것

04 굴착면의 높이가 2m 이상이 되는 지반의 굴착작업 시 특별교육 내용 2가지를 쓰시오.(단, 그 밖에 안전·보건 관리에 필요한 사항 제외)(4점) [기사2102/산기2302]

05 달비계의 적재하중을 정하고자 한다. 다음 ( )안에 안전계수를 쓰시오.(4점)
[산기0504/산기0704/산기1501/산기1701/산기1704/산기2302]

> 가) 달기와이어로프 및 달기강선의 안전계수 : (①) 이상
> 나) 달기 체인 및 달기 훅의 안전계수: (②) 이상
> 다) 달기 강대와 달비계의 하부 및 상부 지점의 안전계수: 강재(鋼材)의 경우 (③) 이상, 목재의 경우 (④) 이상

06 다음의 재해통계를 산출하는 식을 쓰시오.(4점) [산기2302]

> ① 강도율 　　　　　　② 연천인율

07 차량계 건설기계를 사용하여 작업을 할 때는 작업계획을 작성하고, 그 작업계획에 따라 작업을 실시하도록 하여야 한다. 이 작업계획에 포함되어야 할 사항 2가지를 쓰시오.(4점) [기사0301/산기0504/
산기0604/기사0704/산기1002/산기1102/산기1304/산기1401/산기1502/기사1604/기사1702/기사1902/기사1904/산기2001/산기2102/산기2302]

08 건설현장에서 화물을 적재하는 경우 사업주의 준수사항 3가지를 쓰시오.(6점) [산기2302]

09 동력을 사용하는 항타기 또는 항발기에 대하여 무너짐을 방지하기 위해 사업주가 준수해야 하는 다음 설명의
( ) 안을 채우시오.(6점) [산기2302]

> 가) 연약한 지반에 설치하는 경우에는 아웃트리거·받침 등 지지구조물의 침하를 방지하기 위하여 깔판·
>   (①) 등을 사용할 것
> 나) 궤도 또는 차로 이동하는 항타기 또는 항발기에 대해서는 불시에 이동하는 것을 방지하기 위하여
>   (②) 및 쐐기 등으로 고정시킬 것
> 다) 아웃트리거·받침 등 지지구조물이 미끄러질 우려가 있는 경우에는 (③) 또는 쐐기 등을 사용하여 해당
>   지지구조물을 고정시킬 것

10 산업안전보건법령상 크레인을 사용하여 작업하는 경우 준수사항을 3가지 쓰시오.(6점) [기사1701/산기2302]

11 개인용 보호구의 하나인 안전모에 대한 설명이다. ( ) 안을 채우시오.(4점) [산기1704/산기2003/산기2302]

가) (①)란 착용자의 머리부위를 덮는 주된 물체로서 단단하고 매끄럽게 마감된 재료를 말한다.
나) (②)란 머리받침끈, 머리고정대 및 머리받침고리로 구성되어 추락 및 감전 위험방지용 안전모 머리 부위에
고정시켜주며, 안전모에 충격이 가해졌을 때 착용자의 머리 부위에 전해지는 충격을 완화시켜주는 기능을
갖는 부품을 말한다.

12 말비계를 조립하여 사용하는 경우의 준수사항에 대한 설명이다. ( ) 안을 채우시오.(4점)

[산기1602/산기2302]

가) 지주부재와 수평면의 기울기를 (①) 이하로 하고, 지주부재와 지주부재 사이를 고정시키는 보조부재를
설치할 것
나) 말비계의 높이가 2미터를 초과하는 경우에는 작업발판의 폭을 (②) 이상으로 할 것

13 근로자의 추락 등에 의한 위험방지를 위하여 안전난간 설치 기준이다. ( )안을 채우시오.(4점)

[산기0502/산기0904/기사1102/산기1501/기사1704/산기2302]

가) 상부 난간대는 바닥면·발판 또는 경사로의 표면으로부터 (①)cm 이상 지점에 설치하고, 상부 난간대를
120cm 이하에 설치하는 경우에는 중간 난간대는 상부 난간대와 바닥면 등의 중간에 설치하여야 하며,
120cm 이상 지점에 설치하는 경우에는 중간 난간대를 2단 이상으로 균등하게 설치하고 난간의 상하 간격은
60cm 이하가 되도록 할 것
나) 발끝막이판은 바닥면 등으로부터 (②)cm 이상의 높이를 유지할 것
다) 난간대는 지름 (③)cm 이상의 금속제 파이프나 그 이상의 강도가 있는 재료일 것
라) 안전난간은 구조적으로 가장 취약한 지점에서 가장 취약한 방향으로 작용하는 (④)kg 이상의 하중에
견딜 수 있는 튼튼한 구조일 것

01 다음과 같은 조건의 건설업에서 선임해야 할 안전관리자의 인원을 쓰시오.(단, 전체 공사기간 중 전·후 15에 해당하는 기간은 제외)(5점) [산기2301]

> ① 공사금액 800억원 이상 1,500억원 미만 : ( ) 명 이상
> ② 공사금액 3,000억원 이상 3,900억원 미만 : ( ) 명 이상
> ③ 공사금액 8,500억원 이상 1조원 미만 : ( ) 명 이상

02 위험물질을 제조·취급하는 작업장에는 출입구 외에 안전한 장소로 대피할 수 있는 비상구를 설치하여야 한다. 비상구의 설치기준을 3가지 쓰시오.(6점) [산기2301]

03 제조업이나 폐기물 등을 취급하는 사업장에서는 안전보건관리담당자를 선임하여야 한다. 안전보건관리담당자의 업무를 3가지 쓰시오.(6점) [산기2301]

04 다음 설명에 맞는 터널공사 적용 가능 공법의 명칭을 쓰시오.(4점)　　[산기0902/산기1204/산기2002/산기2301]

> ① 암반 자체의 지지력을 기초로 하여 록볼트의 고정, 숏크리트와 지보재로 보강하여 지반을 안정시킨 후
>   터널을 굴착하는 방법
> ② 원형 관에 해당하는 Shield를 수직구에 투입시켜 커트헤드를 회전시키면서 굴착하고, Shield 뒤쪽에서
>   세그먼트를 반복적으로 설치하면서 터널을 굴착하는 방법

05 토사붕괴 발생을 예방하기 위한 조치를 3가지 쓰시오.(6점)　　[산기2301]

06 작업장에서 산소 및 유해가스 농도를 측정한 결과 적정공기가 유지되고 있지 아니하다고 평가된 경우 사업자
가 근로자의 건강장해 예방을 위해 지급하여 착용하게 해야 할 보호구를 2가지 쓰시오.(4점)　　[산기2301]

07 작업장에서 크레인(이동식 크레인 제외)을 사용하여 운반작업을 하려고 한다. 작업개시 전에 점검하여야
할 사항을 3가지 쓰시오.(6점)　　[기사0304/기사0404/산기0502/
산기0601/산기0704/기사1001/산기1401/산기1402/기사1501/기사1702/산기1802/기사2004/산기2301]

08 다음 설명에 맞는 재해의 발생형태별 분류를 쓰시오.(4점) [산기2301]

> ① 사람이 인력(중력)에 의하여 건축물, 구조물, 가설물, 수목, 사다리 등의 높은 장소에서 떨어지는 것
> ② 구조물, 기계 등에 고정되어 있던 물체가 중력, 원심력, 관성력 등에 의하여 고정부에서 이탈하거나 또는 설비 등으로부터 물질이 분출되어 사람을 가해하는 경우
> ③ 두 물체 사이의 움직임에 의하여 일어난 것으로 직선 운동하는 물체 사이의 끼임, 회전부와 고정체 사이의 끼임, 로울러 등 회전체 사이에 물리거나 또는 회전체·돌기부 등에 감긴 경우
> ④ 사람이 거의 평면 또는 경사면, 층계 등에서 구르거나 넘어지는 경우

09 산업안전보건법상 안전보건개선계획서의 제출과 심사에 대한 다음 설명의 ( ) 안을 채우시오.(4점) [산기2301]

> 가) 안전보건개선계획서를 제출해야 하는 사업주는 안전보건개선계획서 수립·시행 명령을 받은 날부터 (①)일 이내에 관할 지방고용노동관서의 장에게 해당 계획서를 제출해야 한다.
> 나) 지방고용노동관서의 장이 안전보건개선계획서를 접수한 경우에는 접수일부터 (②)일 이내에 심사하여 사업주에게 그 결과를 알려야 한다.

10 철골공사 작업을 중지해야 하는 기상조건을 쓰시오.(단, 단위를 명확히 쓰시오)(3점)

[산기0501/산기0701/산기0704/기사0901/기사1302/기사1404/기사1502/기사1504/산기1801/기사2004/산기2201/산기2301]

> 가) 풍속 – 초당 (①) 이상
> 나) 강설량 – 시간당 (②) 이상
> 다) 강우량 – 시간당 (③) 이상

11 터널 등의 건설작업을 하는 경우 낙반 등에 의하여 근로자의 위험을 방지하기 위한 조치사항 2가지를 쓰시오. (4점) [기사0304/산기0804/산기1002/산기1702/기사2004/산기2301]

12 다음 낙하물 방지망 또는 방호선반의 설치기준에 대한 설명의 ( ) 안을 채우시오.(4점) [산기2301]

가) 높이 (①)미터 이내마다 설치하고, 내민 길이는 벽면으로부터 (②)미터 이상으로 할 것
나) 수평면과의 각도는 (③)도 이상 (④)도 이하를 유지할 것

13 다음 건설기계 중에서 셔블계 굴착기계를 4가지 골라 쓰시오.(4점) [산기2301]

① 파워셔블   ② 드래그라인   ③ 크램쉘
④ 항타기   ⑤ 트랜처   ⑥ 굴착기

01 작업장에서 발생하는 소음에 대한 대책을 4가지 쓰시오.(4점)

02 양중기에 사용하는 권상용 와이어로프의 사용금지 사항을 3가지 쓰시오.(6점)

03 고용노동부장관에게 보고해야 하는 중대재해 3가지를 쓰시오.(3점)

04 안전보건총괄책임자를 선임하는 도급사업 시 도급인이 이행해야 할 산업재해 예방조치 3가지를 쓰시오.(6점)

[기사1502/산기1504/기사2003/산기2204]

05 터널 공사에 있어서의 환기에 대한 다음 물음에 답하시오.(6점)　　　　　[산기0702/산기1501/산기2204]

> 가) 발파 후 유해가스, 분진 및 내연기관의 배기가스 등을 신속히 환기시켜야 하며 발파 후 (①)분 이내 배기, 송기가 완료되도록 하여야 한다.
> 나) 환기가스처리장치가 없는 (②)기관은 터널 내의 투입을 금하여야 한다.
> 다) 터널 내의 기온은 (③)℃ 이하가 되도록 신선한 공기로 환기시켜야 하며 근로자의 작업조건에 유해하지 아니한 상태를 유지하여야 한다.

06 산업안전보건법상 산업안전보건표지의 종류를 4가지 쓰시오.(4점)　　　　　[산기2204]

07 A 사업장의 도수율이 2.2이고, 강도율이 7.5일 경우 이 사업장의 종합재해지수를 구하시오.(4점)

[산기1601/산기2204]

08 작업자가 시야가 가려지는 부피가 큰 짐을 운반하던 중 덮개 없는 개구부로 떨어지는 사고를 당해 상해를 입었을 때, 재해의 발생형태, 기인물 및 가해물 등을 각각 쓰시오.(5점) [산기0702/산기1404/산기1801/산기2204]

재해형태	(①)	불안전한 행동	(④)
가해물	(②)	불안전한 상태	(⑤)
기인물	(③)		

09 가설구조물이 갖추어야 할 구비요건 2가지를 쓰시오.(4점)

[산기2204]

10 다음은 사다리식 통로의 안전기준에 대한 사항이다. 빈칸을 채우시오.(4점)

[기사0302/기사0401/기사0601/산기0702/산기0801/산기1402/산기1601/기사1602/산기1604/산기1902/산기1904/산기2204]

사다리식 통로의 길이가 (①)m 이상인 경우에는 (②)m 이내마다 계단참을 설치할 것

11 리프트의 설치·조립·수리·점검 또는 해체작업을 하는 경우 작업을 지휘하는 사람의 이행사항을 3가지 쓰시오.(6점) [산기0602/산기1001/산기1101/산기1304/산기2204]

12 잠함 또는 우물통의 내부에서 근로자가 굴착작업을 하는 경우에 잠함 또는 우물통의 급격한 침하에 의한 위험을 방지하기 위해 준수해야 할 사항 2가지를 쓰시오.(4점) [산기0604/산기1502/산기2102/산기2204]

13 산업안전보건법상 양중기 종류 4가지를 쓰시오.(세부사항까지 쓰시오)(4점)
[기사0502/산기0701/기사1201/산기1401/산기1502/산기1701/기사1902/산기1904/산기2202/산기2204]

01 기계가 서 있는 지반보다 높은 곳을 굴착할 때 사용하는 건설기계를 쓰시오.(4점)

[산기1602/산기1804/산기2202]

02 산업안전보건기준에 관한 규칙에 따라 지반 굴착 시 굴착면의 기울기 기준을 채우시오.(5점)

[기사0401/기사0504/기사0702/산기1502/기사1701/기사1702/산기1804/기사1904/산기2101/산기2202]

지반의 종류	기울기	지반의 종류	기울기
모래	(①)	경암	(④)
연암	(②)	그 밖의 흙	(⑤)
풍화암	(③)		

03 터널굴착 작업에 있어 근로자 위험방지를 위해 사전 조사 후 작업계획서에 포함하여야 하는 사항 3가지를 쓰시오.(3점)

[산기1004/산기1401/산기1901/산기2202]

04 청각적 표시장치에 비교할 때 시각적 표시장치를 사용하는 것이 더 좋은 경우를 3가지 쓰시오.(3점)

[산기1501/산기2202]

05 하인리히의 재해예방 대책 5단계를 순서대로 쓰시오.(5점)   [기사0804/산기1604/기사1802/기사2004/산기2202]

06 산업안전보건법상 양중기 종류 4가지를 쓰시오.(세부사항까지 쓰시오)(4점)

[기사0502/산기0701/기사1201/산기1401/산기1502/산기1701/기사1902/산기1904/산기2202/산기2204]

07 작업발판 일체형 거푸집 종류 3가지를 쓰시오.(3점)   [기사1102/산기1304/산기2101/산기2202]

08 어느 공장의 도수율이 4.0이고, 강도율이 1.5일 때 다음을 구하시오.(4점) [산기1904/산기2202]

① 평균강도율	② 환산강도율

09 산업안전보건법상 근로자가 상시 작업하는 장소의 작업면 조도(照度)기준에 대한 다음 표를 채우시오.(6점)

[산기2202]

초정밀작업	정밀작업	보통작업
①	②	③

10 산업안전보건법상 건설업 중 유해·위험방지계획서 제출 대상사업 3가지를 쓰시오.(6점)

[기사0302/기사0504/산기0602/기사0702/기사0802/산기1001/기사1102/산기1601/기사1802/기사1901/산기1904/산기2202]

11 히빙으로 인해 인접 지반 및 흙막이 지보공에 영향을 미치는 현상을 2가지 쓰시오.(4점)

[산기1002/산기1504/산기1904/산기2202]

12 Off-J.T의 정의를 쓰시오.(3점)

[산기1904/산기2202]

13 산업안전보건법령상 다음 경우에 해당하는 양중기의 와이어로프(또는 달기체인)의 안전계수를 빈칸에 써 넣으시오.(6점) [기사0801/산기1001/기사1202/산기1204/기사1501/산기1504/기사1701/기사1702/산기1902/기사2104/산기2202]

○ 근로자가 탑승하는 운반구를 지지하는 경우 : (①) 이상
○ 화물의 하중을 직접 지지하는 경우 : (②) 이상
○ 훅, 샤클, 클램프, 리프팅 빔의 경우 : (③) 이상

01 공사용 가설도로를 설치하는 경우 준수사항 3가지를 쓰시오.(6점) [기사1202/기사1204/기사2004/산기2201/기사2204]

02 하인리히의 재해 코스트 방식에 대한 다음 물음에 답하시오.(5점) [산기1602/산기2201]

　　가) 직접비 : 간접비 = ( ) : ( )
　　나) 직접비에 해당하는 항목을 3가지 쓰시오.

03 산업안전보건법상 특별안전보건교육 중 거푸집 동바리의 조립 또는 해체작업 대상 작업에 대한 교육내용에 해당되는 사항을 3가지 쓰시오.(단, 그 밖의 안전보건관리에 필요한 사항은 제외한다)(6점)

[산기0701/기사1002/산기1104/기사1401/기사1601/기사1604/산기1902/산기2201]

04 단관비계 조립 시 벽이음 또는 버팀을 설치하는 간격을 수직방향과 수평방향 순으로 쓰시오.(4점)

[기사0402/산기0504/산기0604/기사0702/산기1102/산기1301/산기1402/산기1502/산기1804/기사1901/산기2102/산기2201]

05 크레인을 사용하는 작업 시 관리감독자의 유해·위험방지 업무를 3가지 쓰시오.(6점)

[산기0602/산기1001/산기1101/산기1304/산기2201/산기2204]

06 산업안전보건법령상 갱내에서 채석작업을 할 때 암석·토사의 낙하 또는 측벽의 붕괴로 인하여 근로자에게 위험이 발생할 우려가 있는 경우에 그 위험을 방지하기 위한 사업주의 조치사항 2가지를 쓰시오.(4점)

[산기2201]

07 작업발판의 끝이나 개구부로서 근로자가 추락할 위험이 있는 장소에서 작업 시 추락방지대책 3가지를 쓰시오.(6점)

[기사0401/산기0501/산기1002/기사1201/산기1201/산기1504/산기1802/산기1902/산기1904/기사2002/산기2003/산기2004/산기2201]

08 산업안전보건법령상 산업재해 발생보고와 관련한 다음 설명의 (   )안을 채우시오.(6점) [산기|2101]

> 가) 사업주는 산업재해로 사망자가 발생하거나 (①)일 이상의 휴업이 필요한 부상을 입거나 질병에 걸린 사람이 발생한 경우에는 법 제57조제3항에 따라 해당 산업재해가 발생한 날부터 (②)개월 이내에 별지 제30호서식의 산업재해조사표를 작성하여 관할 지방고용노동관서의 장에게 제출(전자문서로 제출하는 것을 포함한다)해야 한다.
>
> 나) 사업주는 前항에 따른 산업재해조사표에 (③)의 확인을 받아야 하며, 그 기재 내용에 대하여 근로자대표의 이견이 있는 경우에는 그 내용을 첨부해야 한다.

09 철골공사 작업을 중지해야 하는 기상조건을 쓰시오.(단, 단위를 명확히 쓰시오)(3점)

[산기|0501/산기|0701/산기|0704/기사|0901/기사|1302/산기|1404/기사|1502/기사|1504/산기|1801/기사|2004/산기|2201/산기|2301]

10 흙막이 지보공을 설치하였을 때 정기적으로 점검해야 할 사항 3가지를 쓰시오.(6점)

[산기|0602/산기|0701/산기|1402/산기|1702/산기|2002/산기|2201]

11 차량계 건설기계 작업 시 넘어지거나, 굴러떨어짐에 의해 근로자에게 위험을 미칠 우려가 있을 경우 조치사항을 3가지 쓰시오.(6점) [산기|0802/산기|0902/산기|1101/산기|1201/산기|1504/산기|1801/산기|2001/산기|2003/산기|2201]

12 목재가공용 둥근톱 방호장치 2가지를 쓰시오.(4점) [산기1104/산기1201/산기1601/산기1801/산기1804/산기2201]

13 일반건설공사(갑)에서 재료비와 직접노무비의 합이 4,500,000,000원일 때 산업안전보건관리비를 계산하시오.(단, 일반건설공사(갑)의 계상율은 1.86%, 기초액은 5,349,000원이다)(4점) [산기2201]

01 산업안전보건법령에 의거 다음 설명에 해당하는 안전모의 종류를 ( )에 채우시오.(6점)

[기사0604/기사1504/산기1802/기사1902/기사2004/산기2104]

종류	사용 구분
(①)	물체의 낙하 또는 비래 및 추락에 의한 위험을 방지 또는 경감시키기 위한 것
(②)	물체의 낙하 또는 비래에 의한 위험을 방지 또는 경감하고, 머리부위 감전에 의한 위험을 방지하기 위한 것
(③)	물체의 낙하 또는 비래 및 추락에 의한 위험을 방지 또는 경감하고, 머리부위 감전에 의한 위험을 방지하기 위한 것

02 산업안전보건법령상 항타기 또는 항발기의 권상용 와이어로프로 사용해서는 안 되는 경우 4가지를 보기에서 골라 쓰시오.(4점)

[기사0302/기사0404/산기0601/
기사0704/산기0804/기사0901/산기1002/산기1201/기사1502/산기1502/기사1602/산기1602/산기1701/산기1901/기사2001/기사2004/산기2104]

① 이음매가 있는 것
② 와이어로프의 한 꼬임에서 끊어진 소선(素線)의 수가 10% 이상인 것
③ 지름의 감소가 공칭지름의 7%를 초과하는 것
④ 균열이 있는 것
⑤ 꼬인 것
⑥ 이음매가 없는 것

03 차량계 하역운반기계에 화물 적재 시 준수사항을 3가지 쓰시오.(6점) [기사1004/산기1102/기사1604/산기2104]

04 산업안전보건기준에 관한 규칙에서 거푸집 동바리의 조립 시 동바리의 이음 방법 2가지를 쓰시오.(4점)

[산기2104]

05 무재해운동기법 중 "작업 시작 전 및 후에 10분정도의 시간으로 10명 이하로 구성된 팀원 전원이 모여 현장에서 있었던 상황에 대해서 대화한 후 납득하는 작업장 안전회의"와 관련된 위험예지활동을 쓰시오. (3점)

[산기0504/산기0701/산기0902/산기1502/산기1702/산기1902/산기2104]

06 철골구조물 건립 중 강풍에 의한 풍압 등 외압에 대한 내력이 설계에 고려될 사항을 4가지 쓰시오.(4점)

[기사0604/기사0902/기사1001/기사1102/기사1204/기사1301/기사1504/기사1602/기사1804/기사1904/산기2104]

07 다음 용어를 설명하시오.(4점)

[산기0501/산기0704/산기1702/산기2104]

① 히빙　　　　　② 보일링

08 차량계 하역운반기계(지게차 등)의 운전자가 운전 위치를 이탈하고자 할 때 운전자가 준수하여야 할 사항을 3가지 쓰시오.(6점) [산기0604/산기0804/산기0901/산기1302/기사1602/기사2002/기사2101/산기2104]

09 위험예지훈련 기초 4라운드 기법의 진행순서를 쓰시오.(4점) [산기0802/산기1402/산기1901/산기2104]

10 산업안전보건법상 사업주는 터널 지보공을 설치한 때에 설치 후 붕괴 등의 위험을 방지하기 위하여 수시로 점검하여야 하며 이상을 발견한 때에는 즉시 보강하거나 보수하여야 할 기준 3가지를 쓰시오.(6점) [산기1202/산기2104]

11 다음은 흙막이 공사에서 사용하는 어떤 부재에 대한 설명인지 쓰시오.(3점) [산기1501/산기2104]

> 흙막이 벽에 작용하는 토압에 의한 휨모멘트와 전단력에 저항하도록 설치하는 부재로써 흙막이벽에 가해지는 토압을 버팀대 등에 전달하기 위하여 흙막이벽에 수평으로 설치하는 부재를 말한다.

12 소음작업, 강렬한 소음작업 또는 충격소음작업에 종사하는 근로자에게 알려줘야 하는 내용을 3가지 쓰시오.
(단, 그 밖에 소음으로 인한 건강장해 방지에 필요한 사항은 제외)(6점)　　　　　　　　[산기1204/산기2104]

13 근로자 50명이 근무하던 중 산업재해가 5건 발생하였고, 사망이 1명, 40일의 근로손실이 발생하였다. 강도율
을 구하시오.(단, 근로시간은 1일 9시간 250일 근무한다)(4점)　　　　　　[산기1002/산기1902/산기2104]

01 산업안전보건기준에 관한 규칙에 의거 다음 설명에 해당하는 장치명을 쓰시오.(6점) [산기2102/산기2304]

> ① 동력을 사용하여 중량물을 매달아 상하 및 좌우로 운반하는 것을 목적으로 하는 기계 또는 기계장치
> ② 건축물이나 고정된 시설물에 설치되어 일정한 경로에 따라 사람이나 화물을 승강장으로 옮기는 데에 사용되는 설비
> ③ 동력을 사용하여 사람이나 화물을 운반하는 것을 목적으로 하는 기계설비

02 양중기에 사용하는 권상용 와이어로프의 사용금지 사항을 4가지 쓰시오.(4점)

[기사0302/기사0404/산기0601/기사0704/산기0804/기사0901/산기1002/산기1201/
기사1502/산기1502/기사1602/산기1602/산기1701/산기1901/기사2001/기사2004/산기2102/산기2104/산기2204]

03 강관비계 중 틀비계(높이가 5m 미만인 것은 제외)의 조립 시 벽이음 또는 버팀을 설치할 때 조립간격에 대한 다음 빈칸을 채우시오.(4점)

[기사0402/산기0504/산기0604/기사0702/산기1102/산기1301/산기1402/산기1502/산기1804/기사1901/산기2102/산기2201]

> ① 수평방향 (   )m   ② 수직방향 (   )m

04 곤돌라를 이용한 작업중에 곤돌라가 일정한 기준 이상 감기는 것을 방지하기 위한 방호장치의 이름을 쓰시오. (3점) [산기2102]

05 차량계 건설기계를 사용하여 작업을 할 때는 작업계획을 작성하고, 그 작업계획에 따라 작업을 실시하도록 하여야 한다. 이 작업계획에 포함되어야 할 사항 3가지를 쓰시오.(6점) [기사0301/산기0504/
산기0604/기사0704/산기1002/산기1102/산기1304/산기1401/산기1502/기사1604/기사1702/기사1902/기사1904/산기2001/산기2102/산기2302]

06 산업안전보건법상 사업 내 안전·보건교육에 대한 교육시간을 쓰시오.(6점)
[기사0302/기사0502/기사0804/기사0904/기사1201/산기1304/산기1604/기사1801/산기1804/산기2003/산기2102]

교육과정	교육대상	교육시간
정기교육	관리감독자의 지위에 있는 사람	연간 (①)시간 이상
채용 시의 교육	일용근로자 및 근로계약기간이 1주일 이하인 기간제 근로자	(②)시간 이상
작업내용 변경 시의 교육	일용근로자 및 근로계약기간이 1주일 이하인 기간제 근로자	(③)시간 이상
밀폐된 장소에서 작업에 종사하는 일용근로자의 특별교육		(④)시간 이상

07 지반의 이상현상 중 하나인 보일링 방지대책 3가지를 쓰시오.(6점)
[기사0802/기사0901/기사1002/산기1402/기사1504/기사1601/산기1804/기사1901/산기2102]

08 산업안전보건법령에 따라 건설업체의 산업재해 발생 보고시의 상시근로자의 수를 계산하는 공식을 완성하시오.(4점) [산기0902/산기1202/산기1604/산기2001/산기2102]

상시근로자 수 = (①) × (②) / {(③) × (④)}

09 잠함 또는 우물통의 내부에서 근로자가 굴착작업을 하는 경우에 잠함 또는 우물통의 급격한 침하에 의한 위험을 방지하기 위해 준수해야 할 사항 2가지를 쓰시오.(4점) [산기0604/산기1502/산기2102/산기2204]

10 산업안전보건법에서 규정한 안전보건표지와 관련된 설명이다. ( ) 안을 채우시오.(4점) [산기2102/산기2304]

가) 안전보건표지의 표시를 명확히 하기 위하여 필요한 경우에는 그 안전보건표지의 주위에 표시사항을 글자로 덧붙여 적을 수 있다. 이 경우 글자는 (①) 바탕에 (②) 한글(③)로 표기해야 한다.
나) 안전보건표지 속의 그림 또는 부호의 크기는 안전보건표지의 크기와 비례해야 하며, 안전보건표지 전체 규격의 (④)퍼센트 이상이 되어야 한다.

11 거푸집 동바리의 조립 작업 시 동바리의 침하를 방지하기 위한 조치사항 3가지를 쓰시오.(3점) [산기0802/산기1402/산기2102]

12 다음과 같은 조건의 건설업에서 선임해야 할 안전관리자의 인원을 쓰시오.(단, 전체 공사기간 중 전·후 15에 해당하는 기간은 제외)(6점)

[기사2003/산기2102]

① 공사금액 800억원 이상 1,500억원 미만 : (   ) 명 이상
② 공사금액 1,500억원 이상 2,200억원 미만 : (   ) 명 이상
③ 공사금액 2,200억원 이상 3,000억원 미만 : (   ) 명 이상

13 비계 작업 시 비, 눈 그 밖의 기상상태의 불안정으로 날씨가 몹시 나빠서 작업을 중지시킨 후 그 비계에서 작업을 재개할 때 점검하고 이상을 발견하면 즉시 보수해야 할 사항을 4가지 쓰시오.(4점)

[산기0902/기사1001/산기1102/기사1301/기사1402/기사1404/산기1602/산기1704/기사1801/기사1901/산기2102/산기2304]

01 고용노동부장관에게 보고해야 하는 중대재해 3가지를 쓰시오.(5점)

[산기0502/산기0702/산기1002/산기1701/산기1704/산기2003/산기2101/산기2204]

02 다음은 강관비계의 구조에 대한 설명이다. ( ) 안을 채우시오.(4점)

[기사1302/산기1704/산기1802/산기1901/기사1904/산기2004/산기2101]

비계기둥의 간격은 띠장 방향에서는 (①)m 이하, 장선(長線) 방향에서는 (②)m 이하로 할 것

03 콘크리트 펌프카 작업 시 감전위험이 있는 경우 사업주가 취해야 할 조치사항 2가지를 쓰시오.(4점)

[산기2101]

04 차량용 건설기계 중 도로포장용 건설기계와 천공형 건설기계를 각각 2가지씩 쓰시오.(4점)   [산기2101]

05 연평균 500명이 근무하는 건설현장에서 연간 작업하는 중 응급조치 이상의 안전사고가 15건 발생하였다. 도수율을 구하시오.(단, 연간 300일, 8시간/일)(4점)

[산기0601/산기1704/산기2101]

06 산업안전보건기준에 관한 규칙에서 타워크레인을 와이어로프로 지지하는 경우 사업주가 준수해야 할 사항 3가지를 쓰시오.(단, 설치작업설명서에 따라 설치, 관련 전문가의 확인을 받아 설치는 제외)(6점)

[산기2101]

07 하인리히의 1:29:300의 법칙은 무상해사고 300건이 발생할 경우 29건의 경상과 1건의 중상이 발생할 수 있음을 의미한다. 중상이 6건 발생할 경우 경상 및 무상해사고는 각각 몇 건씩 발생할 수 있는지를 식과 답을 쓰시오.(5점)

[산기2101]

08 동기부여의 이론 중 알더퍼의 ERG 이론에서 ERG는 각각 어떤 의미를 가지는지 쓰시오.(3점)

[산기0801/산기1404/산기2101]

09 채석작업을 하는 때에는 채석작업 계획을 작성하고 그 계획에 의하여 작업을 실시하여야 하는데, 채석작업 시 작업계획서에 포함될 내용을 4가지 쓰시오.(4점)

[기사0504/기사0604/기사0801/산기0904/기사1002/기사1101/기사1202/산기1202/기사1402/기사1502/산기1702/기사1802/산기1902/산기2101]

10 산업안전보건기준에 관한 규칙에 따라 지반 굴착 시 굴착면의 기울기 기준을 채우시오.(5점)

[기사0401/기사0504/기사0702/산기1502/기사1701/기사1702/산기1804/기사1904/산기2101]

지반의 종류	기울기	지반의 종류	기울기
모래	(①)	경암	(④)
연암	(②)	그 밖의 흙	(⑤)
풍화암	(③)		

11 작업발판 일체형 거푸집 종류 4가지를 쓰시오.(4점)

[기사1102/산기1304/산기2101/산기2202]

12 발파작업에 종사하는 근로자가 준수하여야 할 사항에 대한 설명이다. ( )안에 알맞은 내용을 넣으시오.(6점)

[기사0401/기사0802/산기1301/산기2101]

가) 전기뇌관에 의한 발파의 경우 점화하기 전에 화약류를 장전한 장소로부터 (①)m 이상 떨어진 안전한 장소에서 전선에 대하여 저항측정 및 도통시험을 할 것

나) 전기뇌관에 의한 경우는 발파모선을 점화기에서 떼어 그 끝을 단락시켜 놓는 등 재점화되지 않도록 조치하고 그 때부터 (②)분 이상 경과한 후가 아니면 화약류의 장전장소에 접근시키지 않도록 할 것

다) 전기뇌관 외의 것에 의한 경우는 점화한 때부터 (③)분 이상 경과한 후가 아니면 화약류의 장전장소에 접근시키지 않도록 할 것

13 산업안전보건기준에 관한 규칙에서 다음과 같은 작업조건에서 지급해야 하는 보호구를 각각 쓰시오.(6점)

[산기2101]

① 물체가 떨어지거나 날아올 위험 또는 근로자가 추락할 위험이 있는 작업

② 물체의 낙하·충격, 물체에의 끼임, 감전 또는 정전기의 대전(帶電)에 의한 위험이 있는 작업

③ 용접 시 불꽃이나 물체가 흩날릴 위험이 있는 작업

01 흙의 동상 방지 대책 3가지를 쓰시오.(6점)

[기사0601/기사0602/기사0904/기사1304/산기1304/기사1401/기사1402/기사1702/기사1801/산기2004]

02 차량계 하역운반기계 등에 단위화물의 무게가 100킬로그램 이상인 화물을 싣거나 내리는 작업을 하는 경우에 해당 작업의 지휘자 준수사항 3가지를 쓰시오.(6점)

[산기2004]

03 산업안전보건법 시행규칙에 의하면 안전관리자에 선임된 후 3개월 이내에 직무를 수행하는 데 필요한 신규교육을 받아야 하며, 신규교육을 이수한 후 매 2년이 되는 날을 기준으로 전후 3개월 사이에 안전보건에 관한 보수교육을 받아야 한다. 이때 받아야 하는 교육시간을 각각 쓰시오.(3점)

[산기2004]

교육대상	교육시간	
	신규교육	보수교육
안전보건관리책임자	6시간 이상	(①)시간 이상
안전관리자, 안전관리전문기관의 종사자	34시간 이상	(②)시간 이상
보건관리자, 보건관리전문기관의 종사자	(③)시간 이상	24시간 이상

04 토공사의 비탈면 보호방법(공법)의 종류를 4가지 쓰시오.(4점) [기사1601/산기1801/기사1902/산기2004]

05 대통령령으로 정하는 크기, 높이 등에 해당하는 건설공사를 착공하려는 경우 유해위험방지 계획서 제출과
관련한 다음 (　) 안을 채우시오.(4점) [산기2004]

> 사업주가 유해·위험방지계획서를 제출할 때에는 건설공사 유해·위험방지계획서에 관련된 서류를 첨부하여
> 해당 공사의 (　①　)까지 공단에 (　②　)부를 제출해야 한다.

06 산소결핍에 대한 설명이다. (　)에 알맞은 내용을 쓰시오.(3점) [산기2004]

> 산소결핍이란 공기 중의 산소 농도가 (　　)% 미만인 상태를 말한다.

07 보호구 안전인증 안전모의 성능시험 항목 3가지를 쓰시오.(5점) [산기1001/산기1404/산기2004]

08 계단의 설치기준에 대한 설명이다. ( ) 안을 채우시오.(3점)   [산기2004]

사업주는 계단을 설치하는 경우 바닥면으로부터 높이 (   )m 이내의 공간에 장애물이 없도록 하여야 한다.

09 사업주는 중대재해가 발생한 사실을 알게 된 경우에는 지체없이 관할 지방고용노동관서의 장에게 전화·팩스, 또는 그 밖에 적절한 방법으로 보고하여야 한다. 이때 보고내용 2가지를 쓰시오.(단, 그밖의 중요한 사항은 제외)(4점)   [산기2004]

10 다음은 강관비계의 구조에 대한 설명이다. ( ) 안을 채우시오.(6점)

[기사1302/산기1704/산기1802/산기1901/기사1904/산기2004/산기2101/산기2302]

가) 비계기둥의 간격은 띠장 방향에서는 (①)m 이하, 장선(長線) 방향에서는 (②)m 이하로 할 것
나) 띠장 간격은 (③)m 이하로 설치할 것

11 사업주는 흙막이 지보공을 조립하는 경우 미리 조립도를 작성하여 그 조립도에 따라 조립하도록 해야 하는데 흙막이판·말뚝·버팀대 및 띠장 등 부재와 관련하여 조립도에 명시되어야 할 사항을 3가지 쓰시오.(6점)

[산기1501/산기2004]

12 작업발판의 끝이나 개구부로서 근로자가 추락할 위험이 있는 장소에서 작업 시 추락방지대책 3가지를 쓰시오.(6점)

[기사0401/산기0501/산기1002/기사1201/산기1201/산기1504/산기1802/산기1902/산기1904/기사2002/산기2003/산기2004/산기2201]

13 크레인을 이용하여 10kN의 화물을 주어진 조건으로 인양하는 경우 와이어로프 1가닥에 걸리는 장력(kN)을 계산하시오.(4점)

[산기0604/산기1204/산기2004]

① 화물을 각도 90도로 들어 올릴 때 와이어로프 1가닥이 받는 하중
② 화물을 각도 30도로 들어 올릴 때 와이어로프 1가닥이 받는 하중

01 산업안전보건법상 사업 내 안전·보건교육에 대한 교육시간을 쓰시오.(6점)

[기사0302/기사0502/기사0804/기사0904/기사1201/산기1301/산기1304/산기1604/기사1801/산기1804/산기2003/산기2102]

교육과정	교육대상	교육시간
정기교육	관리감독자의 지위에 있는 사람	(①)시간 이상
작업내용 변경 시의 교육	일용근로자 및 근로계약기간이 1주일 이하인 기간제 근로자	(②)시간 이상
건설업 기초안전·보건교육	건설 일용근로자	(③)시간 이상

02 굴착공사 시 토사붕괴의 발생을 예방하기 위해 점검해야 할 사항 3가지를 쓰시오.(6점)

[산기1001/산기1404/산기2003]

03 달비계 와이어로프의 소선 가닥수가 10가닥, 와이어로프의 파단하중은 1,000kg이다. 달기 와이어로프에 걸리는 무게가 1,000kg과 100kg일 때 이 와이어로프를 사용할 수 있는 지의 여부를 판단하시오.(4점)

[산기0702/산기2003]

04 고용노동부장관에게 보고해야 하는 중대재해 3가지를 쓰시오.(3점)

[산기0502/산기0702/산기1002/산기1701/산기1704/산기2003/산기2101/산기2204]

05 다음은 강관비계에 관한 내용이다. 다음 물음에 답하시오.(4점)   [산기1602/산기2003/산기2101]

> ① 띠장 간격
> ② 비계기둥의 간격은 장선 방향

06 개인용 보호구의 하나인 안전모에 대한 설명이다. ( ) 안을 채우시오.(4점)   [산기1704/산기2003/산기2302]

> 가) (①)란 착용자의 머리부위를 덮는 주된 물체로서 단단하고 매끄럽게 마감된 재료를 말한다.
> 나) (②)란 머리받침끈, 머리고정대 및 머리받침고리로 구성되어 추락 및 감전 위험방지용 안전모 머리 부위에 고정시켜주며, 안전모에 충격이 가해졌을 때 착용자의 머리 부위에 전해지는 충격을 완화시켜주는 기능을 갖는 부품을 말한다.

07 작업자가 고소에서 비계설치 작업 중 작업발판에 미끄러지면서 추락하는 사고를 당해 상해를 입었을 때, 기인물 및 가해물을 각각 쓰시오.(5점)   [산기2003]

기인물	①	가해물	②

08 산업안전보건법상 안전보건표지의 색채 기준에 대한 설명이다. 빈칸을 채우시오.(4점) [산기1604/산기2003]

색채	사용례
(①)	화학물질 취급장소에서의 유해 · 위험경고
(②)	비상구 및 피난소, 사람 또는 차량의 통행표지
(③)	파란색 또는 녹색에 대한 보조색
(④)	문자 및 빨간색 또는 노란색에 대한 보조색

09 차량계 건설기계 작업 시 넘어지거나, 굴러떨어짐에 의해 근로자에게 위험을 미칠 우려가 있을 경우 조치사항을 3가지 쓰시오.(6점) [산기0802/산기0902/산기1101/산기1201/산기1504/산기1801/산기2001/산기2003/산기2201]

10 작업발판의 끝이나 개구부로서 근로자가 추락할 위험이 있는 장소에서 작업 시 추락방지대책 3가지를 쓰시오.(6점) [기사0401/산기0501/산기1002/기사1201/산기1201/산기1504/산기1802/산기1902/산기1904/기사2002/산기2003/산기2004]

11 무거운 물건을 인력으로 들어 올리려 할 때 발생할 수 있는 재해유형 4가지를 쓰시오.(4점)
[산기1702/산기2003]

12 달기 체인을 달비계에 사용해서는 안 되는 사용금지 기준 3가지를 쓰시오.(3점)

[산기1201/산기1302/산기2003]

13 굴착공사에는 원칙적으로 흙막이 지보공을 설치하여야 하나 흙막이 지보공이 없이 굴착 가능한 깊이의 기준을 쓰시오.

[산기2003]

01 NATM공법과 Shield공법을 설명하시오.(4점)

[산기0902/산기1204/산기2002]

02 사업주가 작업으로 인하여 물체가 떨어지거나 날아올 위험을 방지하기 위해 취하는 안전조치 4가지를 쓰시오.(4점)

[산기1401/기사1601/산기1602/산기1604/산기1802/기사1901/산기2001/산기2002]

03 산업안전보건법상 안전관리자가 수행하여야 할 업무사항 4가지를 쓰시오.(6점)

[기사0804/산기0901/기사1001/산기1302/기사1704/산기2002]

04 산업안전보건법상 정기 안전·보건점검의 실시 횟수를 쓰시오.(4점) [산기1301/산기2002]

> ① 건설업   ② 토사석광업

05 동바리로 사용하는 파이프 서포트 설치 시 준수사항에서 ( ) 안을 채우시오.(4점) [산기2002]

> - 파이프 서포트를 (①)개 이상 이어서 사용하지 않도록 할 것
> - 파이프 서포트를 이어서 사용하는 경우에는 (②)개 이상의 볼트 또는 전용철물을 사용하여 이을 것

06 연약한 점토지반을 굴착할 때 흙막이벽 굴삭면과 배면부의 토압 차이로 인해 흙막이벽 배면부의 흙이 가라앉으면서 굴삭 바닥면이 부풀어 오르는 현상을 쓰시오.(3점) [산기0701/산기0904/산기1601/산기1901/산기2002]

07 근로자 400명이 근무하는 사업장에서 30건의 산업재해로 32명의 재해자가 발생하였다. 도수율과 연천인율을 구하시오.(단, 근로시간은 1일 8시간 280일 근무한다)(6점) [산기2002]

08 산업안전보건법에 따른 안전인증대상 보호구 5개를 쓰시오.(단, 법규에 따른 용어를 정확히 쓸 것)(5점)

[산기|0502/산기|0701/산기|2002]

09 고용노동관서의 장은 사업주에게 특별한 사유가 발생한 경우 안전관리자를 정수 이상으로 증원 및 교체하여 임명할 것을 명할 수 있다. 이의 사유를 3가지 쓰시오.(6점)

[산기|0802/산기|0804/기사1001/기사1402/산기|1501/산기|1702/기사1704/산기|2001/산기|2002]

10 안전관리조직 중 라인형 조직과 라인-스텝형 조직의 장·단점을 각각 2가지씩 쓰시오.(4점)

[산기|1101/산기1302/산기|2002]

	라인형 조직	라인-스텝형 조직
장점		
단점		

11 타워크레인의 작업중지에 관한 내용이다. 빈칸을 채우시오.(4점)

[산기0601/산기0804/산기0901/산기1302/기사2002/산기2002]

> 사업주는 순간풍속이 초당 (①)m를 초과하는 경우 타워크레인의 설치·수리·점검 또는 해체작업을 중지하여
> 야 하며, 순간풍속이 초당 (②)m를 초과하는 경우에는 타워크레인의 운전작업을 중지하여야 한다.

12 흙막이 지보공을 설치하였을 때 정기적으로 점검해야 할 사항 3가지를 쓰시오.(6점)

[산기0602/산기0701/산기1402/산기1702/산기2002/산기2201]

13 산업안전보건법상 산업재해가 발생했을 경우 기록 및 보존해야 하는 항목을 재해 재발방지계획을 제외하고
4가지 쓰시오.(4점)
[기사0501/기사0701/산기1204/기사1801/기사2002/산기2002]

01 작업발판에 대한 다음 ( )안에 알맞은 수치를 쓰시오.(4점) [기사1401/산기1702/기사1902/산기2001]

> 비계의 높이가 2m 이상인 작업장소에 설치하는 작업발판의 폭은 (①)cm 이상으로 하고, 발판재료 간의 틈은 (②)cm 이하로 할 것

02 차량계 건설기계를 사용하는 작업할 때에 그 기계가 넘어지거나 굴러떨어짐으로써 근로자가 위험해질 우려가 있는 경우에 사업주의 조치사항을 3가지 쓰시오.(6점)

[기사0304/기사0401/기사0504/기사0704/기사1702/기사1804/기사2001/산기2001]

03 굴착작업에 있어서 지반의 붕괴 또는 토석의 낙하에 의하여 근로자에게 위험을 미칠 우려가 있는 경우에 사업주의 위험방지를 위한 조치사항을 3가지 쓰시오.(6점) [산기1804/산기2001]

04 건설공사 중 발생되는 보일링 현상을 간략히 설명하시오.(3점) [산기0804/산기1602/산기2001]

05 차량계 건설기계를 사용하여 작업을 할 때는 작업계획을 작성하고, 그 작업계획에 따라 작업을 실시하도록 하여야 한다. 이 작업계획에 포함되어야 할 사항 3가지를 쓰시오.(6점) [기사0301/산기0504/
산기0604/기사0704/산기1002/산기1102/산기1304/산기1401/산기1502/기사1604/기사1702/기사1902/기사1904/산기2001/산기2102/산기2302]

06 밀폐공간 작업으로 인한 건강장해의 예방에 관한 다음 용어의 설명에서 (   ) 안을 채우시오.(4점)
[산기0902/산기1204/산기1802/기사2001/산기2001]

> 적정공기란 산소농도의 범위가 (①) 이상 (②) 미만, 탄산가스의 농도가 (③) 미만, 일산화탄소의 농도가 30피피엠 미만, 황화수소의 농도가 (④) 미만인 수준의 공기를 말한다.

07 산업안전보건법상 안전보건표지의 색채 기준을 (   ) 안에 쓰시오.(4점)
[산기0901/산기1101/산기1204/산기1901/산기2001]

> - (①) 화학물질 취급 장소에서의 유해·위험 경고
> - (②) 특정 행위의 지시 및 사실의 고지
> - (③) 파란색 또는 녹색에 대한 보조색
> - (④) 문자 및 빨간색 또는 노란색에 대한 보조색

08 산업재해발생률에서 상시근로자 산출 식을 쓰시오.(4점) [산기0902/산기1202/산기1604/산기2001/산기2102]

09 다음은 강관비계에 관한 내용이다. 다음 빈칸을 채우시오.(3점) [산기1601/산기1801/산기2001]

> 비계기둥의 제일 윗부분으로부터 ( )되는 지점 밑 부분의 비계기둥은 2개의 강관으로 묶어 세울 것

10 하인리히가 제시한 재해예방의 4원칙을 쓰시오.(4점)

[산기0902/산기1101/산기1202/산기1401/기사1501/기사1801/산기2001]

11 고용노동관서의 장은 사업주에게 특별한 사유가 발생한 경우 안전관리자를 정수 이상으로 증원 및 교체하여 임명할 것을 명할 수 있다. 이의 사유를 3가지 쓰시오.(6점)

[산기0802/산기0804/기사1001/기사1402/산기1501/산기1702/기사1704/산기2001/산기2002]

12 대통령으로 정하는 크기, 높이 등에 해당하는 건설공사를 착공하려는 경우 제출해야 하는 유해·위험방지계획서에 대한 다음 물음에 답하시오.(5점) [산기1104/산기1302/산기1404/산기2001]

> 가) 제출시기   나) 심사 결과의 종류 3가지

13 사업주가 작업으로 인하여 물체가 떨어지거나 날아올 위험을 방지하기 위해 취하는 안전조치 3가지를 쓰시오.(6점)

[산기1401/기사1601/산기1602/산기1604/산기1802/기사1901/산기2001/산기2002]

01 산업안전보건법상 건설업 중 유해 · 위험방지계획서 제출 대상사업에 대한 설명이다. ( )에 알맞은 내용을 쓰시오.(4점)

[기사0302/산기0502/기사0504/산기0602/기사0702/
기사0802/산기0901/산기1001/기사1102/산기1301/산기1601/산기1701/산기1802/기사1802/기사1901/산기1904]

> 가) 지상높이가 (①)m 이상인 건축물 또는 인공구조물, 연면적 3만m² 이상인 건축물 또는 연면적 5천m²
> 이상의 문화 및 집회시설, 판매시설, 운수시설, 종교시설, 의료시설 중 종합병원, 숙박시설 중 관광숙박시설,
> 지하도상가 또는 냉동 · 냉장창고시설의 건설 · 개조 또는 해체
> 나) 최대 지간길이가 (②)m 이상인 교량 건설 등 공사
> 다) 깊이 (③)m 이상인 굴착공사
> 라) 연면적 (④)m² 이상의 냉동 · 냉장창고시설의 설비공사 및 단열공사

02 화물자동차를 사용하는 작업을 하게 할 때 작업 시작 전 점검사항을 3가지 쓰시오.(6점)   [산기1904]

03 다음은 사다리식 통로의 안전기준에 대한 사항이다. 빈칸을 채우시오.(4점)

[기사0302/기사0401/기사0601/산기0702/산기0801/산기1402/산기1601/기사1602/산기1604/산기1902/산기1904/산기2304]

> 가) 발판과 벽의 사이는 (①)cm 이상의 간격을 유지할 것
> 나) 사다리의 상단은 걸쳐놓은 지점으로부터 (②)cm 이상 올라가도록 할 것
> 다) 사다리식 통로의 길이가 (③)m 이상인 경우에는 (④)m 이내마다 계단참을 설치할 것

04 산업안전보건법상 이동식 크레인을 사용하여 작업을 하기 전에 점검할 사항을 3가지 쓰시오.(6점)

[산기|0501/기사|0802/산기|1202/산기|1302/산기|1701/기사|1902/산기|1904]

05 작업자가 계단에서 굴러 떨어져 바닥에 부딪히는 사고를 당해 상해를 입었을 때, 재해의 발생형태, 기인물 및 가해물을 각각 쓰시오.(6점)

[산기|1904]

발생형태	①	기인물	②	가해물	③

06 산업안전보건법상 양중기 종류 3가지를 쓰시오.(세부사항까지 쓰시오)(3점)

[기사|0502/산기|0701/기사|1201/산기|1401/산기|1502/산기|1701/기사|1902/산기|1904/산기|2202]

07 작업발판의 끝이나 개구부로서 근로자가 추락할 위험이 있는 장소에서 작업 시 추락방지대책 3가지를 쓰시오.(6점)

[기사|0401/산기|0501/산기|1002/기사|1201/산기|1201/산기|1504/산기|1802/산기|1902/산기|1904/기사|2002/산기|2003/산기|2004/산기|2201]

08 히빙으로 인해 인접 지반 및 흙막이 지보공에 영향을 미치는 현상을 2가지 쓰시오.(4점)

[산기1002/산기1504/산기1904/산기2202]

09 다음 경고표지의 명칭을 쓰시오.(3점)

[산기1904]

①    ②    ③

10 잠함, 우물통 수직갱 기타 이와 유사한 건설물 또는 설비의 내부에서 굴착작업을 하는 때에 사업주가 준수하여야 할 사항 2가지를 쓰시오.(4점)

[기사0402/기사0501/기사0502/기사0704/
기사0801/기사0802/기사0904/산기1302/산기1501/기사1604/산기1902/산기1904]

11 Off-J.T의 정의를 쓰시오.(4점)

[산기1904/산기2202]

12 경사면 붕괴방지를 위해 설치하거나 조치를 하여야 할 사항 3가지를 쓰시오.(6점)

[기사0302/기사1201/기사1804/기사1902/산기1904]

13 어느 공장의 도수율이 4.0이고, 강도율이 1.5일 때 다음을 구하시오.(4점)

[산기1904/산기2202]

① 평균강도율	② 환산강도율

01 산업안전보건법상 크레인에 설치한 방호장치의 종류 4가지를 쓰시오(4점)

[산기0704/기사0904/기사1404/산기1601/기사1702/산기1801/산기1902]

02 채석작업을 하는 때에는 채석작업 계획을 작성하고 그 계획에 의하여 작업을 실시하여야 하는데, 채석작업 시 작업계획서에 포함될 내용을 4가지 쓰시오.(4점)

[기사0504/기사0604/기사0801/산기0904/기사1002/기사1101/기사1202/산기1202/기사1402/기사1502/산기1702/기사1802/산기1902/산기2101]

03 산업안전보건법상 특별안전보건교육 중 거푸집 동바리의 조립 또는 해체작업 대상 작업에 대한 교육내용에 해당되는 사항을 3가지 쓰시오.(단, 그 밖의 안전보건관리에 필요한 사항은 제외한다)(6점)

[산기0701/기사1002/산기1104/기사1401/기사1601/기사1604/산기1902/산기2201]

04 히빙 방지대책 3가지를 쓰시오.(6점) [기사0704/기사0902/산기1101/산기1201/기사1602/기사1801/산기1902]

05 잠함, 우물통 수직갱 기타 이와 유사한 건설물 또는 설비의 내부에서 굴착작업을 하는 때에 사업주가 준수하여야 할 사항 3가지를 쓰시오.(6점) [기사0402/기사0501/기사0502/기사0704/
기사0801/기사0802/기사0904/산기1302/기사1501/기사1604/산기1902/산기1904]

06 산업안전보건법령상 다음 경우에 해당하는 양중기의 와이어로프(또는 달기 체인)의 안전계수를 빈칸을 채우시오.(4점) [기사0801/산기1001/기사1202/산기1204/기사1501/산기1504/기사701/기사1702/산기1902]

가) 근로자가 탑승하는 운반구를 지지하는 경우 : (①) 이상
나) 화물의 하중을 직접 지지하는 경우 : (②) 이상
다) 훅, 샤클, 클램프, 리프팅 빔의 경우 : (③) 이상
라) 그 밖의 경우 : (④) 이상

07 무재해운동기법 중 "작업 시작 전 및 후에 10분정도의 시간으로 10명 이하로 구성된 팀원 전원이 모여 현장에서 있었던 상황에 대해서 대화한 후 납득하는 작업장 안전회의"와 관련된 위험예지활동을 쓰시오. (3점)
[산기0504/산기0701/산기0902/산기1502/산기1702/산기1902/산기2104]

08 작업발판의 끝이나 개구부로서 근로자가 추락할 위험이 있는 장소에서 작업 시 추락방지대책 3가지를 쓰시오.(6점)
[기사0401/산기0501/산기1002/기사1201/산기1201/산기1504/산기1802/산기1902/산기1904/기사2002/산기2003/산기2004/산기2201]

09 유해·위험방지계획서의 심사결과에 해당하는 적정, 조건부 적정, 부적정을 설명하시오.(6점) [산기1902]

10 다음은 사다리식 통로의 안전기준에 대한 사항이다. 빈칸을 채우시오.(4점)
[기사0302/기사0401/기사0601/산기0702/산기0801/산기1402/산기1601/기사1602/산기1604/산기1902/산기1904/산기2204/산기2304]

> 가) 사다리의 상단은 걸쳐놓은 지점으로부터 (①)cm 이상 올라가도록 할 것
> 나) 사다리식 통로의 길이가 10m 이상인 경우에는 (②)m 이내마다 계단참을 설치할 것

11 동바리로 사용하는 파이프 서포트 설치 시 준수사항으로 다음 빈칸을 채우시오.(3점) [산기1902]

> 높이가 3.5m를 초과하는 경우에는 높이 2m 이내마다 (   )를 2개 방향으로 만들고 수평연결재의 변위를 방지할 것

12 산업안전보건법령상 고용노동부장관이 명예산업안전감독관을 해촉할 수 있는 경우 2가지를 쓰시오.(4점)

[기사1004/기사1204/기사1601/기사1902/산기1902]

13 근로자 50명이 근무하던 중 산업재해가 5건 발생하였고, 사망이 1명, 40일의 근로손실이 발생하였다. 강도율을 구하시오.(단, 근로시간은 1일 9시간 250일 근무한다)(4점) [산기1002/산기1902/산기2104]

신규문제 **3문항** 중복문제 **10문항**

☞ 답안은 128Page

01 발파작업 시 발파공의 충진재료로 사용할 수 있는 것 2가지를 쓰시오.(4점) [산기1901]

02 다음은 강관비계에 관한 내용이다. 다음 빈칸을 채우시오.(5점)

[기사1302/산기1704/산기1802/산기1901/기사1904/산기2004/산기2101/산기2302]

가) 띠장간격은 (①)m 이하로 설치할 것
나) 비계기둥의 간격은 띠장 방향에서는 (②) 이하, 장선 방향에서는 (③)m 이하로 할 것
다) 비계기둥의 제일 윗부분으로부터 (④)m되는 지점 밑 부분의 비계기둥은 2개의 강관으로 묶어 세울 것
라) 비계기둥 간의 적재하중은 (⑤)kg을 초과하지 않도록 할 것

03 위험예지훈련 기초 4라운드 기법의 진행순서를 쓰시오.(4점) [산기0802/산기1402/산기1901/산기2104]

04 터널굴착 작업에 있어 근로자 위험방지를 위해 사전 조사 후 작업계획서에 포함하여야 하는 사항 3가지를 쓰시오.(6점) [산기1004/산기1401/산기1901/산기2202]

05 흙막이 공사 후 안전성을 위해 계측기로 계측해야 하는 지점과 해당 계측기를 3가지 쓰시오.(6점)

[산기1204/산기1901]

06 하인리히 및 버드의 재해구성 비율에 대해 설명하시오.(6점)

[산기1301/산기1901]

07 근로자 500명이 근무하는 사업장에서 연간 15건의 재해가 발생하고, 18명이 재해를 입어 120일의 근로손실과 43일의 휴업일수가 발생하였다. ① 연천인율, ② 빈도율(도수율), ③ 강도율을 구하시오.(단, 종업원의 근무시간은 1일 8시간, 연간 280일이다)(6점)

[산기1001/산기1104/산기1901]

08 달비계의 적재하중을 정하고자 한다. 다음 (   )안에 안전계수를 쓰시오.(3점) [산기1901]

> 달기와이어로프 및 달기강선의 안전계수 : (   ) 이상

09 양중기에 사용하는 권상용 와이어로프의 사용금지 사항을 4가지 쓰시오.(4점)

[기사0302/기사0404/산기0601/기사0704/산기0804/기사0901/산기1002/산기1201/
기사1502/산기1502/기사1602/산기1602/산기1701/산기1901/기사2001/기사2004/산기2102/산기2104/산기2204]

10 산업안전보건법상 안전보건표지의 색채와 사용례를 설명한 것이다. 빈칸을 채우시오.(6점)

[산기0901/산기1101/산기1204/산기1901/산기2001]

색채	사 용 례
(①)	화학물질 취급 장소에서의 유해·위험 경고
(②)	특정행위의 지시 및 사실의 고지
(③)	파란색 또는 녹색에 대한 보조색
검은색	문자 및 빨간색 또는 노란색에 대한 보조색

11 연약한 점토지반을 굴착할 때 흙막이벽 굴삭면과 배면부의 토압 차이로 인해 흙막이벽 배면부의 흙이 가라앉으면서 굴삭 바닥면이 부풀어 오르는 현상을 쓰시오.(3점) [산기0701/산기0904/산기1601/산기1901/산기2002]

12 차량용 건설기계 중 도저형 건설기계와 천공형 건설기계를 각각 2가지씩 쓰시오.(4점) [산기1604/산기1901]

13 굴착작업 시 풍화암의 비탈면 안전 기울기를 쓰시오.(3점) [산기1901]

01 산업안전보건법상 사업 내 안전·보건교육에 대한 교육시간을 쓰시오.(5점)

[기사0302/기사0502/기사0804/기사0904/기사1201/산기1202/산기1301/산기1304/산기1604/기사1801/산기1804/산기2003/산기2102]

교육과정	교육대상	교육시간
채용 시의 교육	일용근로자 및 근로계약기간이 1주일 이하인 기간제 근로자	(①)시간 이상
	근로계약기간이 1주일 초과 1개월 이하인 기간제 근로자	(②)시간 이상
	그 밖의 근로자	(③)시간 이상
작업내용 변경 시의 교육	일용근로자 및 근로계약기간이 1주일 이하인 기간제 근로자	(④)시간 이상
	그 밖의 근로자	(⑤)시간 이상
건설업 기초안전·보건교육	건설 일용근로자	(⑥)시간 이상

02 고소작업대를 사용하는 경우 작업 시작 전 점검사항을 3가지 쓰시오.(6점)　　　[산기0702/산기1804]

03 산업안전보건법상 승강기의 종류를 4가지 쓰시오.(4점)　　　[기사0801/산기0904/기사1004/기사1802/산기1804]

04 목재가공용 둥근톱 방호장치 2가지를 쓰시오.(4점)　　　[산기1104/산기1201/산기1601/산기1801/산기1804/산기2201]

05 지반의 이상현상 중 하나인 보일링 방지대책 2가지를 쓰시오.(4점)

[기사0802/기사0901/기사1002/산기1402/기사1504/기사1601/산기1804/기사1901/산기2102]

06 기계가 서 있는 지반보다 높은 곳을 굴착할 때 사용하는 건설기계를 쓰시오.(3점)　　　[산기1602/산기1804]

07 강관비계 조립 시 벽이음 또는 버팀을 설치하는 간격을 보여주고 있다. (　)을 채우시오.(4점)

[기사0402/산기0504/산기0604/기사0702/산기1102/산기1301/산기1402/산기1502/산기1804/기사1901/산기2102/산기2201/산기2304]

종류	조립간격(단위: m)	
	수직방향	수평방향
단관비계	(　①　)	(　②　)
틀비계(높이가 5m 미만의 것을 제외)	(　③　)	(　④　)

08 산업안전보건기준에 관한 규칙에 따라 지반 굴착 시 굴착면의 기울기 기준을 채우시오.(5점)

[기사0401/기사0504/기사0702/산기1502/기사1701/기사1702/산기1804/기사1904]

지반의 종류	기울기	지반의 종류	기울기
모래	(①)	경암	(④)
연암	(②)	그 밖의 흙	(⑤)
풍화암	(③)		

09 연간 근로시간이 1,400,000시간이고, 재해건수가 5건 발생하여 6명이 사망하고 휴업일수가 219일이다. 이 사업장의 도수율과 강도율을 각각 구하시오.(6점) [산기0902/산기1504/산기1804]

10 로프 길이 150cm의 안전대를 착용한 근로자가 추락으로 인한 부상을 당하지 않기 위한 지지점에서 최하단까지의 거리 h를 구하시오.(단, 로프의 신장률은 30%, 근로자의 신장 170cm)(4점) [산기1602/산기1804]

11 굴착작업에 있어서 지반의 붕괴 또는 토석의 낙하에 의하여 근로자에게 위험을 미칠 우려가 있는 경우에 사업주의 위험방지를 위한 조치사항을 3가지 쓰시오.(6점) [산기1804/산기2001]

12 응급구호 표지를 그리고 바탕색과 기본 모형 및 관련부호의 색을 쓰시오.(6점) [산기1804]

13 산업안전보건법상 명예산업안전감독관의 임기를 쓰시오.(3점) [산기1804]

01 안전모의 종류 AB, AE, ABE 사용구분에 따른 용도를 쓰시오.(6점)

[기사0604/기사1504/산기1802/기사1902/기사2004/산기2104]

02 작업발판의 끝이나 개구부로서 근로자가 추락할 위험이 있는 장소에서 작업 시 추락방지대책 3가지를 쓰시오.(3점)

[기사0401/산기0501/산기1002/기사1201/산기1201/산기1504/산기1802/산기1902/산기1904/기사2002/산기2003/산기2004/산기2201]

03 종합재해지수를 구하시오.(5점)

[산기0901/산기1304/산기1801/산기1802]

- 연근로시간 : 257,600시간
- 근로손실일수 : 420일
- 연간재해발생건수 : 17건
- 휴업일수 : 34일

04 철근 없이 콘크리트 자중만으로 버티는 중력식 옹벽을 축조할 경우, 필요한 안정조건을 3가지 쓰시오.(6점)

[기사1801/산기1802]

05 사업주가 작업으로 인하여 물체가 떨어지거나 날아올 위험을 방지하기 위해 취하는 안전조치 3가지를 쓰시오.(6점)

[산기1401/기사1601/산기1602/산기1604/산기1802/기사1901/산기2001/산기2002]

06 다음은 강관비계에 관한 내용이다. 다음 빈칸을 채우시오.(3점)

[기사1302/산기1704/산기1802/산기1901/기사1904/산기2004/산기2101/산기2302]

> 가) 비계기둥의 간격은 띠장 방향에서는 1.85m 이하, 장선 방향에서는 (①)m 이하로 할 것
> 나) 비계기둥의 제일 윗부분으로부터 (②)m 되는 지점 밑 부분의 비계기둥은 2개의 강관으로 묶어 세울 것
> 다) 비계기둥 간의 적재하중은 (③)kg을 초과하지 않도록 할 것

07 작업장에서 크레인(이동식 크레인 제외)을 사용하여 운반작업을 하려고 한다. 작업개시 전에 점검하여야 할 사항을 3가지 쓰시오.(6점)

[기사0304/기사0404/산기0502/
산기0601/산기0704/기사1001/산기1401/산기1402/기사1501/기사1702/산기1802/기사2004/산기2301]

08 근로자 350명이 근무하는 사업장에서 15건의 산업재해로 18명의 재해자가 발생하였다. 도수율과 연천인율을 구하시오.(단, 근로시간은 1일 9시간 250일 근무한다)(6점) [산기1004/산기1302/산기1702/산기1802]

09 산업안전보건법상 건설업 중 유해·위험방지계획서 제출 대상사업 3가지를 쓰시오.(3점)[기사0302/산기0502/기사0504/산기0602/기사0702/기사0802/산기0901/산기1001/기사1102/산기1301/산기1601/산기1701/산기1802/기사1802/기사1901/산기1904]

10 중량물 취급작업 시 작업계획서에 포함되어야 하는 사항을 3가지 쓰시오.(6점)

[기사0502/기사0604/기사1401/산기1802]

11 크램쉘(Clamshell)의 사용 용도를 쓰시오.(3점) [산기1802]

12 밀폐공간 작업으로 인한 건강장해의 예방에 관한 다음 용어의 설명에서 (   ) 안을 채우시오.(3점)

[산기0902/산기1204/산기1802/기사2001/산기2001]

> 적정공기란 산소농도의 범위가 (①)% 이상 (②)% 미만, 탄산가스의 농도가 (③)% 미만, 일산화탄소의 농도가 30ppm 미만, 황화수소의 농도가 10ppm 미만인 수준의 공기를 말한다.

13 해체공사의 공법에 따라 발생하는 소음과 진동의 예방대책을 4가지 쓰시오.(4점) [산기1601/산기1802]

01 다음은 강관비계에 관한 내용이다. 다음 빈칸을 채우시오.(4점) [산기1601/산기1801/산기2001]

> 비계기둥의 제일 윗부분으로부터 (①)m되는 지점 밑 부분의 비계기둥은 (②)개의 강관으로 묶어 세울 것

02 하역작업을 할 때 화물운반용 또는 고정용으로 사용할 수 없는 섬유로프의 사용제한 조건 2가지를 쓰시오. (4점) [기사0904/산기1101/산기1104/기사1302/산기1402/산기1702/산기1801/기사1802/기사1804]

03 차량계 건설기계 작업 시 넘어지거나, 굴러떨어짐에 의해 근로자에게 위험을 미칠 우려가 있을 경우 조치사항을 3가지 쓰시오.(6점) [산기0802/산기0902/산기1101/산기1201/산기1504/산기1801/산기2001/산기2003/산기2201]

04 계단 설치기준에 관한 설명이다. 다음 ( )을 채우시오.(4점) [산기1801]

> 사업주는 계단 및 계단참을 설치하는 경우 매 m²당 (①)kg 이상의 하중에 견딜 수 있는 강도를 가진 구조로 설치하여야 하며, 안전율은 (②) 이상으로 하여야 한다.

05 토공사의 비탈면 보호방법(공법)의 종류를 4가지 쓰시오.(6점) [기사1601/산기1801/기사1902/산기2004]

06 목재가공용 둥근톱 방호장치 2가지를 쓰시오.(4점) [산기1104/산기1201/산기1601/산기1801/산기1804/산기2201]

07 작업자가 시야가 가려지는 부피가 큰 짐을 운반하던 중 덮개 없는 개구부로 떨어지는 사고를 당해 상해를 입었을 때, 재해의 발생형태, 기인물 및 가해물 등을 각각 쓰시오.(5점) [산기0702/산기1404/산기1801/산기2204]

재해형태	(①)	불안전한 행동	(④)
가해물	(②)	불안전한 상태	(⑤)
기인물	(③)		

08 기술지도는 공사기간 중 월 2회 이상 실시하여야 하며, 기술지도비가 계상된 안전관리비 총액의 20%를 초과하는 경우에는 그 이내에서 기술지도 횟수를 조정할 수 있다. 전문기술지도 또는 정기기술지도를 실시하지 않아도 되는 공사 3가지를 쓰시오.(6점) [산기1801]

09 철골공사 작업을 중지해야 하는 기상조건을 쓰시오.(단, 단위를 명확히 쓰시오)(3점)

[산기|0501/산기|0701/산기|0704/기사|0901/기사|1302/산기|1404/기사|1502/기사|1504/산기|1801/기사|2004/산기|2301]

10 산업안전보건법상 크레인, 이동식 크레인, 리프트, 곤돌라 또는 승강기에 설치하는 방호장치의 종류 4가지를 쓰시오.(4점)

[산기|0704/기사|0904/기사|1404/산기|1601/기사|1702/산기|1801/산기|1902/기사|2204]

11 깊이 10.5[m] 이상의 굴착에서 흙막이 구조의 안전을 예측하기 위해 설치하여야하는 계측기기 3가지를 쓰시오.(3점)

[산기|0701/산기|1302/산기|1801]

12 밀폐공간에서의 작업하는 근로자에 대한 작업별 특별교육 내용을 3가지 쓰시오.(단, 그 밖에 안전·보건관리 에 필요한 사항은 제외)(6점)

[산기|1102/산기|1801]

13 종합재해지수를 구하시오.(4점)

[산기0901/산기1304/산기1801/산기1802]

- 연근로시간 : 257,600시간
- 근로손실일수 : 420일
- 연간재해발생건수 : 17건
- 휴업일수 : 34일

01 달비계의 적재하중을 정하고자 한다. 다음 (   )안에 안전계수를 쓰시오.(4점)

[산기0504/산기0704/산기1501/산기1701/산기1704/산기2302]

> 가) 달기와이어로프 및 달기강선의 안전계수 : (①) 이상
> 나) 달기 체인 및 달기 훅의 안전계수: (②) 이상
> 다) 달기 강대와 달비계의 하부 및 상부 지점의 안전계수: 강재(鋼材)의 경우 (③) 이상, 목재의 경우 (④)
>   이상

02 비계 작업 시 비, 눈 그 밖의 기상상태의 불안정으로 날씨가 몹시 나빠서 작업을 중지시킨 후 그 비계에서 작업을 재개할 때 점검하고 이상을 발견하면 즉시 보수해야 할 사항을 3가지 쓰시오.(6점)

[산기0902/기사1001/산기1102/기사1301/기사1402/기사1404/산기1602/산기1704/기사1801/기사1901/산기2102/산기2304]

03 감전 시 인체에 영향을 미치는 감전 위험 요인 3가지를 쓰시오.(6점)   [기사0402/기사0704/산기1704/기사1901]

04 인력굴착 작업 시 일일준비 작업을 할 때 준수할 사항 3가지를 쓰시오.(6점)

[산기|0801/산기|1002/산기|1401/산기|1704]

05 고용노동부장관에게 보고해야 하는 중대재해 3가지를 쓰시오.(6점)

[산기|0502/산기|0702/산기|1002/산기|1701/산기|1704/산기|2003/산기|2101/산기|2204]

06 연평균 500명이 근무하는 건설현장에서 연간 작업하는 중 응급조치 이상의 안전사고가 15건 발생하였다. 도수율을 구하시오.(단, 연간 300일, 8시간/일)(4점) [산기|0601/산기|1704/산기|2101]

07 제품의 생산 공정과 직접적으로 관련된 건설물·기계·기구 및 설비 등 일체를 설치·이전하거나 그 주요 구조부분을 변경하려는 경우 유해위험방지계획서를 제출하여야 한다. 이때 첨부할 서류를 2가지 쓰시오.(단, 그 밖에 고용노동부장관이 정하는 도면 및 서류는 제외)(4점)   [산기0601/산기1004/산기1402/산기1704]

08 콘크리트 타설 시 고려해야 할 거푸집에 가해지는 하중 3가지를 쓰시오.(3점)   [산기0804/산기1704]

09 다음은 강관비계에 관한 내용이다. 다음 빈칸을 채우시오.(4점)

[기사1302/산기1704/산기1802/산기1901/기사1904/산기2004/산기2101/산기2302]

가) 비계기둥의 간격은 띠장 방향에서는 (①)m 이하, 장선 방향에서는 (②)m 이하로 할 것
나) 비계기둥의 제일 윗부분으로부터 31m 되는 지점 밑 부분의 비계기둥은 (③)개의 강관으로 묶어 세울 것
다) 비계기둥 간의 적재하중은 (④)kg을 초과하지 않도록 할 것

10 재해로 인하여 의도치 않게 손실된 비용을 무엇이라고 하는가?(3점)   [산기1704]

11 누전차단기의 정격감도전류와 작동시간에 대한 설명이다. ( ) 안을 채우시오.(4점)   [산기0701/산기1704]

> 전기기계·기구에 설치되어 있는 누전차단기는 정격감도전류가 (①) 이하이고 작동시간은 (②) 이내일 것. 다만, 정격전부하전류가 50암페어 이상인 전기기계·기구에 접속되는 누전차단기는 오작동을 방지하기 위하여 정격감도전류는 (③) 이하로, 작동시간은 (④) 이내로 할 수 있다.

12 터널건설작업을 할 때 그 터널 등의 내부에서 금속의 용접·용단 또는 가열작업을 하는 경우 화재를 예방하기 위한 조치사항 3가지를 쓰시오.(6점)   [산기1202/산기1704]

13 개인용 보호구의 하나인 안전모에 대한 설명이다. ( ) 안을 채우시오.(4점)   [산기1704/산기2003/산기2302]

> 가) (①)란 착용자의 머리부위를 덮는 주된 물체로서 단단하고 매끄럽게 마감된 재료를 말한다.
> 나) (②)란 머리받침끈, 머리고정대 및 머리받침고리로 구성되어 추락 및 감전 위험방지용 안전모 머리 부위에 고정시켜주며, 안전모에 충격이 가해졌을 때 착용자의 머리 부위에 전해지는 충격을 완화시켜주는 기능을 갖는 부품을 말한다.

01 근로자 350명이 근무하는 사업장에서 15건의 산업재해로 18명의 재해자가 발생하였다. 도수율과 연천인율을 구하시오.(단, 근로시간은 1일 9시간 250일 근무한다)(5점)   [산기1004/산기1302/산기1702/산기1802]

02 채석작업을 하는 때에는 채석작업 계획을 작성하고 그 계획에 의하여 작업을 실시하여야 하는데, 채석작업 시 작업계획서에 포함될 내용을 4가지 쓰시오.(4점)

[기사0504/기사0604/기사0801/산기0904/기사1002/기사1101/기사1202/산기1202/기사1402/기사1502/산기1702/기사1802/산기1902/산기2101]

03 무재해운동기법 중 "작업 시작 전 및 후에 10분정도의 시간으로 10명 이하로 구성된 팀원 전원이 모여 현장에서 있었던 상황에 대해서 대화한 후 납득하는 작업장 안전회의"와 관련된 위험예지활동을 쓰시오. (3점)

[산기0504/산기0701/산기0902/산기1502/산기1702/산기1902/산기2104]

04 흙막이 지보공을 설치하였을 때 정기적으로 점검해야 할 사항 3가지를 쓰시오.(6점)

[산기0602/산기0701/산기1402/산기1702/산기2002]

05 이동식 크레인 탑승설비 작업 시 추락에 의한 근로자의 위험방지를 위한 조치사항 3가지를 쓰시오.(6점)

[산기0602/산기1202/산기1702]

06 터널 등의 건설작업을 하는 경우 낙반 등에 의하여 근로자의 위험을 방지하기 위한 조치사항 3가지를 쓰시오. (6점)

[기사0304/산기0804/산기1002/산기1702/기사2004/산기2301]

07 다음 용어를 설명하시오.(4점)

[산기0501/산기0704/산기1702/산기2104]

① 히빙	② 보일링

08 하역작업을 할 때 화물운반용 또는 고정용으로 사용할 수 없는 섬유로프의 사용제한 조건 2가지를 쓰시오. (4점)　　　　　　　　　　　　　　[기사0904/산기1101/산기1104/기사1302/산기1402/산기1702/산기1801/기사1802/기사1804]

09 작업발판에 대한 다음 (　)안에 알맞은 수치를 쓰시오.(4점)　　　　　　[기사1401/산기1702/기사1902/산기2001]

> 비계의 높이가 2m 이상인 작업장소에 설치하는 작업발판의 폭은 (　①　)cm 이상으로 하고, 발판재료 간의 틈은 (　②　)cm 이하로 할 것

10 고용노동관서의 장은 사업주에게 특별한 사유가 발생한 경우 안전관리자를 정수 이상으로 증원 및 교체하여 임명할 것을 명할 수 있다. 이의 사유를 3가지 쓰시오.(6점)

[산기0802/산기0804/기사1001/기사1402/산기1501/산기1702/기사1704/산기2001/산기2002]

11 무거운 물건을 인력으로 들어 올리려 할 때 발생할 수 있는 재해유형 4가지를 쓰시오.(4점)

[산기1702/산기2003]

12 셔블계 건설기계 사용 시 안전수칙을 4가지 쓰시오.(4점) [산기1702]

13 차량계 하역운반기계 등의 수리 또는 부속장치의 장착 및 해체작업을 할 때 기계의 암이나 붐 등을 올리고 그 아래에서 수리 및 점검을 하는데 붐이나 암의 갑작스런 하강 위험을 방지하기 위한 조치사항으로 설치하는 것을 2가지 쓰시오.(4점) [산기1702]

01 고용노동부장관에게 보고해야 하는 중대재해 3가지를 쓰시오.(3점)

[산기0502/산기0702/산기1002/산기1701/산기1704/산기2003/산기2101/산기2204]

02 동바리로 사용하는 파이프 서포트 설치 시 준수사항으로 다음 빈칸을 채우시오.(4점)

[산기0904/산기1604/산기1701]

가) 파이프 서포트를 (①)개 이상 이어서 사용하지 않도록 할 것
나) 파이프 서포트를 이어서 사용하는 경우에는 (②)개 이상의 볼트 또는 전용철물을 사용하여 이을 것
다) 높이가 3.5m를 초과하는 경우에는 높이 (③)m 이내마다 수평연결재를 (④)개 방향으로 만들고 수평연결재의 변위를 방지할 것

03 산업안전보건법상 이동식 크레인을 사용하여 작업을 하기 전에 점검할 사항을 3가지 쓰시오.(6점)

[산기0501/기사0802/산기1202/산기1302/산기1701/기사1902/산기1904]

04 안전관리조직을 효율적으로 운영하기 위한 조직 형태 3가지를 쓰시오.(3점)

[산기0501/산기0602/산기1602/산기1701]

05 산업안전보건법상 건설업 중 유해·위험방지계획서 제출 대상사업 3가지를 쓰시오.(6점)

[기사0302/기사0504/산기0602/기사0702/기사0802/산기1001/기사1102/산기1601/기사1802/기사1901/산기1904/산기2202]

06 달비계의 적재하중을 정하고자 한다. 다음 (   )안에 안전계수를 쓰시오.(6점)

[산기0504/산기0704/산기1501/산기1701/산기1704/산기2302]

가) 달기와이어로프 및 달기강선의 안전계수 : (①) 이상
나) 달기 체인 및 달기 훅의 안전계수: (②) 이상
다) 달기 강대와 달비계의 하부 및 상부 지점의 안전계수: 강재(鋼材)의 경우 (③) 이상, 목재의 경우 (④) 이상

07 양중기에 사용하는 권상용 와이어로프의 사용금지 사항을 3가지 쓰시오.(6점)

[기사0302/기사0404/산기0601/기사0704/산기0804/기사0901/산기1002/산기1201/
기사1502/산기1502/기사1602/산기1602/산기1701/산기1901/기사2001/기사2004/산기2102/산기2104/산기2204]

08 흙막이 공사 지반침하의 원인에 해당하는 현상에 대한 설명이다. (　)안에 알맞은 내용을 쓰시오.(4점)

[산기0602/산기1302/산기1701]

> • 연약한 하부 지반의 흙파기에서 흙막이 내외면의 중량차이로 인해 저면 흙이 붕괴되고 흙막이 외부 흙이 내부로 밀려들어와 불룩하게 되는 현상 : (　①　)
> • 사질토 지반에서 굴착저면과 흙막이 배면사이의 지하수위 차이로 인해 굴착저면의 흙과 물이 위로 솟구쳐 오르는 현상 : (　②　)

09 산업안전보건법상 양중기 종류 4가지를 쓰시오.(세부사항까지 쓰시오)(4점)

[기사0502/산기0701/기사1201/산기1401/산기1502/산기1701/기사1902/산기1904/산기2202]

10 시각적 표시장치에 비교할 때 청각적 표시장치를 사용하는 것이 더 좋은 경우를 3가지 쓰시오.(3점)

[산기1101/산기1104/산기1701/산기2304]

11 연천인율이 50이라는 것은 어떤 의미인지 쓰시오.(3점)

[산기1701]

12 A공장의 도수율이 4.0이고, 강도율이 1.50이다. 이 공장에 근무하는 근로자가 입사에서부터 정년퇴직에 이르기까지 몇 회의 재해를 입을지와 얼마의 근로손실일수를 가지는지를 계산하시오.(6점)

[산기1501/산기1701]

13 콘크리트 타설을 위한 콘크리트 펌프나 콘크리트 펌프카 이용 작업 시 준수사항 3가지를 쓰시오.(6점)

[기사1104/기사1601/산기1701]

01 산업안전보건법상 사업 내 안전·보건교육에 대한 교육시간을 쓰시오.(5점)

[기사0302/기사0502/기사0804/기사0904/기사1201/산기1202/산기1301/산기1304/산기1604/기사1801/산기1804/산기2003/산기2102]

교육과정	교육대상	교육시간
채용 시의 교육	일용근로자 및 근로계약기간이 1주일 이하인 기간제 근로자	(①)시간 이상
건설업 기초안전·보건교육	건설 일용근로자	(②)시간 이상
굴착면의 높이가 2m 이상이 되는 구축물 파쇄작업에서의 일용근로자 특별교육		(③)시간 이상

02 사업장 안전활동 계획을 의미하는 PDCA의 단계를 순서대로 쓰시오.(4점)

[산기1002/산기1402/산기1602/산기1604]

03 차량용 건설기계 중 도저형 건설기계와 천공형 건설기계를 각각 2가지씩 쓰시오.(4점) [산기1604/산기1901]

04 사업주가 작업으로 인하여 물체가 떨어지거나 날아올 위험을 방지하기 위해 취하는 안전조치 4가지를 쓰시오.(4점)

[산기1401/기사1601/산기1602/산기1604/산기1802/기사1901/산기2001/산기2002]

05 하인리히의 재해예방 대책 5단계를 순서대로 쓰시오.(5점) [기사0804/산기1604/기사1802/기사2004/산기2202]

06 섬유로프 등을 화물자동차의 짐걸이에 사용하여 100kg 이상의 화물을 싣거나 내리는 작업을 하는 경우 해당 작업을 시작하기 전 조치사항 3가지를 쓰시오.(6점) [산기1004/산기1604/산기2304]

07 다음은 사다리식 통로의 안전기준에 대한 사항이다. 빈칸을 채우시오.(4점)
[기사0302/기사0401/기사0601/산기0702/산기0801/산기1402/산기1601/기사1602/산기1604/산기1902/산기1904/산기2204/산기2304]

> 가) 사다리의 상단은 걸쳐놓은 지점으로부터 (①)cm 이상 올라가도록 할 것
> 나) 사다리식 통로의 길이가 10m 이상인 경우에는 (②)m 이내마다 계단참을 설치할 것

08 산업재해발생률에서 상시근로자 산출 식을 쓰시오.(4점) [산기0902/산기1202/산기1604/산기2001/산기2102]

09 동바리로 사용하는 파이프 서포트 설치 시 준수사항으로 다음 빈칸을 채우시오.(4점)

[산기0904/산기1604/산기1701]

> 가) 파이프 서포트를 (①)개 이상 이어서 사용하지 않도록 할 것
> 나) 파이프 서포트를 이어서 사용하는 경우에는 (②)개 이상의 볼트 또는 전용철물을 사용하여 이을 것
> 다) 높이가 3.5m를 초과하는 경우에는 높이 (③)m 이내마다 수평연결재를 (④)개 방향으로 만들고 수평연결재의 변위를 방지할 것

10 다음은 와이어로프의 클립에 관한 내용이다. 빈칸을 채우시오.(6점)

[산기1604]

와이어로프 직경(mm)	클립의 수
32	(①)
24	(②)
9~16	(③)

11 안전·보건표지의 색도기준이다. 빈칸을 채우시오.(4점)

[기사0502/기사0702/산기1604/기사1802/산기2003]

색채	색도기준	용도	사용례
(①)	7.5R 4/14	금지	정지신호, 소화설비 및 그 장소, 유해행위의 금지
(②)	2.5G 4/10	안내	비상구 및 피난소, 사람 또는 차량의 통행표지
(③)	N9.5		파란색 또는 녹색에 대한 보조색
(④)	N0.5		문자 및 빨간색 또는 노란색에 대한 보조색

12 통나무 비계의 구조에 관한 내용이다. 다음 빈칸을 채우시오.(4점) [산기1202/산기1604]

통나무 비계는 지상높이 (①)층 이하 또는 (②)m 이하인 건축물·공작물 등의 건조·해체 및 조립 등의 작업에만 사용할 수 있다.

13 다음 유해·위험 기계의 방호장치를 쓰시오.(6점) [산기1604/산기2304]

| ① 예초기 | ② 원심기 | ③ 공기압축기 |

01 양중기에 사용하는 권상용 와이어로프의 사용금지 사항을 3가지 쓰시오.(6점)

[기사0302/기사0404/산기0601/기사0704/산기0804/기사0901/산기1002/산기1201/

기사1502/산기1502/기사1602/산기1602/산기1701/산기1901/기사2001/기사2004/산기2102/산기2104/산기2204]

02 강관틀 비계의 조립 시 준수해야 할 사항이다. 다음 빈칸을 채우시오.(6점)

[산기0502/산기0601/산기0604/산기1202/산기1401/산기1602]

가) 높이가 20m를 초과하거나 중량물의 적재를 수반하는 작업을 할 경우 주틀 간의 간격을 (①)m 이하로 할 것
나) 수직방향으로 (②)m, 수평방향으로 (③)m 이내마다 벽이음을 할 것
다) 길이가 띠장 방향으로 4m 이하이고 높이가 10m를 초과하는 경우에는 (④)m 이내마다 띠장 방향으로
버팀기둥을 설치할 것

03 안전관리조직을 효율적으로 운영하기 위한 조직 형태 3가지를 쓰시오.(5점)

[산기0501/산기0602/산기1602/산기1701]

04 말비계를 조립하여 사용하는 경우의 준수사항에 대한 설명이다. ( ) 안을 채우시오.(4점)

> 가) 지주부재(支柱部材)의 하단에는 (①)를 하고, 근로자가 양측 끝부분에 올라서서 작업하지 않도록 할 것
> 나) 지주부재와 수평면의 기울기를 (②) 이하로 하고, 지주부재와 지주부재 사이를 고정시키는 보조부재를 설치할 것
> 다) 말비계의 높이가 (③)를 초과하는 경우에는 작업발판의 폭을 (④) 이상으로 할 것

05 산업안전보건법상 건설업 중 유해 · 위험방지계획서 제출 대상사업 4가지를 쓰시오.(5점)

[기사0302/기사0504/산기0602/기사0702/기사0802/산기1001/기사1102/산기1601/기사1802/기사1901/산기1904/산기2202]

06 기계가 서 있는 지반보다 높은 곳을 굴착할 때 사용하는 건설기계를 쓰시오.(4점)   [산기1602/산기1804]

07 사업주가 작업으로 인하여 물체가 떨어지거나 날아올 위험을 방지하기 위해 취하는 안전조치 4가지를 쓰시오.(4점) [산기1401/기사1601/산기1602/산기1604/산기1802/기사1901/산기2001/산기2002]

08 하인리히의 재해 코스트 방식에 대한 다음 물음에 답하시오.(6점) [산기1602/산기2201]

> 가) 직접비 : 간접비 = ( ) : ( )
> 나) 직접비에 해당하는 항목을 4가지 쓰시오.

09 다음은 강관비계에 관한 내용이다. 다음 물음에 답하시오.(4점) [산기1602/산기2003/산기2101]

> ① 비계기둥의 간격은 띠장 방향
> ② 비계기둥의 간격은 장선 방향

10 로프 길이 150cm의 안전대를 착용한 근로자가 추락으로 인한 부상을 당하지 않기 위한 지지점에서 최하단까지의 거리 h를 구하시오.(단, 로프의 신장률은 30%, 근로자의 신장 170cm)(4점) [산기1602/산기1804]

11 건설공사 중 발생되는 보일링 현상을 간략히 설명하시오.(4점)

[산기0804/산기1602/산기2001]

12 사업장 안전활동 계획을 의미하는 PDCA의 단계를 순서대로 쓰시오.(4점)

[산기1002/산기1402/산기1602/산기1604]

13 비계 작업 시 비, 눈 그 밖의 기상상태의 불안정으로 날씨가 몹시 나빠서 작업을 중지시킨 후 그 비계에서 작업을 재개할 때 점검하고 이상을 발견하면 즉시 보수해야 할 사항을 4가지 쓰시오.(4점)

[산기0902/기사1001/산기1102/기사1301/기사1402/기사1404/산기1602/산기1704/기사1801/기사1901/산기2102/산기2304]

01 다음은 사고사례에 대한 설명이다. 각 사례의 기인물을 쓰시오.(6점) [산기1304/산기1601]

① 이동차량에 치여 벽에 부딪힌 사고가 발생하였다.
② 외부요인 없이 사람이 걷다가 발목을 접질려 다쳤다.
③ 트럭과 지게차가 운전 중 정면충돌하여 지게차 운전자가 사명하였다.

02 추락방호망의 설치기준에 대한 설명이다. 빈칸을 채우시오.(6점) [기사1302/산기1601/기사1604]

가) 추락방호망의 설치위치는 가능하면 작업면으로부터 가까운 지점에 설치하여야 하며, 작업면으로부터 망의
설치지점까지의 수직거리는 (①)m를 초과하지 아니할 것
나) 추락방호망은 수평으로 설치하고, 망의 처짐은 짧은 변 길이의 (②)% 이상이 되도록 할 것
다) 건축물 등의 바깥쪽으로 설치하는 경우 추락방호망의 내민 길이는 벽면으로부터 (③)m 이상 되도록 할 것

03 이동식 비계 조립 작업 시의 준수사항 4가지를 쓰시오.(4점) [산기1104/산기1601]

04 산업안전보건법상 타워크레인에 설치하는 방호장치의 종류 4가지를 쓰시오.(4점)

[산기|0704/기사0904/기사1404/산기1601/기사1702/산기1801/산기1902]

05 연약한 점토지반을 굴착할 때 흙막이벽 굴삭면과 배면부의 토압 차이로 인해 흙막이벽 배면부의 흙이 가라앉으면서 굴삭 바닥면이 부풀어 오르는 현상을 쓰시오.(4점)   [산기|0701/산기0904/산기1601/산기1901/산기2002]

06 다음은 강관비계에 관한 내용이다. 다음 빈칸을 채우시오.(4점)   [산기1601/산기1801/산기2001]

비계기둥의 제일 윗부분으로부터 (①)m되는 지점 밑 부분의 비계기둥은 (②)개의 강관으로 묶어 세울 것

07 목재가공용 둥근톱 방호장치 2가지를 쓰시오.(4점)   [산기1104/산기1201/산기1601/산기1801/산기1804/산기2201]

08 A 사업장의 도수율이 2.2이고, 강도율이 7.5일 경우 이 사업장의 종합재해지수를 구하시오.(4점)

[산기1601/산기2204]

09 산업안전보건관리비의 적용범위는 산업재해보상보험법의 적용을 받는 공사 중 총 공사금액이 얼마 이상인 공사에 적용되는지 쓰시오.(4점)

[산기0701/산기0804/산기0904/산기1204/산기1601]

10 산업안전보건법상 건설업 중 유해·위험방지계획서 제출 대상사업 3가지를 쓰시오.(6점)

[기사0302/기사0504/산기0602/기사0702/기사0802/산기1001/기사1102/산기1601/기사1802/기사1901/산기1904/산기2202]

11 다음은 사다리식 통로의 안전기준에 대한 사항이다. 빈칸을 채우시오.(4점)

[기사0302/기사0401/기사0601/산기0702/산기0801/산기1402/산기1601/기사1602/산기1604/산기1902/산기1904/산기2304]

> 사다리식 통로의 기울기는 (   )도 이하로 할 것

12 어느 사업장에서 1년간 1,980명의 재해자가 발생하였다. 하인리히의 재해구성 비율에 의하면 경상의 재해자는 몇 명으로 추정되는지를 계산하시오. (단, 계산식도 작성하시오)(4점)

[산기1601]

13 해체공사의 공법에 따라 발생하는 소음과 진동의 예방대책을 3가지 쓰시오.(6점) [산기1601/산기1802]

01 산업재해가 발생할 급박한 위험이 있을 때 또는 중대재해가 발생했을 때 사업주의 대책을 2가지 쓰시오. (4점)

[산기1504]

02 안전보건총괄책임자를 선임하는 도급사업 시 도급인이 이행해야 할 산업재해 예방조치 2가지를 쓰시오. (4점)

[기사1502/산기1504/기사2003]

03 차량계 하역운반기계등을 이송하기 위하여 자주(自走) 또는 견인에 의하여 화물자동차에 싣거나 내리는 작업을 할 때 전도 또는 굴러 떨어짐에 의한 위험을 방지하기 위하여 준수할 사항 3가지를 쓰시오.(6점)

[산기1504]

04 흙막이 개굴착의 장점을 3가지 쓰시오.(3점) [산기|1504]

05 차량계 건설기계 작업 시 넘어지거나, 굴러떨어짐에 의해 근로자에게 위험을 미칠 우려가 있을 경우 조치사항을 3가지 쓰시오.(6점) [산기|0802/산기|0902/산기|1101/산기|1201/산기|1504/산기|1801/산기|2001/산기|2003/산기|2201]

06 히빙으로 인해 인접 지반 및 흙막이 지보공에 영향을 미치는 현상을 2가지 쓰시오.(4점) [산기|1002/산기|1504/산기|1904/산기|2202]

07 연간 근로시간이 1,400,000시간이고, 재해건수가 5건 발생하여 6명이 사망하고 휴업일수가 219일이다. 이 사업장의 도수율과 강도율을 각각 구하시오.(6점) [산기|0902/산기|1504/산기|1804]

08 크레인의 설치 · 조립 · 수리 · 점검 또는 해체작업을 하는 경우의 사업주 조치사항을 3가지 쓰시오.(6점)

[산기1004/산기1504]

09 산업안전보건법상 안전보건표지에서 있어 경고표지의 종류를 4가지 쓰시오.(4점)

[산기1004/산기1201/산기1504/산기2302]

10 작업발판의 끝이나 개구부로서 근로자가 추락할 위험이 있는 장소에서 작업 시 추락방지대책 4가지를 쓰시오.(4점)

[기사0401/산기0501/산기1002/기사1201/산기1201/산기1504/산기1802/산기1902/산기1904/기사2002/산기2003/산기2004/산기2201]

11 산업안전보건법령상 다음 경우에 해당하는 양중기의 와이어로프(또는 달기 체인)의 안전계수를 빈칸을 채우시오.(3점)　　　　[기사0801/산기1001/기사1202/산기1204/기사1501/산기1504/기사1701/기사1702/산기1902]

> 가) 근로자가 탑승하는 운반구를 지지하는 경우 : (①) 이상
> 나) 화물의 하중을 직접 지지하는 경우 : (②) 이상
> 다) 훅, 샤클, 클램프, 리프팅 빔의 경우 : (③) 이상

12 사다리식 통로 등을 설치하는 경우의 준수사항을 4가지 쓰시오.(4점)　　　　[산기0601/산기1101/산기1504]

13 지게차를 사용하여 작업을 하는 때 작업 시작 전 점검사항 3가지를 쓰시오.(6점)

[산기0901/기사1201/기사1402/산기1504]

01 다음은 터널 등의 건설작업에 대한 내용이다. 빈칸을 채우시오.(4점) [산기1502]

사업주는 터널 등의 건설작업을 할 때 터널 등의 출입구 부근의 지반의 붕괴나 토석의 낙하에 의하여 근로자가 위험해질 우려가 있는 경우에는 (①)이나 (②)을 설치하는 등 위험을 방지하기 위하여 필요한 조치를 하여야 한다.

02 산업안전보건법상 양중기 종류 4가지를 쓰시오.(세부사항까지 쓰시오)(4점)

[기사0502/산기0701/기사1201/산기1401/산기1502/산기1701/기사1902/산기1904/산기2202]

03 양중기에 사용하는 권상용 와이어로프의 사용금지 사항을 4가지 쓰시오.(4점)

[기사0302/기사0404/산기0601/기사0704/산기0804/기사0901/산기1002/산기1201/
기사1502/산기1502/기사1602/산기1602/산기1701/산기1901/기사2001/기사2004/산기2102/산기2104/산기2204]

04 수중굴착 및 구조물의 기초바닥 등과 같은 협소하고 상당히 깊은 범위의 굴착과 호퍼작업에 가장 적당한 굴착기계를 쓰시오.(3점) [산기1502]

05 차량계 건설기계를 사용하여 작업을 할 때는 작업계획을 작성하고, 그 작업계획에 따라 작업을 실시하도록 하여야 한다. 이 작업계획에 포함되어야 할 사항 3가지를 쓰시오.(6점) [기사0301/산기0504/
산기0604/기사0704/산기1002/산기1102/산기1304/산기1401/산기1502/기사1604/기사1702/기사1902/기사1904/산기2001/산기2102/산기2302]

06 강관비계 조립 시 벽이음 또는 버팀을 설치하는 간격을 보여주고 있다. (　)을 채우시오.(4점) [기사0402/산기0504/산기0604/기사0702/산기1102/산기1301/산기1402/산기1502/산기1804/기사1901/산기2102/산기2201/산기2304]

종류	조립간격(단위: m)	
	수직방향	수평방향
단관비계	（ ① ）	（ ② ）
틀비계(높이가 5m 미만의 것을 제외)	（ ③ ）	（ ④ ）

07 무재해운동기법 중 "작업 시작 전 및 후에 10분정도의 시간으로 10명 이하로 구성된 팀원 전원이 모여 현장에서 있었던 상황에 대해서 대화한 후 납득하는 작업장 안전회의"와 관련된 위험예지활동을 쓰시오. (3점) [산기0504/산기0701/산기0902/산기1502/산기1702/산기1902/산기2104]

08 잠함 또는 우물통의 내부에서 근로자가 굴착작업을 하는 경우에 잠함 또는 우물통의 급격한 침하에 의한 위험을 방지하기 위해 준수해야 할 사항 2가지를 쓰시오.(4점) [산기0604/산기1502/산기2102/산기2204]

09 안전대의 사용구분에 따른 종류 4가지를 쓰시오.(4점) [산기1502]

10 산업안전보건기준에 관한 규칙에 따라 지반 굴착 시 굴착면의 기울기 기준을 채우시오.(5점)

[기사0401/기사0504/기사0702/산기1502/기사1701/기사1702/산기1804/기사1904/산기2101]

지반의 종류	기울기	지반의 종류	기울기
모래	(①)	경암	(④)
연암	(②)	그 밖의 흙	(⑤)
풍화암	(③)		

11 근로자가 1시간 동안 1분당 9[kcal]의 에너지를 소모하는 작업을 수행하는 경우 ① 휴식시간 ② 작업시간을 각각 구하시오. (단, 작업에 대한 권장 에너지 소비량은 분당 5[kcal])(6점) [산기0904/산기1502]

12 다음은 근로시간 제한에 관한 내용이다. 다음 빈칸을 채우시오.(6점) [산기1004/산기1502]

사업주는 유해하거나 위험한 작업으로서 높은 기압에서 하는 작업 등(잠함 또는 잠수작업 등)에 종사하는 근로자에게는 1일 (①)시간, 1주 (②)시간을 초과하여 근로하게 해서는 아니 된다.

13 산업안전보건법 시행규칙에 의하면 안전관리자에 선임된 후 3개월 이내에 직무를 수행하는 데 필요한 신규교육을 받아야 하며, 신규교육을 이수한 후 매 2년이 되는 날을 기준으로 전후 3개월 사이에 안전보건에 관한 보수교육을 받아야 한다. 이때 받아야 하는 교육시간을 각각 쓰시오.(4점)

[기사0702/산기1204/산기1502/기사2002]

교육대상	보수교육시간
안전보건관리책임자	(①)시간 이상
안전관리자, 안전관리전문기관의 종사자	(②)시간 이상
보건관리자, 보건관리전문기관의 종사자	(③)시간 이상
건설재해예방전문지도기관의 종사자	(④)시간 이상

14 터널굴착작업 시 보링(Boring) 등 적절한 방법으로 낙반·출수(出水) 및 가스폭발 등으로 인한 근로자의 위험을 방지하기 위하여 미리 조사해야 하는 사항 3가지를 쓰시오.(3점) [산기0704/산기1502]

신규문제 3문항 중복문제 10문항

☞ 답안은 176Page

01 빗버팀대 흙막이 공법의 순서를 바르게 쓰시오.(4점)

[산기1501]

① 줄파기 ② 규준대 대기 ③ 널말뚝 박기 ④ 중앙부 흙파기
⑤ 띠장 대기 ⑥ 버팀말뚝 및 버팀대 대기 ⑦ 주변부 흙파기

02 고용노동관서의 장은 사업주에게 특별한 사유가 발생한 경우 안전관리자를 정수 이상으로 증원 및 교체하여 임명할 것을 명할 수 있다. 이의 사유를 3가지 쓰시오.(6점)

[산기0802/산기0804/기사1001/기사1402/산기1501/산기1702/기사1704/산기2001/산기2002]

03 청각적 표시장치에 비교할 때 시각적 표시장치를 사용하는 것이 더 좋은 경우를 4가지 쓰시오.(4점)

[산기1501/산기2202]

04 다음은 터널 내 환기에 대한 설명이다. 빈칸을 채우시오.(3점) [산기0702/산기1501/산기2204]

가) 발파 후 유해가스, 분진 및 내연기관의 배기가스 등을 신속히 환기시켜야 하며 발파 후 (①)분 이내 배기, 송기가 완료되도록 하여야 한다.

나) 환기가스처리장치가 없는 (②)기관은 터널 내의 투입을 금하여야 한다.

다) 터널 내의 기온은 (③)℃ 이하가 되도록 신선한 공기로 환기시켜야 하며 근로자의 작업조건에 유해하지 아니한 상태를 유지하여야 한다.

05 산업안전보건법상 안전보건표지 중 "출입금지"표지를 그리고, 물음에 답하시오.(단, 색상표시는 글자로 나타 내도록 하고, 크기에 대한 기준은 표시하지 않아도 된다)(4점) [산기0502/산기1501]

① 바탕색   ② 도형색   ③ 화살표색

06 안전검사에 대한 설명이다. 빈칸을 채우시오.(6점) [산기1501]

가) 안전검사를 받아야 하는 자는 안전검사 신청서를 검사 주기 만료일 (①)일 전에 안전검사 업무를 위탁받은 기관에 제출해야 한다.

나) 크레인(이동식 크레인은 제외), 리프트(이삿짐운반용 리프트는 제외) 및 곤돌라 : 사업장에 설치가 끝난 날부터 3년 이내에 최초 안전검사를 실시하되, 건설현장에서 사용하는 것은 최초로 설치한 날부터 (②)개월마다 안전검사를 실시한다.

다) 크레인(이동식 크레인은 제외), 리프트(이삿짐운반용 리프트는 제외) 및 곤돌라 : 사업장에 설치가 끝난 날부터 3년 이내에 최초 안전검사를 실시하되, 그 이후부터 (③)년마다 안전검사를 실시한다.

07 사업주는 흙막이 지보공을 조립하는 경우 미리 조립도를 작성하여 그 조립도에 따라 조립하도록 해야 하는데 흙막이판·말뚝·버팀대 및 띠장 등 부재와 관련하여 조립도에 명시되어야 할 사항을 2가지 쓰시오.(4점)

[산기1501/산기2004]

08 달비계의 적재하중을 정하고자 한다. 다음 (   )안에 안전계수를 쓰시오.(6점)

[산기0504/산기0704/산기1501/산기1701/산기1704/산기2302]

> 가) 달기와이어로프 및 달기강선의 안전계수 : (①) 이상
> 나) 달기 체인 및 달기 훅의 안전계수: (②) 이상
> 다) 달기 강대와 달비계의 하부 및 상부 지점의 안전계수: 강재(鋼材)의 경우 2.5 이상, 목재의 경우 (③) 이상

09 다음은 흙막이 공사에서 사용하는 어떤 부재에 대한 설명인지 쓰시오.(4점)   [산기1501/산기2104]

> 흙막이 벽에 작용하는 토압에 의한 휨모멘트와 전단력에 저항하도록 설치하는 부재로써 흙막이벽에 가해지는 토압을 버팀대 등에 전달하기 위하여 흙막이벽에 수평으로 설치하는 부재를 말한다.

10 노사협의체 정기회의 개최주기 및 회의록 내용 2가지를 쓰시오.(단, 개최 일시 및 장소, 그 밖의 토의사항 제외)(4점)

[산기1501]

11 A공장의 도수율이 4.0이고, 강도율이 1.50이다. 이 공장에 근무하는 근로자가 입사에서부터 정년퇴직에 이르기까지 몇 회의 재해를 입을지와 얼마의 근로손실일수를 가지는지를 계산하시오.(6점)

[산기1501/산기1701]

12 근로자의 추락 등에 의한 위험방지를 위하여 안전난간 설치 기준이다. ( )안을 채우시오.(4점)

[산기0502/산기0904/기사1102/산기1501/기사1704/산기2302]

가) 상부 난간대는 바닥면·발판 또는 경사로의 표면으로부터 90cm 이상 지점에 설치하고, 상부 난간대를 120cm 이하에 설치하는 경우에는 중간 난간대는 상부 난간대와 바닥면 등의 중간에 설치하여야 하며, 120cm 이상 지점에 설치하는 경우에는 중간 난간대를 2단 이상으로 균등하게 설치하고 난간의 상하 간격은 (①)cm 이하가 되도록 할 것

나) 발끝막이판은 바닥면 등으로부터 (②)cm 이상의 높이를 유지할 것

다) 난간대는 지름 (③)cm 이상의 금속제 파이프나 그 이상의 강도가 있는 재료일 것

라) 안전난간은 구조적으로 가장 취약한 지점에서 가장 취약한 방향으로 작용하는 (④)kg 이상의 하중에 견딜 수 있는 튼튼한 구조일 것

13 달비계 또는 높이 5m 이상의 비계를 조립, 해체하거나 변경작업을 할 때 사업주로서 준수하여야 할 사항을 5가지 쓰시오.(5점) [기사0304/기사0402/산기0501/산기0604/기사0702/산기0801/기사0802/기사1102/기사1501/산기1501/기사1904]

01 다음은 하적단에 대한 물음이다. 물음에 답하시오.(4점)　　　　　　[산기0501/산기1102/산기1404]

> ① 하적단의 붕괴나 낙하위험을 방지하기 위한 조치사항을 쓰시오.
> ② 하적단을 헐어내는 방법을 쓰시오.

02 터널공사 등의 건설작업을 할 때 인화성 가스가 존재하여 폭발이나 화재가 발생할 위험이 있는 경우에는 인화성 가스 농도의 이상 상승을 조기에 파악하기 위하여 그 장소에 자동경보장치를 설치하여야 한다. 설치된 자동경보장치에 대하여 당일의 작업 시작 전에 점검할 사항 3가지를 쓰시오.(6점)

[산기0802/산기0804/산기1404]

03 보호구 안전인증 안전모의 성능시험 항목 3가지를 쓰시오.(5점)　　　　[산기1001/산기1404/산기2004]

04 통나무 비계에서 비계기둥이 미끄러지거나 침하하는 것을 방지하기 위하여 조치하는 사항 2가지를 쓰시오. (4점)　　　　　　　　　　　　　　　　　　　　　　　　　　　　　　　　　　　[산기1404]

05 구축물 또는 이와 유사한 시설물에 대하여 안전진단 등 안전성평가를 실시하여 근로자에게 미칠 위험성을 미리 제거하여야 하는 경우 3가지를 쓰시오.(단, 그 밖의 잠재위험이 예상될 경우 제외)(6점)

[산기0601/기사1004/기사1101/기사1204/기사1302/산기1404/기사1602/기사1902]

06 통나무 비계의 비계기둥 이음방법 2가지를 쓰시오.(4점)

[산기0604/산기1404]

07 대통령으로 정하는 크기, 높이 등에 해당하는 건설공사를 착공하려는 경우 제출해야 하는 유해·위험방지계획서에 대한 다음 물음에 답하시오.(4점)

[산기1104/산기1302/산기1404/산기2001]

가) 제출시기	나) 심사 결과의 종류 3가지

08 동기부여의 이론 중 알더퍼의 ERG 이론에서 ERG는 각각 어떤 의미를 가지는지 쓰시오.(3점)

[산기0801/산기1404/산기2101]

09 작업자가 시야가 가려지는 부피가 큰 짐을 운반하던 중 덮개 없는 개구부로 떨어지는 사고를 당해 상해를 입었을 때, 재해의 발생형태, 기인물 및 가해물 등을 각각 쓰시오.(5점) [산기0702/산기1404/산기1801/산기2204]

재해형태	(①)	불안전한 행동	(④)
가해물	(②)	불안전한 상태	(⑤)
기인물	(③)		

10 굴착공사 시 토사붕괴의 발생을 예방하기 위해 점검해야 할 사항 3가지를 쓰시오.(6점)

[산기1001/산기1404/산기2003]

11 철골공사 작업을 중지해야 하는 기상조건을 쓰시오.(단, 단위를 명확히 쓰시오)(3점)

[산기0501/산기0701/산기0704/기사0901/기사1302/산기1404/기사1502/기사1504/산기1801/기사2004/산기2201/산기2301]

12 권과방지장치를 설치하지 않은 크레인에 대하여 권상용 와이어로프에 조치할 사항을 2가지 쓰시오.(4점)

[산기1404]

13 히빙현상에 대한 다음 물음에 답하시오.(6점) [기사0301/기사0502/기사0801/기사0804/기사1404/산기1404]

> 가) 발생원인을 공학적으로 설명하시오.
> 나) 발생현상을 2가지 쓰시오.
> 다) 방지대책을 3가지 쓰시오.

01 제품의 생산 공정과 직접적으로 관련된 건설물·기계·기구 및 설비 등 일체를 설치·이전하거나 그 주요 구조부분을 변경하려는 경우 유해위험방지계획서를 제출하여야 한다. 이때 첨부할 서류를 2가지 쓰시오.(단, 그 밖에 고용노동부장관이 정하는 도면 및 서류는 제외)(4점)　　　[산기0601/산기1004/산기1402/산기1704]

02 사업장 안전활동 계획을 의미하는 PDCA의 단계를 순서대로 쓰시오.(4점)

[산기1002/산기1402/산기1602/산기1604]

03 위험예지훈련 기초 4라운드 기법의 진행순서를 쓰시오.(4점)　　　[산기0802/산기1402/산기1901/산기2104]

04 인간의 주의에 대한 특성 3가지에 대하여 설명하시오.(4점)　　　[산기0804/산기1402]

05 리프트의 설치·조립·수리·점검 또는 해체작업을 하는 경우 사업주의 조치사항을 3가지 쓰시오.(6점)

[산기1402]

06 작업장에서 크레인(이동식 크레인 제외)을 사용하여 운반작업을 하려고 한다. 작업개시 전에 점검하여야 할 사항을 3가지 쓰시오.(6점)

[기사0304/기사0404/산기0502/ 산기0601/산기0704/기사1001/산기1401/산기1402/기사1501/기사1702/산기1802/기사2004/산기2301]

07 동바리로 사용하는 파이프 서포트 설치 시 준수사항 2가지를 쓰시오.(4점)

[산기0802/산기1402]

08 강관비계 조립 시 벽이음 또는 버팀을 설치하는 간격을 보여주고 있다. (   )을 채우시오.(4점)

[기사0402/산기0504/산기0604/기사0702/산기1102/산기1301/산기1402/산기1502/산기1804/기사1901/산기2102/산기2201/산기2304]

종류	조립간격(단위: m)	
	수직방향	수평방향
단관비계	(①)	(②)
틀비계(높이가 5m 미만의 것을 제외)	(③)	(④)

09 하역작업을 할 때 화물운반용 또는 고정용으로 사용할 수 없는 섬유로프의 사용제한 조건 2가지를 쓰시오. (4점)

[기사0904/산기1101/산기1104/기사1302/산기1402/산기1702/산기1801/기사1802/기사1804]

10 흙막이 지보공을 설치하였을 때 정기적으로 점검해야 할 사항 3가지를 쓰시오.(6점)

[산기0602/산기0701/산기1402/산기1702/산기2002/산기2201]

11 지반의 이상현상 중 하나인 보일링 방지대책 3가지를 쓰시오.(6점)

[기사0802/기사0901/기사1002/산기1402/기사1504/기사1601/산기1804/기사1901/산기2102]

12 다음은 사다리식 통로의 안전기준에 대한 사항이다. 빈칸을 채우시오.(4점)

[기사0302/기사0401/기사0601/산기0702/산기0801/산기1402/산기1601/기사1602/산기1604/산기1902/산기1904/산기2204/산기2304]

> 가) 사다리의 상단은 걸쳐놓은 지점으로부터 (①)cm 이상 올라가도록 할 것
> 나) 사다리식 통로의 길이가 10m 이상인 경우에는 (②)m 이내마다 계단참을 설치할 것

13 다음 시스템의 신뢰도를 구하시오.(4점)

[산기1402]

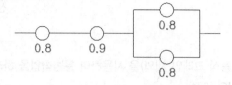

01 작업장에서 크레인(이동식 크레인 제외)을 사용하여 운반작업을 하려고 한다. 작업개시 전에 점검하여야 할 사항을 3가지 쓰시오.(6점)

[기사0304/기사0404/산기0502/
산기0601/산기0704/기사1001/산기1401/산기1402/기사1501/기사1702/산기1802/기사2004/산기2301]

02 안전관리조직을 효율적으로 운영하기 위한 조직 형태 3가지와 대형건설사에 적합한 안전조직의 장점을 1가지 쓰시오.(4점)

[산기1401]

03 근로자 500명이 근무하는 사업장에서 3건의 재해가 발생하여 1명이 사망, 1명이 110일, 1명이 30일의 휴업일수가 각각 발생하였다. ① 연천인율과 ② 강도율을 구하시오.(단, 종업원의 근무시간은 1일 10시간, 연간 300일이다)(5점)

[산기0701/산기1102/산기1401]

04 굴착공사 전 굴착시기와 작업순서를 정하기 위해 사전에 수행하는 토질조사 사항을 3가지 쓰시오.(6점)

[기사0302/기사0404/산기0502/기사0504/산기0602/산기0801/기사0804/기사1001/기사1004/산기1101/산기1104/산기1401/기사1802]

05 인력굴착 작업 시 일일준비 작업을 할 때 준수할 사항 3가지를 쓰시오.(6점)

[산기0801/산기1002/산기1401/산기1704]

06 산업안전보건법상 양중기 종류 4가지를 쓰시오.(세부사항까지 쓰시오)(4점)

[기사0502/산기0701/기사1201/산기1401/산기1502/산기1701/기사1902/산기1904/산기2202]

07 하인리히가 제시한 재해예방의 4원칙을 쓰시오.(4점)

[산기0902/산기1101/산기1202/산기1401/기사1501/기사1801/산기2001]

08 강관틀 비계의 조립 시 준수해야 할 사항이다. 다음 빈칸을 채우시오.(4점)

[산기0502/산기0601/산기0604/산기1202/산기1401/산기1602]

> 가) 높이가 20m를 초과하거나 중량물의 적재를 수반하는 작업을 할 경우 주틀 간의 간격을 (①)m 이하로 할 것
> 나) 수직방향으로 (②)m, 수평방향으로 (③)m 이내마다 벽이음을 할 것
> 다) 길이가 띠장 방향으로 4m 이하이고 높이가 10m를 초과하는 경우에는 (④)m 이내마다 띠장 방향으로 버팀기둥을 설치할 것

09 사업주가 작업으로 인하여 물체가 떨어지거나 날아올 위험을 방지하기 위해 취하는 안전조치 4가지를 쓰시오.(4점)

[산기1401/기사1601/산기1602/산기1604/산기1802/기사1901/산기2001/산기2002]

10 거푸집 동바리의 조립 작업 시 동바리의 침하를 방지하기 위한 조치사항 3가지를 쓰시오.(3점)

[산기0802/산기1402/산기2102]

11 차량계 건설기계를 사용하여 작업을 할 때는 작업계획을 작성하고, 그 작업계획에 따라 작업을 실시하도록 하여야 한다. 이 작업계획에 포함되어야 할 사항 3가지를 쓰시오.(6점) [기사0301/산기0504/ 산기0604/기사0704/산기1002/산기1102/산기1304/산기1401/산기1502/기사1604/기사1702/기사1902/기사1904/산기2001/산기2102/산기2302]

12 사업주는 중대재해가 발생한 사실을 알게 된 경우에는 지체 없이 관할 지방고용노동관서의 장에게 전화·팩스, 또는 그 밖에 적절한 방법으로 보고하여야 한다. 중대재해 발생 시 ① 보고기간, ② 보고사항을 2가지(단, 그밖의 중요한 사항은 제외) 쓰시오.(4점) [기사0401/기사0602/기사0701/산기1401/기사1902]

13 터널굴착 작업에 있어 근로자 위험방지를 위해 사전 조사 후 작업계획서에 포함하여야 하는 사항 4가지를 쓰시오.(4점) [산기1004/산기1401/산기1901/산기2202]

MEMO

MEMO

MEMO

2024 | 한국산업인력공단 | 국가기술자격

고시넷
고패스

건설안전산업기사 실기
필답형 + 작업형
기출복원문제 + 유형분석

작업형 유형별
기출복원문제
133題

gosinet
(주)고시넷

001 동영상은 목재가공용 둥근톱을 이용하여 작업을 하던 중 발생된 재해사례를 보여주고 있다. 동영상을 참고하여 다음 각 물음에 답하시오.(6점)　　　[산기1602A/기사1802A/산기1804A/기사1904C/산기2204A]

작업자가 목장갑을 착용하고 목재를 가공하고 있다. 둥근톱장치에는 반발예방장치가 설치되어 있지 않다.

가) 동영상에 보여진 재해의 발생원인을 2가지만 쓰시오.
나) 동영상에서와 같이 전동기계·기구를 사용하여 작업을 할 때 누전차단기를 반드시 설치해야 하는 작업장소를 1가지 쓰시오.

가) 재해의 발생원인
　① 회전기계 작업 중 장갑을 착용하고 작업하고 있다.
　② 분할날 등 반발예방장치가 설치되지 않은 둥근톱장치를 사용해서 작업 중이다.
나) 누전차단기를 설치해야 하는 작업장소
　① 대지전압이 150V를 초과하는 이동형 또는 휴대형 전기기계·기구를 사용할 때
　② 물 등 도전성이 높은 액체가 있는 습윤장소에서 사용하는 저압용 전기기계·기구
　③ 철판·철골 위 등 도전성이 높은 장소에서 사용하는 이동형 또는 휴대형 전기기계·기구
　④ 임시배선의 전로가 설치되는 장소에서 사용하는 이동형 또는 휴대형 전기기계·기구

▲ 나)의 답안 중 1가지 선택 기재

002 동영상은 목재가공용 둥근톱을 이용하여 작업을 하던 중 발생된 재해사례를 보여주고 있다. 동영상의 장치를 사용할 때 설치해야 할 방호장치 2가지를 쓰시오.(4점) [산기1801B/기사2002B/기사2002D/산기2101A/산기2202A]

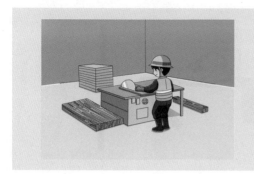

작업자가 목장갑을 착용하고 목재를 가공하고 있다. 둥근톱장치에는 반발예방장치가 설치되어 있지 않다.

① 분할날 등 반발예방장치
② 톱날접촉예방장치

003 동영상은 난간을 설치하는 모습을 보여주고 있다. 높이 2미터 이상의 추락할 위험이 있는 장소에서 작업하는 근로자에게 착용시켜야 하는 보호구를 쓰시오.(4점) [산기2101A/산기2102A/기사2102C]

영상은 보강토 옹벽에서 난간을 설치하는 모습을 보여주고 있다. 작업장소는 높이 2미터 이상의 추락 위험이 상존하는 지역이다.

• 안전대

✔ 보호구	
안전모	물체가 떨어지거나 날아올 위험 또는 근로자가 추락할 위험이 있는 작업
안전대(安全帶)	높이 또는 깊이 2미터 이상의 추락할 위험이 있는 장소에서 하는 작업
안전화	물체의 낙하·충격, 물체에의 끼임, 감전 또는 정전기의 대전(帶電) 위험이 있는 작업
보안경	물체가 흩날릴 위험이 있는 작업
보안면	용접 시 불꽃이나 물체가 흩날릴 위험이 있는 작업
절연용 보호구	감전의 위험이 있는 작업
방열복	고열에 의한 화상 등의 위험이 있는 작업
방진마스크	선창 등 분진(粉塵)이 심하게 발생하는 하역작업
방한모·방한복 등	섭씨 영하 18도 이하인 급냉동어창에서 하는 하역작업
승차용 안전모	물건을 운반하거나 수거·배달하기 위하여 이륜자동차를 운행하는 작업

004 동영상은 안전대 3가지 사진을 보여준다. 다음 각 물음에 답을 쓰시오.(4점)

[산기1404A/산기1601A/산기1702A/산기1902A]

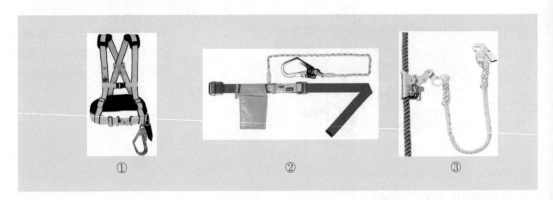

①   ②   ③

가) ①번이 ②번에 비해 가지는 장점을 한 가지 쓰시오.
나) ③번 사진에 자동 잠금장치가 있는 것을 보여준다. 안전대 명칭을 쓰시오.

가) 추락할 때 받는 충격하중을 신체 곳곳에 분산시켜 인체가 받는 충격을 최소화하는 장점이 있다.
나) 추락방지대

✔ **안전대의 종류와 특징**

벨트식 안전대		안전그네식 안전대	
	• U자 걸이 전용 • 착용이 편리하다.		• 벨트식에 비해 추락할 때 받는 충격하중을 신체 곳곳에 분산시켜 충격을 최소화한다. • 추락방지대와 안전블록을 함께 연결하여 사용한다.

005 동영상은 터널현장에서의 공정 중 한 가지를 찍은 것이다. 동영상을 참고하여 다음 각 물음에 답하시오.(4점)

[기사1401C/기사1402C/기사1601A/기사1604B/기사1701C/신기1802B/기사1804B/기사2001A]

어두운 터널 안으로 차량이 들어가고 터널 현장의 울퉁불퉁한 모습이 보인다. 근로자가 차량의 기능을 점검한 후 터널 외벽에 압축공기를 이용해서 콘크리트를 분무타설을 한다.

가) 동영상에서 작업하고 있는 공정의 명칭을 쓰시오.
나) 터널굴착작업 시의 작업계획서 내 포함사항을 3가지 쓰시오.

가) 숏크리트 타설 공정
나) ① 굴착의 방법
　② 터널지보공 및 복공의 시공방법과 용수의 처리방법
　③ 환기 또는 조명시설을 처리할 때에 그 방법

✔ **숏크리트 타설 공법**
　㉠ 개요
　　• 압축공기를 이용하여 콘크리트를 암반면에 뿜어 붙이는 공법을 말한다.
　㉡ 작업계획서 포함사항
　　• 압송거리　　　　　　　　• 분진방지대책
　　• 리바운드방지대책　　　　• 작업의 안전수칙
　　• 사용목적 및 투입장비　　• 건식, 습식공법의 선택
　　• 노즐의 분사출력기준　　　• 재료의 혼입기준

✔ **터널굴착작업**
　㉠ 사전조사 내용
　　• 보링(Boring) 등 적절한 방법으로 낙반·출수 및 가스폭발 등으로 인한 근로자의 위험을 방지하기 위하여 미리 지형·지질 및 지층상태를 조사
　㉡ 작업계획서 내용
　　• 굴착의 방법
　　• 터널지보공 및 복공의 시공방법과 용수의 처리방법
　　• 환기 또는 조명시설을 설치할 때는 그 방법

006 동영상은 터널공사현장과 자동경보장치를 보여주고 있다. 터널공사 시 자동경보장치의 당일 작업 시작 전 점검 및 보수사항 2가지를 쓰시오.(6점) [기사1704C/산기1801B/기사1901C/산기1904B/기사2002D/기사2004D/산기2104A]

터널공사 현장을 보여주고 있다. 터널 진입로 입구에 설치된 사각형 박스(자동경보장치)를 집중적으로 보여준 후 터널 내부를 보여준다.

① 계기의 이상유무   ② 검지기의 이상유무
③ 경보장치의 이상유무

▲ 해당 답안 중 2가지 선택 기재

007 동영상은 타워크레인 작업 중 발생한 재해상황을 보여주고 있다. 동영상을 보고 재해의 발생원인으로 추정되는 사항을 3가지 쓰시오.(6점)   [산기1604B/산기1701A/산기1802B]

타워크레인이 화물을 1줄걸이로 인양해서 올리고 있고, 하부에 근로자가 안전모 턱끈을 매지 않은 채 양중작업을 보지 못하고 지나가고 있는 중에 화물이 탈락하면서 낙하하여 근로자와 충돌하였다.

① 화물 인양 시 1줄걸이로 인양함으로써 화물이 무게중심을 잃고 낙하했다.
② 작업 반경 내 출입금지구역에 근로자가 출입하였다.
③ 작업자가 안전모를 안전하게 착용하지 않았다.
④ 신호수를 배치하지 않았다.

▲ 해당 답안 중 3가지 선택 기재

008 동영상은 아파트 단지 내에서 하수관로 매설작업을 수행하고 있는 전경을 보여주고 있다. 동영상을 참고하여 재해형태와 방지조치 2가지를 쓰시오.(6점) [산기1502A/산기1601A/산기2002A/산기2004B]

백호가 흄관을 1줄걸이로 인양하여 매설하고 있으며, 흄관 바로 밑에 작업 근로자가 2명이 있고 인양 중 흄관이 작업자에게 떨어져 다리가 끼인다.

가) 재해형태 : 협착(끼임)

나) 방지조치

① 긴 자재 인양 시 2줄걸이 한다.

② 인양작업 중 근로자의 출입을 금지한다.

③ 양중기를 이용해 인양작업을 수행한다.

④ 유도하는 사람을 배치한다.

▲ 나)의 답안 중 2가지 선택 기재

009 동영상은 아파트 단지 내에서 하수관로 매설작업을 수행하고 있는 전경을 보여주고 있다. 동영상을 참고하여 가) 재해형태, 나) 기인물, 다) 재해의 발생원인 1가지를 쓰시오.(6점) [산기1401B/산기1404B/산기1604A/산기1901A/산기2003A/산기2301A/산기2302A]

백호가 흄관을 1줄걸이로 인양하여 매설하고 있으며, 흄관 바로 밑에 작업 근로자가 2명이 있고 인양 중 흄관이 작업자에게 떨어져 다리가 끼인다.

가) 재해형태 : 협착(끼임)

나) 기인물 : 백호

다) 재해의 원인 : ① 긴 자재를 인양하는데 1줄걸이로 했다.

② 인양작업 중 근로자의 출입을 통제하지 않았다.

③ 백호를 이용해 인양작업을 수행했다.

④ 유도하는 사람을을 배치하지 않았다.

▲ 다)의 답안 중 1가지 선택 기재

010 동영상은 아파트 단지 내에서 하수관로 매설작업을 수행하고 있는 전경을 보여주고 있다. 동영상을 참고하여 크레인 인양 시의 준수사항 3가지를 쓰시오.(6점)

[산기1402A/산기1601A/산기1601B/산기1804A/산기1902A/산기2004A]

백호가 흄관을 1줄걸이로 인양하여 매설하고 있으며, 흄관 바로 밑에 작업근로자가 2명이 있고 인양 중 흄관이 작업자에게 떨어져 다리가 끼인다.

① 긴 자재 인양 시 2줄걸이 한다.
② 인양작업 중 근로자의 출입을 금지한다.
③ 양중기를 이용해 인양작업을 수행한다.
④ 유도하는 사람을 배치한다.

▲ 해당 답안 중 3가지 선택 기재

011 동영상은 아파트 신축현장의 낙하물방지망을 보여주고 있다. 낙하물방지망 혹은 방호선반 설치 시 준수해야 할 사항을 2가지 쓰시오.(4점)

[산기1801A/산기2201A]

아파트 신축현장에 설치된 낙하물방지망을 보여주고 있다.

① 높이 10미터 이내마다 설치하고, 내민 길이는 벽면으로부터 2미터 이상으로 할 것
② 수평면과의 각도는 20도 이상 30도 이하를 유지할 것

012 동영상은 작업자가 통로를 걷다 개구부로 추락하는 상황을 보여주고 있다. 추락의 위험이 존재하는 장소에서의 안전 조치사항 3가지를 쓰시오.(6점)

[기사1401C/산기1402A/산기1402B/산기1504B/기사1504C/기사1602B/산기1701B/산기1702A/기사1804B/산기2002B/기사2004C/산기2101A/기사2204A/산기2204A]

작업자가 통로를 걷다 개구부를 미처 확인하지 못하여 개구부로 추락하는 상황을 보여주고 있다.
해당 개구부에는 별도의 방호장치가 설치되지 않은 상태이다.

① 안전난간을 설치한다.
② 추락방호망을 설치한다.
③ 울타리를 설치한다.
④ 수직형 추락방망을 설치한다.
⑤ 덮개를 뒤집히거나 떨어지지 않도록 설치한다.
⑥ 어두울 때도 알아볼 수 있도록 개구부임을 표시한다.
⑦ 추락방호망 설치가 곤란한 경우 작업자에게 안전대를 착용하게 하는 등 추락방지 조치를 한다.

▲ 해당 답안 중 3가지 선택 기재

013 동영상은 공사현장을 지나다 낙하물에 다치는 재해영상이다. 낙하물로 인한 재해 방지대책을 2가지 쓰시오.(4점)

[산기1904B/산기2001A/기사2003A/산기2201A/산기2304A/산기2302A]

고소에서 작업 중에 작업발판이 없어 불안해하던 작업자가 딛고선 비계에 살짝 미끄러지면서 파이프를 떨어뜨리는 사고가 발생했다. 마침 작업장 아래에 다른 작업자가 주머니에 손을 넣고 지나가다가 떨어진 파이프에 맞아 쓰러지는 사고가 발생하는 것을 보여주고 있다. 이때 작업현장에는 낙하물방지망 등 방호설비가 설치되지 않은 상태이다.

① 낙하물방지망 설치
② 방호선반의 설치
③ 수직보호망의 설치
④ 출입금지구역의 설정

▲ 해당 답안 중 2가지 선택 기재

014 동영상은 낙하물방지망을 보수하는 장면이다. 동영상을 참고하여 다음 각 물음에 답하시오.(6점)

[기사1404C/산기1601B/기사1602B/산기1901B/산기2002A/산기2004A/산기2101A/산기2102B/산기2104A/산기2104B/산기2204B]

고소에 설치된 낙하물방지망의 한쪽 끝이 풀려 바람에 날리는 장면을 보여주고 있다. 이에 작업자가 낙하물방지망을 보수하기 위해 바람에 날리는 낙하물방지망의 매듭 부위에 접근하고 있는 장면을 보여주고 있다.

가) 재해발생형태를 쓰시오.
나) 동영상에서 추락방지를 위해 필요한 조치사항을 1가지 쓰시오.
다) 낙하물방지망의 설치는 (①)m 이내마다 설치하고, 내민 길이는 벽면으로부터 (②)m 이상으로 하고, 수평면과의 각도는 (③)도를 유지하도록 한다.

가) 추락
나) ① 작업발판을 설치한다.　　　　　② 추락방호망을 설치한다.
　　③ 안전대를 착용한다.
다) ① 10　　　　　② 2　　　　　③ 20~30

▲ 나)의 답안 중 1가지 선택 기재

015 영상에서 보여주는 추락방호망의 최초 사용 개시 후 정기시험과 시험기간 및 시험의 종류를 쓰시오.(6점)

[산기1604A]

건설현장에 설치된 추락방호망을 보여주고 있다. 망의 처짐이 다소 길어 보수가 필요한 것으로 판단된다.

① 최초 사용 개시 후 정기시험 : 사용개시 후 1년 이내
② 시험기간 : 6개월마다
③ 시험의 종류 : 등속인장시험

016 영상은 추락방호망을 보여주고 있다. 설치기준에 대한 설명에서 빈칸을 채우시오.(6점)

[산기1902B/산기2004B/산기2202B]

건설현장에 설치된 추락방호망을 보여주고 있다.

가) 추락방호망의 설치위치는 가능하면 작업면으로부터 가까운 지점에 설치하여야 하며, 작업면으로부터 망의 설치지점까지의 수직거리는 (①)m를 초과하지 아니할 것
나) 추락방호망은 수평으로 설치하고, 망의 처짐은 짧은 변 길이의 (②)% 이상이 되도록 할 것
다) 건축물 등의 바깥쪽으로 설치하는 경우 추락방호망의 내민 길이는 벽면으로부터 (③)m 이상 되도록 할 것

① 10 　　　　　　　　② 12 　　　　　　　　③ 3

017 동영상은 외부비계를 타고 올라가다 발생한 사고를 보여준다. 안전대책 2가지를 쓰시오.(4점)

[기사1501B/산기1701A/기사2004A]

작업자가 캔 음료를 먹고 있고, 리프트를 타고 다른 작업자가 올라가자, 바닥에 캔 음료를 버리고 외부비계를 타고 올라가다 떨어지는 재해가 발생했다. 이때 작업자 안전모의 턱끈이 풀려있는 상태였다.

① 작업발판을 설치한다.
② 추락방호망을 설치한다.
③ 비계 상에 사다리 및 비계다리 등 승강시설을 설치한다.
④ 울, 손잡이 또는 충분한 강도를 가진 발판 등을 설치한다.

▲ 해당 답안 중 2가지 선택 기재

018 동영상은 작업자가 외부비계를 타고 올라가다 떨어지는 사고상황을 보여주고 있다. 동영상을 보고 시설이나 행동상의 위험요인 3가지를 쓰시오.(6점) [기사1404B/기사1504C/기사1601B/기사1602C/산기1604B/산기1701A/
산기1701B/산기1702A/기사1702C/산기1704A/산기1804A/산기1804B/산기1901A/기사1901C/산기2004A/기사2004D]

작업자가 캔 음료를 먹고 있고, 리프트를 타고 다른 작업자가 올라가자, 바닥에 캔 음료를 버리고 외부비계를 타고 올라가다 떨어지는 재해가 발생했다. 이때 작업자 안전모의 턱끈이 풀려있는 상태였다.

① 비계 상에 사다리 및 비계다리 등 승강시설이 설치되어 있지 않았다.
② 추락방호망이 설치되어 있지 않았다.
③ 작업발판이 설치되어 있지 않았다.
④ 울, 손잡이 또는 충분한 강도를 가진 발판 등이 설치되지 않았다.

▲ 해당 답안 중 3가지 선택 기재

019 영상은 아파트 공사현장을 보여주고 있다. 추락 또는 낙하재해를 방지하기 위한 설비 중 영상에 나타난 안전설비를 각각 1가지씩 쓰시오.(4점) [산기1704A/산기1804A]

아파트 공사현장의 모습을 보여주고 있다.

가) 추락재해방지설비
　① 작업발판　　　　② 추락방호망　　　　③ 수직형 추락방망
　④ 울타리　　　　　⑤ 승강설비　　　　　⑥ 작업발판
나) 낙하재해방지설비
　① 낙하물방지망　　② 방호선반

▲ 가) 답안 중 1가지 선택 기재

020 동영상은 아파트 공사현장에서 발생한 재해사례를 보여준다. 동영상을 참고하여 추락재해에 대한 예방대책을 5가지 쓰시오.(단, 추락방호망, 방호선반, 안전난간은 제외)(5점)

[산기1402A/산기1404A/산기1504B/산기1601A/산기1601B]

아파트 건설현장에서 작업자 둘이 거푸집을 옮기는 중에 작업자 1인이 발을 헛디뎌 추락하다가 추락방호망에 걸리는 모습을 보여준다. 작업자들은 안전대를 착용하지 않았으며 작업발판이나 안전난간이 설치되지 않은 것을 보여준다.

① 수직형 추락방호망 설치   ② 울타리 설치
③ 근로자 안전대 착용   ④ 승강설비 설치
⑤ 작업발판 설치

021 동영상은 강교량 건설현장을 보여주고 있다. 영상을 참고하여 고소작업 시 추락재해를 방지하기 위한 안전조치 사항 2가지를 쓰시오. (단, 영상에서 제시된 추락방호망, 방호선반, 안전난간 등의 설치는 제외한다.)(4점)

[산기1804A/산기2101B/산기2102A]

강교량 건설현장에서 작업 중에 있던 근로자가 고소작업 중 추락하는 재해상황을 보여주고 있다.

① 작업발판 설치
② 근로자 안전대 착용

022 동영상은 작업발판 위에서 구두를 신고 도장작업을 하며 옆으로 이동하다 추락하는 재해를 보여주고 있다. 작업 중 불안전한 요소 3가지를 쓰시오.(4점)   [기사1504A/기사1702A/산기1704A/기사2001A]

동영상은 구두를 신고 도장작업을 하며 도장부위에 해당하는 위만 바라보면서 옆으로 이동하다 추락하는 재해상황을 보여주고 있다.

① 작업발판의 설치 불량
② 관리감독의 소홀
③ 작업방법 및 자세 불량
④ 안전대 미착용

▲ 해당 답안 중 3가지 선택 기재

023 동영상은 작업발판 위에서 도장작업 중 발생한 재해장면을 보여주고 있다. 시설측면에서 불안전한 상태에 대한 안전대책 3가지를 쓰시오.(6점)   [산기1802B]

동영상은 구두를 신고 도장작업을 하며 도장부위에 해당하는 위만 바라보면서 옆으로 이동하다 추락하는 재해상황을 보여주고 있다.

① 작업발판의 설치
② 안전난간의 설치
③ 추락방호망의 설치

024 동영상은 고층에 자재를 운반하고 돌아온 작업자의 상태를 보여주고 있다. 동영상을 보고 불안전한 상태 3가지를 쓰시오.(6점) [산기1904A]

동영상은 작업자가 대리석 판을 들고 가설계단을 통해 올라가 작업발판에 대리석 판을 내려놓고 내려온 후 갑자기 불안해하는 모습을 보여주고 있다.

① 안전난간을 설치하지 않아 불안전하다.
② 안전대를 착용하지 않아 불안전하다.
③ 작업발판을 설치하지 않아 불안전하다.

025 영상은 작업장에 설치된 분전반의 모습을 보여주고 있다. 분전반의 설치방법에 따른 종류를 2가지 쓰시오. (4점) [산기|2101B/산기|2102B/산기|2201B]

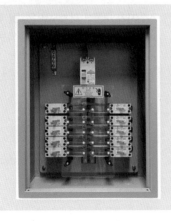

동영상은 작업장에 설치된 분전반의 모습을 보여주고 있다.

① 매입형   ② 노출벽부형
③ 반매입형   ④ 자립형

▲ 해당 답안 중 2가지 선택 기재

026 동영상은 철조망 안쪽에 변압기(=임시배전반) 설치장소의 충전부에 접촉하여 감전사고가 발생한 것을 보여
주고 있다. 간접접촉 예방대책 3가지를 쓰시오.(6점) [기사1401B/기사1404B/산기1501A/기사1502B/산기1504B/
기사1601A/기사1601C/산기1602A/산기1604B/산기1701A/기사1702C/기사1704B/기사1804A/기사2001B/산기2204B]

동영상은 건설현장의 한쪽에 마련된 임시
배전반이 설치된 장소를 보여주고 있다. 새
로운 장비의 설치를 위해서 일부 근로자가
임시배전반이 보관된 철조망 안으로 들어
가서 변압기를 옮기다가 노출된 충전부에
접촉하여 감전재해가 발생하는 모습을 보
여주고 있다.

① 충전부가 노출되지 않도록 폐쇄형 외함이 있는 구조로 할 것
② 충전부에 충분한 절연효과가 있는 방호망이나 절연덮개를 설치할 것
③ 충전부는 내구성이 있는 절연물로 완전히 덮어 감쌀 것
④ 발전소·변전소 및 개폐소 등 구획된 장소로서 관계 근로자가 아닌 사람의 출입이 금지되는 장소에 충전부를
설치하고, 위험표시 등의 방법으로 방호를 강화할 것
⑤ 전주 위 및 철탑 위 등 격리된 장소로서 관계 근로자가 아닌 사람이 접근할 우려가 없는 장소에 충전부를 설치할 것

▲ 해당 답안 중 3가지 선택 기재

027 동영상은 작업자가 계단이 없는 이동식 비계에 올라가다가 전기에 감전되는 재해장면을 보여주고 있다.
충전전로에 의한 감전 예방대책을 3가지 쓰시오.(6점) [산기1901B/기사2002B]

작업자가 이동식 비계에서 용접을 하려고
비계를 올라가다가 전기에 감전되는 사고
가 발생한 장면을 보여주고 있다.

① 충전전로를 취급하는 근로자에게 그 작업에 적합한 절연용 보호구를 착용시킬 것
② 충전전로에 근접한 장소에서 전기작업을 하는 경우에는 해당 전압에 적합한 절연용 방호구를 설치할 것.
③ 고압 및 특별고압의 전로에서 전기작업을 하는 근로자에게 활선작업용 기구 및 장치를 사용하도록 할 것
④ 충전전로를 방호, 차폐하거나 절연 등의 조치를 하는 경우는 근로자의 신체가 전로와 직접 접촉하거나 도전재
료, 공구 또는 기기를 통하여 간접 접촉되지 않도록 할 것

▲ 해당 답안 중 3가지 선택 기재

028 동영상은 대형집수정 위의 수중펌프에 대한 점검 및 보수 동영상이다. 안전대책 2가지를 쓰시오.(4점)

[산기2004B]

대형 집수정을 보여주고 있다. 집수정의 가운데에 수중펌프가 보인다. 오른쪽으로는 나무 널판이 걸쳐져 있다. 수중펌프와 연결된 전기외함에 작업자가 작업을 시작하기 전 작업공간을 살펴보고 있다.

① 감전 방지용 누전차단기를 설치한다.
② 모터와 전선의 이음새 부분을 작업 시작 전 확인 또는 작업 시작 전 펌프의 작동 여부를 확인한다.
③ 수중 및 습윤한 장소에서 사용하는 전선은 수분의 침투가 불가능한 것을 사용한다.

▲ 해당 답안 중 2가지 선택 기재

029 동영상에서는 DMF작업장에서 유해물질 작업을 하고 있는 모습을 보여주고 있다. DMF 등 유해물질 취급 시 취급 근로자가 쉽게 볼 수 있는 장소에 게시 또는 비치해야할 사항을 3가지 쓰시오.(6점) [산기1801B]

DMF작업장에서 한 작업자가 방독마스크, 안전장갑, 보호복 등을 착용하지 않은 채 유해물질 DMF 작업을 하고 있는 것을 보여주고 있다.

① 관리대상 유해물질의 명칭
② 인체에 미치는 영향
③ 취급상 주의사항
④ 착용하여야 할 보호구
⑤ 응급조치와 긴급 방재 요령

▲ 해당 답안 중 3가지 선택 기재

030 교류아크용접기를 사용할 경우 자동전격방지기를 설치해야 하는 장소 3개소를 쓰시오.(6점) [산기2002B]

동영상은 상수도관 매설현장이다. 한쪽에서는 근로자들이 배관을 용접하고 있고, 한쪽에서는 펌프를 이용해서 물을 빼는 작업을 진행중에 있다. 용접기에 별도의 방호장치가 부착되어 있지 않으며, 작업자는 별도의 보호구를 착용하지 않은 상태에서 작업중이다.

① 선박의 이중 선체 내부, 밸러스트 탱크(ballast tank, 평형수 탱크), 보일러 내부 등 도전체에 둘러싸인 장소
② 추락할 위험이 있는 높이 2미터 이상의 장소로 철골 등 도전성이 높은 물체에 근로자가 접촉할 우려가 있는 장소
③ 근로자가 물·땀 등으로 인하여 도전성이 높은 습윤 상태에서 작업하는 장소

031 동영상은 상수도관 매설작업 현장을 보여주고 있다. 용접작업 중인 근로자들이 착용하고 있는 보호구의 종류 3가지와 교류아크용접장치의 방호장치를 쓰시오.(6점) [기사1604C/기사1801A/산기1804B/기사1902C/기사2002B]

동영상은 상수도관 매설현장이다. 한쪽에서는 근로자들이 배관을 용접하고 있고, 한쪽에서는 펌프를 이용해서 물을 빼는 작업을 진행중에 있다. 용접기에 별도의 방호장치가 부착되어 있지 않으며, 작업자는 별도의 보호구를 착용하지 않은 상태에서 작업중이다.

가) 용접용 보호구
   ① 용접용 보안면   ② 용접용 장갑
   ② 용접용 앞치마   ④ 용접용 안전화
나) 교류아크용접장치의 방호장치 : 자동전격방지장치

▲ 가)의 답안 중 3가지 선택 기재

032 동영상은 용접작업 등에 사용하는 가스의 용기들을 보여주고 있다. 가스용기를 운반하는 경우 준수사항을 4가지 쓰시오.(4점)

[기사1402B/기사1601B/기사1702A/산기1902A/산기2201A/산기2204B]

용접작업에 사용하는 가스용기들을 일렬로 세워둔 모습을 보여주고 있다.

① 밸브의 개폐는 서서히 할 것　　　② 용해아세틸렌의 용기는 세워 둘 것
③ 전도의 위험이 없도록 할 것　　　④ 충격을 가하지 않도록 할 것
⑤ 운반하는 경우에는 캡을 씌울 것　　⑥ 용기의 온도를 섭씨 40도 이하로 유지할 것
⑦ 용기의 부식·마모 또는 변형상태를 점검한 후 사용할 것
⑧ 사용하는 경우에는 용기의 마개에 부착되어 있는 유류 및 먼지를 제거할 것
⑨ 사용 전 또는 사용 중인 용기와 그 밖의 용기를 명확히 구별하여 보관할 것
⑩ 통풍이나 환기가 불충분한 장소, 화기를 사용하는 장소 및 그 부근, 위험물 또는 인화성 액체를 취급하는 장소 및 그 부근에서 사용하거나 설치·저장 또는 방치하지 않도록 할 것

▲ 해당 답안 중 4가지 선택 기재

033 동영상은 아세틸렌 용접장치의 구성을 보여주고 있다. 산업안전보건기준에 관한 규칙에서 가스용기가 발생기와 분리되어있는 아세틸렌 용접장치에 대하여 발생기와 가스용기 사이에 설치해야 하는 설비는?(4점)

[산기2102B/산기2104B]

아세틸렌 용접장치의 가스용기와 발생기 사이에 설치된 안전기의 모습을 보여주고 있다.

• 안전기

034 동영상은 작업자 3명이 흡연 후 개구부를 열고 들어가 밀폐공간에서 질식사고가 발생하는 장면을 보여주고
있다. 산소결핍기준과 산소결핍 방지대책 2가지를 쓰시오.(6점)

[기사1401A/기사1402C/기사1504A/기사1601C/산기1602A/기사1701A/기사2004C]

작업자 3명이 흡연한 후, 그 중 2명이 맨홀
뚜껑을 열고 들어간 지하실 밀폐공간에서
방수작업 도중 작업자가 쓰러지고 시계를
자주 보여주고 있다.

가) 산소결핍기준 : 공기 중 산소농도가 18% 미만인 경우
나) 안전대책
　① 작업 시작 전 산소농도 및 유해가스 농도를 측정하고, 작업 중에도 계속 환기시킨다.
　② 환기를 실시할 수 없거나 산소결핍 위험장소에 들어갈 때는 호흡용 보호구를 반드시 착용하도록 한다.
　③ 감시인을 배치한다.

　▲ 나)의 답안 중 2가지 선택 기재

035 동영상은 지하실 밀폐공간에서 방수작업 도중 작업자가 쓰러지는 장면을 보여준다. 산소결핍기준과 재해방
지를 전용 보호구 2가지를 쓰시오.(4점)

[산기1802A]

영상은 지하실 밀폐공간에서 방수작업을
하던 작업자가 쓰러지는 모습을 보여준다.

가) 산소결핍기준 : 공기 중 산소농도가 18% 미만인 경우
나) 전용 보호구 :
　① 공기호흡기　　　　　　　　　② 송기마스크

036 동영상은 작업자 1명이 맨홀 뚜껑을 열고 들어간 밀폐공간에서 질식사고가 발생한 것을 보여주고 있다. 작업에 필요한 적정 산소농도와 호흡용 보호구 1종류를 쓰시오.(5점)

[산기1904B/산기2201B]

작업자 3명이 흡연한 후, 그 중 2명이 맨홀 뚜껑을 열고 들어간 지하실 밀폐공간에서 방수작업 도중 작업자가 쓰러지고 시계를 자주 보여주고 있다.

가) 적정 산소농도 : 공기 중 산소농도가 18% 이상 23.5% 미만
나) 호흡용 보호구
　① 공기호흡기　　　　　　　　② 송기마스크

▲ 나)의 답안 중 1가지 선택 기재

037 산업안전보건법령상 가연성 물질이 있는 장소에서의 화재위험작업 시 준수사항 3가지를 쓰시오.(6점)

[산기2102A/산기2104B/산기2304A]

영상은 작업장 한쪽의 유류저장소 등 가연성물질 취급현황을 점검하는 모습을 보여주고 있다.

① 작업 준비 및 작업 절차 수립
② 작업장 내 위험물의 사용·보관 현황 파악
③ 작업근로자에 대한 화재예방 및 피난교육 등 비상조치
④ 화기작업에 따른 인근 가연성물질에 대한 방호조치 및 소화기구 비치
⑤ 용접불티 비산방지덮개, 용접방화포 등 불꽃, 불티 등 비산방지조치
⑥ 인화성 액체의 증기 및 인화성 가스가 남아 있지 않도록 환기 등의 조치

▲ 해당 답안 중 3가지 선택 기재

038 동영상은 노면을 깎는 작업을 보여주고 있다. 해당 건설기계의 용도 3가지를 쓰시오.(3점)

[기사1501B/기사1601B/기사1602C/기사1802A/기사1901C/기사2002D/산기2101A/기사2102A]

차량계 건설기계(불도저)를 이용해서 노면을 깎는 작업을 보여주고 있다.

① 지반의 정지작업　　　　　② 굴착작업

③ 적재작업　　　　　　　　④ 운반작업

▲ 해당 답안 중 3가지 선택 기재

039 동영상은 준설작업을 하고 있는 모습을 보여주고 있다. 기계의 명칭과 용도 2가지를 쓰시오.(6점)

[산기1404A/산기1502A/산기1602A/기사1702B/산기1704A]

크레인형 굴착기계를 이용해서 준설작업을 하는 모습을 보여준다.

가) 명칭 : 크램쉘

나) 용도 :　① 호퍼작업　　　② 수중굴착　　　③ 깊은 범위의 굴착

　　　　　④ 모래의 굴착　　　⑤ 준설

▲ 나)의 답안 중 2가지 선택 기재

040 동영상은 차량계 건설기계의 작업상황을 보여주고 있다. 영상에 나오는 건설기계의 명칭 및 용도 3가지를 쓰시오.(5점) [산기1402A/기사1404C/기사1601B/산기1601B/산기1701A/기사1801A/산기1804B/기사1902B/기사2003E]

차량계 건설기계를 이용해서 노면을 깎는 작업을 보여주고 있다.

가) 명칭 : 스크레이퍼

나) 용도

① 토사의 굴착   ② 지반 고르기   ③ 하역작업

④ 성토작업   ⑤ 운반작업

▲ 나)의 답안 중 3가지 선택 기재

041 동영상은 잔골재를 밀고 있는 건설기계의 작업현장을 보여주고 있다. 동영상에 나오는 건설기계의 명칭과 용도를 3가지 쓰시오.(5점) [기사1501C/산기1504B/기사1602B/산기1701B/기사1801B/산기1802A/산기2004B/기사2004C/산기2101A]

차량계 건설기계를 이용해서 땅을 고르는 모습을 보여준다.

가) 건설기계의 명칭 : 모터그레이더

나) 용도 :   ① 정지작업   ② 땅고르기

         ③ 측구굴착

042 동영상은 노면 정리작업 현장을 보여주고 있다. 영상에서 보여주는 건설기계의 용도를 2가지 쓰시오.(4점)

[산기1404A/산기1601B/산기1901B]

차량계 건설기계(로더)를 이용해서 노면을 정리하는 모습을 보여준다.

① 지반고르기   ② 적재작업
③ 운반작업   ④ 하역작업

▲ 해당 답안 중 2가지 선택 기재

043 동영상은 노면 정리작업 현장을 보여주고 있다. 건설기계의 명칭과 해당 기계를 사용하여 작업할 때 작업계획서 작성에 포함되어야 할 사항 2가지를 쓰시오.(4점) [기사1401B/기사1502A/산기1801A/기사1804C/기사2001B]

차량계 건설기계를 이용하여 작업장 진입로의 노면을 정리하고 있는 모습을 보여주고 있다.

가) 건설기계의 명칭 : 로더
나) 작업계획서 포함사항
  ① 사용하는 차량계 건설기계의 종류 및 성능
  ② 차량계 건설기계의 운행경로
  ③ 차량계 건설기계에 의한 작업방법

▲ 나)의 답안 중 2가지 선택 기재

044 동영상은 머케덤 롤러를 보여주고 있다. 다짐작업 후에 쓰이는 장비로 앞·뒤에 바퀴가 하나씩 있고, 바퀴는 쇠로 되어 있는 건설기계의 명칭과 기능을 1가지 쓰시오.(4점) [산기1904A/기사2002B/산기2204A]

롤러를 이용해서 아스팔트를 다지고 있는 모습을 보여주고 있다.

가) 명칭 : 탠덤롤러
나) 기능 : ① 점성토나 자갈, 쇄석의 다짐   ② 아스팔트 포장의 마무리

 ▲ 나)의 답안 중 1가지 선택 기재

045 동영상은 도로의 다짐작업을 하는 모습을 보여주고 있다. 영상에 보이는 가) 장비명과 나) 주요작업 2가지를 쓰시오.(4점) [산기1802B]

차량계 건설기계를 이용하여 작업장 진입로의 노면을 다지는 모습을 보여주고 있다.

가) 장비명 : 타이어 롤러
나) 주요 작업
   ① 다짐작업   ② 성토부 전압
   ③ 아스콘 전압

 ▲ 나)의 답안 중 2가지 선택 기재

046 동영상은 차량계 건설기계를 보여주고 있다. 해당 차량이 수송하는 내용물의 내용에 대한 다음 물음에 답을 쓰시오.(4점) [산기1504A/산기1701A]

콘크리트 공장에서부터 작업현장까지 콘크리트를 실어나르는 트럭의 모습을 보여주고 있다. 차량 뒷부분의 드럼은 운행중에도 계속 회전하고 있다.

시멘트 + 물 + (,   )

● 자갈, 모래

047 동영상은 차량계 건설기계의 작업 모습을 보여주고 있다. 기계의 명칭과 용도를 쓰시오.(4점) [기사1402B/산기1501A/기사1504B/산기1602B/기사1701B/기사1704A]

아스팔트 포장작업 현장을 보여주고 있다. 차량계 건설기계가 아스팔트 포장작업의 대부분을 혼자서 해내는 모습을 보여준다.

① 명칭 : 아스팔트 피니셔
② 용도 : 아스팔트 플랜트에서 제조된 혼합재(混合材)를 덤프트럭으로부터 받아, 자동으로 주행하면서 정해진 너비와 두께로 깔고 다져 마무리 하는 도로포장용 건설기계이다.

048 동영상은 백호를 이용한 도로작업으로 언덕 위에서 굴착한 흙을 트럭에 퍼담고 있다. 가) 풍화암 구배기준, 나) 근로자가 접근 시 위험방지대책 2가지를 쓰시오.(6점)　　　　　[산기1401A/산기1602B/산기1901B]

차량계 건설기계를 이용해서 사면을 굴착하는 모습을 보여주고 있다.

가) 풍화암 구배 : 1 : 1.0
나) 근로자 접근 시 위험방지대책
　　① 작업반경 내 근로자 출입금지
　　② 신호수 배치

049 동영상은 차량계 건설기계를 이용한 사면굴착공사를 보여주고 있다. 동영상과 같은 사면에서의 건설기계의 전도·전락을 방지하기 위해 필요한 조치사항 3가지를 쓰시오.(6점)

[기사1401B/기사1401C/기사1402C/기사1601A/산기1602A/기사1604C/기사1701B/기사1801B/산기1804A/기사1902A]

차량계 건설기계를 이용해서 사면을 굴착하는 모습을 보여주고 있다.

① 유도하는 사람을 배치
② 지반의 부동침하 방지
③ 갓길의 붕괴 방지
④ 도로 폭의 유지

▲ 해당 답안 중 3가지 선택 기재

050 지게차로 긴 자재를 운송하는 모습을 보여주고 있다. 동영상을 보고 작업자의 운전위치 이탈 시 위험요인 2가지를 쓰시오.(5점) [산기|2003B]

지게차가 긴 자재를 들어올려 이동하려다 운전자가 급한 볼일로 이탈한 후 복귀하여 지게차를 조종하는 모습을 보여주고 있다. 자재가 안전장치 없이 실려있어서 많이 흔들리는 모습을 보여준다.

① 포크, 버킷, 디퍼 등의 장치를 가장 낮은 위치 또는 지면에 내려 두지 않았다.
② 원동기를 정지시키고 브레이크를 거는 등 갑작스러운 주행이나 이탈을 방지하기 위한 조치를 하지 않았다.
③ 운전석을 이탈하는 경우는 시동키를 운전대에서 분리시키지 않았다.

▲ 해당 답안 중 2가지 선택 기재

051 동영상은 차량계 하역운반기계를 이송하기 위해 싣는 작업을 보여주고 있다. 건설기계를 싣고 내리는 작업 시 전도 또는 전락에 의한 위험을 방지하기 위한 조치사항 2가지를 쓰시오.(4점) [기사1602B/산기1804B]

지게차를 이송하기 위해 트레일러에 싣는 모습을 보여준다. 그 후 트레일러가 지게차를 싣고 이동한다.

① 싣거나 내리는 작업은 평탄하고 견고한 장소에서 할 것
② 가설대 등을 사용하는 경우에는 충분한 폭 및 강도와 적당한 경사를 확보할 것
③ 발판을 사용하는 경우에는 충분한 길이·폭 및 강도를 가진 것을 사용하고 적당한 경사를 유지하기 위하여 견고하게 설치할 것
④ 지정운전자의 성명·연락처 등을 보기 쉬운 곳에 표시하고 지정운전자 외에는 운전하지 않도록 할 것

▲ 해당 답안 중 2가지 선택 기재

052 동영상은 콘크리트 믹서 트럭의 바퀴를 물로 씻는 장면을 보여주고 있다. 이 장비의 이름과 용도를 쓰시오.
(4점)

[산기1904A/산기2003A/기사2001A/산기2204B/산기2301A]

공사현장에 출입하는 콘크리트 믹서 트럭이 공사현장을 떠나는 출구쪽에서 별도의 장비를 통과하는 모습을 보여준다. 해당 장비에서는 물이 분무되고 콘크리트 믹서 트럭의 바퀴에 묻은 흙 등을 씻어내는 모습을 보여준다.

① 이름 : 세륜기
② 용도 : 건설기계의 바퀴에 묻은 분진이나 토사를 제거한다.

053 동영상은 건설현장에서 차량계 하역운반기계를 사용하여 작업하는 장면을 보여주고 있다. 차량계 하역운반기계에 화물을 적재할 때 준수할 사항을 3가지 쓰시오.(6점)

[산기1504A/산기1602A/산기1702A/기사1804C/산기2001A/기사2003C/산기2102B/산기2104B/산기2204B]

지게차로 화물을 들어서 트럭에 적재하는 현장의 모습을 보여주고 있다.

① 하중이 한쪽으로 치우치지 않도록 적재할 것
② 운전자의 시야를 가리지 않도록 화물을 적재할 것
③ 화물을 적재하는 경우에는 최대적재량을 초과해서는 아니 된다.
④ 구내운반차 또는 화물자동차의 경우 화물의 붕괴 또는 낙하에 의한 위험을 방지하기 위하여 화물에 로프를 거는 등 필요한 조치한다.

▲ 해당 답안 중 3가지 선택 기재

054 동영상은 철근을 인력으로 운반하는 모습이다. 이와 같은 운반작업을 할 때 주의하여야 할 사항에 대한 설명이다. ( ) 안을 채우시오.(4점) [산기2003A/산기2202B]

철근을 운반하기 위해 양중장치에 의해 이동되어 온 철근의 묶음을 작업자가 들 수 있는 양만큼 분배하는 중이다.

① 1인당 무게는 ( )kg 정도가 적절하며, 무리한 운반을 삼가야 한다.
② 2인 이상이 1조가 되어 ( )로 하여 운반하는 등 안전을 도모하여야 한다.

① 25   ② 어깨메기

055 동영상은 철근을 인력으로 운반하는 모습이다. 이와 같은 운반작업을 할 때 주의하여야 할 사항을 3가지 쓰시오.(6점) [산기1401B/기사1504B/산기1604A/기사1702B/기사2001C/산기2002A/산기2201A]

철근을 운반하는 중 철근 위에서 잠시 쉬고 있는 근로자들의 모습을 보여주고 있다.

① 1인당 무게는 25kg 정도가 적절하며, 무리한 운반을 삼가야 한다.
② 2인 이상이 1조가 되어 어깨메기로 하여 운반하는 등 안전을 도모하여야 한다.
③ 긴 철근을 부득이 한 사람이 운반할 때에는 한쪽 어깨에 메고 한쪽 끝(뒤)을 끌면서 운반하여야 한다.
④ 운반할 때는 양 끝을 묶어 운반하여야 한다.
⑤ 내려놓을 때는 천천히 내려놓고 던지지 않아야 한다.
⑥ 공동작업을 할 때는 신호에 따라 작업을 하여야 한다.

▲ 해당 답안 중 3가지 선택 기재

056 동영상은 크레인을 이용하여 목재를 인양하는 작업을 보여주고 있다. 줄걸이 작업 시 준수사항 3가지를 쓰시오.(6점)

[산기1904B/산기2202A/산기2304A]

크레인을 이용하여 목재를 작업현장으로 이동시키는 작업을 수행중이다. 목재를 철사로 묶어 크레인의 훅에 철사를 걸어서 인양하려고 하고 있다.

① 와이어로프 등은 크레인의 후크 중심에 걸어야 한다.
② 인양 물체의 안정을 위하여 2줄 걸이 이상을 사용하여야 한다.
③ 밑에 있는 물체를 걸고자 할 때는 위의 물체를 제거한 후에 행하여야 한다.
④ 매다는 각도는 60도 이내로 하여야 한다.
⑤ 근로자를 매달린 물체 위에 탑승시키지 않아야 한다.

▲ 해당 답안 중 3가지 선택 기재

057 동영상은 슬링벨트에 샤클을 끼우는 장면을 보여주고 있다. 샤클의 점검사항을 4가지 쓰시오.(4점)

[산기2003B]

슬링벨트에 샤클을 끼우는 장면을 보여주고 있다.

① 마모　　　　　　② 균열　　　　　　③ 핀의 변형
④ 나사　　　　　　⑤ 핀

▲ 해당 답안 중 4가지 선택 기재

058 동영상은 근로자가 손수레에 모래를 싣고 작업 중 사고가 발생하였다. 재해의 발생 원인을 3가지 쓰시오. (4점)

[기사1501C/기사1602B/기사1901A/기사2002E/산기2101A]

근로자가 리프트를 타고 손수레에 모래를 가득 싣고 작업하는 중으로 모래를 뒤로 가면서 뿌리고 있다. 작업 장소는 리프트 설치 장소이고, 안전난간이 해체된 상태에서 뒤로 추락하는 모습이며 안전모의 턱 끈은 풀린 상태이다.

① 운전한계를 초과할 때까지 적재하였다.
② 1인이 운반하여 주변상황을 파악하지 못하였다.
③ 추락 위험이 있는 곳에 안전난간이 설치되지 않았다.

059 동영상은 굴삭기를 이용하여 굴착한 흙을 덤프트럭으로 운반하는 작업을 하고 있다. 동영상을 통해서 확인 가능한 작업 시 위험요소 2가지를 쓰시오.(4점)

[산기1801A]

백호로 굴착한 흙을 덤프트럭에 싣고 있는 작업을 보여주고 있다. 별도의 유도자가 없으며, 주변에 장애물들이 널려 있다. 한눈에 보기에도 너무 많은 흙과 돌을 실어 덮개가 닫히지도 않는다. 싣고 난 후 빠져나가는데 먼지 등으로 앞을 볼 수가 없는 상황이다.

① 유도하는 사람이 배치되지 않았으며, 장애물을 제거하지 않고 작업에 임했다.
② 적재적량 상차가 이뤄지지 않았으며, 상차 후 덮개를 덮지 않고 운행했다.
③ 작업장 출입 시 살수 실시 및 운행속도 제한 의무를 지키지 않았다.
④ 작업현장 내 관계자 외 출입을 통제하지 않았다.

▲ 해당 답안 중 2가지 선택 기재

060 동영상은 지게차가 판넬을 들고 신호수에 신호에 따라 운반하다가 화물이 신호수에게 낙하하는 장면이다. 이에 따른 사고원인을 4가지 쓰시오.(4점) [산기1504A/산기1602A/산기1702A/기사1804C/기사2003C/산기2102B/산기2104B]

지게차로 화물을 이동 중에 발생한 재해상황을 보여주고 있다. 화물을 적재한 후 포크를 높이 올린 상태에서 이동 중이며, 이동 시 화물이 흔들리는 모습을 보여준다. 이후 화면에서 흔들리던 화물이 신호수에게 낙하하여 재해가 발생한다.

① 하중이 한쪽으로 치우치게 적재하였다.
② 화물 적재 시 운전자의 시야를 가리지 않도록 하여야 하는데 그렇지 않았다.
③ 화물의 붕괴 또는 낙하에 의한 위험을 방지하기 위하여 화물에 로프를 거는 등 필요한 조치를 하지 않았다.
④ 작업반경 내 관계자 외 출입금지를 하지 않았다.

061 동영상은 노천 굴착작업 현장을 보여주고 있다. 굴착작업 시 지반에 따른 굴착면의 기울기 기준과 관련된 다음 내용에 빈칸을 채우시오.(5점) [기사2002A]

백호가 노천을 굴착하고 있다. 작업 중 옆에 쌓아두었던 부석이 굴러와 작업자가 다칠뻔한 장면을 보여주고 있다.

구분	지반의 종류	기울기
암반	풍화암	①
	연암	②
	경암	③

① 1 : 1.0
② 1 : 1.0
③ 1 : 0.5

062 동영상은 굴착작업 현장을 보여주고 있다. 습지 기울기 구배기준과 굴착작업 시 지반 붕괴 또는 토석에 의한 근로자 위험 발생 시 위험을 방지하기 위한 조치사항을 2가지 쓰시오.(4점)

[기사1401B/기사1601A/산기1604A/산기1702B/산기1904A/산기2201B]

백호의 굴착작업 현장 모습을 보여주고 있다.

가) 기울기 구배기준 : 1 : 1 ~ 1 : 1.5
나) 굴착작업 시 위험 방지 조치사항
　① 흙막이 지보공의 설치
　② 방호망의 설치
　③ 근로자의 출입 금지

▲ 나)의 답안 중 2가지 선택 기재

063 동영상은 차량계 건설기계를 이용한 사면굴착공사를 보여주고 있다. 동영상과 같은 굴착공사에서 토석붕괴의 원인을 3가지 쓰시오.(6점)

[기사1501A/기사1602B/산기2001A/기사2003A]

차량계 건설기계를 이용해서 사면을 굴착하는 모습을 보여주고 있다.

① 사면, 법면의 경사 및 기울기의 증가　　② 절토 및 성토 높이의 증가
③ 공사에 의한 진동 및 반복 하중의 증가　　④ 지표수 및 지하수의 침투에 의한 토사 중량의 증가
⑤ 지진, 차량, 구조물의 하중작용　　⑥ 토사 및 암석의 혼합층두께

▲ 해당 답안 중 3가지 선택 기재

064 동영상은 깊이 10.5m 이상의 굴착을 하는 모습을 보여주고 있다. 이때 계측기기를 설치하여 흙막이 구조의 안전을 예측하기 위해 필요한 계측기 3가지를 쓰시오.(6점) [산기1901A/산기2002A]

동영상은 깊이 10.5m 이상의 깊은 굴착을 하고 있는 모습을 보여주고 있다. 흙막이 구조의 안전을 측정하기 위해 계측기를 들고 계측하려고 이동하고 있다.

① 수위계　　　　　② 경사계　　　　　③ 하중계

④ 침하계　　　　　⑤ 응력계

▲ 해당 답안 중 3가지 선택 기재

065 동영상은 원심력 철근콘크리트 말뚝을 시공하는 현장을 보여준다. 말뚝의 항타공법 종류 3가지, 콘크리트 말뚝의 장점 2가지, 단점 2가지를 쓰시오.(6점) [산기1501A/산기1604A/산기1801A]

영상은 원심력 철근콘크리트 말뚝을 시공하는 현장의 모습을 보여주고 있다.

가) 타입공법 :　　① 타격관입공법　　　　② 진동공법

　　　　　　　　　③ 압입공법　　　　　　④ 프리보링공법

나) 장점 :　① 내구성이 크고, 입수하기가 비교적 쉽다.

　　　　　② 재질이 균일하여 신뢰성이 있다.

　　　　　③ 길이 15m 이하인 경우에는 경제적이다.

　　　　　④ 강도가 커서 지지말뚝으로 적합하다.

다) 단점 :　① 말뚝 시공 시 항타로 인해 말뚝본체에 균열이 생기기 쉽다.

　　　　　② 말뚝 이음에 대한 신뢰성이 낮다.

▲ 해당 답안 중 가)는 3가지, 나)는 2가지 선택 기재

066 동영상은 흙막이 공법과 관련된 계측장치를 보여주고 있다. 이 공법의 명칭과 동영상에 보여준 계측기의 종류와 용도를 쓰시오.(4점)

[산기1404B/산기1601B/산기1702B/산기1902B/산기2104A]

동영상은 흙막이를 보여주면서 H형으로 된 줄이 이어져 있는 것을 보여주고, 다음 화면은 흙막이에 연결되어 있던 선로에 노란색으로 되어 있는 사각형의 기계를 연달아 보여준다.

① 명칭 : 어스앵커공법
② 계측기의 종류 : 하중계
③ 계측기의 용도 : 버팀대 또는 어스앵커에 설치하여 축 하중의 변화상태를 측정하여 부재의 안정상태 파악 및 원인 규명에 이용한다.

067 동영상은 흙막이 지보공 설치 작업을 보여주고 있다. 흙막이 지보공 정기 점검사항 3가지를 쓰시오.(6점)

[산기1402A/산기1601B/산기1602B/기사1802A/기사1901B/
산기1901B/산기1902B/기사1904B/산기2002B/기사2003A/산기2003A/산기2004A/산기2102B/산기2204A/산기2302A]

흙막이 지보공이 설치된 작업현장을 보여주고 있다. 이틀 동안 계속된 비로 인해 지보공의 일부가 터져서 토사가 밀려든 모습이다.

① 부재의 손상·변형·부식·변위 및 탈락의 유무와 상태
② 버팀대 긴압의 정도
③ 부재의 접속부·부착부 및 교차부 상태
④ 침하의 정도

▲ 해당 답안 중 3가지 선택 기재

068 동영상은 흙막이 공법 중 타이로드 공법을 보여준다. 흙막이 공사 시 재해예방을 위한 안전대책 2가지를 쓰시오.(4점)

[기사1401B/기사1604C/산기1802B]

굴착부 주변에 흙막이 벽을 만든 후 와이어로프나 강봉을 적용하는 버팀목 대신 굴착부 밖에 묻어 볼트를 체결하는 과정을 보여주고 있다.

① 흙막이 지보공의 재료로 변형 부식되거나 심하게 손상된 것을 사용해서는 아니 된다.
② 흙막이 지보공을 조립하는 경우 미리 조립도를 작성하여 그 조립도에 따라 조립하도록 한다.
③ 설계도서에 따른 계측을 하고 계측 분석 결과 토압의 증가 등 이상한 점을 발견한 경우에는 즉시 보강조치를 하여야 한다.

▲ 해당 답안 중 2가지 선택 기재

✔ 지하층 파일작업 시 파란색 천막의 역할과 점검사항
 • 지표수의 유입이 되지 않도록 한다.
 • 지하수 유출, 지반의 이완 및 침하, 각종 부재의 변형 등을 수시로 점검하고 이상이 있을 시 안전성을 검토하도록 한다.

069 동영상은 4~5층 아파트 시공현장 외부벽체 거푸집을 보여준다. 가) 거푸집 명칭, 나) 콘크리트 측압에 영향을 주는 요인 2가지, 다) 장점 3가지를 쓰시오.(6점) [기사1504A/산기1601B/기사1701C/산기1702B/기사1704A]

동일 모듈로 구성된 아파트 건설현장을 보여주고 있다. 대형화, 단순화된 거푸집을 한번에 설치 및 해체하는 모습을 보여주고 있다.

가) 명칭 : 갱폼

나) 콘크리트 측압 요인 ① 콘크리트 비중 　② 콘크리트 타설 속도 　③ 슬럼프
　　　　　　　　　　　④ 철근량 　　　　　⑤ 진동 다짐 횟수 　⑥ 타설 높이

다) 장점 　　　　　　① 공기단축과 인건비 절약 　② 미장공사 생략 가능
　　　　　　　　　　③ 가설비계공사를 하지 않아도 됨
　　　　　　　　　　④ 타워크레인 등 시공장비에 의해 한번에 설치 가능

▲ 나) 답안 중 2가지, 다) 답안 중 3가지 선택 기재

070 동영상은 거푸집 동바리의 조립 영상이다. 영상을 보고 동바리로 사용하는 파이프 서포트에 대한 질문에 답하시오.(6점) [산기1401A/산기1401B/산기1801B/산기1901A/산기2101B/산기2104B/산기2202B/산기2204A/산기2301A]

동영상은 거푸집 동바리를 조립하고 있는 모습을 보여주고 있다.

가) 파이프 서포트를 (①)개 이상 이어서 사용하지 않도록 할 것
나) 파이프 서포트를 이어서 사용하는 경우에는 (②)개 이상의 볼트 또는 (③)을 사용하여 이을 것
다) 높이가 (④)m를 초과하는 경우에는 (⑤)m 이내마다 수평연결재를 2개 방향으로 설치하고, 수평연결재의 (⑥)를 방지할 것

① 3 　　　　　　　② 4 　　　　　　　③ 전용철물
④ 3.5 　　　　　　⑤ 2 　　　　　　　⑥ 변위

071 동영상은 철근 거푸집을 조립하고 있는 장면을 보여준다. 거푸집 조립순서를 쓰시오.(4점)

[산기1404B/산기1702A]

영상은 콘크리트 타설 전에 철근 거푸집을 조립하고 있는 모습을 보여주고 있다.

① 내측 기둥   ② 큰 보   ③ 외측기둥   ④ 작은 보   ⑤ 슬래브

● ① → ③ → ② → ④ → ⑤

072 영상은 거푸집 동바리의 설치 잘못으로 인해 거푸집의 붕괴사고가 발생한 것을 보여주고 있다. 거푸집에 작용하는 연직방향 하중의 종류를 3가지 쓰시오.(6점)

[산기1704A/산기1904B]

거푸집 동바리가 붕괴되는 재해상황을 보여주고 있다. 재해상황을 보여주기 전 거푸집 동바리 설치 작업 시 동바리의 위치가 불량한 것과 수평연결재를 설치하지 않은 것, 각재가 파손되거나 변형된 것 등을 보여준다.

① 고정하중(거푸집의 무게)
② 충격하중(타설시의 충격 등)
③ 작업하중(타설에 필요한 자재 및 공구의 무게)

> ✔ 거푸집 동바리 작용 하중
> • 연직방향하중, 횡방향(수평)하중, 콘크리트 측압, 특수하중 등을 고려하여야 한다.
> • 연직방향하중에는 거푸집, 지보공, 콘크리트, 철근, 작업원 등의 중량(고정하중) 및 충격하중, 작업하중을 고려한다.
> • 횡방향하중에는 작업할 때의 진동, 충격, 시공오차 등에서 기인된 횡방향 하중과 풍압, 유수압, 지진 등이 고려된다.

073 동영상은 콘크리트 타설 및 타설 후 면마감 작업을 보여주고 있다. 콘크리트 타설작업 시 안전조치 사항을 3가지 쓰시오.(6점)

[산기1604B/산기1801A/기사1801C/산기1804A/기사1804C/기사1901C/산기1902A/산기2001A/산기2004A/기사2004B/산기2302A]

콘크리트 타설 현장의 모습을 보여주고 있다. 타설할 때 작업발판도 없고 난간도 없고 방망도 없으며, 작업자는 안전모 턱끈을 느슨하게 하고 있다.

① 콘크리트 타설작업 시 거푸집 붕괴의 위험이 발생할 우려가 있으면 충분한 보강조치를 할 것
② 설계도서상의 콘크리트 양생기간을 준수하여 거푸집 동바리 등을 해체할 것
③ 콘크리트를 타설하는 경우에는 편심이 발생하지 않도록 골고루 분산하여 타설할 것
④ 작업 시작 전에 거푸집 동바리 등의 변형·변위 및 지반의 침하 유무 등을 점검하고 이상이 있으면 보수할 것
⑤ 작업 중에는 거푸집 동바리 등의 변형·변위 및 침하 유무 등을 감시할 수 있는 감시자를 배치하여 이상이 있으면 작업을 중지하고 근로자를 대피시킬 것

▲ 해당 답안 중 3가지 선택 기재

074 동영상은 교량 상부에서 콘크리트 펌프카를 사용한 콘크리트 타설 작업을 보여주고 있다. 콘크리트 펌프 또는 콘크리트 펌프카 사용 시 준수사항을 3가지 쓰시오.(6점)　　[기사1502B/기사1601B/기사1702A/기사1804B/

산기1901A/산기1904A/기사2001A/기사2001B/기사2002C/기사2003D/기사2101C/산기2102A/기사2102B/산기2201B/산기2304A]

신호수가 신호를 하면서 콘크리트 타설작업이 진행 중인 상황을 보여주고 있다. 교량상부에서 콘크리트 펌프카를 사용하여 타설작업 중이다.

① 작업을 시작하기 전에 콘크리트 펌프용 비계를 점검하고 이상을 발견하였으면 즉시 보수할 것
② 건축물의 난간 등에서 작업하는 근로자가 호스의 요동·선회로 인하여 추락하는 위험을 방지하기 위하여 안전난간 설치 등 필요한 조치를 할 것
③ 콘크리트 펌프카의 붐을 조정하는 경우에는 주변의 전선 등에 의한 위험을 예방하기 위한 적절한 조치를 할 것
④ 작업 중에 지반의 침하, 아웃트리거의 손상 등에 의하여 콘크리트 펌프카가 넘어질 우려가 있는 경우는 이를 방지하기 위한 적절한 조치를 할 것

▲ 해당 답안 중 3가지 선택 기재

075 동영상은 프리캐스트(PCS) 콘크리트 작업과정을 보여주고 있다. 가) 올바른 제작 순서와 나) 4번 화면의 작업이름, 다) 장점 3가지를 쓰시오.(6점) [산기1404A/산기1601A/산기1604A/기사1801B/산기1802A/기사2003B/기사2004D]

벽, 바닥 등을 구성하는 콘크리트 부재를 공장에서 적당한 크기로 만드는 과정을 보여주고 있다. 특별히 4번 화면의 모습을 집중적으로 보여준다.

❹번 과정

〈제작과정〉

① 탈형
② 거푸집제작(박리제도포)
③ 철근 배근 및 조립
④ 수중양생
⑤ 콘크리트 타설
⑥ 선 부착품 설치(인서트, 전기부품
　 등) - 철근 거치

가) 순서 : ② → ⑥ → ③ → ⑤ → ④ → ①

나) 4번 화면의 작업이름 : 수중양생

다) 장점 : 　① 양질의 부재를 경제적으로 생산할 수 있다.
　　　　　② 기계화작업으로 공기 단축이 가능하다.
　　　　　③ 기상과 관계없이 작업이 가능하며, 특히 한랭기의 시공 시 유리하다.

076 동영상은 철근 조립 방법을 보여주고 있다. 철근 이음방법 3가지를 쓰시오.(3점)

[산기1401A/산기1502A/산기1604A]

철근공사를 진행 중인 작업장이다. 주변에 안전통로도 없이 철근을 밟고 이동하면서 작업하는 안전대도 착용하지 않은 작업자를 보여준다. 작업자가 이음철근을 가지고 있음을 보여주고 있다.

① 겹침이음　　　　　　② 기계적이음
③ 용접이음　　　　　　④ 가슴압점

▲ 해당 답안 중 3가지 선택 기재

077 동영상에서와 같은 건설현장에서 철골작업 시 작업을 중지하여야 하는 기후조건 3가지를 쓰시오.(6점)

[기사1402A/산기1501A/산기1604B/산기1701B/산기1702B/기사1704B/
산기1801A/산기1802B/기사1901A/산기1902B/산기1904B/기사2002E/산기2004B/산기2101B/산기2102A/산기2104A]

철골구조물 건립 공사현장을 보여주고
있다.

① 풍속이 초당 10m 이상인 경우　　　② 강우량이 시간당 1mm 이상인 경우
③ 강설량이 시간당 1cm 이상인 경우

078 동영상은 높이가 2.5m 이상되는 철골구조물을 보여주고 있다. 해당 구조물에서 작업을 수행하는 근로자의
추락을 막기 위한 안전시설물을 1가지 쓰시오.(4점)　　　　　　　　[산기2004A]

높이가 2.5m 이상되는 철골구조물에서 작
업 중인 근로자를 보여주고 있다.

① 비계　　　　　　　② 수평통로　　　　　　　③ 안전난간대

▲ 해당 답안 중 1가지 선택 기재

✔ 철골공사 추락방지 설비

기능	용도, 사용장소, 조건	설비
안전한 작업가능 작업대	높이 2미터 이상의 장소로서 추락의 우려가 있는 작업	비계, 달비계, 수평통로, 안전난간대
추락자를 보호할 수 있는 것	작업대 설치가 어렵거나 개구부 주위로 난간설치가 어려운 곳	추락방지용 방망
추락의 우려가 있는 위험장소에서 작업자의 행동을 제한하는 것	개구부 및 작업대의 끝	난간, 울타리
작업자의 신체를 유지시키는 것	안전한 작업대나 난간설비를 할 수 없는 곳	안전대 부착설비, 안전대, 구명줄

079 동영상은 강관비계 설치 작업장을 보여주고 있다. 강관비계에 관한 설명에서 빈칸을 채우시오.(4점)

[기사1401A/산기1404B/기사1504C/기사1701B/기사1801B/산기1802B/산기1901A/기사1902A/산기1904A/산기2002A/기사2003D/기사2004C]

강관비계를 설치한 작업현장의 모습을 보여주고 있다.

가) 비계기둥의 간격은 띠장 방향에서는 (①) 이하, 장선(長線) 방향에서는 (②) 이하로 할 것
나) 띠장 간격은 (③) 이하로 설치할 것
다) 비계기둥 간의 적재하중은 (④)을 초과하지 않도록 할 것

① 1.85m ② 1.5m
③ 2m ④ 400kg

080 동영상은 강관비계 설치 현장을 보여주고 있다. 동영상에서와 같은 강관비계의 설치·조립 시 준수해야 할 사항 3가지를 쓰시오.(4점) [산기2003A]

강관비계를 설치한 작업현장의 모습을 보여주고 있다.

① 비계기둥에는 밑받침철물을 설치하거나 깔판·받침목 등을 사용하여 밑둥잡이를 설치할 것
② 강관의 접속부 또는 교차부는 적합한 부속철물을 사용하여 접속하거나 단단히 묶을 것
③ 교차가새로 보강할 것
④ 외줄비계·쌍줄비계 또는 돌출비계에 대해서는 벽이음 및 버팀을 설치할 것
⑤ 가공전로에 근접하여 비계를 설치하는 경우에는 가공전로를 이설하거나 가공전로에 절연용 방호구를 장착하는 등 가공전로와의 접촉을 방지하기 위한 조치를 할 것

▲ 해당 답안 중 3가지 선택 기재

081 영상은 비계 설치 모습을 보여주고 있다. 산업안전보건법상 강관틀비계의 설치기준에 대한 다음 설명에서 ( ) 안을 채우시오.(6점)

[산기|2002B/기사|2002C/산기|2202A]

강관틀비계가 설치된 작업현장의 모습을 보여주고 있다.

가) 높이가 20m를 초과하거나 중량물의 적재를 수반하는 작업을 할 경우에는 주틀 간의 간격을 (①)m 이하로 할 것
나) 수직방향으로 (②)m, 수평방향으로 (③)m 이내마다 벽이음을 할 것

① 1.8　　　　　　　② 6　　　　　　　③ 8

082 동영상은 시스템 비계가 설치된 작업장을 보여주고 있다. 시스템 비계의 설치와 관련된 다음 설명의 빈칸을 채우시오.(3점)

[산기|1902B/산기|2201A]

영상은 시스템 비계가 설치된 작업현장의 모습이다.

비계 밑단의 수직재와 받침철물은 밀착되도록 설치하고, 수직재와 받침철물의 연결부의 겹침길이는 받침철물 전체 길이의 ( ) 이상이 되도록 할 것

• 3분의 1

083 동영상에서 말비계를 보여준다. 말비계 사용 시 작업발판의 설치기준을 3가지 쓰시오.(6점)

[산기1501A/산기1901A/산기1902B]

말비계 위에서 작업자가 작업중인 모습을 보여주고 있다.

① 지주부재의 하단에는 미끄럼 방지장치를 하고, 근로자가 양쪽 끝부분에 올라서서 작업하지 않도록 할 것
② 지주부재와 수평면의 기울기를 75도 이하로 하고, 지주부재와 지주부재 사이를 고정시키는 보조부재를 설치할 것
③ 말비계의 높이가 2m를 초과하는 경우에는 작업발판의 폭을 40cm 이상으로 할 것

084 동영상은 이동식 비계를 이용한 작업 중 추락재해가 발생하는 것을 보여준다. 이동식 비계의 올바른 설치 기준을 3가지 쓰시오.(6점)

[기사1404B/기사1602C/기사1604B/산기1604B/산기1702A/
기사1801B/산기1801B/기사1802A/기사1802B/산기1804B/기사1904B/기사2001A/기사2002B/산기2202A/산기2301A/산기2304A]

이동식 비계를 이용해서 거푸집 설치작업을 진행중인 모습을 보여준다. 비계를 고정하지 않아 흔들리다 작업자가 바닥으로 추락하는 재해가 발생한다.

① 승강용 사다리는 견고하게 설치할 것
② 비계의 최상부에서 작업을 하는 경우에는 안전난간을 설치할 것
③ 작업발판의 최대적재하중은 250킬로그램을 초과하지 않도록 할 것
④ 작업발판은 항상 수평을 유지하고 작업발판 위에서 안전난간을 딛고 작업을 하거나 받침대 또는 사다리를 사용하여 작업하지 않도록 할 것
⑤ 이동식 비계의 바퀴에는 뜻밖의 갑작스러운 이동 또는 전도를 방지하기 위하여 브레이크·쐐기 등으로 바퀴를 고정시킨 다음 비계의 일부를 견고한 시설물에 고정하거나 아웃트리거(outrigger, 전도방지용 지지대)를 설치하는 등 필요한 조치를 할 것

▲ 해당 답안 중 3가지 선택 기재

085 동영상은 이동식 비계를 이용한 작업 중 추락재해가 발생하는 것을 보여준다. 이동식 비계와 관련한 다음 설명의 ( )을 채우시오.(5점)

[산기2002A]

이동식 비계를 이용해서 거푸집 설치작업을 진행중인 모습을 보여준다. 비계를 고정하지 않아 흔들리다 작업자가 바닥으로 추락하는 재해가 발생한다.

가) 이동식 비계의 바퀴에는 뜻밖의 갑작스러운 이동 또는 전도를 방지하기 위하여 브레이크·쐐기 등으로 바퀴를 고정시킨 다음 비계의 일부를 견고한 시설물에 고정하거나 (①)를 설치하는 등 필요한 조치를 할 것
나) 작업발판의 최대적재하중은 (②)kg을 초과하지 않도록 할 것

① 아웃트리거(Outrigger) ② 250

086 동영상은 비계의 조립 및 해체와 관련된 영상이다. 비계 등의 조립·해체 및 변경 시 다음 물음에 답하시오. (4점)

[산기1902B]

높이가 7m 정도인 비계의 해체작업을 보여주고 있다.

가) 작업발판의 폭을 쓰시오.
나) 근로자 추락방지대책을 1가지 쓰시오.

가) 20센티미터 이상
나) ① 근로자로 하여금 안전대를 착용하도록 한다.
    ② 폭 20cm 이상의 발판을 설치한다.

▲ 나)의 답안 중 1가지 선택 기재

087 동영상은 비계의 조립 및 해체와 관련된 영상이다. 동영상을 참조하여 비계의 조립 및 해체 시 조치사항 3가지를 쓰시오.(6점)　　　　　　　　　　　　　　[기사1401A/산기1902A/기사1902B/기사2003D]

높이가 7m 정도인 비계의 해체작업을 보여주고 있다.

① 근로자가 관리감독자의 지휘에 따라 작업하도록 할 것
② 조립·해체 또는 변경의 시기·범위 및 절차를 그 작업에 종사하는 근로자에게 주지시킬 것
③ 해당 작업을 하는 구역에는 관계 근로자가 아닌 사람의 출입을 금지할 것
④ 비, 눈, 그 밖의 기상상태의 불안정으로 날씨가 몹시 나쁜 경우에는 그 작업을 중지할 것
⑤ 재료, 기구 또는 공구 등을 올리거나 내리는 경우에는 근로자로 하여금 달줄·달포대 등을 사용하도록 할 것

▲ 해당 답안 중 3가지 선택 기재

088 동영상은 비계의 조립작업을 보여주고 있다. 비계를 조립·해체하거나 변경한 후에 그 비계에서 작업을 하는 경우 해당 작업을 시작하기 전에 점검 및 보수해야 할 사항을 3가지 쓰시오.(6점)　　　　[산기1802A]

이동식 비계를 이용해서 거푸집 설치작업을 진행 중인 모습을 보여준다. 비계의 설치가 끝난 후 점검을 하지 않은 상태에서 비계 위에 올라가 작업을 하다 작업자가 바닥으로 추락하는 재해가 발생한다.

① 발판 재료의 손상 여부 및 부착 또는 걸림 상태
② 해당 비계의 연결부 또는 접속부의 풀림 상태
③ 연결 재료 및 연결 철물의 손상 또는 부식 상태
④ 손잡이의 탈락 여부
⑤ 기둥의 침하, 변형, 변위 또는 흔들림 상태
⑥ 로프의 부착 상태 및 매단 장치의 흔들림 상태

▲ 해당 답안 중 3가지 선택 기재

089 동영상은 철골공사 작업 시에 이용되는 작업발판을 만드는 비계로서 상하이동을 할 수 없는 구조이다. 영상을 참고하여 다음 각 물음에 답하시오.(4점) [산기1501B/산기1702A/기사2003E]

철골작업 시 주로 이용하는 비계의 모습을 보여주고 있다. 높이가 고정되어 있으며 작업자의 발판역할을 하는 비계이다.

① 비계의 명칭을 쓰시오.
② 비계의 하중에 대한 최소 안전계수를 쓰시오.
③ 철근을 사용할 때 최소의 공칭지름을 쓰시오.
④ 비계를 매다는 철선(소성철선)의 호칭치수를 쓰시오.

① 달대비계
② 8 이상
③ 19mm
④ #8

090 동영상은 비계 조립, 해체, 변경작업을 하는 중 강관비계(아시바)가 떨어져 밑에 있던 근로자가 놀라는 장면이다. 동영상을 보고 위험요인 2가지를 쓰시오.(4점) [산기2003B/산기2004B]

동영상은 비계 조립, 해체, 변경작업을 하는 모습을 보여주고 있다. 작업발판 없이 비계에서 비계를 해체중이다. 안전모의 턱끈이 풀린 작업자가 아래쪽에 지나가고 있다. 비계를 해체한 작업자가 해체된 비계발판을 아래로 집어던지자 아래쪽 작업자가 놀라는 모습을 보여준다.

① 작업반경 내에 작업과 관련 없는 근로자가 출입하고 있다.
② 뜯어낸 비계를 달줄이나 달포대를 이용하지 않고 던지고 있다.
③ 작업발판을 설치하지 않았다.
④ 안전대 부착설비 및 안전대를 착용하지 않았다.

▲ 해당 답안 중 2가지 선택 기재

091 동영상은 비계의 조립, 해체, 변경작업을 하는 중 강관비계(아시바)가 떨어져 밑에 있던 근로자가 놀라는 장면이다. 재해예방을 위한 준수사항을 3가지 쓰시오.(6점)

[기사1401A/기사1501A/기사1602B/산기1701B/산기1702B/기사1702C/산기1802A/기사2004B]

동영상은 비계 조립, 해체, 변경작업을 하는 모습을 보여주고 있다. 작업발판 없이 비계에서 비계를 해체중이다. 안전모의 턱끈이 풀린 작업자가 아래쪽에 지나가고 있다. 비계를 해체한 작업자가 해체된 비계발판을 아래로 집어던지자 아래쪽 작업자가 놀라는 모습을 보여준다.

① 근로자가 관리감독자의 지휘에 따라 작업하도록 할 것
② 작업반경 내 출입금지구역을 설정하여 근로자의 출입을 금지한다.
③ 작업근로자에게 안전모 등 개인보호구를 착용시킨다.
④ 해체한 비계를 아래로 내릴 때는 달줄 또는 달포대를 사용한다.
⑤ 작업발판을 설치한다.
⑥ 안전대 부착설비를 설치하고 안전대를 착용한다.

▲ 해당 답안 중 3가지 선택 기재

092 동영상은 비계에서 작업 중 발생한 재해영상이다. 동영상에서 위험요인 2가지를 찾아 쓰시오.(4점)

[산기1504B/산기1701A/기사1901B]

비계에서 작업을 하고 있던 근로자가 파이프를 순간 놓쳐 밑에 작업하고 있던 근로자에게 떨어지는 영상으로 밑에 작업자는 주머니에 손을 넣고 돌아다닌다.

① 작업현장 내 관계자 외 출입을 통제하지 않았다.
② 작업장 근로자가 안전모 등 개인보호구를 착용하지 않았다.
③ 관리감독자의 지휘에 따라 작업하지 않았다.
④ 낙하물방지망 및 안전난간을 설치하지 않았다.

▲ 해당 답안 중 2가지 선택 기재

093 동영상은 철골구조물에 부착된 작업발판을 보여주고 있다. 다음 물음에 답하시오.(6점)

[산기1801B/산기1901B/산기2004B/산기2204A]

동영상은 철골구조물을 건립하는 작업현장을 보여준다. 작업자 2명이 철골구조물에 부착된 작업발판을 지적하면서 잘못 설치된 작업발판을 다시 설치할 것에 대해 논의하고 있다.

가) 작업발판의 폭을 (①)cm 이상으로 설치한다.
나) 발판재료간의 틈은 (②)cm 이하로 설치한다.
다) 추락의 위험이 있는 곳에는 높이 (③)cm 이상 (④)cm 이하의 손잡이 또는 철책을 설치하여야 한다.

① 40   ② 3   ③ 90   ④ 120

094 동영상은 2m 이상의 작업장소에 부착된 작업발판을 보여주고 있다. 작업발판의 설치기준 3가지를 쓰시오. (6점)

[산기1801A/산기2202B]

동영상은 철골구조물을 건립하는 작업현장의 모습이다. 철골구조물에 부착된 작업발판을 집중적으로 보여준다.

① 발판재료는 작업할 때의 하중을 견딜 수 있도록 견고한 것으로 할 것
② 작업발판의 폭은 40센티미터 이상으로 하고, 발판재료 간의 틈은 3센티미터 이하로 할 것
③ 추락의 위험이 있는 장소에는 안전난간을 설치할 것
④ 작업발판의 지지물은 하중에 의하여 파괴될 우려가 없는 것을 사용할 것
⑤ 작업발판재료는 뒤집히거나 떨어지지 않도록 둘 이상의 지지물에 연결하거나 고정시킬 것
⑥ 작업발판을 작업에 따라 이동시킬 경우는 위험방지에 필요한 조치를 할 것

▲ 해당 답안 중 3가지 선택 기재

095 동영상은 이동식 비계에 작업자가 승강 중인 화면을 보여준다. 이동식 비계를 조립하여 작업할 때 위험요인 과 준수사항을 3가지씩 쓰시오.(6점)

[산기1601A/산기2003B/산기2202B]

이동식 비계를 이용해서 거푸집 설치작업을 진 행중인 모습을 보여준다. 비계를 고정하지 않 아 흔들리다 작업자가 바닥으로 추락하는 재해 가 발생한다.

가) 위험요인

① 비계의 바퀴를 브레이크, 쐐기 등으로 고정하지 않았다.

② 승강용 사다리를 설치하지 않았다.

③ 비계의 최상부에안전난간을 설치하지 않았다.

④ 근로자가 고소에서 작업하면서 안전대를 착용하지 않았다.

나) 준수사항

① 비계의 바퀴에 브레이크, 쐐기 등으로 바퀴를 고정시킨 후 고정하거나 아웃트리거를 설치할 것

② 승강용 사다리를 견고하게 설치할 것

③ 비계의 최상부에서 작업을 할 때는 안전난간을 설치할 것

④ 고소에서 작업하는 근로자는 안전대를 착용할 것

▲ 해당 답안 중 각각 3가지씩 선택 기재

096 동영상의 공사용 가설도로를 설치하는 경우 준수사항을 3가지 쓰시오.(6점)

[산기1904B/산기2003A/산기2202B/산기2301A]

동영상은 진동롤러를 이용해 작업장 진입 용 가설도로를 설치하는 것을 보여주고 있다.

① 도로는 장비와 차량이 안전하게 운행할 수 있도록 견고하게 설치할 것

② 도로와 작업장이 접하여 있을 경우에는 울타리 등을 설치할 것

③ 도로는 배수를 위하여 경사지게 설치하거나 배수시설을 설치할 것

④ 차량의 속도제한 표지를 부착할 것

▲ 해당 답안 중 3가지 선택 기재

097 영상은 작업현장에 눈이 많이 와서 쌓여있는 모습을 보여주고 있다. 폭설이나 한파가 왔을 때 작업장에서의 조치사항을 2가지 쓰시오.(4점)

[산기|1901B/산기|2101A/산기|2102B]

작업현장에 눈이 많이 와서 쌓여 작업자들이 눈을 치우는 모습을 보여주고 있다.

① 적설량이 많을 경우 가시설 및 가설구조물 위에 쌓인 눈을 제거한다.
② 혹한으로 인한 근로자의 동상 등을 방지한다.
③ 근로자가 통행하는 통로에 눈이나 얼어붙은 얼음을 제거하거나 모래나 부직포 등을 이용해 미끄럼 방지조치를 실시한다.
④ 노출된 상·하수도 관로, 제수변 등에 보온시설을 설치하여 동파 또는 동결을 방지한다.

▲ 해당 답안 중 2가지 선택 기재

098 동영상은 아파트 공사현장의 경사로를 보여준다. 이러한 경사로 설치 시 필요한 사항에 대한 아래의 (   )을 채우시오.(6점)

[산기|1501B/산기|1604B/산기|1604A]

동영상은 아파트 공사현장의 가설 경사로를 보여주고 있다.

① 비탈면의 최대 경사각은 (   )도 이내
② 계단참의 설치간격은 (   )m 이내
③ 근로자가 안전하게 통행할 수 있도록 통로에 (   )럭스 이상의 채광 또는 조명시설을 하여야 한다.

① 30   ② 7   ③ 75

099 영상은 작업장으로 통하는 통로를 보여주고 있다. 가설통로 설치기준에 대한 설명에서 ( ) 안을 채우시오. (4점)

[산기|2003A]

영상은 작업장에 설치된 가설통로의 설치 현황을 보여주고 있다.

가) 사업주는 통로면으로부터 높이 (①)m 이내에는 장애물이 없도록 하여야 한다. 다만, 부득이하게 통로면으로부터 높이 (①)m 이내에 장애물을 설치할 수밖에 없거나 통로면으로부터 높이 (①)m 이내의 장애물을 제거하는 것이 곤란하다고 고용노동부장관이 인정하는 경우에는 근로자에게 발생할 수 있는 부상 등의 위험을 방지하기 위한 안전 조치를 하여야 한다.

나) 사업주는 계단을 설치하는 경우 그 폭을 (②)m 이상으로 하여야 한다. 다만, 급유용·보수용·비상용 계단 및 나선형 계단이거나 높이 (②)m 미만의 이동식 계단인 경우에는 그러하지 아니하다.

① 2　　　　　　　　　　　　　　　② 1

100 영상은 가설통로를 보여주고 있다. 가설통로 설치 시 준수사항에 대한 다음 물음에 답하시오.(6점)

[산기|1901B/산기|2002B/산기|2202A/산기|2302A/산기|2304A]

동영상은 아파트 공사현장의 가설 경사로를 보여주고 있다.

• 경사는 (①)도 이하로 할 것
• 경사가 (②)도를 초과하는 경우에는 미끄러지지 아니하는 구조로 할 것
• 수직갱에 가설된 통로의 길이가 15m 이상인 경우에는 (③)m 이내마다 계단참을 설치할 것

① 30　　　　　　　　② 15　　　　　　　　③ 10

101 동영상은 작업장에 설치된 가설통로를 보여주고 있다. 가설통로 설치 시 준수사항 3가지를 쓰시오.(단, 견고한 구조로 할 것은 제외)(6점) [기사1801B/기사2001B/산기2003B]

영상은 작업장에 설치된 가설통로의 설치 현황을 보여주고 있다.

① 경사는 30도 이하로 할 것
② 경사가 15도를 초과하는 경우에는 미끄러지지 아니하는 구조로 할 것
③ 추락할 위험이 있는 장소에는 안전난간을 설치할 것
④ 수직갱에 가설된 통로의 길이가 15m 이상인 경우는 10m 이내마다 계단참을 설치할 것
⑤ 건설공사에 사용하는 높이 8m 이상인 비계다리에는 7m 이내마다 계단참을 설치할 것

▲ 해당 답안 중 3가지 선택 기재

102 사다리식 통로를 보여주고 있다. 사다리식 통로의 설치기준을 3가지 쓰시오.(6점) [산기1904A]

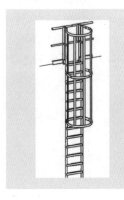

작업현장에 설치된 고정식 수직사다리를 보여주고 있다. 바닥에서부터 높이 2.5미터 되는 지점부터는 등받이울이 설치된 것을 확인할 수 있다.

① 견고한 구조로 할 것   ② 발판의 간격은 일정하게 할 것
③ 폭은 30cm 이상으로 할 것   ④ 발판과 벽과의 사이는 15cm 이상의 간격을 유지할 것
⑤ 심한 손상·부식 등이 없는 재료를 사용할 것
⑥ 사다리의 상단은 걸쳐놓은 지점으로부터 60cm 이상 올라가도록 할 것
⑦ 사다리식 통로의 길이가 10m 이상인 경우는 5m 이내마다 계단참을 설치할 것

▲ 해당 답안 중 3가지 선택 기재

103 동영상에서와 같이 작업장에 계단 및 계단참을 설치할 경우 준수하여야 하는 사항에 대하여 다음 ( )안에 알맞은 내용을 쓰시오.(6점)

[산기1401A/기사1404C/기사1501A/산기1502A/산기1504A/기사1701B/산기1701B/기사1702A/기사1704B/기사1704C/기사1801A/기사1901C/산기1902A/기사1904B/기사2003C/기사2003E]

작업장에 설치된 가설계단을 보여주고 있다.

가) 계단 및 계단참을 설치할 때에는 매 제곱미터 당 (①)kg 이상의 하중을 견딜 수 있는 강도를 가진 구조로 설치하여야 하며, 안전율은 (②) 이상으로 하여야 한다.

나) 계단을 설치할 때에는 그 폭을 (③)m 이상으로 하여야 한다.

다) 높이가 3m를 초과하는 계단에는 높이 (④)m 이내마다 진행방향으로 길이 (⑤)m 이상의 계단참을 설치하여야 한다.

라) 계단을 설치하는 경우 바닥면으로부터 높이 (⑥)미터 이내의 공간에 장애물이 없도록 하여야 한다.

① 500   ② 4   ③ 1

④ 3   ⑤ 1.2   ⑥ 2

104 동영상은 안전난간을 보여준다. 안전난간의 구성요소를 순서대로 쓰시오.(4점)

[산기2003B/산기2102B/산기2202B/산기2301A]

안전난간의 구성요소를 순서대로 보여주면서 설치하는 모습이다.

① 상부 난간대   ② 중간 난간대

③ 발끝막이판   ④ 난간기둥

105 동영상에서 보여주는 안전난간의 구조 및 설치요건에 대한 다음 물음의 빈칸을 채우시오.(5점)

[산기1901A/산기1904A]

작업장에 가설구조물이나 개구부 등에서 추락 위험을 방지하기 위해 설치한 안전난간의 모습을 보여주고 있다.

가) (①)는 바닥면, 발판 또는 경사로의 표면으로부터 (②)cm 이상 (③)cm 이하에 설치할 것
나) (④)는 바닥면으로부터 (⑤)cm 이상의 높이를 유지할 것

① 상부 난간대   ② 90   ③ 120
④ 발끝막이판   ⑤ 10

✔ **안전난간의 구조**
- 상부 난간대, 중간 난간대, 발끝막이판 및 난간기둥으로 구성할 것
- 상부 난간대는 바닥면·발판 또는 경사로의 표면으로부터 90cm 이상 지점에 설치하고, 상부 난간대를 120cm 이하에 설치하는 경우는 중간 난간대는 상부 난간대와 바닥면 등의 중간에 설치하여야 하며, 120cm 이상 지점에 설치하는 경우는 중간 난간대를 2단 이상으로 균등하게 설치하고 난간의 상하 간격은 60cm 이하가 되도록 할 것
- 발끝막이판은 바닥면 등으로부터 10cm 이상의 높이를 유지할 것
- 난간기둥은 상부 난간대와 중간 난간대를 견고하게 떠받칠 수 있도록 적정한 간격을 유지할 것
- 상부 난간대와 중간 난간대는 난간 길이 전체에 걸쳐 바닥면등과 평행을 유지할 것
- 난간대는 지름 2.7cm 이상의 금속제 파이프나 그 이상의 강도가 있는 재료일 것
- 안전난간은 구조적으로 가장 취약한 지점에서 가장 취약한 방향으로 작용하는 100kg 이상의 하중에 견딜 수 있는 튼튼한 구조일 것

106 동영상은 타워크레인 작업상황을 보여주고 있다. 해당 작업시 구비해야 할 방호장치를 2가지 쓰시오.(4점)

[산기1404B/산기1601A/산기1702B/기사1802A/기사1804A/산기1804B/기사1902B/기사1904A/기사2003C/산기2104B/산기2202B]

건설현장에서 타워크레인으로 화물을 인양하는 모습을 보여주고 있다.

① 과부하방지장치　　　② 권과방지장치　　　③ 비상정지장치 및 제동장치

▲ 해당 답안 중 2가지 선택 기재

✔ 방호장치의 조정	
• 크레인 • 이동식 크레인 • 리프트 • 곤돌라 • 승강기	• 과부하방지장치 • 권과방지장치 • 비상정지장치 및 제동장치 • 승강기의 파이널 리미트 스위치(Final limit switch), 속도조절기, 출입문 인터록(Inter lock) 등

107 동영상은 리프트 재해현장을 보여주고 있다. 리프트의 안전장치 2가지를 쓰시오.(4점)　　[산기2004A]

리프트로 작업을 진행하던 중 하중을 견디지 못한 리프트가 무너져 옆 건물을 덮친 재해 현장의 모습을 보여주고 있다.

① 과부하방지장치　　　② 권과방지장치　　　③ 비상정지장치 및 제동장치

▲ 해당 답안 중 2가지 선택 기재

108 동영상은 와이어로프의 체결 과정을 보여주고 있다. 동영상에 제시된 와이어로프의 클립 체결 방법 중 가장 가) 올바른 것, 나) 그 이유를 쓰시오.(4점)   [산기1404A/산기1602A/산기1704A]

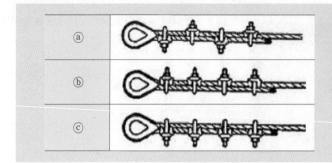

와이어로프의 클립 체결된 내역을 3 가지 보여주고 있다. 해당 와이어로 프의 화면에는 각 와이어로프마다 클립의 새들 위치가 서로 다른 것을 확인할 수 있다.

가) ⓑ

나) 클립의 새들(Saddle)은 와이어로프의 힘이 걸리는 쪽에 있어야 한다.

109 동영상은 와이어로프의 체결 과정을 보여주고 있다. 동영상에 제시된 와이어로프의 클립 체결 방법 중 가장 가) 올바른 것, 나) 주어진 와이어로프 직경에 따른 클립수를 쓰시오.(6점)   [기사1404B/기사1602C/산기1804A/기사2304C]

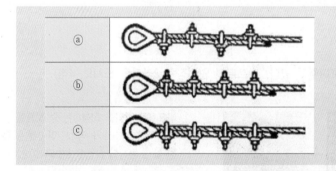

와이어로프의 클립 체결된 내역을 3 가지 보여주고 있다. 해당 와이어로 프의 화면에는 각 와이어로프마다 클립의 새들 위치가 서로 다른 것을 확인할 수 있다.

16mm 이하	16~28mm	28mm 초과
①	5개	②

가) ⓑ

나) ① 4개   ② 6개

110 동영상은 크레인 인양작업을 보여주고 있다. 크레인에 사용하는 와이어로프의 사용제한 조건을 3가지 쓰시오.(6점)

[산기1404B/기사1502A/산기1604B/산기1702B/산기1802A/기사1804C/기사2001C/산기2004A/기사2004C/산기2101A]

크레인을 이용한 인양작업을 보여주고 있다.

① 이음매가 있는 것
② 와이어로프의 한꼬임에서 끊어진 소선의 수가 10% 이상인 것
③ 지름의 감소가 공칭지름의 7%를 초과한 것
④ 심하게 변형 또는 부식된 것
⑤ 꼬인 것
⑥ 열과 전기충격에 의해 손상된 것

▲ 해당 답안 중 3가지 선택 기재

111 동영상은 옥상 위에 설치된 지브 크레인의 모습을 보여주고 있다. 동영상에서와 같이 구조물 위에 크레인을 설치할 경우 구조적인 안전성을 위해 사전에 검토해야 할 사항을 3가지 쓰시오.(6점)

[산기1804B/기사2002E]

건물 외부 공사를 위해 건물 옥상에 설치된 지브 크레인을 보여주고 있다.

① 전도에 대한 안전성
② 활동에 대한 안전성
③ 지반 지지력에 대한 안전성
④ 원호활동에 대한 안전성

▲ 해당 답안 중 3가지 선택 기재

112 동영상은 이동식 크레인을 이용하여 타워크레인을 해체하는 중 무너진 사고장면을 보여주고 있다. 해체작업 시 실시하여야 할 안전조치를 2가지 쓰시오.(4점) [산기1402B/산기1602B/산기1801B]

이동식 크레인을 이용하여 타워크레인의 해체작업을 보여주고 있다. 해체작업 중 타워크레인이 무너지는 사고가 발생한다.

① 작업순서를 정하고 그 순서에 따라 작업을 할 것
② 작업을 할 구역에 관계 근로자가 아닌 사람의 출입을 금지하고 그 취지를 보기 쉬운 곳에 표시할 것
③ 비, 눈, 그 밖에 기상상태의 불안정으로 날씨가 몹시 나쁜 경우에는 그 작업을 중지시킬 것
④ 작업장소는 안전한 작업이 이루어질 수 있도록 충분한 공간을 확보하고 장애물이 없도록 할 것
⑤ 들어 올리거나 내리는 기자재는 균형을 유지하면서 작업을 하도록 할 것
⑥ 크레인의 성능, 사용조건 등에 따라 충분한 응력을 갖는 구조로 기초를 설치하고 침하 등이 일어나지 않도록 할 것
⑦ 규격품인 조립용 볼트를 사용하고 대칭되는 곳을 차례로 결합하고 분해할 것

▲ 해당 답안 중 2가지 선택 기재

113 크레인으로 교량을 인양하는 장면을 보여주고 있다. 동영상을 참고하여 크레인 작업 시의 준수사항을 3가지 쓰시오.(6점) [기사1904C/산기2001A/산기2002A/기사2002B/산기2201A/산기2202A]

크레인으로 2줄걸이로 강교량을 인양 중이다. 신호수가 배치되어 있으며, 인양물 아래로 근로자들이 돌아다니는 모습을 보여준다. 인양물에 사람이 타고 있다.

① 인양할 하물을 바닥에서 끌어당기거나 밀어내는 작업을 하지 아니할 것
② 고정된 물체를 직접 분리·제거하는 작업을 하지 아니할 것
③ 미리 근로자의 출입을 통제하여 인양 중인 하물이 작업자의 머리 위로 통과하지 않도록 할 것
④ 인양할 하물이 보이지 아니하는 경우는 어떠한 동작도 하지 아니할 것
⑤ 유류드럼이나 가스통 등 운반 도중에 떨어져 폭발하거나 누출될 가능성이 있는 위험물 용기는 보관함에 담아 안전하게 매달아 운반할 것

▲ 해당 답안 중 3가지 선택 기재

114 동영상은 크레인을 이용한 인양작업을 보여주고 있다. 운전자가 작업시작 전 유의해야 할 사항에 대한 다음 설명 중 ( ) 안을 채우시오.(6점)

[산기|1904B/산기|2202A]

고정식 크레인을 이용하여 화물을 인양하는 작업현장을 보여주고 있다.

가) 스위치에는 표지(점검 중 스위치를 넣지 말 것 등)를 부착하거나 (①)를 해야 한다.
나) 주행로 상에 복수의 장비가 있을 때에는 주행로 양측에 (②)을 설치하여 인접 장비와의 충돌을 방지하여야 한다.
다) 점검을 능률적으로 하기 위하여 (③)명 이상의 점검자가 점검할 때는 사전에 점검범위 등을 협의하여야 한다.

① 시건 장치   ② 가설 고임목   ③ 2

115 동영상은 고소작업대를 이용한 작업현장을 보여주고 있다. 동영상을 참고하여 불안전한 행동이나 상태를 3가지 쓰시오.(6점)

[산기|2101A/산기|2104B]

어두운 터널 안에서 2대의 차량형 고소작업대를 이용해서 작업중이다.
아래쪽에는 여러명의 근로자가 지보공을 잡고 고정중이고, 고소작업대에는 각각 2명씩 올라가 터널 지보공을 설치하고 있다. 작업자들이 안전대를 착용하지 않고 있다. 손이 닿지 않자 작업대를 밟고 일어나서 작업한다. 작업을 지휘하는 사람은 보이지 않는 대신 지나가는 사람들의 모습이 보인다.

① 고소작업자가 안전대를 착용하지 않고 있다.
② 작업범위 내에 관계자가 아닌 사람이 출입하고 있다.
③ 작업대의 붐대를 상승시킨 상태에서 안전대를 착용하지 않은 작업자가 작업대를 벗어나고 있다.
④ 안전한 작업을 위해 필요한 적정수준의 조도를 확보하지 못했다.
⑤ 작업대의 붐대를 상승시킨 상태에서 탑승자가 작업대를 밟고 일어서서 작업중이다.

▲ 해당 답안 중 3가지 선택 기재

116 동영상은 고소작업대 위에서 용접작업을 하고 있는 모습을 보여주고 있다. 고소작업대 이동 시 준수사항을 3가지 쓰시오.(6점)

[산기1802B/산기2001A/산기2304A]

고소작업대 위에서 용접작업을 하는 작업자의 작업영상을 보여주고 있다. 해당 작업물의 작업을 끝내고 인근의 작업대상물로 이동하려는 모습이다.

① 작업대를 가장 낮게 내릴 것
② 작업자를 태우고 이동하지 말 것
③ 이동통로의 요철상태 또는 장애물의 유무 등을 확인할 것

117 영상은 항타기의 조립현장을 보여주고 있다. 항타기 및 항발기를 조립하는 경우의 점검해야 하는 사항을 3가지 쓰시오.(6점)

[산기2003B/산기2201A/산기2301A]

크레인을 이용하여 항타기를 조립하는 모습을 보여주는 영상이다.

① 본체 연결부의 풀림 또는 손상의 유무
② 권상기의 설치상태의 이상 유무
③ 리더의 버팀 방법 및 고정상태의 이상 유무
④ 권상용 와이어로프·드럼 및 도르래의 부착상태의 이상 유무
⑤ 권상장치의 브레이크 및 쐐기장치 기능의 이상 유무
⑥ 본체·부속장치 및 부속품의 강도가 적합한지 여부
⑦ 본체·부속장치 및 부속품에 심한 손상·마모·변형 또는 부식이 있는지 여부

▲ 해당 답안 중 3가지 선택 기재

118 동영상은 항타기 작업 중 무너지는 장면을 보여주고 있다. 무너짐 방지 방법과 관련된 조건과 관련된 대책을 쓰시오.(6점)

[산기1701A/기사1701C/산기1801B/기사1802B/기사1904C/기사2002E/기사2004D/산기2104A]

연약지반에 별도의 보강작업 없이 항타작업을 진행 중에 항타기가 밀리면서 전도된 상황을 보여주고 있다.

① 아웃트리거·받침 등 지지구조물이 미끄러질 우려가 있는 경우의 조치사항을 쓰시오.
② 상단과 하단의 고정방법을 쓰시오.
③ 연약한 지반에 설치하는 경우 조치사항을 쓰시오.

① 말뚝 또는 쐐기 등을 사용하여 해당 지지구조물을 고정시킬 것
② 상단 부분은 버팀대·버팀줄로 고정하여 안정시키고, 그 하단 부분은 견고한 버팀·말뚝 또는 철골 등으로 고정시킬 것
③ 아웃트리거·받침 등 지지구조물의 침하를 방지하기 위하여 깔판·받침목 등을 사용할 것

119 동영상은 리프트 재해현장을 보여주고 있다. 동영상을 참고하여 리프트가 넘어지거나 혹은 붕괴되는 원인을 2가지 쓰시오.(4점)

[산기1902B/산기2201B]

리프트로 작업을 진행하던 중 하중을 견디지 못한 리프트가 무너져 옆 건물을 덮친 재해 현장의 모습을 보여주고 있다.

① 연약한 지반에 설치한 경우
② 최대 적재하중을 초과한 경우

120 동영상은 항타기 작업 중 무너지는 장면을 보여주고 있다. 무너짐 방지 방법 2가지를 쓰시오.(4점)

[산기1701A/기사1701C/산기1801B/기사1802B/기사1904C/기사2002E/기사2004D/기사2101B/산기2104A]

연약지반에 별도의 보강작업 없이 항타 작업을 진행 중에 항타기가 밀리면서 전도된 상황을 보여주고 있다.

① 연약한 지반에 설치하는 경우에는 아웃트리거·받침 등 지지구조물의 침하를 방지하기 위하여 깔판·받침목 등을 사용할 것
② 시설 또는 가설물 등에 설치하는 경우에는 그 내력을 확인하고 내력이 부족하면 그 내력을 보강할 것
③ 아웃트리거·받침 등 지지구조물이 미끄러질 우려가 있는 경우에는 말뚝 또는 쐐기 등을 사용하여 해당 지지구조물을 고정시킬 것
④ 궤도 또는 차로 이동하는 항타기 또는 항발기에 대해서는 불시에 이동하는 것을 방지하기 위하여 레일 클램프(rail clamp) 및 쐐기 등으로 고정시킬 것
⑤ 상단 부분은 버팀대·버팀줄로 고정하여 안정시키고, 그 하단 부분은 견고한 버팀·말뚝 또는 철골 등으로 고정시킬 것

▲ 해당 답안 중 2가지 선택 기재

121 굴착기계로 터널을 굴착하면서 흙을 버리는 장면을 보여주는 동영상이다. 장비의 이름과 해당 공법의 적용이 곤란한 지반 2가지를 쓰시오.(6점) [산기1401B/산기1504A/산기1602A/산기1702A/산기1704A]

영상은 터널굴착작업 현장을 보여주고 있다. 굴착 후 나온 흙을 버리는 장면을 보여주고 있다.

가) 명칭 : T.B.M(Tunnel Boring Machine) 공법
나) 적용 곤란 지반
　① 지하수위가 높은 모래 자갈층 지반
　② 유해가스의 발생가능 지역
　③ 전석층 또는 토사와 암반의 경계부

▲ 나)의 답안 중 2가지 선택 기재

122 터널 등의 건설작업을 하는 경우 낙반 등에 의해 근로자가 위험해질 우려가 있는 경우 조치사항을 3가지 쓰시오.(6점) [산기2004B/산기2202A]

동영상은 터널 건설작업을 보여주고 있다. 영상 중간에 천정의 부석이 흔들리는 모습으로 볼 때 낙반의 위험이 있는 곳으로 판단된다.

① 터널 지보공을 설치한다.
② 록볼트를 설치한다.
③ 부석을 제거한다.

123 터널건설작업 중 터널 등의 내부에서 금속의 용접·용단 또는 가열작업을 하는 경우에는 화재를 예방하기 위한 조치 2가지를 쓰시오.(4점)

[산기2002B]

동영상은 터널 건설작업을 보여주고 있다. 강아치 지보공 작업을 진행하면서 용접작업을 하고 있는 작업자의 모습이 보인다.

① 해당 작업에 종사하는 근로자에게 소화설비의 설치장소 및 사용방법을 주지시킬 것
② 해당 작업 종료 후 불티 등에 의하여 화재가 발생할 위험이 있는지를 확인할 것
③ 부근에 있는 넝마, 나무부스러기, 종이부스러기, 그 밖의 인화성 액체를 제거하거나, 그 인화성 액체에 불연성 물질의 덮개를 하거나, 그 작업에 수반하는 불티 등이 날아 흩어지는 것을 방지하기 위한 격벽을 설치할 것

▲ 해당 답안 중 2가지 선택 기재

124 동영상은 지하의 작업장에서 작업을 하고 있는 상황을 보여주고 있다. 다음과 같은 조건에서의 작업조도의 기준을 쓰시오.(4점)

[산기2001A/산기2302A]

작업자가 지하의 밀폐된 작업장에서 도장작업을 하고 있는 상황을 보여주고 있다.

① 일반작업　　　　② 정밀작업

① 150Lux 이상　　　　② 300Lux 이상

✔ 근로자가 상시 작업하는 장소의 작업면 조도

초정밀작업	정밀작업	보통작업	그 밖의 작업
750Lux 이상	300Lux 이상	150Lux 이상	75Lux 이상

125 동영상은 강아치 지보공을 보여준다. 강아치 지보공을 조립할 때 준수해야 할 사항을 3가지 쓰시오.(6점)

[산기|1602B]

동영상은 터널 건설작업을 보여주고 있다. 강아치 지보공 작업을 진행하면서 용접작업을 하고 있는 작업자의 모습이 보인다.

① 조립간격은 조립도에 따를 것
② 주재가 아치작용을 충분히 할 수 있도록 쐐기를 박는 등 필요한 조치를 할 것
③ 연결볼트 및 띠장 등을 사용하여 주재 상호간을 튼튼하게 연결할 것
④ 터널 등의 출입구 부분에는 받침대를 설치할 것
⑤ 낙하물이 근로자에게 위험을 미칠 우려가 있는 경우에는 널판 등을 설치할 것

▲ 해당 답안 중 3가지 선택 기재

126 동영상은 현재 개통 중인 서해대교의 공사현장이다. 시공순서와 교량형식을 쓰시오.(4점)

[산기1401A/기사1402B/기사1504B/산기1602B/기사1701A/기사1702B/산기1704A]

지금은 개통된 서해대교의 마지막 공사현장의 모습을 보여주고 있다.

① 시공순서 : 우물통 기초 → 주탑시공 → 케이블 설치 → 상판 아스팔트 타설
② 교량형식 : 사장교

127 동영상은 교량가설 공법을 보여주고 있다. 이와 같은 공법의 가) 명칭, 나) 2번의 명칭, 다) 5번의 용도, 라) 장점 3가지를 쓰시오.(4점) [산기1601A]

동영상은 교량의 가설현장을 보여주고 있다. 1번 화면은 현장의 전경, 2번 화면은 추진코, 3번 화면은 PC슬래브 제작장, 4번 화면은 반력대, 5번 화면은 추진잭, 6번 화면은 슬래브 탈락방지시설 등을 보여주고 있다.

가) 명칭 : I.L.M(Incremental Launching Method, 압출공법)
나) 2번의 명칭 : 추진코
다) 추진잭 용도 : PSC 박스거더를 전방으로 밀어내기 위한 장비
라) 장점 : ① 공기단축 ② 경제적 ③ 교량 하부조건에 무관

128 동영상은 발파작업 현장을 보여주고 있다. 발파작업 시 화약류가 폭발하지 아니한 경우 또는 장전된 화약류의 폭발 여부를 확인하기 곤란한 경우 행동요령에 대한 설명의 ( ) 안을 채우시오.(4점) [산기2002A]

터널 내부에서 장약을 넣고 있는 작업자들과 전체 작업장을 보여준 후 터널 외부를 보여주고 폭파하는 듯 주변의 떨림이 발생하는 것을 보여준다.

가) 전기뇌관에 의한 경우에는 발파모선을 점화기에서 떼어 그 끝을 단락시켜 놓는 등 재점화되지 않도록 조치하고 그 때부터 (①)분 이상 경과한 후가 아니면 화약류의 장전장소에 접근시키지 않도록 할 것
나) 전기뇌관 외의 것에 의한 경우에는 점화한 때부터 (②)분 이상 경과한 후가 아니면 화약류의 장전장소에 접근시키지 않도록 할 것

① 5   ② 15

129 동영상은 발파 현장을 보여주고 있다. 발파작업 시 근로자 준수사항을 3가지 쓰시오.(6점) [산기2003B]

채석장에서 발파작업을 진행하고 있다. 장약 설치 후 전기뇌관을 점검한 후 근처의 작업자들에게 대피할 것을 외치고 있다.

① 화약이나 폭약을 장전하는 경우에는 그 부근에서 화기를 사용하거나 흡연을 하지 않도록 할 것
② 장전구는 마찰·충격·정전기 등에 의한 폭발의 위험이 없는 안전한 것을 사용할 것
③ 발파공의 충진재료는 점토·모래 등 발화성 또는 인화성의 위험이 없는 재료를 사용할 것
④ 얼어붙은 다이너마이트는 화기에 접근시키거나 그 밖의 고열물에 직접 접촉시키는 등 위험한 방법으로 융해되지 않도록 할 것
⑤ 전기뇌관에 의한 발파의 경우 점화하기 전에 화약류를 장전한 장소로부터 30m 이상 떨어진 안전한 장소에서 전선에 대하여 저항측정 및 도통시험을 할 것

▲ 해당 답안 중 3가지 선택 기재

130 동영상은 아파트의 해체작업을 보여주고 있다. 분진방지 대책 2가지를 쓰시오.(4점)

[산기1802A/산기1904B/산기2104A]

동영상은 아파트 해체작업을 보여주고 있다. 압쇄장치를 이용해서 건물의 외벽과 구조물을 뜯어내는 모습이 보인다. 먼지가 비산하고 있다.

① 물을 뿌린다.
② 방진벽을 설치한다.

131 근로자가 상시 분진작업을 하는 경우 사업주가 근로자에게 주지시켜야 하는 사항을 3가지 쓰시오.(6점)

[산기2002B]

분진작업현장에서 마스크를 착용하지
않은 작업자가 지나가고 있다.

① 분진의 유해성과 노출경로
② 작업장 및 개인위생 관리
③ 호흡용 보호구의 사용 방법
④ 분진의 발산 방지와 작업장의 환기 방법
⑤ 분진에 관련된 질병 예방 방법

▲ 해당 답안 중 3가지 선택 기재

132 동영상은 채석작업 현장을 보여주고 있다. 채석작업 시 붕괴 또는 낙하에 의한 근로자 위험 발생 시 위험을
방지하기 위한 조치사항을 2가지 쓰시오.(4점)

[산기2202A]

백호의 굴착작업 현장 모습을 보여주고
있다.

① 토석·입목 등을 미리 제거한다.
② 방호망을 설치한다.

133 동영상은 도로에서 살수차가 물을 뿌리고 있는 모습을 보여준다. 살수차의 살수 목적을 쓰시오.(4점)

[산기2001A]

도로에서 살수차가 물을 뿌리는 장면을 보여주고 있다.

• 분진의 방지

MEMO

2024 | 한국산업인력공단 | 국가기술자격

고시넷
고패스

건설안전산업기사 실기
필답형 + 작업형
기출복원문제 + 유형분석

작업형 회차별
기출복원문제 39회분
(2017~2023년)

gosinet
(주)고시넷

01 영상은 가설통로를 보여주고 있다. 가설통로 설치 시 준수사항에 대한 다음 물음에 답하시오.(4점)

[산기1901B/산기2002B/산기2202A/산기2304A]

동영상은 아파트 공사현장의 가설 경사로를 보여주고 있다.

• 경사는 (①)도 이하로 할 것
• 경사가 (②)도를 초과하는 경우에는 미끄러지지 아니하는 구조로 할 것

① 30 　　　　　　　　　② 15

02 동영상은 공사현장을 지나다 낙하물에 다치는 재해영상이다. 낙하물로 인한 재해 방지대책을 2가지 쓰시오. (4점)

[산기1904B/산기2001A/기사2003A/산기2201A/산기2304A/산기2302A]

고소에서 작업 중에 작업발판이 없어 불안해하던 작업자가 딛고선 비계에 살짝 미끄러지면서 파이프를 떨어뜨리는 사고가 발생했다. 마침 작업장 아래에 다른 작업자가 주머니에 손을 넣고 지나가다가 떨어진 파이프에 맞아 쓰러지는 사고가 발생하는 것을 보여주고 있다. 이때 작업현장에는 낙하물방지망 등 방호설비가 설치되지 않은 상태이다.

① 낙하물방지망 설치　　　② 방호선반의 설치
③ 수직보호망의 설치　　　④ 출입금지구역의 설정

▲ 해당 답안 중 2가지 선택 기재

03 동영상은 교량 상부에서 콘크리트 펌프카를 사용한 콘크리트 타설 작업을 보여주고 있다. 콘크리트 펌프 또는 콘크리트 펌프카 사용 시 준수사항을 3가지 쓰시오.(6점) [기사1502B/기사1601B/기사1702A/기사1804B/

산기1901A/산기1904A/기사2001A/기사2001B/기사2002C/기사2003D/기사2101C/산기2102A/기사2102B/산기2201B/산기2304A]

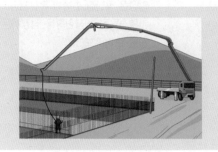

신호수가 신호를 하면서 콘크리트 타설작업이 진행 중인 상황을 보여주고 있다. 교량상부에서 콘크리트 펌프카를 사용하여 타설작업 중이다.

① 작업을 시작하기 전에 콘크리트 펌프용 비계를 점검하고 이상을 발견하였으면 즉시 보수할 것
② 건축물의 난간 등에서 작업하는 근로자가 호스의 요동·선회로 인하여 추락하는 위험을 방지하기 위하여 안전난간 설치 등 필요한 조치를 할 것
③ 콘크리트 펌프카의 붐을 조정하는 경우에는 주변의 전선 등에 의한 위험을 예방하기 위한 적절한 조치를 할 것
④ 작업 중에 지반의 침하, 아웃트리거의 손상 등에 의하여 콘크리트 펌프카가 넘어질 우려가 있는 경우는 이를 방지하기 위한 적절한 조치를 할 것

▲ 해당 답안 중 3가지 선택 기재

04 동영상은 고소작업대 위에서 용접작업을 하고 있는 모습을 보여주고 있다. 고소작업대 이동 시 준수사항을 2가지 쓰시오.(4점) [산기1802B/산기2001A/산기2304A]

고소작업대 위에서 용접작업을 하는 작업자의 작업영상을 보여주고 있다. 해당 작업물의 작업을 끝내고 인근의 작업대상물로 이동하려는 모습이다.

① 작업대를 가장 낮게 내릴 것
② 작업자를 태우고 이동하지 말 것
③ 이동통로의 요철상태 또는 장애물의 유무 등을 확인할 것

▲ 해당 답안 중 2가지 선택 기재

05 산업안전보건법령상 가연성 물질이 있는 장소에서의 화재위험작업 시 준수사항 3가지를 쓰시오.(6점)

[산기2102A/산기2104B/산기2304A]

영상은 작업장 한쪽의 유류저장소 등 가연성물질 취급현황을 점검하는 모습을 보여주고 있다.

① 작업 준비 및 작업 절차 수립
② 작업장 내 위험물의 사용·보관 현황 파악
③ 작업근로자에 대한 화재예방 및 피난교육 등 비상조치
④ 화기작업에 따른 인근 가연성물질에 대한 방호조치 및 소화기구 비치
⑤ 용접불티 비산방지덮개, 용접방화포 등 불꽃, 불티 등 비산방지조치
⑥ 인화성 액체의 증기 및 인화성 가스가 남아 있지 않도록 환기 등의 조치

▲ 해당 답안 중 3가지 선택 기재

06 동영상은 크레인을 이용하여 목재를 인양하는 작업을 보여주고 있다. 줄걸이 작업 시 준수사항 3가지를 쓰시오.(6점)

[산기1904B/산기2202A/산기2304A]

크레인을 이용하여 목재를 작업현장으로 이동시키는 작업을 수행중이다. 목재를 철사로 묶어 크레인의 훅에 철사를 걸어서 인양하려고 하고 있다.

① 와이어로프 등은 크레인의 후크 중심에 걸어야 한다.
② 인양 물체의 안정을 위하여 2줄 걸이 이상을 사용하여야 한다.
③ 밑에 있는 물체를 걸고자 할 때는 위의 물체를 제거한 후에 행하여야 한다.
④ 매다는 각도는 60도 이내로 하여야 한다.
⑤ 근로자를 매달린 물체 위에 탑승시키지 않아야 한다.

▲ 해당 답안 중 3가지 선택 기재

07 동영상은 사다리식 통로를 보여주고 있다. 사다리식 통로를 설치하는 경우 사업주 준수사항에 대한 다음 설명의 ( ) 안을 채우시오.(4점)

[산기2304A]

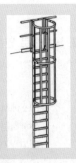

작업현장에 설치된 고정식 수직사다리를 보여주고 있다. 바닥에서부터 높이 2.5미터 되는 지점부터는 등받이울이 설치된 것을 확인할 수 있다.

• 발판의 간격은 (①)하게 하고, 폭은 (②)cm 이상으로 할 것

① 일정
② 30

08 동영상은 이동식 비계를 이용한 작업 중 추락재해가 발생하는 것을 보여준다. 이동식 비계의 올바른 설치 기준을 3가지 쓰시오.(6점)

[기사1404B/기사1602C/기사1604B/산기1604B/산기1702A/

기사1801B/산기1801B/기사1802A/기사1802B/산기1804B/기사1904B/기사2001A/기사2002B/산기2202A/산기2301A/산기2304A]

이동식 비계를 이용해서 거푸집 설치작업을 진행중인 모습을 보여준다. 비계를 고정하지 않아 흔들리다 작업자가 바닥으로 추락하는 재해가 발생한다.

① 승강용 사다리는 견고하게 설치할 것
② 비계의 최상부에서 작업을 하는 경우에는 안전난간을 설치할 것
③ 작업발판의 최대적재하중은 250킬로그램을 초과하지 않도록 할 것
④ 작업발판은 항상 수평을 유지하고 작업발판 위에서 안전난간을 딛고 작업을 하거나 받침대 또는 사다리를 사용하여 작업하지 않도록 할 것
⑤ 이동식 비계의 바퀴에는 뜻밖의 갑작스러운 이동 또는 전도를 방지하기 위하여 브레이크·쐐기 등으로 바퀴를 고정시킨 다음 비계의 일부를 견고한 시설물에 고정하거나 아웃트리거(outrigger, 전도방지용 지지대)를 설치하는 등 필요한 조치를 할 것

▲ 해당 답안 중 3가지 선택 기재

01 동영상은 공사현장을 지나다 낙하물에 다치는 재해영상이다. 낙하물로 인한 재해 방지대책을 2가지 쓰시오. (4점)

[산기1904B/산기2001A/기사2003A/산기2201A/산기2304A/산기2302A]

고소에서 작업 중에 작업발판이 없어 불안해하던 작업자가 딛고선 비계에 살짝 미끄러지면서 파이프를 떨어뜨리는 사고가 발생했다. 마침 작업장 아래에 다른 작업자가 주머니에 손을 넣고 지나가다가 떨어진 파이프에 맞아 쓰러지는 사고가 발생하는 것을 보여주고 있다. 이때 작업현장에는 낙하물방지망 등 방호설비가 설치되지 않은 상태이다.

① 낙하물방지망 설치   ② 방호선반의 설치
③ 수직보호망의 설치   ④ 출입금지구역의 설정

▲ 해당 답안 중 2가지 선택 기재

02 동영상은 2m 이상의 작업장소에 부착된 작업발판을 보여주고 있다. 작업발판의 설치기준과 관련된 다음 설명의 ( ) 안을 채우시오.(4점)

[산기2302A]

동영상은 철골구조물을 건립하는 작업현장의 모습이다. 철골구조물에 부착된 작업발판을 집중적으로 보여준다.

• 작업발판의 폭은 (①)센티미터 이상으로 하고, 발판재료 간의 틈은 (②)센티미터 이하로 할 것

① 40   ② 3

03 동영상은 콘크리트 타설 및 타설 후 면마감 작업을 보여주고 있다. 콘크리트 타설작업 시 안전조치 사항을 3가지 쓰시오.(6점)

[산기1604B/산기1801A/기사1801C/산기1804A/기사1804C/기사1901C/산기1902A/산기2001A/산기2004A/기사2004B/산기2302A]

콘크리트 타설 현장의 모습을 보여주고 있다. 타설할 때 작업발판도 없고 난간도 없고 방망도 없으며, 작업자는 안전모 턱끈을 느슨하게 하고 있다.

① 콘크리트 타설작업 시 거푸집 붕괴의 위험이 발생할 우려가 있으면 충분한 보강조치를 할 것
② 설계도서상의 콘크리트 양생기간을 준수하여 거푸집 동바리 등을 해체할 것
③ 콘크리트를 타설하는 경우에는 편심이 발생하지 않도록 골고루 분산하여 타설할 것
④ 작업 시작 전에 거푸집 동바리 등의 변형·변위 및 지반의 침하 유무 등을 점검하고 이상이 있으면 보수할 것
⑤ 작업 중에는 거푸집 동바리 등의 변형·변위 및 침하 유무 등을 감시할 수 있는 감시자를 배치하여 이상이 있으면 작업을 중지하고 근로자를 대피시킬 것

▲ 해당 답안 중 3가지 선택 기재

04 동영상은 지하의 작업장에서 보통작업을 하고 있는 상황을 보여주고 있다. 다음과 같은 조건에서의 작업조도의 기준을 쓰시오.(단, 갱내 및 감광재료 취급 작업장 제외)(4점)   [산기2001A/산기2302A]

작업자가 지하의 밀폐된 작업장에서 도장작업을 하고 있는 상황을 보여주고 있다.

① 일반작업	② 정밀작업
① 150Lux 이상	② 300Lux 이상

05 동영상은 크레인을 이용한 인양작업을 보여주고 있다. 운전자가 작업시작 전 유의해야 할 사항에 대한 다음 설명 중 ( ) 안을 채우시오.(6점)

[산기|1904B/산기|2202A]

고정식 크레인을 이용하여 화물을 인양하는 작업현장을 보여주고 있다.

가) 스위치에는 표지(점검 중 스위치를 넣지 말 것 등)를 부착하거나 (①)를 해야 한다.
나) 주행로 상에 복수의 장비가 있을 때에는 주행로 양측에 (②)을 설치하여 인접 장비와의 충돌을 방지하여야 한다.
다) 점검을 능률적으로 하기 위하여 (③)명 이상의 점검자가 점검할 때는 사전에 점검범위 등을 협의하여야 한다.

① 시건 장치 ② 가설 고임목 ③ 2

06 영상은 가설통로를 보여주고 있다. 가설통로 설치 시 준수사항에 대한 다음 물음에 답하시오.(4점)

[산기|1901B/산기|2002B/산기|2202A/산기|2302A/산기|2304A]

동영상은 아파트 공사현장의 가설 경사로를 보여주고 있다.

수직갱에 가설된 통로의 길이가 (①)m 이상인 경우에는 (②)m 이내마다 계단참을 설치할 것

① 15 ② 10

07 동영상은 아파트 단지 내에서 하수관로 매설작업을 수행하고 있는 전경을 보여주고 있다. 동영상을 참고하여 가) 재해형태, 나) 기인물, 다) 가해물을 쓰시오.(6점)

[산기1401B/산기1404B/산기1604A/산기1901A/산기2003A/산기2301A/산기2302A]

백호가 흄관을 1줄걸이로 인양하여 매설하고 있으며, 흄관 바로 밑에 작업 근로자가 2명이 있고 인양 중 흄관이 작업자에게 떨어져 다리가 끼인다.

가) 재해형태 : 협착(끼임)
나) 기인물 : 백호
다) 가해물 : 흄관(=하수관)

08 동영상은 흙막이 지보공 설치 작업을 보여주고 있다. 흙막이 지보공 정기 점검사항 3가지를 쓰시오.(6점)

[산기1402A/산기1601B/산기1602B/기사1802A/기사1901B/
산기1901B/산기1902B/기사1904B/산기2002B/기사2003A/산기2003A/산기2004A/산기2102B/산기2204A/산기2302A]

흙막이 지보공이 설치된 작업현장을 보여주고 있다. 이틀 동안 계속된 비로 인해 지보공의 일부가 터져서 토사가 밀려든 모습이다.

① 부재의 손상·변형·부식·변위 및 탈락의 유무와 상태
② 버팀대 긴압의 정도
③ 부재의 접속부·부착부 및 교차부 상태
④ 침하의 정도

▲ 해당 답안 중 3가지 선택 기재

01 동영상은 아파트 단지 내에서 하수관로 매설작업을 수행하고 있는 전경을 보여주고 있다. 동영상을 참고하여 가) 재해형태, 나) 가해물을 쓰시오.(4점) [산기1401B/산기1404B/산기1604A/산기1901A/산기2003A/산기2301A/산기2302A]

백호가 흄관을 1줄걸이로 인양하여 매설하고 있으며, 흄관 바로 밑에 작업 근로자가 2명이 있고 인양 중 흄관이 작업자에게 떨어져 다리가 끼인다.

가) 재해형태 : 협착(끼임)
나) 가해물 : 흄관(=하수관)

02 동영상은 거푸집 동바리의 조립 영상이다. 영상을 보고 동바리로 사용하는 파이프 서포트에 대한 질문에 답하시오.(4점) [산기1401A/산기1401B/산기1801B/산기1901A/산기2101B/산기2104B/산기2202B/산기2204A/산기2301A]

동영상은 거푸집 동바리를 조립하고 있는 모습을 보여주고 있다.

가) 파이프 서포트를 (①)개 이상 이어서 사용하지 않도록 할 것
나) 파이프 서포트를 이어서 사용하는 경우에는 (②)개 이상의 볼트 또는 전용철물을 사용하여 이을 것

① 3   ② 4

03 영상은 항타기의 조립현장을 보여주고 있다. 항타기 및 항발기를 조립하는 경우의 점검해야 하는 사항을 3가지 쓰시오.(6점)

[산기2003B/산기2201A/산기2301A]

크레인을 이용하여 항타기를 조립하는 모습을 보여주는 영상이다.

① 본체 연결부의 풀림 또는 손상의 유무
② 권상기의 설치상태의 이상 유무
③ 리더의 버팀 방법 및 고정상태의 이상 유무
④ 권상용 와이어로프·드럼 및 도르래의 부착상태의 이상 유무
⑤ 권상장치의 브레이크 및 쐐기장치 기능의 이상 유무
⑥ 본체·부속장치 및 부속품의 강도가 적합한지 여부
⑦ 본체·부속장치 및 부속품에 심한 손상·마모·변형 또는 부식이 있는지 여부

▲ 해당 답안 중 3가지 선택 기재

04 동영상의 공사용 가설도로를 설치하는 경우 준수사항을 3가지 쓰시오.(6점)

[산기1904B/산기2003A/산기2202B/산기2301A]

동영상은 진동롤러를 이용해 작업장 진입용 가설도로를 설치하는 것을 보여주고 있다.

① 도로는 장비와 차량이 안전하게 운행할 수 있도록 견고하게 설치할 것
② 도로와 작업장이 접하여 있을 경우에는 울타리 등을 설치할 것
③ 도로는 배수를 위하여 경사지게 설치하거나 배수시설을 설치할 것
④ 차량의 속도제한 표지를 부착할 것

▲ 해당 답안 중 3가지 선택 기재

05 동영상은 안전난간을 보여준다. 안전난간의 구성요소를 순서대로 쓰시오.(4점)

[산기2003B/산기2102B/산기2202B/산기2301A]

안전난간의 구성요소를 순서대로 보여주면서 설치하는 모습이다.

① 상부 난간대   ② 중간 난간대
③ 발끝막이판   ④ 난간기둥

06 동영상은 이동식 비계를 이용한 작업 중 추락재해가 발생하는 것을 보여준다. 이동식 비계의 올바른 설치기준을 3가지 쓰시오.(6점)

[기사1404B/기사1602C/기사1604B/산기1604B/산기1702A/

기사1801B/산기1801B/기사1802A/기사1802B/산기1804B/기사1904B/기사2001A/기사2002B/산기2202A/산기2301A/산기2304A]

이동식 비계를 이용해서 거푸집 설치작업을 진행중인 모습을 보여준다. 비계를 고정하지 않아 흔들리다 작업자가 바닥으로 추락하는 재해가 발생한다.

① 승강용 사다리는 견고하게 설치할 것
② 비계의 최상부에서 작업을 하는 경우에는 안전난간을 설치할 것
③ 작업발판의 최대적재하중은 250킬로그램을 초과하지 않도록 할 것
④ 작업발판은 항상 수평을 유지하고 작업발판 위에서 안전난간을 딛고 작업을 하거나 받침대 또는 사다리를 사용하여 작업하지 않도록 할 것
⑤ 이동식 비계의 바퀴에는 뜻밖의 갑작스러운 이동 또는 전도를 방지하기 위하여 브레이크·쐐기 등으로 바퀴를 고정시킨 다음 비계의 일부를 견고한 시설물에 고정하거나 아웃트리거(outrigger, 전도방지용 지지대)를 설치하는 등 필요한 조치를 할 것

▲ 해당 답안 중 3가지 선택 기재

07 동영상은 콘크리트 믹서 트럭의 바퀴를 물로 씻는 장면을 보여주고 있다. 이 장비의 이름과 용도를 쓰시오.(4점)

[산기1904A/산기2003A/기사2001A/산기2204B/산기2301A]

공사현장에 출입하는 콘크리트 믹서 트럭이 공사현장을 떠나는 출구쪽에서 별도의 장비를 통과하는 모습을 보여준다. 해당 장비에서는 물이 분무되고 콘크리트 믹서 트럭의 바퀴에 묻은 흙 등을 씻어내는 모습을 보여준다.

① 이름 : 세륜기
② 용도 : 건설기계의 바퀴에 묻은 분진이나 토사를 제거한다.

08 동영상은 흙막이를 설치하는 모습을 보여주고 있다. 해당 공법의 명칭과 사용하는 굴착기계의 명칭을 쓰시오.(6점)

[산기2301A]

흙막이 벽에 앵커가 쭉 박혀있는 모습을 보여준다. 그리고 굴착기계는 무환궤도에 높은 기둥이 박혀있는 기계로 땅을 굴착하고 있다.

① 공법 : 어스앵커공법
② 굴착기계 : 크롤러 드릴

01 동영상은 철골구조물에 부착된 작업발판을 보여주고 있다. 다음 물음에 답하시오.(4점)

[산기1801B/산기1901B/산기2004B/산기2204A]

동영상은 철골구조물을 건립하는 작업현장을 보여준다. 작업자 2명이 철골구조물에 부착된 작업발판을 지적하면서 잘못 설치된 작업발판을 다시 설치할 것에 대해 논의하고 있다.

가) 작업발판의 폭을 (①)cm 이상으로 설치한다.
나) 발끝막이판은 바닥면 등으로부터 (②)cm 이상의 높이를 유지한다.

① 40   ② 10

02 동영상은 거푸집 동바리의 조립 영상이다. 영상을 보고 동바리로 사용하는 파이프 서포트에 대한 질문에 답하시오.(6점)

[산기1401A/산기1401B/산기1801B/산기1901A/산기2101B/산기2104B/산기2202B/산기2204A]

동영상은 거푸집 동바리를 조립하고 있는 모습을 보여주고 있다.

가) 파이프 서포트를 (①)개 이상 이어서 사용하지 않도록 할 것
나) 파이프 서포트를 이어서 사용하는 경우에는 (②)개 이상의 볼트 또는 전용철물을 사용하여 이을 것
나) (높이가 3.5m를 초과하는 경우에는) (③)m 이내마다 수평연결재를 (④)개 방향으로 설치하고, 수평연결재의 변위를 방지할 것

① 3   ② 4   ③ 2   ④ 2

03 동영상은 목재가공용 둥근톱을 이용하여 작업을 하던 중 발생된 재해사례를 보여주고 있다. 동영상을 참고하여 다음 각 물음에 답하시오.(6점)

[산기1602A/기사1802A/산기1804A/기사1904C/산기2204A]

작업자가 목장갑을 착용하고 목재를 가공하고 있다. 둥근톱장치에는 반발예방장치가 설치되어 있지 않다.

가) 동영상에 보여진 재해의 발생원인을 2가지만 쓰시오.
나) 동영상에서와 같이 전동기계·기구를 사용하여 작업을 할 때 누전차단기를 반드시 설치해야 하는 작업장소를 1가지 쓰시오.

가) 재해의 발생원인
   ① 회전기계 작업 중 장갑을 착용하고 작업하고 있다.
   ② 분할날 등 반발예방장치가 설치되지 않은 둥근톱장치를 사용해서 작업 중이다.
나) 누전차단기를 설치해야 하는 작업장소
   ① 대지전압이 150V를 초과하는 이동형 또는 휴대형 전기기계·기구를 사용할 때
   ② 물 등 도전성이 높은 액체가 있는 습윤장소에서 사용하는 저압용 전기기계·기구
   ③ 철판·철골 위 등 도전성이 높은 장소에서 사용하는 이동형 또는 휴대형 전기기계·기구
   ④ 임시배선의 전로가 설치되는 장소에서 사용하는 이동형 또는 휴대형 전기기계·기구

   ▲ 나)의 답안 중 1가지 선택 기재

04 동영상은 작업중에 있는 건설기계를 보여주고 있다. 건설기계의 명칭과 기능을 1가지 쓰시오.(4점)

[산기2204A]

롤러를 이용해서 아스팔트를 다지고 있는 모습을 보여주고 있다.

가) 명칭 : 탠덤롤러
나) 기능 :　① 점성토나 자갈, 쇄석의 다짐　　　② 아스팔트 포장의 마무리

   ▲ 나)의 답안 중 1가지 선택 기재

05 동영상은 흙막이 지보공 설치 작업을 보여주고 있다. 흙막이 지보공 정기 점검사항 3가지를 쓰시오.(6점)

[산기1402A/산기1601B/산기1602B/기사1802A/기사1901B/

산기1901B/산기1902B/기사1904B/산기2002B/기사2003A/산기2003A/산기2004A/산기2102B/산기2204A/산기2302A]

흙막이 지보공이 설치된 작업현장을 보여주고 있다. 이틀 동안 계속된 비로 인해 지보공의 일부가 터져서 토사가 밀려든 모습이다.

① 부재의 손상·변형·부식·변위 및 탈락의 유무와 상태
② 버팀대 긴압의 정도
③ 부재의 접속부·부착부 및 교차부 상태
④ 침하의 정도

▲ 해당 답안 중 3가지 선택 기재

06 동영상은 작업자가 통로를 걷다 개구부로 추락하는 상황을 보여주고 있다. 추락의 위험이 존재하는 장소에서의 안전 조치사항 3가지를 쓰시오.(6점)

[기사1401C/산기1402A/산기1402B/산기1504B/기사1504C/

기사1602B/산기1701B/산기1702A/기사1804B/산기2002B/기사2004C/산기2101A/기사2204A/산기2204A]

작업자가 통로를 걷다 개구부를 미처 확인하지 못하여 개구부로 추락하는 상황을 보여주고 있다.
해당 개구부에는 별도의 방호장치가 설치되지 않은 상태이다.

① 안전난간을 설치한다.   ② 추락방호망을 설치한다.
③ 울타리를 설치한다.   ④ 수직형 추락방망을 설치한다.
⑤ 덮개를 뒤집히거나 떨어지지 않도록 설치한다.
⑥ 어두울 때도 알아볼 수 있도록 개구부임을 표시한다.
⑦ 추락방호망 설치가 곤란한 경우 작업자에게 안전대를 착용하게 하는 등 추락방지 조치를 한다.

▲ 해당 답안 중 3가지 선택 기재

07 높이 15m 이상의 고층건물 건설현장에서 지상의 근로자 안전을 위해 설치하는 시설물에 대한 설명이다. ( ) 안을 채우시오.(4점)

[기사1404C/산기1601B/기사1602B/산기1901B/산기2002A/산기2004A/산기2101A/산기2102B/산기2104A/산기2104B/산기2204A]

고소에 설치된 낙하물방지망의 한쪽 끝이 풀려 바람에 날리는 장면을 보여주고 있다. 이에 작업자가 낙하물방지망을 보수하기 위해 바람에 날리는 낙하물방지망의 매듭 부위에 접근하고 있는 장면을 보여주고 있다.

- .높이 (①)미터 이내마다 설치하고, 내민 길이는 벽면으로부터 (②)미터 이상으로 할 것

① 10　　　　　　　　　　　　　② 2

08 건설공사 중 가설구조물의 붕괴 등 재해발생 위험이 높다고 판단되는 경우 건설공사를 발주한 도급인에게 설계변경 요청을 할 수 있는 가설구조물의 종류를 2가지 쓰시오.(4점)

[산기2204A]

동영상은 대형 쇼핑몰을 짓고 있는 철골공사 현장의 모습이다. 비계와 거푸집 등 가설구조물의 모습을 집중적으로 보여주고 있다.

① 높이 31미터 이상인 비계　　　　② 작업발판 일체형 거푸집
③ 높이 6미터 이상인 거푸집 동바리　④ 터널의 지보공
⑤ 높이 2미터 이상인 흙막이 지보공　⑥ 동력을 이용하여 움직이는 가설구조물

▲ 해당 답안 중 2가지 선택 기재

01 동영상은 건설현장에서 차량계 하역운반기계를 사용하여 작업하는 장면을 보여주고 있다. 차량계 하역운반 기계에 화물을 적재할 때 준수할 사항을 3가지 쓰시오.(6점)

[산기1504A/산기1602A/산기1702A/기사1804C/산기2001A/기사2003C/산기2102B/산기2104B/산기2204B]

지게차로 화물을 이동 중에 발생한 재해상황을 보여주고 있다. 화물을 적재한 후 포크를 높이 올린 상태에서 이동 중이며, 이동 시 화물이 흔들리는 모습을 보여준다. 이후 화면에서 흔들리던 화물이 신호수에게 낙하하여 재해가 발생한다.

① 하중이 한쪽으로 치우치지 않도록 적재할 것
② 운전자의 시야를 가리지 않도록 화물을 적재할 것
③ 화물을 적재하는 경우에는 최대적재량을 초과해서는 아니 된다.
④ 구내운반차 또는 화물자동차의 경우 화물의 붕괴 또는 낙하에 의한 위험을 방지하기 위하여 화물에 로프를 거는 등 필요한 조치한다.

▲ 해당 답안 중 3가지 선택 기재

02 동영상은 낙하물방지망을 보수하는 장면이다. 낙하물방지망 설치와 관련된 다음 설명의 ( ) 안을 채우시오. (4점)

[기사1404C/산기1601B/기사1602B/산기1901B/산기2002A/산기2004A/산기2101A/산기2102B/산기2104A/산기2104B/산기2204B]

고소에 설치된 낙하물방지망의 한쪽 끝이 풀려 바람에 날리는 장면을 보여주고 있다. 이에 작업자가 낙하물방지망을 보수하기 위해 바람에 날리는 낙하물방지망의 매듭 부위에 접근하고 있는 장면을 보여주고 있다.

낙하물방지망의 설치는 (①)m 이내마다 설치하고, 수평면과의 각도는 (②)도를 유지하도록 한다.

① 10   ② 20~30

03 동영상은 철조망 안쪽에 변압기(=임시배전반) 설치장소의 충전부에 접촉하여 감전사고가 발생한 것을 보여주고 있다. 간접접촉 예방대책 3가지를 쓰시오.(6점) [기사1401B/기사1404B/산기1501A/기사1502B/산기1504B/
기사1601A/기사1601C/산기1602A/산기1604B/산기1701A/기사1702C/기사1704B/기사1804A/기사2001B/산기2204B]

동영상은 건설현장의 한쪽에 마련된 임시 배전반이 설치된 장소를 보여주고 있다. 새로운 장비의 설치를 위해서 일부 근로자가 임시배전반이 보관된 철조망 안으로 들어가서 변압기를 옮기다가 노출된 충전부에 접촉하여 감전재해가 발생하는 모습을 보여주고 있다.

① 충전부가 노출되지 않도록 폐쇄형 외함이 있는 구조로 할 것
② 충전부에 충분한 절연효과가 있는 방호망이나 절연덮개를 설치할 것
③ 충전부는 내구성이 있는 절연물로 완전히 덮어 감쌀 것
④ 발전소·변전소 및 개폐소 등 구획된 장소로서 관계 근로자가 아닌 사람의 출입이 금지되는 장소에 충전부를 설치하고, 위험표시 등의 방법으로 방호를 강화할 것
⑤ 전주 위 및 철탑 위 등 격리된 장소로서 관계 근로자가 아닌 사람이 접근할 우려가 없는 장소에 충전부를 설치할 것

▲ 해당 답안 중 3가지 선택 기재

04 동영상은 지하의 작업장에서 보통작업을 하고 있는 상황을 보여주고 있다. 작업조도의 기준을 쓰시오.(4점)

[산기2001A/산기2204B]

작업자가 지하의 밀폐된 작업장에서 도장작업을 하고 있는 상황을 보여주고 있다.

• 150Lux 이상

05 동영상은 굴착작업 시 비가 올 경우 지반의 붕괴를 방지하기 위해 사업주의 조치상황을 보여주고 있다. 산업안전보건법령상 굴착작업 시 비가 올 경우 빗물 등의 침투에 의한 붕괴재해를 방지하기 위한 사업주의 조치사항 2가지를 쓰시오.(4점) [산기2102A/산기2204B]

굴착작업 현장에서 장마철을 대비하여 붕괴재해 방지를 위한 작업 모습을 보여주고 있다.

① 측구(側溝)를 설치한다.
② 굴착경사면에 비닐을 덮는다.

06 동영상은 거푸집 동바리의 조립 영상이다. 영상을 보고 동바리로 사용하는 파이프 서포트에 대한 질문에 답하시오.(6점) [산기1401A/산기1401B/산기1801B/산기1901A/산기2101B/산기2104B/산기2204A]

동영상은 거푸집 동바리를 조립하고 있는 모습을 보여주고 있다.

가) 받침목이나 깔판의 사용, 콘크리트 타설, 말뚝박기 등 동바리의 (①)를 방지하기 위한 조치를 할 것
나) 개구부 상부에 동바리를 설치하는 경우에는 상부하중을 견딜 수 있는 견고한 (②)를 설치할 것
다) 강재의 접속부 및 교차부는 볼트·클램프 등 (③)을 사용하여 단단히 연결할 것

① 침하
② 받침대
③ 전용철물

07 동영상은 콘크리트 믹서 트럭의 바퀴를 물로 씻는 장면을 보여주고 있다. 이 장비의 이름과 용도를 쓰시오.(4점)

[산기1904A/산기2003A/기사2001A/산기2204B/산기2301A]

공사현장에 출입하는 콘크리트 믹서 트럭이 공사현장을 떠나는 출구쪽에서 별도의 장비를 통과하는 모습을 보여준다. 해당 장비에서는 물이 분무되고 콘크리트 믹서 트럭의 바퀴에 묻은 흙 등을 씻어내는 모습을 보여준다.

① 이름 : 세륜기
② 용도 : 건설기계의 바퀴에 묻은 분진이나 토사를 제거한다.

08 동영상은 용접작업 등에 사용하는 가스의 용기들을 보여주고 있다. 가스용기를 운반하는 경우 준수사항을 3가지 쓰시오.(6점)

[기사1402B/기사1601B/기사1702A/산기1902A/산기2204B]

용접작업에 사용하는 가스용기들을 일렬로 세워둔 모습을 보여주고 있다.

① 밸브의 개폐는 서서히 할 것
② 용해아세틸렌의 용기는 세워 둘 것
③ 전도의 위험이 없도록 할 것
④ 충격을 가하지 않도록 할 것
⑤ 운반하는 경우에는 캡을 씌울 것
⑥ 용기의 온도를 섭씨 40도 이하로 유지할 것
⑦ 용기의 부식·마모 또는 변형상태를 점검한 후 사용할 것
⑧ 사용하는 경우에는 용기의 마개에 부착되어 있는 유류 및 먼지를 제거할 것
⑨ 사용 전 또는 사용 중인 용기와 그 밖의 용기를 명확히 구별하여 보관할 것
⑩ 통풍이나 환기가 불충분한 장소, 화기를 사용하는 장소 및 그 부근, 위험물 또는 인화성 액체를 취급하는 장소 및 그 부근에서 사용하거나 설치·저장 또는 방치하지 않도록 할 것

▲ 해당 답안 중 3가지 선택 기재

01 영상은 비계 설치 모습을 보여주고 있다. 산업안전보건법상 강관틀비계의 조립간격에 대한 다음 설명에서 ( ) 안을 채우시오.(6점)   [산기2002B/기사2002C/산기2202A]

강관틀비계가 설치된 작업현장의 모습을 보여주고 있다.

• 수직방향으로 (①)m, 수평방향으로 (②)m 이내마다 벽이음을 할 것

① 6

② 8

02 동영상은 목재가공용 둥근톱을 이용하여 작업을 하던 중 발생된 재해사례를 보여주고 있다. 동영상의 장치를 사용할 때 설치해야 할 방호장치 2가지를 쓰시오.(4점)   [산기1801B/기사2002B/기사2002D/산기2101A/산기2202A]

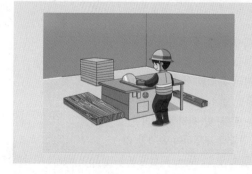

작업자가 목장갑을 착용하고 목재를 가공하고 있다. 둥근톱장치에는 반발예방장치가 설치되어 있지 않다.

① 분할날 등 반발예방장치
② 톱날접촉예방장치

03 터널 등의 건설작업을 하는 경우 낙반 등에 의해 근로자가 위험해질 우려가 있는 경우 조치사항을 3가지
쓰시오.(6점) [산기|2004B/산기|2202A]

동영상은 터널 건설작업을 보여주고
있다. 영상 중간에 천정의 부석이 흔
들리는 모습으로 볼 때 낙반의 위험이
있는 곳으로 판단된다.

① 터널 지보공을 설치한다.
② 록볼트를 설치한다.
③ 부석을 제거한다.

04 동영상은 채석작업 현장을 보여주고 있다. 채석작업 시 붕괴 또는 낙하에 의한 근로자 위험 발생 시 위험을
방지하기 위한 조치사항을 2가지 쓰시오.(4점) [산기|2202A]

백호의 굴착작업 현장 모습을 보여주고
있다.

① 토석·입목 등을 미리 제거한다.
② 방호망을 설치한다.

05 동영상은 크레인을 이용하여 목재를 인양하는 작업을 보여주고 있다. 줄걸이 작업 시 준수사항 3가지를 쓰시오.(6점)

[산기1904B/산기2202A/산기2304A]

크레인을 이용하여 목재를 작업현장으로 이동시키는 작업을 수행중이다. 목재를 철사로 묶어 크레인의 훅에 철사를 걸어서 인양하려고 하고 있다.

① 와이어로프 등은 크레인의 후크 중심에 걸어야 한다.
② 인양 물체의 안정을 위하여 2줄 걸이 이상을 사용하여야 한다.
③ 밑에 있는 물체를 걸고자 할 때에는 위의 물체를 제거한 후에 행하여야 한다.
④ 매다는 각도는 60° 이내로 하여야 한다.
⑤ 근로자를 매달린 물체 위에 탑승시키지 않아야 한다.

▲ 해당 답안 중 3가지 선택 기재

06 동영상은 이동식 비계를 이용한 작업 중 추락재해가 발생하는 것을 보여준다. 이동식 비계의 올바른 설치 기준을 3가지 쓰시오.(6점)

[기사1404B/기사1602C/기사1604B/산기1604B/산기1702A/
기사1801B/산기1801B/기사1802A/기사1802B/산기1804B/기사1904B/기사2001A/기사2002B/산기2202A/산기2301A/산기2304A]

이동식 비계를 이용해서 거푸집 설치작업을 진행중인 모습을 보여준다. 비계를 고정하지 않아 흔들리다 작업자가 바닥으로 추락하는 재해가 발생한다.

① 승강용 사다리는 견고하게 설치할 것
② 비계의 최상부에서 작업을 하는 경우에는 안전난간을 설치할 것
③ 작업발판의 최대적재하중은 250킬로그램을 초과하지 않도록 할 것
④ 작업발판은 항상 수평을 유지하고 작업발판 위에서 안전난간을 딛고 작업을 하거나 받침대 또는 사다리를 사용하여 작업하지 않도록 할 것
⑤ 이동식 비계의 바퀴에는 뜻밖의 갑작스러운 이동 또는 전도를 방지하기 위하여 브레이크·쐐기 등으로 바퀴를 고정시킨 다음 비계의 일부를 견고한 시설물에 고정하거나 아웃트리거를 설치하는 등 필요한 조치를 할 것

▲ 해당 답안 중 3가지 선택 기재

07 크레인으로 교량을 인양하는 장면을 보여주고 있다. 동영상을 참고하여 크레인 작업 시의 준수사항을 3가지 쓰시오.(6점)

[기사1904C/산기2001A/산기2002A/기사2002B/산기2201A/산기2202A]

크레인으로 2줄걸이로 강교량을 인양 중이다. 신호수가 배치되어 있으며, 인양물 아래로 근로자들이 돌아다니는 모습을 보여준다. 인양물에 사람이 타고 있다.

① 인양할 하물을 바닥에서 끌어당기거나 밀어내는 작업을 하지 아니할 것
② 고정된 물체를 직접 분리·제거하는 작업을 하지 아니할 것
③ 미리 근로자의 출입을 통제하여 인양 중인 하물이 작업자의 머리 위로 통과하지 않도록 할 것
④ 인양할 하물이 보이지 아니하는 경우는 어떠한 동작도 하지 아니할 것
⑤ 유류드럼이나 가스통 등 운반 도중에 떨어져 폭발하거나 누출될 가능성이 있는 위험물 용기는 보관함에 담아 안전하게 매달아 운반할 것

▲ 해당 답안 중 3가지 선택 기재

08 영상은 가설통로를 보여주고 있다. 가설통로 설치 시 준수사항에 대한 다음 물음에 답하시오.(4점)

[산기1901B/산기2002B/산기2202A/산기2304A]

동영상은 아파트 공사현장의 가설 경사로를 보여주고 있다.

• 경사는 (①)도 이하로 할 것. 다만, 계단을 설치하거나 높이 (②)미터 미만의 가설통로로서 튼튼한 손잡이를 설치한 경우에는 그러하지 아니하다.
• 건설공사에 사용하는 높이 (③)미터 이상인 비계다리에는 (④)미터 이내마다 계단참을 설치할 것

① 30　　　　　② 2　　　　　③ 8　　　　　④ 7

01 동영상은 이동식 비계를 올라가던 작업자가 추락하여 다치는 재해를 보여주고 있다. 이동식 비계를 조립하여 작업할 때 위험요인을 3가지 쓰시오.(6점) [산기1601A/기사1602A/기사1802C/기사1902C/산기2003B/기사2003C]

안전모를 착용한 근로자가 이동식 비계를 올라가는 모습을 보여주고 있다. 이동식 비계의 바퀴를 고정하지 않아 흔들린다. 이동식 비계에 올라 간 근로자가 이동식 비계의 최상단에서 각목으로 천정을 밀어 이동식 비계를 약간 이동시키려다 이동식 비계가 흔들리면서 근로자가 추락한다. 이동식 비계의 최상단에는 안전난간이 설치되지 않았으며, 근로자는 안전대를 착용하지 않았다.

① 비계의 바퀴를 브레이크, 쐐기 등으로 고정하지 않았다.
② 승강용 사다리를 설치하지 않았다.
③ 비계의 최상부에안전난간을 설치하지 않았다.
④ 근로자가 고소에서 작업하면서 안전대를 착용하지 않았다.

▲ 해당 답안 중 3가지 선택 기재

02 동영상의 공사용 가설도로를 설치하는 경우 준수사항을 3가지 쓰시오.(6점)

[산기1904B/산기2003A/산기2202B/산기2301A]

동영상은 진동롤러를 이용해 작업장 진입용 가설도로를 설치하는 것을 보여주고 있다.

① 도로는 장비와 차량이 안전하게 운행할 수 있도록 견고하게 설치할 것
② 도로와 작업장이 접하여 있을 경우에는 울타리 등을 설치할 것
③ 도로는 배수를 위하여 경사지게 설치하거나 배수시설을 설치할 것
④ 차량의 속도제한 표지를 부착할 것

▲ 해당 답안 중 3가지 선택 기재

03 동영상은 거푸집 동바리의 조립 영상이다. 영상을 보고 동바리로 사용하는 파이프 서포트에 대한 질문에 답하시오.(6점)

[산기|140ĺA/산기|1401B/산기|1801B/산기|1901A/산기|2101B/산기|2104B/산기|2202B/산기|2204A]

동영상은 거푸집 동바리를 조립하고 있는 모습을 보여주고 있다.

가) 파이프 서포트를 (①)개 이상 이어서 사용하지 않도록 할 것
나) 파이프 서포트를 이어서 사용하는 경우에는 (②)개 이상의 볼트 또는 (③)을 사용하여 이을 것
다) 높이가 (④)m를 초과하는 경우에는 (⑤)m 이내마다 수평연결재를 2개 방향으로 설치하고, 수평연결재의 (⑥)를 방지할 것

① 3   ② 4   ③ 전용철물
④ 3.5   ⑤ 2   ⑥ 변위

04 동영상은 2m 이상의 작업장소에 부착된 작업발판을 보여주고 있다. 작업발판의 설치기준 3가지를 쓰시오.(6점)

[산기|1801A/산기|2202B]

동영상은 철골구조물을 건립하는 작업현장의 모습이다. 철골구조물에 부착된 작업발판을 집중적으로 보여준다.

① 발판재료는 작업할 때의 하중을 견딜 수 있도록 견고한 것으로 할 것
② 작업발판의 폭은 40센티미터 이상으로 하고, 발판재료 간의 틈은 3센티미터 이하로 할 것
③ 추락의 위험이 있는 장소에는 안전난간을 설치할 것
④ 작업발판의 지지물은 하중에 의하여 파괴될 우려가 없는 것을 사용할 것
⑤ 작업발판재료는 뒤집히거나 떨어지지 않도록 둘 이상의 지지물에 연결하거나 고정시킬 것
⑥ 작업발판을 작업에 따라 이동시킬 경우는 위험방지에 필요한 조치를 할 것

▲ 해당 답안 중 3가지 선택 기재

05 동영상은 안전난간을 보여준다. 안전난간의 구성요소를 순서대로 쓰시오.(4점)

[산기2003B/산기2102B/산기2202B/산기2301A]

안전난간의 구성요소를 순서대로 보여주면서 설치하는 모습이다.

① 상부 난간대
② 중간 난간대
③ 발끝막이판
④ 난간기둥

06 동영상은 철근을 인력으로 운반하는 모습이다. 이와 같은 운반작업을 할 때 주의하여야 할 사항에 대한 설명이다. ( ) 안을 채우시오.(4점)

[산기2003A/산기2202B]

철근을 운반하기 위해 양중장치에 의해 이동되어 온 철근의 묶음을 작업자가 들 수 있는 양만큼 분배하는 중이다.

① 1인당 무게는 (   )kg 정도가 적절하며, 무리한 운반을 삼가야 한다.
② 2인 이상이 1조가 되어 (   )로 하여 운반하는 등 안전을 도모하여야 한다.

① 25
② 어깨메기

07 동영상은 타워크레인 작업상황을 보여주고 있다. 해당 작업시 구비해야 할 방호장치를 2가지 쓰시오.(4점)

[산기1404B/산기1601A/산기1702B/기사1802A/기사1804A/산기1804B/기사1902B/기사1904A/기사2003C/산기2104B/산기2202B]

건설현장에서 타워크레인으로 화물을 인양하는 모습을 보여주고 있다.

① 과부하방지장치
② 권과방지장치
③ 비상정지장치 및 제동장치

▲ 해당 답안 중 2가지 선택 기재

08 영상은 추락방호망을 보여주고 있다. 설치기준에 대한 설명에서 빈칸을 채우시오.(6점)

[산기1902B/산기2004B/산기2202B]

건설현장에 설치된 추락방호망을 보여주고 있다.

• 추락방호망은 수평으로 설치하고, 망의 처짐은 짧은 변 길이의 (　)% 이상이 되도록 할 것

• 12

01 동영상은 아파트 신축현장의 낙하물방지망을 보여주고 있다. 낙하물방지망의 설치 시 준수사항에 대한 설명의 ( ) 안을 채우시오.(2점)

[산기1801A/산기2201A]

아파트 신축현장에 설치된 낙하물방지망을 보여주고 있다.

- 높이 (　)미터 이내마다 설치하고, 내민 길이는 벽면으로부터 2미터 이상으로 할 것

• 10

02 크레인으로 교량을 인양하는 장면을 보여주고 있다. 동영상을 참고하여 크레인 작업 시의 준수사항을 3가지 쓰시오.(6점)

[기사1904C/산기2001A/산기2002A/기사2002B/산기2201A/산기2202A]

크레인으로 2줄걸이로 강교량을 인양 중이다. 신호수가 배치되어 있으며, 인양물 아래로 근로자들이 돌아다니는 모습을 보여준다. 인양물에 사람이 타고 있다.

① 인양할 하물을 바닥에서 끌어당기거나 밀어내는 작업을 하지 아니할 것
② 고정된 물체를 직접 분리·제거하는 작업을 하지 아니할 것
③ 미리 근로자의 출입을 통제하여 인양 중인 하물이 작업자의 머리 위로 통과하지 않도록 할 것
④ 인양할 하물이 보이지 아니하는 경우는 어떠한 동작도 하지 아니할 것
⑤ 유류드럼이나 가스통 등 운반 도중에 떨어져 폭발하거나 누출될 가능성이 있는 위험물 용기는 보관함에 담아 안전하게 매달아 운반할 것

▲ 해당 답안 중 3가지 선택 기재

03 동영상은 공사현장을 지나다 낙하물에 다치는 재해영상이다. 낙하물로 인한 재해 방지대책을 2가지 쓰시오.
(4점)　　　　　　　　　　　　　　　　　　　[산기1904B/산기2001A/기사2003A/산기2201A/산기2304A/산기2302A]

고소에서 작업 중에 작업발판이 없어 불안해하던
작업자가 딛고선 비계에 살짝 미끄러지면서 파이
프를 떨어뜨리는 사고가 발생했다. 마침 작업장
아래에 다른 작업자가 주머니에 손을 넣고 지나가
다가 떨어진 파이프에 맞아 쓰러지는 사고가 발생
하는 것을 보여주고 있다. 이때 작업현장에는 낙하
물방지망 등 방호설비가 설치되지 않은 상태이다.

① 낙하물방지망 설치　　　　　② 방호선반의 설치
③ 수직보호망의 설치　　　　　④ 출입금지구역의 설정

▲ 해당 답안 중 2가지 선택 기재

04 동영상은 용접작업 등에 사용하는 가스의 용기들을 보여주고 있다. 가스용기를 운반하는 경우 준수사항을
3가지 쓰시오.(6점)　　　　　　　　　　　[기사1402B/기사1601B/기사1702A/산기1902A/산기2201A/산기2204B]

용접작업에 사용하는 가스용기들을 일렬로
세워둔 모습을 보여주고 있다.

① 밸브의 개폐는 서서히 할 것　　　　② 용해아세틸렌의 용기는 세워 둘 것
③ 전도의 위험이 없도록 할 것　　　　④ 충격을 가하지 않도록 할 것
⑤ 운반하는 경우에는 캡을 씌울 것　　⑥ 용기의 온도를 섭씨 40도 이하로 유지할 것
⑦ 용기의 부식·마모 또는 변형상태를 점검한 후 사용할 것
⑧ 사용하는 경우에는 용기의 마개에 부착되어 있는 유류 및 먼지를 제거할 것
⑨ 사용 전 또는 사용 중인 용기와 그 밖의 용기를 명확히 구별하여 보관할 것
⑩ 통풍이나 환기가 불충분한 장소, 화기를 사용하는 장소 및 그 부근, 위험물 또는 인화성 액체를 취급하는 장소
　　및 그 부근에서 사용하거나 설치·저장 또는 방치하지 않도록 할 것

▲ 해당 답안 중 3가지 선택 기재

05 영상은 항타기의 조립현장을 보여주고 있다. 항타기 및 항발기를 조립하는 경우의 점검해야 하는 사항을 3가지 쓰시오.(6점)

[산기2003B/산기2201A/산기2301A]

크레인을 이용하여 항타기를 조립하는 모습을 보여주는 영상이다.

① 본체 연결부의 풀림 또는 손상의 유무
② 권상기의 설치상태의 이상 유무
③ 리더의 버팀 방법 및 고정상태의 이상 유무
④ 권상용 와이어로프·드럼 및 도르래의 부착상태의 이상 유무
⑤ 권상장치의 브레이크 및 쐐기장치 기능의 이상 유무
⑥ 본체·부속장치 및 부속품의 강도가 적합한지 여부
⑦ 본체·부속장치 및 부속품에 심한 손상·마모·변형 또는 부식이 있는지 여부

▲ 해당 답안 중 3가지 선택 기재

06 동영상은 시스템 비계가 설치된 작업장을 보여주고 있다. 시스템 비계의 설치와 관련된 다음 설명의 빈칸을 채우시오.(2점)

[산기1902B/산기2201A]

영상은 시스템 비계가 설치된 작업현장의 모습이다.

비계 밑단의 수직재와 받침철물은 밀착되도록 설치하고, 수직재와 받침철물의 연결부의 겹침길이는 받침철물 전체 길이의 (　　　) 이상이 되도록 할 것

• 3분의 1

07 지게차로 100kg 이상의 무거운 화물을 싣고 내리는 작업 시 작업지휘자의 준수사항을 3가지 쓰시오.(6점)

[산기|2201A]

지게차가 중량의 물체를 트럭에 싣고 내리는 작업을 보여주고 있다. 자재가 안전장치 없이 실려있어서 많이 흔들리는 모습을 보여준다.

① 작업순서 및 그 순서마다의 작업방법을 정하고 작업을 지휘할 것
② 기구와 공구를 점검하고 불량품을 제거할 것
③ 해당 작업을 하는 장소에 관계 근로자가 아닌 사람이 출입하는 것을 금지할 것
④ 로프 풀기 작업 또는 덮개 벗기기 작업은 적재함의 화물이 떨어질 위험이 없음을 확인한 후에 하도록 할 것

▲ 해당 답안 중 3가지 선택 기재

08 동영상은 철근을 인력으로 운반하는 모습이다. 이와 같은 운반작업을 할 때 주의하여야 할 사항을 3가지 쓰시오.(6점)

[산기|1401B/기사1504B/산기1604A/기사1702B/기사2001C/산기2002A/산기2201A]

철근을 운반하는 중 철근 위에서 잠시 쉬고 있는 근로자들의 모습을 보여주고 있다.

① 1인당 무게는 25kg 정도가 적절하며, 무리한 운반을 삼가야 한다.
② 2인 이상이 1조가 되어 어깨메기로 하여 운반하는 등 안전을 도모하여야 한다.
③ 긴 철근을 부득이 한 사람이 운반할 때에는 한쪽 어깨에 메고 한쪽 끝(뒤)을 끌면서 운반하여야 한다.
④ 운반할 때는 양 끝을 묶어 운반하여야 한다.
⑤ 내려놓을 때는 천천히 내려놓고 던지지 않아야 한다.
⑥ 공동작업을 할 때는 신호에 따라 작업을 하여야 한다.

▲ 해당 답안 중 3가지 선택 기재

01 동영상에서 비계 위에서 작업하는 모습을 보여준다. 물음에 답하시오.(6점)

[산기2201B]

2m 이상의 말비계 위에서 작업자가 작업중인 모습을 보여주고 있다.

① 동영상에 나오는 비계의 명칭을 쓰시오.
② 산업안전보건법령상 비계의 조립 사용 시 지주부재와 수평면의 기울기 기준을 쓰시오.
③ 산업안전보건법령상 비계의 조립 사용 시 작업발판의 폭 기준을 쓰시오.

① 말비계   ② 75도 이하   ③ 40cm 이상

02 동영상은 굴착작업 현장을 보여주고 있다. 굴착작업 시 지반 붕괴 또는 토석에 의한 근로자 위험 발생 시 위험을 방지하기 위한 조치사항을 3가지 쓰시오.(4점)

[기사1401B/기사1601A/산기1604A/산기1702B/산기1904A/산기2201B]

백호의 굴착작업 현장 모습을 보여주고 있다.

① 흙막이 지보공의 설치
② 방호망의 설치
③ 근로자의 출입 금지

03 동영상은 교량 상부에서 콘크리트 펌프카를 사용한 콘크리트 타설 작업을 보여주고 있다. 콘크리트 펌프 또는 콘크리트 펌프카 사용 시 준수사항을 2가지 쓰시오.(4점) [기사1502B/기사1601B/기사1702A/기사1804B/ 산기1901A/산기1904A/기사2001A/기사2001B/기사2002C/기사2003D/기사2101C/산기2102A/기사2102B/산기2201B/산기2304A]

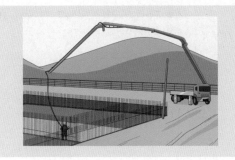

신호수가 신호를 하면서 콘크리트 타설작업이 진행 중인 상황을 보여주고 있다. 교량상부에서 콘크리트 펌프카를 사용하여 타설작업 중이다.

① 작업을 시작하기 전에 콘크리트 펌프용 비계를 점검하고 이상을 발견하였으면 즉시 보수할 것
② 건축물의 난간 등에서 작업하는 근로자가 호스의 요동·선회로 인하여 추락하는 위험을 방지하기 위하여 안전 난간 설치 등 필요한 조치를 할 것
③ 콘크리트 펌프카의 붐을 조정하는 경우에는 주변의 전선 등에 의한 위험을 예방하기 위한 적절한 조치를 할 것
④ 작업 중에 지반의 침하, 아웃트리거의 손상 등에 의하여 콘크리트 펌프카가 넘어질 우려가 있는 경우는 이를 방지하기 위한 적절한 조치를 할 것

▲ 해당 답안 중 2가지 선택 기재

04 동영상은 리프트 재해현장을 보여주고 있다. 동영상을 참고하여 리프트가 넘어지거나 혹은 붕괴되는 원인을 2가지 쓰시오.(4점) [산기1902B/산기2201B]

리프트로 작업을 진행하던 중 하중을 견디지 못한 리프트가 무너져 옆 건물을 덮친 재해 현장의 모습을 보여주고 있다.

① 연약한 지반에 설치한 경우
② 최대 적재하중을 초과한 경우

05 영상은 작업장에 설치된 분전반의 모습을 보여주고 있다. 분전반의 설치방법에 따른 종류를 3가지 쓰시오. (4점)

[산기2101B/산기2102B/산기2201B]

동영상은 작업장에 설치된 분전반의 모습을 보여주고 있다.

① 매입형   ② 노출벽부형
③ 반매입형   ④ 자립형

▲ 해당 답안 중 3가지 선택 기재

06 영상은 비계 설치 모습을 보여주고 있다. 산업안전보건법상 강관틀비계의 설치기준에 대한 다음 설명에서 ( ) 안을 채우시오.(6점)

[산기2201B]

강관틀비계가 설치된 작업현장의 모습을 보여주고 있다.

가) 주틀 간에 (①)를 설치하고 최상층 및 (②)층 이내마다 (③)를 설치할 것
나) 길이가 띠장 방향으로 4m 이하이고 높이가 10m를 초과하는 경우 (④)m 이내마다 띠장 방향으로 버팀기둥을 설치할 것

① 교차 가새   ② 5   ③ 수평재   ④ 10

07 동영상은 아파트 신축현장의 모습을 보여주고 있다. 물체가 떨어지거나 날아올 위험이 있는 경우 사업주가 설치해야 할 가설시설물 2가지를 쓰시오.(4점) [산기2201B]

아파트 신축현장에 설치된 낙하물방지망을 보여주고 있다.

① 낙하물 방지망
② 수직보호망
③ 방호선반

▲ 해당 답안 중 2가지 선택 기재

08 동영상은 작업자 1명이 맨홀 뚜껑을 열고 들어간 밀폐공간에서 질식사고가 발생한 것을 보여주고 있다. 작업에 필요한 적정 산소농도와 호흡용 보호구 1종류를 쓰시오.(5점) [산기1904B/산기2201B]

작업자 3명이 흡연한 후, 그 중 2명이 맨홀 뚜껑을 열고 들어간 지하실 밀폐공간에서 방수작업 도중 작업자가 쓰러지고 시계를 자주 보여주고 있다.

가) 적정 산소농도 : 공기 중 산소농도가 18% 이상 23.5% 미만
나) 호흡용 보호구
　　① 공기호흡기　　　　　　　　② 송기마스크

▲ 나)의 답안 중 1가지 선택 기재

01 동영상은 낙하물방지망을 보수하는 장면이다. 다음 각 물음에 답하시오.(4점)

[기사1404C/산기1601B/기사1602B/산기1901B/산기2002A/산기2004A/산기2101A/산기2102B/산기2104A/산기2104B/산기2204A]

고소에 설치된 낙하물방지망의 한쪽 끝이 풀려 바람에 날리는 장면을 보여주고 있다. 이에 작업자가 낙하물방지망을 보수하기 위해 바람에 날리는 낙하물방지망의 매듭 부위에 접근하고 있는 장면을 보여주고 있다.

가) 낙하물방지망의 설치는 (①)m 이내마다 설치한다.

나) 수평면과의 각도는 (②)를 유지한다.

다) 내민 길이는 벽면으로부터 (③)m 이상으로 해야 한다.

① 10   ② 20~30°   ③ 2

02 동영상은 철골공사 현장의 모습을 보여주고 있다. 3미터 높이의 작업발판을 설치할 수 없는 철골구조물에서 추락을 방지하기 위해 최우선적으로 고려해야 할 안전시설물을 쓰시오.(4점)

[산기2104A]

영상은 철골공사현장에서 작업중인 상황을 보여주고 있다. 꽤 높은 위치에서 작업중인 근로자들의 모습이 불안해 보인다.

● 추락방호망

03 동영상은 흙막이 공법과 관련된 계측장치를 보여주고 있다. 이 공법의 명칭과 동영상에 보여준 계측기의 종류와 용도를 쓰시오.(6점) [산기1404B/산기1601B/산기1702B/산기1902B/산기2104A]

동영상은 흙막이를 보여주면서 H형으로 된 줄이 이어져 있는 것을 보여주고, 다음 화면은 흙막이에 연결되어있던 선로에 노란색으로 되어 있는 사각형의 기계를 연달아 보여준다.

① 명칭 : 어스앵커공법
② 계측기의 종류 : 하중계
③ 계측기의 용도 : 버팀대 또는 어스앵커에 설치하여 축 하중의 변화상태를 측정하여 부재의 안정상태 파악 및 원인 규명에 이용한다.

04 동영상에서와 같은 건설현장에서 철골작업 시 작업을 중지하여야 하는 기후조건 3가지를 쓰시오.(4점)

[기사1402A/산기1501A/산기1604B/산기1701B/산기1702B/기사1704B/
산기1801A/산기1802B/기사1901A/산기1902B/산기1904B/기사2002E/산기2004B/산기2101B/산기2102A/산기2104A]

철골구조물 건립 공사현장을 보여주고 있다.

① 풍속이 초당 10m 이상인 경우
② 강우량이 시간당 1mm 이상인 경우
③ 강설량이 시간당 1cm 이상인 경우

05 동영상은 항타기 작업 중 무너지는 장면을 보여주고 있다. 무너짐 방지 방법 3가지를 쓰시오.(6점)

[산기1701A/기사1701C/산기1801B/기사1802B/기사1904C/기사2002E/기사2004D/산기2104A]

연약지반에 별도의 보강작업 없이 항타 작업을 진행 중에 항타기가 밀리면서 전도된 상황을 보여주고 있다.

① 연약한 지반에 설치하는 경우에는 아웃트리거·받침 등 지지구조물의 침하를 방지하기 위하여 깔판·받침목 등을 사용할 것
② 시설 또는 가설물 등에 설치하는 경우에는 그 내력을 확인하고 내력이 부족하면 그 내력을 보강할 것
③ 아웃트리거·받침 등 지지구조물이 미끄러질 우려가 있는 경우에는 말뚝 또는 쐐기 등을 사용하여 해당 지지구조물을 고정시킬 것
④ 궤도 또는 차로 이동하는 항타기 또는 항발기에 대해서는 불시에 이동하는 것을 방지하기 위하여 레일 클램프 (rail clamp) 및 쐐기 등으로 고정시킬 것
⑤ 상단 부분은 버팀대·버팀줄로 고정하여 안정시키고, 그 하단 부분은 견고한 버팀·말뚝 또는 철골 등으로 고정시킬 것

▲ 해당 답안 중 3가지 선택 기재

06 동영상은 아파트의 해체작업을 보여주고 있다. 분진방지 대책 2가지를 쓰시오.(4점)

[산기1802A/산기1904B/산기2104A]

동영상은 아파트 해체작업을 보여주고 있다. 압쇄장치를 이용해서 건물의 외벽과 구조물을 뜯어내는 모습이 보인다. 먼지가 비산하고 있다.

① 물을 뿌린다.　　　　② 방진벽을 설치한다.

07 동영상은 터널공사현장과 자동경보장치를 보여주고 있다. 터널공사 시 자동경보장치의 당일 작업 시작 전 점검 및 보수사항 2가지를 쓰시오.(6점) [기사1704C/산기1801B/기사1901C/산기1904B/기사2002D/기사2004D/산기2104A]

터널공사 현장을 보여주고 있다. 터널 진입로 입구에 설치된 사각형 박스(자동경보장치)를 집중적으로 보여준 후 터널 내부를 보여준다.

① 계기의 이상유무
② 검지기의 이상유무
③ 경보장치의 이상유무

▲ 해당 답안 중 2가지 선택 기재

08 동영상은 철골공사 현장을 보여주고 있다. 다음 물음의 빈칸을 채우시오.(6점) [산기2104A]

동영상은 대형 쇼핑몰을 짓고 있는 철골공사 현장의 모습이다. 작업자 들이 철골기둥 작업을 하고 있다.

가) 기둥중심은 기준선 및 인접기둥의 중심에서 (①)mm 이상 벗어나지 않을 것
나) 인접기둥간 중심거리의 오차는 (②)mm 이하일 것
다) 앵커 볼트는 기둥중심에서 (③)mm 이상 벗어나지 않을 것

① 5   ② 3   ③ 2

01 산업안전보건법령상 가연성 물질이 있는 장소에서의 화재위험작업 시 준수사항 3가지를 쓰시오.(6점)

[산기2102A/산기2104B/산기2304A]

영상은 작업장 한쪽의 유류저장소 등 가연성물질 취급현황을 점검하는 모습을 보여주고 있다.

① 작업 준비 및 작업 절차 수립
② 작업장 내 위험물의 사용·보관 현황 파악
③ 작업근로자에 대한 화재예방 및 피난교육 등 비상조치
④ 화기작업에 따른 인근 가연성물질에 대한 방호조치 및 소화기구 비치
⑤ 용접불티 비산방지덮개, 용접방화포 등 불꽃, 불티 등 비산방지조치
⑥ 인화성 액체의 증기 및 인화성 가스가 남아 있지 않도록 환기 등의 조치

▲ 해당 답안 중 3가지 선택 기재

02 동영상은 아세틸렌 용접장치의 구성을 보여주고 있다. 산업안전보건기준에 관한 규칙에서 가스용기가 발생기와 분리되어있는 아세틸렌 용접장치에 대하여 발생기와 가스용기 사이에 설치해야 하는 설비는?(4점)

[산기2102B/산기2104B]

아세틸렌 용접장치의 가스용기와 발생기 사이에 설치된 안전기의 모습을 보여주고 있다.

• 안전기

03 동영상은 고소작업대를 이용한 작업현장을 보여주고 있다. 동영상을 참고하여 불안전한 행동이나 상태를 3가지 쓰시오.(6점) [산기2101A/산기2104B]

어두운 터널 안에서 2대의 차량형 고소작업대를 이용해서 작업중이다.
아래쪽에는 여러명의 근로자가 지보공을 잡고 고정중이고, 고소작업대에는 각각 2명씩 올라가 터널 지보공을 설치하고 있다. 작업자들이 안전대를 착용하지 않고 있다. 손이 닿지 않자 작업대를 밟고 일어나서 작업한다. 작업을 지휘하는 사람은 보이지 않는 대신 지나가는 사람들의 모습이 보인다.

① 고소작업자가 안전대를 착용하지 않고 있다.
② 작업범위 내에 관계자가 아닌 사람이 출입하고 있다.
③ 작업대의 붐대를 상승시킨 상태에서 안전대를 착용하지 않은 작업자가 작업대를 벗어나고 있다.
④ 안전한 작업을 위해 필요한 적정수준의 조도를 확보하지 못했다.
⑤ 작업대의 붐대를 상승시킨 상태에서 탑승자가 작업대를 밟고 일어서서 작업중이다.

▲ 해당 답안 중 3가지 선택 기재

04 동영상은 타워크레인 작업상황을 보여주고 있다. 해당 작업을 진행하는데 있어서 구비해야 할 방호장치를 2가지 쓰시오.(4점) [산기1404B/산기1601A/산기1702B/기사1802A/기사1804A/산기1804B/기사1902B/기사1904A/기사2003C/산기2104B]

건설현장에서 타워크레인으로 화물을 인양하는 모습을 보여주고 있다.

① 과부하방지장치   ② 권과방지장치
③ 비상정지장치 및 제동장치

▲ 해당 답안 중 2가지 선택 기재

05 동영상은 낙하물방지망을 보수하는 장면이다. 동영상을 참고하여 다음 각 물음에 답하시오.(4점)

[기사1404C/산기1601B/기사1602B/산기1901B/산기2002A/산기2004A/산기2101A/산기2102B/산기2104A/산기2104B]

고소에 설치된 낙하물방지망의 한쪽 끝이 풀려 바람에 날리는 장면을 보여주고 있다. 이에 작업자가 낙하물방지망을 보수하기 위해 바람에 날리는 낙하물방지망의 매듭 부위에 접근하고 있는 장면을 보여주고 있다.

가) 재해발생형태를 쓰시오.
나) 동영상에서 추락방지를 위해 필요한 조치사항을 2가지 쓰시오.

가) 추락

나)① 작업발판을 설치한다.　　　　　② 추락방호망을 설치한다.
　　③ 안전대를 착용한다.

▲ 나)의 답안 중 2가지 선택 기재

06 동영상은 지게차가 판넬을 들고 신호수에 신호에 따라 운반하다가 화물이 신호수에게 낙하하는 장면이다. 이에 따른 사고원인을 3가지 쓰시오.(6점)

[산기1504A/산기1602A/산기1702A/기사1804C/기사2003C/산기2102B/산기2104B/산기2204B]

지게차로 화물을 이동 중에 발생한 재해상황을 보여주고 있다. 화물을 적재한 후 포크를 높이 올린 상태에서 이동 중이며, 이동 시 화물이 흔들리는 모습을 보여준다. 이후 화면에서 흔들리던 화물이 신호수에게 낙하하여 재해가 발생한다.

① 하중이 한쪽으로 치우치지 않도록 적재할 것
② 운전자의 시야를 가리지 않도록 화물을 적재할 것
③ 화물을 적재하는 경우에는 최대적재량을 초과해서는 아니 된다.
④ 구내운반차 또는 화물자동차의 경우 화물의 붕괴 또는 낙하에 의한 위험을 방지하기 위하여 화물에 로프를 거는 등 필요한 조치한다.

▲ 해당 답안 중 3가지 선택 기재

07 동영상은 거푸집 동바리의 조립 영상이다. 영상을 보고 동바리로 사용하는 파이프 서포트에 대한 질문에 답하시오.(6점)

[산기1401A/산기1401B/산기1801B/산기1901A/산기2101B/산기2104B/산기2301A]

동영상은 거푸집 동바리를 조립하고 있는 모습을 보여주고 있다.

가) 파이프 서포트를 (①)개 이상 이어서 사용하지 않도록 할 것
나) 파이프 서포트를 이어서 사용하는 경우에는 (②)개 이상의 볼트 또는 전용철물을 사용하여 이을 것
다) 높이가 (③)m를 초과하는 경우에는 (④)m 이내마다 수평연결재를 2개 방향으로 설치하고, 수평연결재의 변위를 방지할 것

① 3　　　　　　　　　　　　　　　② 4
③ 3.5　　　　　　　　　　　　　　④ 2

08 동영상은 발파작업 현장을 보여주고 있다. 터널공사표준안전작업지침-NATM공법에서 전선의 도통시험과 저항시험은 점화하기 전 화약류를 충진한 장소로부터 얼마 이상 떨어진 장소에서 실시하여야 하는가?(4점)

[산기2104B]

채석장에서 발파작업을 진행하고 있다. 장약 설치 후 전기뇌관을 점검한 후 근처의 작업자들에게 대피할 것을 외치고 있다.

• 30m

01 영상은 타워크레인을 이용한 인양작업 모습을 보여주고 있다. 운반하역 표준안전 작업지침에서 규정한 타워크레인을 이용한 걸이 작업 시 준수사항을 3가지 쓰시오.(6점)

[산기|2102A]

영상은 타워크레인으로 자재를 인양하기 위해 자재에 걸이 작업을 하는 모습을 보여주고 있다.

① 와이어로프 등은 크레인의 후크 중심에 걸어야 한다.
② 인양 물체의 안정을 위하여 2줄 걸이 이상을 사용하여야 한다.
③ 밑에 있는 물체를 걸고자 할 때는 위의 물체를 제거한 후에 행하여야 한다.
④ 매다는 각도는 60도 이내로 하여야 한다.
⑤ 근로자를 매달린 물체 위에 탑승시키지 않아야 한다.

▲ 해당 답안 중 3가지 선택 기재

02 동영상은 강교량 건설현장을 보여주고 있다. 영상을 참고하여 고소작업 시 추락재해를 방지하기 위한 안전조치 사항 2가지를 쓰시오. (단, 영상에서 제시된 추락방호망, 방호선반, 안전난간 등의 설치는 제외한다.) (4점)

[산기|1601A/산기|1804A/산기|2101B/산기|2102A]

강교량 건설현장에서 작업 중에 있던 근로자가 고소작업 중 추락하는 재해상황을 보여주고 있다.

① 작업발판 설치
② 근로자 안전대 착용

03 동영상은 달비계를 이용한 작업현장을 보여주고 있다. 운반하역 표준안전 작업지침에서 와이어로프를 이용한 작업시작 전 점검항목과 내용을 3가지 쓰시오.(6점) [산기2101A]

달비계를 이용해 건물 외벽의 도장작업을 진행하는 모습을 보여주고 있다.

① 마모 : 로프 지름의 감소가 공칭지름의 7%를 초과하여 마모된 것은 사용해서는 안 된다.
② 소선의 절단 : 로프의 한 가닥에서 소선의 수가 10% 이상 절단된 것은 사용해서는 안 된다.
③ 이음매 : 이음매가 있는 것은 사용해서는 안 된다.
④ 비틀림 : 비틀어진 로프를 사용해서는 안 된다.
⑤ 꼬임 : 꼬임이 있는 것은 사용해서는 안 된다.
⑥ 변형 : 변형이 현저한 것은 사용해서는 안 된다.
⑦ 녹, 부식 : 녹, 부식이 현저히 많은 것은 사용해서는 안 된다.

▲ 해당 답안 중 3가지 선택 기재

04 동영상에서와 같은 건설현장에서 철골작업 시 작업을 중지하여야 하는 기후조건 3가지를 쓰시오.(4점)

[기사1402A/산기1501A/산기1604B/산기1701B/산기1702B/기사1704B/
산기1801A/산기1802B/기사1901A/산기1902B/산기1904B/기사2002E/산기2004B/산기2101B/산기2102A/산기2104A]

철골구조물 건립 공사현장을 보여주고 있다.

① 풍속이 초당 10m 이상인 경우
② 강우량이 시간당 1mm 이상인 경우
③ 강설량이 시간당 1cm 이상인 경우

05 산업안전보건법령상 가연성 물질이 있는 장소에서의 화재위험작업 시 준수사항 3가지를 쓰시오.(6점)

[산기2102A/산기2104B/산기2304A]

영상은 작업장 한쪽의 유류저장소 등 가연성물질 취급현황을 점검하는 모습을 보여주고 있다.

① 작업 준비 및 작업 절차 수립
② 작업장 내 위험물의 사용·보관 현황 파악
③ 작업근로자에 대한 화재예방 및 피난교육 등 비상조치
④ 화기작업에 따른 인근 가연성물질에 대한 방호조치 및 소화기구 비치
⑤ 용접불티 비산방지덮개, 용접방화포 등 불꽃, 불티 등 비산방지조치
⑥ 인화성 액체의 증기 및 인화성 가스가 남아 있지 않도록 환기 등의 조치

▲ 해당 답안 중 3가지 선택 기재

06 동영상은 난간을 설치하는 모습을 보여주고 있다. 높이 2미터 이상의 추락할 위험이 있는 장소에서 작업하는 근로자에게 착용시켜야 하는 보호구를 쓰시오.(4점)

[산기2101A/산기2102A/기사2102C]

영상은 보강토 옹벽에서 난간을 설치하는 모습을 보여주고 있다. 작업장소는 높이 2미터 이상의 추락 위험이 상존하는 지역이다.

• 안전대

07 동영상은 교량 상부에서 콘크리트 펌프카를 사용한 콘크리트 타설 작업을 보여주고 있다. 콘크리트 펌프 또는 콘크리트 펌프카 사용 시 준수사항을 3가지 쓰시오.(6점)

[기사1502B/기사1601B/기사1702A/기사1804B/ 산기1901A/산기1904A/기사2001A/기사2001B/기사2002C/기사2003D/기사2101C/산기2102A/기사2102B/산기2201B/산기2304A]

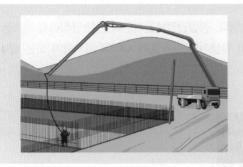

신호수가 신호를 하면서 콘크리트 타설작업이 진행 중인 상황을 보여주고 있다. 교량상부에서 콘크리트 펌프카를 사용하여 타설작업 중이다.

① 작업을 시작하기 전에 콘크리트 펌프용 비계를 점검하고 이상을 발견하였으면 즉시 보수할 것
② 건축물의 난간 등에서 작업하는 근로자가 호스의 요동·선회로 인하여 추락하는 위험을 방지하기 위하여 안전 난간 설치 등 필요한 조치를 할 것
③ 콘크리트 펌프카의 붐을 조정하는 경우에는 주변의 전선 등에 의한 위험을 예방하기 위한 적절한 조치를 할 것
④ 작업 중에 지반의 침하, 아웃트리거의 손상 등에 의하여 콘크리트 펌프카가 넘어질 우려가 있는 경우는 이를 방지하기 위한 적절한 조치를 할 것

▲ 해당 답안 중 3가지 선택 기재

08 동영상은 굴착작업 시 비가 올 경우 지반의 붕괴를 방지하기 위해 사업주의 조치상황을 보여주고 있다. 산업안전보건법령상 굴착작업 시 비가 올 경우 빗물 등의 침투에 의한 붕괴재해를 방지하기 위한 사업주의 조치사항 2가지를 쓰시오.(4점)

[산기2102A/산기2204B]

굴착작업 현장에서 장마철을 대비 하여 붕괴재해 방지를 위한 작업 모습을 보여주고 있다.

① 측구(側溝)를 설치한다.
② 굴착경사면에 비닐을 덮는다.

01 동영상은 아세틸렌 용접장치의 구성을 보여주고 있다. 산업안전보건기준에 관한 규칙에서 가스용기가 발생기와 분리되어있는 아세틸렌 용접장치에 대하여 발생기와 가스용기 사이에 설치해야 하는 설비는?(4점)

[산기|2102B/산기|2104B]

아세틸렌 용접장치의 가스용기와 발생기 사이에 설치된 안전기의 모습을 보여주고 있다.

● 안전기

02 동영상은 지게차가 판넬을 들고 신호수에 신호에 따라 운반하다가 화물이 신호수에게 낙하하는 장면이다. 이에 따른 사고원인을 3가지 쓰시오.(6점) [산기|1504A/산기|1602A/산기|1702A/기사|1804C/기사|2003C/산기|2102B/산기|2104B]

지게차로 화물을 이동 중에 발생한 재해상황을 보여주고 있다. 화물을 적재한 후 포크를 높이 올린 상태에서 이동 중이며, 이동 시 화물이 흔들리는 모습을 보여준다. 이후 화면에서 흔들리던 화물이 신호수에게 낙하하여 재해가 발생한다.

① 하중이 한쪽으로 치우치게 적재하였다.
② 화물 적재 시 운전자의 시야를 가리지 않도록 하여야 하는데 그렇지 않았다.
③ 화물의 붕괴 또는 낙하에 의한 위험을 방지하기 위하여 화물에 로프를 거는 등 필요한 조치를 하지 않았다.
④ 작업반경 내 관계자 외 출입금지를 하지 않았다.

▲ 해당 답안 중 3가지 선택 기재

03 동영상은 낙하물방지망을 보수하는 장면이다. 다음 각 물음에 답하시오.(6점)

[산기1601B/산기1901B/산기2002A/산기2004A/산기2101A/산기2102B/산기2104A]

고소에 설치된 낙하물방지망의 한쪽 끝이 풀려 바람에 날리는 장면을 보여주고 있다. 이에 작업자가 낙하물방지망을 보수하기 위해 바람에 날리는 낙하물방지망의 매듭 부위에 접근하고 있는 장면을 보여주고 있다.

가) 낙하물방지망의 설치는 (①)m 이내마다 설치한다.
나) 수평면과의 각도는 (②)를 유지한다.
다) 내민 길이는 벽면으로부터 (③)m 이상으로 해야 한다.

① 10   ② 20~30°   ③ 2

04 동영상은 흙막이 지보공 설치 작업을 보여주고 있다. 흙막이 지보공 정기 점검사항 3가지를 쓰시오.(6점)

[산기1402A/산기1601B/산기1602B/기사1802A/기사1901B/
산기1901B/산기1902B/기사1904B/산기2002B/기사2003A/산기2003A/산기2004A/산기2102B/산기2302A]

흙막이 지보공이 설치된 작업현장을 보여주고 있다. 이틀 동안 계속된 비로 인해 지보공의 일부가 터져서 토사가 밀려든 모습이다.

① 부재의 손상·변형·부식·변위 및 탈락의 유무와 상태
② 버팀대 긴압의 정도
③ 부재의 접속부·부착부 및 교차부 상태
④ 침하의 정도

▲ 해당 답안 중 3가지 선택 기재

05 영상은 작업장에 설치된 분전반의 모습을 보여주고 있다. 분전반의 설치방법에 따른 종류를 2가지 쓰시오. (4점)
[산기|2101B/산기|2102B/산기|2201B]

동영상은 작업장에 설치된 분전반의 모습을 보여주고 있다.

① 매입형
③ 반매입형
② 노출벽부형
④ 자립형

▲ 해당 답안 중 2가지 선택 기재

06 동영상은 용접·용단작업 모습을 보여주고 있다. 산업안전보건기준에 관한 규칙에서 용접·용단 작업 시 화재감시자를 지정하여 배치해야 하는 장소 3곳을 적으시오.(6점)
[산기|2102B]

동영상은 작업장에서 용접·용단 작업 중 인 근로자의 작업모습을 보여주고 있다.

① 작업반경 11미터 이내에 건물구조 자체나 내부(개구부 등으로 개방된 부분 포함)에 가연성물질이 있는 장소
② 작업반경 11미터 이내의 바닥 하부에 가연성물질이 11미터 이상 떨어져 있지만 불꽃에 의해 쉽게 발화될 우려가 있는 장소
③ 가연성물질이 금속으로 된 칸막이·벽·천장 또는 지붕의 반대쪽 면에 인접해 있어 열전도나 열복사에 의해 발화될 우려가 있는 장소

07 영상은 작업현장에 눈이 많이 와서 쌓여있는 모습을 보여주고 있다. 폭설이나 한파가 왔을 때 작업장에서의 조치사항을 2가지 쓰시오.(4점)

[산기1901B/산기2101A/산기2102B]

작업현장에 눈이 많이 와서 쌓여 작업자들
이 눈을 치우는 모습을 보여주고 있다.

① 적설량이 많을 경우 가시설 및 가설구조물 위에 쌓인 눈을 제거한다.
② 혹한으로 인한 근로자의 동상 등을 방지한다.
③ 근로자가 통행하는 통로에 눈이나 얼어붙은 얼음을 제거하거나 모래나 부직포 등을 이용해 미끄럼 방지조치를
   실시한다.
④ 노출된 상·하수도 관로, 제수변 등에 보온시설을 설치하여 동파 또는 동결을 방지한다.

▲ 해당 답안 중 2가지 선택 기재

08 동영상은 안전난간을 보여준다. 안전난간의 구성요소를 순서대로 쓰시오.(4점)

[산기2003B/산기2102B/산기2202B/산기2301A]

안전난간의 구성요소를 순서대로 보여주
면서 설치하는 모습이다.

① 상부 난간대   ② 중간 난간대
③ 발끝막이판   ④ 난간기둥

01 동영상은 난간을 설치하는 모습을 보여주고 있다. 높이 2미터 이상의 추락할 위험이 있는 장소에서 작업하는 근로자에게 착용시켜야 하는 보호구를 쓰시오.(4점)

[산기2101A/산기2102A/기사2102C]

영상은 보강토 옹벽에서 난간을 설치하는 모습을 보여주고 있다. 작업장소는 높이 2미터 이상의 추락 위험이 상존하는 지역이다.

• 안전대

02 동영상은 크레인 인양작업을 보여주고 있다. 크레인에 사용하는 와이어로프의 사용제한 조건을 3가지 쓰시오.(6점) [산기1404B/기사1502A/산기1604B/산기1702B/산기1802A/기사1804C/기사2001C/산기2004A/기사2004C/산기2101A]

크레인을 이용한 인양작업을 보여주고 있다.

① 이음매가 있는 것
② 와이어로프의 한꼬임에서 끊어진 소선의 수가 10% 이상인 것
③ 지름의 감소가 공칭지름의 7%를 초과한 것
④ 심하게 변형 또는 부식된 것
⑤ 꼬인 것
⑥ 열과 전기충격에 의해 손상된 것

▲ 해당 답안 중 3가지 선택 기재

03 동영상은 낙하물방지망을 보수하는 장면이다. 다음 각 물음에 답하시오.(6점)

[산기1601B/산기1901B/산기2002A/산기2004A/산기2101A/산기2102B/산기2104A]

고소에 설치된 낙하물방지망의 한쪽 끝이 풀려 바람에 날리는 장면을 보여주고 있다. 이에 작업자가 낙하물방지망을 보수하기 위해 바람에 날리는 낙하물방지망의 매듭 부위에 접근하고 있는 장면을 보여주고 있다.

가) 낙하물방지망의 설치는 (①)m 이내마다 설치한다.
나) 수평면과의 각도는 (②)를 유지한다.
다) 내민 길이는 벽면으로부터 (③)m 이상으로 해야 한다.

① 10 ② 20~30° ③ 2

04 동영상은 고소작업대를 이용한 작업현장을 보여주고 있다. 동영상을 참고하여 불안전한 행동이나 상태를 3가지 쓰시오.(6점)

[산기2101A/산기2104B]

어두운 터널 안에서 2대의 차량형 고소작업대를 이용해서 작업중이다.
아래쪽에는 여러명의 근로자가 지보공을 잡고 고정중이고, 고소작업대에는 각각 2명씩 올라가 터널 지보공을 설치하고 있다. 작업자들이 안전대를 착용하지 않고 있다. 손이 닿지 않자 작업대를 밟고 일어나서 작업한다. 작업을 지휘하는 사람은 보이지 않는 대신 지나가는 사람들의 모습이 보인다.

① 고소작업자가 안전대를 착용하지 않고 있다.
② 작업범위 내에 관계자가 아닌 사람이 출입하고 있다.
③ 작업대의 붐대를 상승시킨 상태에서 안전대를 착용하지 않은 작업자가 작업대를 벗어나고 있다.
④ 안전한 작업을 위해 필요한 적정수준의 조도를 확보하지 못했다.
⑤ 작업대의 붐대를 상승시킨 상태에서 탑승자가 작업대를 밟고 일어서서 작업중이다.

▲ 해당 답안 중 3가지 선택 기재

05 영상은 작업현장에 눈이 많이 와서 쌓여있는 모습을 보여주고 있다. 폭설이나 한파가 왔을 때 작업장에서의 조치사항을 2가지 쓰시오.(4점)　　　　　　　　　　　　　　　　　[산기1901B/산기2101A/산기2102B]

작업현장에 눈이 많이 와서 쌓여 작업자들이 눈을 치우는 모습을 보여주고 있다.

① 적설량이 많을 경우 가시설 및 가설구조물 위에 쌓인 눈을 제거한다.
② 혹한으로 인한 근로자의 동상 등을 방지한다.
③ 근로자가 통행하는 통로에 눈이나 얼어붙은 얼음을 제거하거나 모래나 부직포 등을 이용해 미끄럼 방지조치를 실시한다.
④ 노출된 상·하수도 관로, 제수변 등에 보온시설을 설치하여 동파 또는 동결을 방지한다.

▲ 해당 답안 중 2가지 선택 기재

06 동영상은 근로자가 손수레에 모래를 싣고 작업 중 사고가 발생하였다. 재해의 발생 원인을 3가지 쓰시오. (4점)　　　　　　　　　　　　　　　　　[기사1501C/기사1602B/기사1901A/기사2002E/산기2101A]

근로자가 리프트를 타고 손수레에 모래를 가득 싣고 작업하는 중으로 모래를 뒤로 가면서 뿌리고 있다. 작업 장소는 리프트 설치 장소이고, 안전난간이 해체된 상태에서 뒤로 추락하는 모습이며 안전모의 턱 끈은 풀린 상태이다.

① 운전한계를 초과할 때까지 적재하였다.
② 1인이 운반하여 주변상황을 파악하지 못하였다.
③ 추락 위험이 있는 곳에 안전난간이 설치되지 않았다.

07 동영상은 작업자가 통로를 걷다 개구부로 추락하는 상황을 보여주고 있다. 추락의 위험이 존재하는 장소에서의 안전 조치사항 2가지를 쓰시오.(4점)

[기사1401C/산기1402A/산기1402B/산기1504B/기사1504C/기사1602B/산기1701B/산기1702A/기사1804B/산기2002B/기사2004C/산기2101A]

작업자가 통로를 걷다 개구부를 미처 확인하지 못하여 개구부로 추락하는 상황을 보여주고 있다.
해당 개구부에는 별도의 방호장치가 설치되지 않은 상태이다.

① 안전난간을 설치한다.　② 추락방호망을 설치한다.
③ 울타리를 설치한다.　④ 수직형 추락방망을 설치한다.
⑤ 덮개를 뒤집히거나 떨어지지 않도록 설치한다.
⑥ 어두울 때도 알아볼 수 있도록 개구부임을 표시한다.
⑦ 추락방호망 설치가 곤란한 경우 작업자에게 안전대를 착용하게 하는 등 추락방지 조치를 한다.

▲ 해당 답안 중 2가지 선택 기재

08 동영상은 노면을 깎는 작업을 보여주고 있다. 해당 건설기계의 용도 3가지를 쓰시오.(3점)

[기사1501B/기사1601B/기사1602C/기사1802A/기사1901C/기사2002D/산기2101A/기사2102A]

차량계 건설기계(불도저)를 이용해서 노면을 깎는 작업을 보여주고 있다.

① 지반의 정지작업　② 굴착작업
③ 적재작업　④ 운반작업

▲ 해당 답안 중 3가지 선택 기재

01 동영상에서와 같은 건설현장에서 철골작업 시 작업을 중지하여야 하는 기후조건 3가지를 쓰시오.(6점)

[기사1402A/산기1501A/산기1604B/산기1701B/산기1702B/기사1704B/
산기1801A/산기1802B/기사1901A/산기1902B/산기1904B/기사2002E/산기2004B/산기2101B/산기2102A/산기2104A]

철골구조물 건립 공사현장을 보여주고 있다.

① 풍속이 초당 10m 이상인 경우
② 강우량이 시간당 1mm 이상인 경우
③ 강설량이 시간당 1cm 이상인 경우

02 영상은 작업장에 설치된 분전반의 모습을 보여주고 있다. 분전반의 설치방법에 따른 종류를 2가지 쓰시오. (4점)

[산기2101B/산기2102B/산기2201B]

동영상은 작업장에 설치된 분전반의 모습을 보여주고 있다.

① 매입형   ② 노출벽부형
③ 반매입형   ④ 자립형

▲ 해당 답안 중 2가지 선택 기재

03 동영상은 강교량 건설현장을 보여주고 있다. 영상을 참고하여 고소작업 시 추락재해를 방지하기 위한 안전조치 사항 2가지를 쓰시오. (단, 영상에서 제시된 추락방호망, 방호선반, 안전난간 등의 설치는 제외한다.) (4점)

[산기|1601A/산기|1804A/산기|2101B/산기|2102A]

강교량 건설현장에서 작업 중에 있던 근로자가 고소작업 중 추락하는 재해상황을 보여주고 있다.

① 작업발판 설치
② 근로자 안전대 착용

04 동영상은 철골보를 인양하는 모습을 보여주고 있다. 크램프를 이용하여 부재를 체결할 때 준수사항을 2가지 쓰시오.(6점)

[산기|2101B]

철골공사 현장에서 크레인을 이용해 철골보를 인양하는 모습을 보여주고 있다.

① 크램프의 작동상태를 점검한 후 사용하여야 한다.
② 크램프의 정격용량 이상 매달지 않아야 한다.
③ 두곳을 매어 인양시킬 때 와이어로프의 내각은 60도 이하이어야 한다.
④ 체결작업중 크램프 본체가 장애물에 부딪치지 않게 주의하여야 한다.
⑤ 크램프는 부재를 수평으로 하는 두 곳의 위치에 사용하여야 하며 부재 양단방향은 등간격이어야 한다.
⑥ 부득이 한군데 만을 사용할 때는 위험이 적은 장소로서 간단한 이동을 하는 경우에 한하여야 하며 부재길이의 1/3지점을 기준하여야 한다.

▲ 해당 답안 중 2가지 선택 기재

05 동영상은 잔골재를 밀고 있는 건설기계의 작업현장을 보여주고 있다. 동영상에 나오는 건설기계의 명칭과 용도를 3가지 쓰시오.(6점) [기사1501C/산기1504B/기사1602B/산기1701B/기사1801B/산기1802A/산기2004B/기사2004C/산기2101A]

차량계 건설기계를 이용해서 땅을 고르는 모습을 보여준다.

가) 건설기계의 명칭 : 모터그레이더
나) 용도 :　① 정지작업
　　　　　　② 땅고르기
　　　　　　③ 측구굴착

06 동영상은 거푸집 동바리의 조립 영상이다. 영상을 보고 동바리로 사용하는 파이프 서포트에 대한 질문에 답하시오.(4점) [산기1401A/산기1401B/산기1801B/산기1901A/산기2101B/산기2104B/산기2301A]

동영상은 거푸집 동바리를 조립하고 있는 모습을 보여주고 있다.

가) 파이프 서포트를 (①)개 이상 이어서 사용하지 않도록 할 것
나) 파이프 서포트를 이어서 사용하는 경우에는 (②)개 이상의 볼트 또는 전용철물을 사용하여 이을 것
다) 높이가 (③)m를 초과하는 경우에는 (④)m 이내마다 수평연결재를 2개 방향으로 설치하고, 수평연결재의 변위를 방지할 것

① 3　　　　　　　　　　　　② 4
③ 3.5　　　　　　　　　　　④ 2

07 동영상은 크레인 인양작업을 보여주고 있다. 크레인에 사용하는 와이어로프의 사용제한 조건을 3가지 쓰시오.(6점) [산기1404B/기사1502A/산기1604B/산기1702B/산기1802A/기사1804C/기사2001C/산기2004A/기사2004C/산기2101A]

크레인을 이용한 인양작업을 보여주고 있다.

① 이음매가 있는 것
② 와이어로프의 한꼬임에서 끊어진 소선의 수가 10% 이상인 것
③ 지름의 감소가 공칭지름의 7%를 초과한 것
④ 심하게 변형 또는 부식된 것
⑤ 꼬인 것
⑥ 열과 전기충격에 의해 손상된 것

▲ 해당 답안 중 3가지 선택 기재

08 동영상은 목재가공용 둥근톱을 이용하여 작업을 하던 중 발생된 재해사례를 보여주고 있다. 동영상의 장치를 사용할 때 설치해야 할 방호장치 2가지를 쓰시오.(4점) [산기1801B/기사2002B/기사2002D/산기2101A]

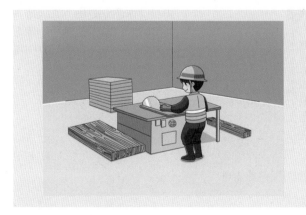

작업자가 목장갑을 착용하고 목재를 가공하고 있다. 둥근톱장치에는 반발예방장치가 설치되어 있지 않다.

① 분할날 등 반발예방장치
② 톱날접촉예방장치

01 동영상은 낙하물방지망을 보수하는 장면이다. 다음 각 물음에 답하시오.(4점)

[산기1601B/산기1901B/산기2002A/산기2004A]

고소에 설치된 낙하물방지망의 한쪽 끝이 풀려 바람에 날리는 장면을 보여주고 있다. 이에 작업자가 낙하물방지망을 보수하기 위해 바람에 날리는 낙하물방지망의 매듭 부위에 접근하고 있는 장면을 보여주고 있다.

가) 낙하물방지망의 설치는 (①)m 이내마다 설치한다.
나) 수평면과의 각도는 (②)를 유지한다.
다) 내민 길이는 벽면으로부터 (③)m 이상으로 해야 한다.

① 10   ② 20~30°   ③ 2

02 동영상은 흙막이 지보공 설치 작업을 보여주고 있다. 흙막이 지보공 정기 점검사항 3가지를 쓰시오.(4점)

[산기1402A/산기1601B/산기1602B/기사1802A/기사1901B/
산기1901B/산기1902B/기사1904B/산기2002B/기사2003A/산기2003A/산기2004A/산기2102B/산기2204A/산기2302A]

흙막이 지보공이 설치된 작업현장을 보여주고 있다. 이틀 동안 계속된 비로 인해 지보공의 일부가 터져서 토사가 밀려든 모습이다.

① 부재의 손상·변형·부식·변위 및 탈락의 유무와 상태
② 버팀대 긴압의 정도
③ 부재의 접속부·부착부 및 교차부 상태
④ 침하의 정도

▲ 해당 답안 중 3가지 선택 기재

03 동영상은 크레인을 이용한 인양작업을 보여주고 있다. 크레인에 사용하는 와이어로프의 사용제한 조건을
3가지 쓰시오.(6점)[산기1404B/기사1502A/산기1604B/산기1702B/산기1802A/기사1804C/기사2001C/산기2004A/기사2004C/산기2101A]

크레인을 이용한 인양작업을 보여주고
있다.

① 이음매가 있는 것
② 와이어로프의 한꼬임에서 끊어진 소선의 수가 10% 이상인 것
③ 지름의 감소가 공칭지름의 7%를 초과한 것
④ 심하게 변형 또는 부식된 것
⑤ 꼬인 것
⑥ 열과 전기충격에 의해 손상된 것

▲ 해당 답안 중 3가지 선택 기재

04 동영상은 높이가 2.5m 이상되는 철골구조물을 보여주고 있다. 해당 구조물에서 작업을 수행하는 근로자의
추락을 막기 위한 안전시설물을 1가지 쓰시오.(4점)   [산기2004A]

높이가 2.5m 이상되는 철골구조물에서 작
업 중인 근로자를 보여주고 있다.

① 비계   ② 수평통로   ③ 안전난간대

▲ 해당 답안 중 1가지 선택 기재

05 동영상은 콘크리트 타설 및 타설 후 면마감 작업을 보여주고 있다. 콘크리트 타설작업 시 안전조치 사항을 3가지 쓰시오.(6점)

[산기1604B/산기1801A/기사1801C/산기1804A/기사1804C/기사1901C/산기1902A/산기2001A/산기2004A/기사2004B/산기2302A]

콘크리트 타설 현장의 모습을 보여주고 있다. 타설할 때 작업발판도 없고 난간도 없고 방망도 없으며, 작업자는 안전모 턱끈을 느슨하게 하고 있다.

① 콘크리트 타설작업 시 거푸집 붕괴의 위험이 발생할 우려가 있으면 충분한 보강조치를 할 것
② 설계도서상의 콘크리트 양생기간을 준수하여 거푸집 동바리 등을 해체할 것
③ 콘크리트를 타설하는 경우에는 편심이 발생하지 않도록 골고루 분산하여 타설할 것
④ 작업 시작 전에 거푸집 동바리 등의 변형·변위 및 지반의 침하 유무 등을 점검하고 이상이 있으면 보수할 것
⑤ 작업 중에는 거푸집 동바리 등의 변형·변위 및 침하 유무 등을 감시할 수 있는 감시자를 배치하여 이상이 있으면 작업을 중지하고 근로자를 대피시킬 것

▲ 해당 답안 중 3가지 선택 기재

06 동영상은 리프트 재해현장을 보여주고 있다. 리프트의 안전장치 2가지를 쓰시오.(4점) [산기2004A]

리프트로 작업을 진행하던 중 하중을 견디지 못한 리프트가 무너져 옆 건물을 덮친 재해 현장의 모습을 보여주고 있다.

① 과부하방지장치   ② 권과방지장치
③ 비상정지장치 및 제동장치

▲ 해당 답안 중 2가지 선택 기재

07 동영상은 아파트 단지 내에서 하수관로 매설작업을 수행하고 있는 전경을 보여주고 있다. 동영상을 참고하여 크레인 인양 시의 준수사항 3가지를 쓰시오.(6점) [산기1402A/산기1601A/산기1601B/산기1804A/산기1902A/산기2004A]

백호가 흄관을 1줄걸이로 인양하여 매설하고 있으며, 흄관 바로 밑에 작업근로자가 2명이 있고 인양 중 흄관이 작업자에게 떨어져 다리가 끼인다.

① 긴 자재 인양 시 2줄걸이 한다.　　② 인양작업 중 근로자의 출입을 금지한다.
③ 유도하는 사람을 배치한다.　　④ 양중기를 이용해 인양작업을 수행한다.

▲ 해당 답안 중 3가지 선택 기재

08 동영상은 작업자가 외부비계를 타고 올라가다 떨어지는 사고상황을 보여주고 있다. 동영상을 보고 시설이나 행동상의 위험요인 3가지를 쓰시오.(6점) [기사1404B/기사1504C/기사1601B/기사1602C/산기1604B/산기1701A/ 산기1701B/산기1702A/기사1702C/산기1704A/산기1804A/산기1804B/산기1901A/기사1901C/산기2004A/기사2004D]

작업자가 캔 음료를 먹고 있고, 리프트를 타고 다른 작업자가 올라가자, 바닥에 캔 음료를 버리고 외부비계를 타고 올라가다 떨어지는 재해가 발생했다. 이때 작업자 안전모의 턱끈이 풀려있는 상태였다.

① 비계 상에 사다리 및 비계다리 등 승강시설이 설치되어 있지 않았다.
② 추락방호망이 설치되어 있지 않았다.
③ 작업발판이 설치되어 있지 않았다.
④ 울, 손잡이 또는 충분한 강도를 가진 발판 등이 설치되지 않았다.

▲ 해당 답안 중 3가지 선택 기재

01 동영상은 대형집수정 위의 수중펌프에 대한 점검 및 보수 동영상이다. 안전대책 2가지를 쓰시오.(4점)

[산기2004B]

대형 집수정을 보여주고 있다. 집수정의 가운데에 수중펌프가 보인다. 오른쪽으로는 나무 널판이 걸쳐져 있다. 수중펌프와 연결된 전기외함에 작업자가 작업을 시작하기 전 작업공간을 살펴보고 있다.

① 감전 방지용 누전차단기를 설치한다.
② 모터와 전선의 이음새 부분을 작업 시작 전 확인 또는 작업 시작 전 펌프의 작동 여부를 확인한다.
③ 수중 및 습윤한 장소에서 사용하는 전선은 수분의 침투가 불가능한 것을 사용한다.

▲ 해당 답안 중 2가지 선택 기재

02 동영상에서와 같은 건설현장에서 철골작업 시 작업을 중지하여야 하는 기후조건 3가지를 쓰시오.(6점)

[기사1402A/산기1501A/산기1604B/산기1701B/산기1702B/기사1704B/
산기1801A/산기1802B/기사1901A/산기1902B/산기1904B/기사2002E/산기2004B/산기2101B/산기2102A/산기2104A]

철골구조물 건립 공사현장을 보여주고 있다.

① 풍속이 초당 10m 이상인 경우   ② 강우량이 시간당 1mm 이상인 경우
③ 강설량이 시간당 1cm 이상인 경우

03 추락방호망을 보여주고 있다. 설치기준에 대한 설명에서 빈칸을 채우시오.(6점) [산기1902B/산기2004B]

건설현장에 설치된 추락방호망을 보여주고 있다.

가) 추락방호망의 설치위치는 가능하면 작업면으로부터 가까운 지점에 설치하여야 하며, 작업면으로부터 망의 설치지점까지의 수직거리는 (①)m를 초과하지 아니할 것

나) 추락방호망은 수평으로 설치하고, 망의 처짐은 짧은 변 길이의 (②)% 이상이 되도록 할 것

다) 건축물 등의 바깥쪽으로 설치하는 경우 추락방호망의 내민 길이는 벽면으로부터 (③)m 이상 되도록 할 것

① 10 　　　　　　　② 12 　　　　　　　③ 3

04 동영상은 비계 조립, 해체, 변경작업을 하는 중 강관비계(아시바)가 떨어져 밑에 있던 근로자가 놀라는 장면이다. 동영상을 보고 위험요인 2가지를 쓰시오.(4점) [산기2003B/산기2004B]

동영상은 비계 조립, 해체, 변경작업을 하는 모습을 보여주고 있다. 작업발판 없이 비계에서 비계를 해체중이다. 안전모의 턱끈이 풀린 작업자가 아래쪽에 지나가고 있다. 비계를 해체한 작업자가 해체된 비계발판을 아래로 집어던지자 아래쪽 작업자가 놀라는 모습을 보여준다.

① 작업반경 내에 작업과 관련 없는 근로자가 출입하고 있다.
② 뜯어낸 비계를 달줄이나 달포대를 이용하지 않고 던지고 있다.
③ 작업발판을 설치하지 않았다.
④ 안전대 부착설비 및 안전대를 착용하지 않았다.

▲ 해당 답안 중 2가지 선택 기재

05 동영상은 철골구조물에 부착된 작업발판을 보여주고 있다. 다음 물음에 답하시오.(4점)

[산기1801B/산기1901B/산기2004B]

동영상은 철골구조물을 건립하는 작업현장을 보여준다. 작업자 2명이 철골구조물에 부착된 작업발판을 지적하면서 잘못 설치된 작업발판을 다시 설치할 것에 대해 논의하고 있다.

가) 작업발판의 폭을 (①)cm 이상으로 설치한다.
나) 발판재료간의 틈은 (②)cm 이하로 설치한다.

① 40   ② 3

06 동영상은 아파트 단지 내에서 하수관로 매설작업을 수행하고 있는 전경을 보여주고 있다. 동영상을 참고하여 재해형태와 방지조치 2가지를 쓰시오.(6점)

[산기1502A/산기1601A/산기2002A/산기2004B]

백호가 흄관을 1줄걸이로 인양하여 매설하고 있으며, 흄관 바로 밑에 작업근로자가 2명이 있고 인양 중 흄관이 작업자에게 떨어져 다리가 끼인다.

가) 재해형태 : 협착(끼임)
나) 방지조치
　① 긴 자재 인양 시 2줄걸이 한다.
　② 인양작업 중 근로자의 출입을 금지한다.
　③ 양중기를 이용해 인양작업을 수행한다.
　④ 유도하는 사람을 배치한다.

　▲ 나)의 답안 중 2가지 선택 기재

07 터널 등의 건설작업을 하는 경우 낙반 등에 의해 근로자가 위험해질 우려가 있는 경우 조치사항을 3가지 쓰시오.(6점) [산기|2004B/산기|2202A]

동영상은 터널 건설작업을 보여주고 있다. 영상 중간에 천정의 부석이 흔들리는 모습으로 볼 때 낙반의 위험이 있는 곳으로 판단된다.

① 터널 지보공을 설치한다.
② 록볼트를 설치한다.
③ 부석을 제거한다.

08 동영상은 잔골재를 밀고 있는 건설기계의 작업현장을 보여주고 있다. 동영상에 나오는 건설기계의 명칭과 용도를 3가지 쓰시오.(4점) [기사1501C/산기1504B/기사1602B/산기1701B/기사1801B/산기1802A/산기2004B/기사2004C/산기2101A]

차량계 건설기계를 이용해서 땅을 고르는 모습을 보여준다.

가) 건설기계의 명칭 : 모터그레이더
나) 용도 :   ① 정지작업
            ② 땅고르기
            ③ 측구굴착

01 동영상은 아파트 단지 내에서 하수관로 매설작업을 수행하고 있는 전경을 보여주고 있다. 동영상을 참고하여 가) 재해형태, 나) 기인물, 다) 재해의 발생원인 1가지를 쓰시오.(6점)

[산기1401B/산기1404B/산기1604A/산기1901A/산기2003A/산기2301A/산기2302A]

백호가 흄관을 1줄걸이로 인양하여 매설하고 있으며, 흄관 바로 밑에 작업 근로자가 2명이 있고 인양 중 흄관이 작업자에게 떨어져 다리가 끼인다.

가) 재해형태 : 협착(끼임)

나) 기인물 : 백호

다) 재해의 원인 :
① 긴 자재를 인양하는데 1줄걸이로 했다.
② 인양작업 중 근로자의 출입을 통제하지 않았다.
③ 백호를 이용해 인양작업을 수행했다.
④ 유도하는 사람을을 배치하지 않았다.

▲ 다)의 답안 중 1가지 선택 기재

02 동영상은 콘크리트 믹서 트럭의 바퀴를 물로 씻는 장면을 보여주고 있다. 이 장비의 이름과 용도를 쓰시오. (4점)

[산기1904A/산기2003A/기사2001A/산기2204B/산기2301A]

공사현장에 출입하는 콘크리트 믹서 트럭이 공사현장을 떠나는 출구쪽에서 별도의 장비를 통과하는 모습을 보여준다. 해당 장비에서는 물이 분무되고 콘크리트 믹서 트럭의 바퀴에 묻은 흙 등을 씻어내는 모습을 보여준다.

① 이름 : 세륜기
② 용도 : 건설기계의 바퀴에 묻은 분진이나 토사를 제거한다.

03 동영상의 공사용 가설도로를 설치하는 경우 준수사항을 3가지 쓰시오.(6점)

[산기|1904B/산기|2003A/산기|2202B/산기|2301A]

동영상은 진동롤러를 이용해 작업장 진입용 가설도로를 설치하는 것을 보여주고 있다.

① 도로는 장비와 차량이 안전하게 운행할 수 있도록 견고하게 설치할 것
② 도로와 작업장이 접하여 있을 경우에는 울타리 등을 설치할 것
③ 도로는 배수를 위하여 경사지게 설치하거나 배수시설을 설치할 것
④ 차량의 속도제한 표지를 부착할 것

▲ 해당 답안 중 3가지 선택 기재

04 동영상은 강관비계 설치 현장을 보여주고 있다. 동영상에서와 같은 강관비계의 설치·조립 시 준수해야 할 사항 3가지를 쓰시오.(4점)

[산기|2003A]

강관비계를 설치한 작업현장의 모습을 보여주고 있다.

① 비계기둥에는 밑받침철물을 설치하거나 깔판·받침목 등을 사용하여 밑둥잡이를 설치할 것
② 강관의 접속부 또는 교차부는 적합한 부속철물을 사용하여 접속하거나 단단히 묶을 것
③ 교차가새로 보강할 것
④ 외줄비계·쌍줄비계 또는 돌출비계에 대해서는 벽이음 및 버팀을 설치할 것
⑤ 가공전로에 근접하여 비계를 설치하는 경우에는 가공전로를 이설하거나 가공전로에 절연용 방호구를 장착하는 등 가공전로와의 접촉을 방지하기 위한 조치를 할 것

▲ 해당 답안 중 3가지 선택 기재

05 동영상은 철조망 안쪽에 변압기(=임시배전반) 설치장소의 충전부에 접촉하여 감전사고가 발생한 것을 보여주고 있다. 간접접촉 예방대책 3가지를 쓰시오.(6점) [기사1401B/기사1404B/산기1501A/기사1502B/산기1504B/기사1601A/기사1601C/산기1602A/산기1604B/산기1701A/기사1702C/기사1704B/기사1804A/기사2001B/산기2204B]

동영상은 건설현장의 한쪽에 마련된 임시배전반이 설치된 장소를 보여주고 있다. 새로운 장비의 설치를 위해서 일부 근로자가 임시배전반이 보관된 철조망 안으로 들어가서 변압기를 옮기다가 노출된 충전부에 접촉하여 감전재해가 발생하는 모습을 보여주고 있다.

① 충전부가 노출되지 않도록 폐쇄형 외함이 있는 구조로 할 것
② 충전부에 충분한 절연효과가 있는 방호망이나 절연덮개를 설치할 것
③ 충전부는 내구성이 있는 절연물로 완전히 덮어 감쌀 것
④ 발전소·변전소 및 개폐소 등 구획된 장소로서 관계 근로자가 아닌 사람의 출입이 금지되는 장소에 충전부를 설치하고, 위험표시 등의 방법으로 방호를 강화할 것
⑤ 전주 위 및 철탑 위 등 격리된 장소로서 관계 근로자가 아닌 사람이 접근할 우려가 없는 장소에 충전부를 설치할 것

▲ 해당 답안 중 3가지 선택 기재

06 동영상은 흙막이 지보공 설치 작업을 보여주고 있다. 흙막이 지보공 정기 점검사항 3가지를 쓰시오.(6점) [산기1402A/산기1601B/산기1602B/기사1802A/기사1901B/산기1901B/산기1902B/기사1904B/산기2002B/기사2003A/산기2003A/산기2004A/산기2102B/산기2204A/산기2302A]

흙막이 지보공이 설치된 작업현장을 보여주고 있다. 이틀 동안 계속된 비로 인해 지보공의 일부가 터져서 토사가 밀려든 모습이다.

① 부재의 손상·변형·부식·변위 및 탈락의 유무와 상태
② 버팀대 긴압의 정도
③ 부재의 접속부·부착부 및 교차부 상태
④ 침하의 정도

▲ 해당 답안 중 3가지 선택 기재

07 동영상은 철근을 인력으로 운반하는 모습이다. 이와 같은 운반작업을 할 때 주의하여야 할 사항에 대한 설명이다. ( ) 안을 채우시오.(4점)　　　　　　　　　　　　　　　[산기|2003A/산기|2202B]

철근을 운반하기 위해 양중장치에 의해 이동되어 온 철근의 묶음을 작업자가 들 수 있는 양만큼 분배하는 중이다.

① 1인당 무게는 (　)kg 정도가 적절하며, 무리한 운반을 삼가야 한다.
② 2인 이상이 1조가 되어 (　　)로 하여 운반하는 등 안전을 도모하여야 한다.

① 25　　　　　　　　　　　　　② 어깨메기

08 영상은 작업장으로 통하는 통로를 보여주고 있다. 가설통로 설치기준에 대한 설명에서 ( ) 안을 채우시오.
(4점)　　　　　　　　　　　　　　　　　　　　　　　　　[산기|2003A]

영상은 작업장에 설치된 가설통로의 설치 현황을 보여주고 있다.

가) 사업주는 통로면으로부터 높이 (①)m 이내에는 장애물이 없도록 하여야 한다. 다만, 부득이하게 통로면으로부터 높이 (①)m 이내에 장애물을 설치할 수밖에 없거나 통로면으로부터 높이 (①)m 이내의 장애물을 제거하는 것이 곤란하다고 고용노동부장관이 인정하는 경우에는 근로자에게 발생할 수 있는 부상 등의 위험을 방지하기 위한 안전 조치를 하여야 한다.
나) 사업주는 계단을 설치하는 경우 그 폭을 (②)m 이상으로 하여야 한다. 다만, 급유용·보수용·비상용 계단 및 나선형 계단이거나 높이 (②)m 미만의 이동식 계단인 경우에는 그러하지 아니하다.

① 2　　　　　　　　　　　　　② 1

01 동영상은 발파현장을 보여주고 있다. 발파작업 시 근로자 준수사항을 3가지 쓰시오.(6점)   [산기2003B]

채석장에서 발파작업을 진행하고 있다. 장약 설치 후 전기뇌관을 점검한 후 근처의 작업자들에게 대피할 것을 외치고 있다.

① 화약이나 폭약을 장전하는 경우에는 그 부근에서 화기를 사용하거나 흡연을 하지 않도록 할 것
② 장전구는 마찰·충격·정전기 등에 의한 폭발의 위험이 없는 안전한 것을 사용할 것
③ 발파공의 충진재료는 점토·모래 등 발화성 또는 인화성의 위험이 없는 재료를 사용할 것
④ 얼어붙은 다이나마이트는 화기에 접근시키거나 그 밖의 고열물에 직접 접촉시키는 등 위험한 방법으로 융해되지 않도록 할 것
⑤ 전기뇌관에 의한 발파의 경우 점화하기 전에 화약류를 장전한 장소로부터 30m 이상 떨어진 안전한 장소에서 전선에 대하여 저항측정 및 도통시험을 할 것

▲ 해당 답안 중 3가지 선택 기재

02 슬링벨트에 샤클을 끼우는 장면을 보여주고 있다. 샤클의 점검사항을 4가지 쓰시오.(4점)   [산기2003B]

슬링벨트에 샤클을 끼우는 장면을 보여주고 있다.

① 마모   ② 균열   ③ 핀의 변형
④ 나사   ⑤ 핀

▲ 해당 답안 중 4가지 선택 기재

03 영상은 가설통로를 보여주고 있다. 가설통로 설치 시 구조조건 3가지를 쓰시오.(6점)

[기사1801B/기사2001B/산기2003B]

동영상은 아파트 공사현장의 가설 경사로를 보여주고 있다.

① 견고한 구조로 할 것
② 경사는 30도 이하로 할 것
③ 경사가 15도를 초과하는 경우에는 미끄러지지 아니하는 구조로 할 것
④ 추락할 위험이 있는 장소에는 안전난간을 설치할 것
⑤ 수직갱에 가설된 통로의 길이가 15m 이상인 경우는 10m 이내마다 계단참을 설치할 것
⑥ 건설공사에 사용하는 높이 8m 이상인 비계다리에는 7m 이내마다 계단참을 설치할 것

▲ 해당 답안 중 3가지 선택 기재

04 동영상은 비계 조립, 해체, 변경작업을 하는 중 강관비계(아시바)가 떨어져 밑에 있던 근로자가 놀라는 장면이다. 동영상을 보고 위험요인 2가지를 쓰시오.(4점)

[산기2003B/산기2004B]

동영상은 비계 조립, 해체, 변경작업을 하는 모습을 보여주고 있다. 작업발판 없이 비계에서 비계를 해체중이다. 안전모의 턱끈이 풀린 작업자가 아래쪽에 지나가고 있다. 비계를 해체한 작업자가 해체된 비계발판을 아래로 집어던지자 아래쪽 작업자가 놀라는 모습을 보여준다.

① 작업반경 내에 작업과 관련 없는 근로자가 출입하고 있다.
② 뜯어낸 비계를 달줄이나 달포대를 이용하지 않고 던지고 있다.
③ 작업발판을 설치하지 않았다.
④ 안전대 부착설비 및 안전대를 착용하지 않았다.

▲ 해당 답안 중 2가지 선택 기재

05 영상은 항타기의 조립현장을 보여주고 있다. 항타기 및 항발기를 조립하는 경우의 점검해야 하는 사항을 3가지 쓰시오.(6점)

[산기2003B/산기2201A/산기2301A]

크레인을 이용하여 항타기를 조립하는 모습을 보여주는 영상이다.

① 본체 연결부의 풀림 또는 손상의 유무
② 권상기의 설치상태의 이상 유무
③ 리더의 버팀 방법 및 고정상태의 이상 유무
④ 권상용 와이어로프·드럼 및 도르래의 부착상태의 이상 유무
⑤ 권상장치의 브레이크 및 쐐기장치 기능의 이상 유무
⑥ 본체·부속장치 및 부속품의 강도가 적합한지 여부
⑦ 본체·부속장치 및 부속품에 심한 손상·마모·변형 또는 부식이 있는지 여부

▲ 해당 답안 중 3가지 선택 기재

06 지게차로 긴 자재를 운송하는 모습을 보여주고 있다. 동영상을 보고 작업자의 운전위치 이탈 시 위험요인 2가지를 쓰시오.(4점)

[산기2003B]

지게차가 긴 자재를 들어올려 이동하려다 운전자가 급한 볼일로 이탈한 후 복귀하여 지게차를 조종하는 모습을 보여주고 있다. 자재가 안전장치 없이 실려있어서 많이 흔들리는 모습을 보여준다.

① 포크, 버킷, 디퍼 등의 장치를 가장 낮은 위치 또는 지면에 내려 두지 않았다.
② 원동기를 정지시키고 브레이크를 거는 등 갑작스러운 주행이나 이탈을 방지하기 위한 조치를 하지 않았다.
③ 운전석을 이탈하는 경우는 시동키를 운전대에서 분리시키지 않았다.

▲ 해당 답안 중 2가지 선택 기재

07 동영상은 안전난간을 보여준다. 안전난간의 구성요소를 순서대로 쓰시오.(4점)

[산기2003B/산기2102B/산기2202B/산기2301A]

안전난간의 구성요소를 순서대로 보여주 면서 설치하는 모습이다.

① 상부 난간대   ② 중간 난간대
③ 발끝막이판   ④ 난간기둥

08 동영상은 이동식 비계를 올라가던 작업자가 추락하여 다치는 재해를 보여주고 있다. 재해발생 원인 3가지를 쓰시오.(6점)

[산기1601A/기사1602A/기사1802C/기사1902C/산기2003B/기사2003C]

안전모를 착용한 근로자가 이동식 비계를 올라가는 모습 을 보여주고 있다. 이동식 비계의 바퀴를 고정하지 않아 흔들린다. 이동식 비계에 올라 간 근로자가 이동식 비계의 최상단에서 각목으로 천정을 밀어 이동식 비계를 약간 이 동시키려다 이동식 비계가 흔들리면서 근로자가 추락한 다. 이동식 비계의 최상단에는 안전난간이 설치되지 않았 으며, 근로자는 안전대를 착용하지 않았다.

① 비계의 바퀴를 브레이크, 쐐기 등으로 고정하지 않았다.
② 승강용 사다리를 설치하지 않았다.
③ 비계의 최상부에안전난간을 설치하지 않았다.
④ 근로자가 고소에서 작업하면서 안전대를 착용하지 않았다.

▲ 해당 답안 중 3가지 선택 기재

01 동영상은 낙하물방지망을 보여준다. 동영상을 참고하여 다음 설명의 ( ) 안을 채우시오.(6점)

[산기1601B/산기1901B/산기2002A/산기2004A/산기2201A]

아파트 신축현장에 설치된 낙하물방지
망을 보여주고 있다.

가) 낙하물방지망의 설치는 (①)m 이내마다 설치한다.
나) 수평면과의 각도는 (②)를 유지한다.
다) 내민 길이는 벽면으로부터 (③)m 이상으로 해야 한다.

① 10   ② 20~30°   ③ 2

02 동영상은 강관비계 설치모습을 보여주고 있다. 다음 설명의 빈칸을 채우시오.(4점) [기사1401A/산기1404B/
기사1504C/기사1701B/기사1801B/산기1802B/산기1901A/기사1902A/산기1904A/산기2001B/산기2002A/기사2003D/기사2004C]

강관비계를 설치한 작업현장의 모습을
보여주고 있다.

가) 비계기둥의 간격은 띠장 방향에서는 (①) 이하, 장선(長線) 방향에서는 (②) 이하로 할 것
나) 띠장 간격은 (③) 이하로 설치할 것

① 1.85m   ② 1.5m   ③ 2m

03 크레인으로 교량을 인양하는 장면을 보여주고 있다. 동영상을 참고하여 크레인 작업 시의 준수사항을 3가지 쓰시오.(6점) [기사1904C/산기2001A/산기2002A/기사2002B/산기2201A/산기2202A]

크레인으로 2줄걸이로 강교량을 인양 중이다. 신호수가 배치되어 있으며, 인양물 아래로 근로자들이 돌아다니는 모습을 보여준다. 인양물에 사람이 타고 있다.

① 인양할 하물을 바닥에서 끌어당기거나 밀어내는 작업을 하지 아니할 것
② 고정된 물체를 직접 분리·제거하는 작업을 하지 아니할 것
③ 미리 근로자의 출입을 통제하여 인양 중인 하물이 작업자의 머리 위로 통과하지 않도록 할 것
④ 인양할 하물이 보이지 아니하는 경우는 어떠한 동작도 하지 아니할 것
⑤ 유류드럼이나 가스통 등 운반 도중에 떨어져 폭발하거나 누출될 가능성이 있는 위험물 용기는 보관함에 담아 안전하게 매달아 운반할 것

▲ 해당 답안 중 3가지 선택 기재

04 동영상은 발파작업 현장을 보여주고 있다. 발파작업 시 화약류가 폭발하지 아니한 경우 또는 장전된 화약류의 폭발 여부를 확인하기 곤란한 경우 행동요령에 대한 설명의 ( ) 안을 채우시오.(4점) [산기2002A]

터널 내부에서 장약을 넣고 있는 작업자들과 전체 작업장을 보여준 후 터널 외부를 보여주고 폭파하는 듯 주변의 떨림이 발생하는 것을 보여준다.

가) 전기뇌관에 의한 경우에는 발파모선을 점화기에서 떼어 그 끝을 단락시켜 놓는 등 재점화되지 않도록 조치하고 그 때부터 (①)분 이상 경과한 후가 아니면 화약류의 장전장소에 접근시키지 않도록 할 것
나) 전기뇌관 외의 것에 의한 경우에는 점화한 때부터 (②)분 이상 경과한 후가 아니면 화약류의 장전장소에 접근시키지 않도록 할 것

① 5   ② 15

05 동영상은 철근을 인력으로 운반하는 모습이다. 이와 같은 운반작업을 할 때 주의하여야 할 사항을 3가지 쓰시오.(6점)

[산기1401B/기사1504B/산기1604A/기사1702B/기사2001C/산기2002A/산기2201A]

철근을 운반하는 중 철근 위에서 잠시 쉬고 있는 근로자들의 모습을 보여주고 있다.

① 1인당 무게는 25kg 정도가 적절하며, 무리한 운반을 삼가야 한다.
② 2인 이상이 1조가 되어 어깨메기로 하여 운반하는 등 안전을 도모하여야 한다.
③ 긴 철근을 부득이 한 사람이 운반할 때에는 한쪽 어깨에 메고 한쪽 끝(뒤)을 끌면서 운반하여야 한다.
④ 운반할 때는 양 끝을 묶어 운반하여야 한다.
⑤ 내려놓을 때는 천천히 내려놓고 던지지 않아야 한다.
⑥ 공동작업을 할 때는 신호에 따라 작업을 하여야 한다.

▲ 해당 답안 중 3가지 선택 기재

06 동영상은 깊이 10.5m 이상의 굴착을 하는 모습을 보여주고 있다. 이때 계측기기를 설치하여 흙막이 구조의 안전을 예측하기 위해 필요한 계측기 3가지를 쓰시오.(6점)

[산기1901A/산기2002A]

동영상은 깊이 10.5m 이상의 깊은 굴착을 하고 있는 모습을 보여주고 있다. 흙막이 구조의 안전을 측정하기 위해 계측기를 들고 계측하려고 이동하고 있다.

① 수위계   ② 경사계   ③ 하중계
④ 침하계   ⑤ 응력계

▲ 해당 답안 중 3가지 선택 기재

07 동영상은 이동식 비계를 이용한 작업 중 추락재해가 발생하는 것을 보여준다. 이동식 비계와 관련한 다음 설명의 (   )을 채우시오.(4점) [산기2002A]

이동식 비계를 이용해서 거푸집 설치작업을 진행중인 모습을 보여준다. 비계를 고정하지 않아 흔들리다 작업자가 바닥으로 추락하는 재해가 발생한다.

가) 이동식 비계의 바퀴에는 뜻밖의 갑작스러운 이동 또는 전도를 방지하기 위하여 브레이크·쐐기 등으로 바퀴를 고정시킨 다음 비계의 일부를 견고한 시설물에 고정하거나 (①)를 설치하는 등 필요한 조치를 할 것
나) 작업발판의 최대적재하중은 (②)kg을 초과하지 않도록 할 것

① 아웃트리거(Outrigger) 　　② 250

08 동영상은 아파트 단지 내에서 하수관로 매설작업을 수행하고 있는 전경을 보여주고 있다. 동영상을 참고하여 재해형태와 방지조치 2가지를 쓰시오.(4점) [산기1502A/산기1601A/산기2002A/산기2004B]

백호가 흄관을 1줄걸이로 인양하여 매설하고 있으며, 흄관 바로 밑에 작업 근로자가 2명이 있고 인양 중 흄관이 작업자에게 떨어져 다리가 끼인다.

가) 재해형태 : 협착(끼임)
나) 방지조치
　① 긴 자재 인양 시 2줄걸이 한다.
　② 인양작업 중 근로자의 출입을 금지한다.
　③ 양중기를 이용해 인양작업을 수행한다.
　④ 유도하는 사람을 배치한다.

▲ 나)의 답안 중 2가지 선택 기재

01 터널건설작업 중 터널 등의 내부에서 금속의 용접·용단 또는 가열작업을 하는 경우에는 화재를 예방하기 위한 조치 2가지를 쓰시오.(4점)

[산기2002B]

동영상은 터널 건설작업을 보여주고 있다. 강아치 지보공 작업을 진행하면서 용접작업을 하고 있는 작업자의 모습이 보인다.

① 해당 작업에 종사하는 근로자에게 소화설비의 설치장소 및 사용방법을 주지시킬 것
② 해당 작업 종료 후 불티 등에 의하여 화재가 발생할 위험이 있는지를 확인할 것
③ 부근에 있는 넝마, 나무부스러기, 종이부스러기, 그 밖의 인화성 액체를 제거하거나, 그 인화성 액체에 불연성 물질의 덮개를 하거나, 그 작업에 수반하는 불티 등이 날아 흩어지는 것을 방지하기 위한 격벽을 설치할 것

▲ 해당 답안 중 2가지 선택 기재

02 동영상은 흙막이 지보공 설치 작업을 보여주고 있다. 흙막이 지보공 정기 점검사항 2가지를 쓰시오.(4점)

[산기1402A/산기1601B/산기1602B/기사1802A/기사1901B/
산기1901B/산기1902B/기사1904B/산기2002B/기사2003A/산기2003A/산기2004A/산기2102B/산기2204A/산기2302A]

흙막이 지보공이 설치된 작업현장을 보여주고 있다. 이틀 동안 계속된 비로 인해 지보공의 일부가 터져서 토사가 밀려든 모습이다.

① 부재의 손상·변형·부식·변위 및 탈락의 유무와 상태
② 버팀대 긴압의 정도
③ 부재의 접속부·부착부 및 교차부 상태
④ 침하의 정도

▲ 해당 답안 중 2가지 선택 기재

03 동영상은 작업자가 통로를 걷다 개구부로 추락하는 상황을 보여주고 있다. 추락의 위험이 존재하는 장소에서의 안전 조치사항 2가지를 쓰시오.(4점)

[기사1401C/산기1402A/산기1402B/산기1504B/기사1504C/기사1602B/산기1701B/산기1702A/기사1804B/산기2002B/기사2004C/산기2101A/기사2204A/산기2204N]

작업자가 통로를 걷다 개구부를 미처 확인하지 못하여 개구부로 추락하는 상황을 보여주고 있다.
해당 개구부에는 별도의 방호장치가 설치되지 않은 상태이다.

① 안전난간을 설치한다.　　　② 추락방호망을 설치한다.
③ 울타리를 설치한다.　　　　④ 수직형 추락방망을 설치한다.
⑤ 덮개를 뒤집히거나 떨어지지 않도록 설치한다.
⑥ 어두울 때도 알아볼 수 있도록 개구부임을 표시한다.
⑦ 추락방호망 설치가 곤란한 경우 작업자에게 안전대를 착용하게 하는 등 추락방지 조치를 한다.

▲ 해당 답안 중 2가지 선택 기재

04 근로자가 상시 분진작업을 하는 경우 사업주가 근로자에게 주지시켜야 하는 사항을 3가지 쓰시오.(6점)

[산기2002B]

분진작업현장에서 마스크를 착용하지 않은 작업자가 지나가고 있다.

① 분진의 유해성과 노출경로
② 작업장 및 개인위생 관리
③ 호흡용 보호구의 사용 방법
④ 분진의 발산 방지와 작업장의 환기 방법
⑤ 분진에 관련된 질병 예방 방법

▲ 해당 답안 중 3가지 선택 기재

05 동영상은 노천 굴착작업 현장을 보여주고 있다. 굴착작업 시 지반에 따른 굴착면의 기울기 기준과 관련된 다음 내용에 빈칸을 채우시오.(4점) [기사2002A/산기2002B]

백호가 노천을 굴착하고 있다. 작업 중 옆에 쌓아두었던 부석이 굴러와 작업자가 다칠뻔한 장면을 보여주고 있다.

구분	지반의 종류	기울기
암반	풍화암	①
	연암	②
	경암	③

① 1 : 1.0   ② 1 : 1.0   ③ 1 : 0.5

06 영상은 비계 설치 모습을 보여주고 있다. 산업안전보건법상 강관틀비계의 설치기준에 대한 다음 설명에서 ( ) 안을 채우시오.(6점) [산기2002B/기사2002C/산기2202A]

강관틀비계가 설치된 작업현장의 모습을 보여주고 있다.

가) 높이가 20m를 초과하거나 중량물의 적재를 수반하는 작업을 할 경우에는 주틀 간의 간격을 (①)m 이하로 할 것
나) 수직방향으로 (②)m, 수평방향으로 (③)m 이내마다 벽이음을 할 것

① 1.8   ② 6   ③ 8

07 영상은 가설통로를 보여주고 있다. 가설통로 설치 시 준수사항에 대한 다음 물음에 답하시오.(6점)

[산기1901B/산기2002B/산기2202A/산기2304A]

동영상은 아파트 공사현장의 가설 경사로를 보여주고 있다.

- 경사는 (①)도 이하로 할 것
- 경사가 (②)도를 초과하는 경우에는 미끄러지지 아니하는 구조로 할 것
- 수직갱에 가설된 통로의 길이가 15m 이상인 경우에는 (③)m 이내마다 계단참을 설치할 것

① 30   ② 15   ③ 10

08 교류아크용접기를 사용할 경우 자동전격방지기를 설치해야 하는 장소 3개소를 쓰시오.(6점) [산기2002B]

동영상은 상수도관 매설현장이다. 한쪽에서는 근로자들이 배관을 용접하고 있고, 한쪽에서는 펌프를 이용해서 물을 빼는 작업을 진행중에 있다. 용접기에 별도의 방호장치가 부착되어 있지 않으며, 작업자는 별도의 보호구를 착용하지 않은 상태에서 작업중이다.

① 선박의 이중 선체 내부, 밸러스트 탱크(ballast tank, 평형수 탱크), 보일러 내부 등 도전체에 둘러싸인 장소
② 추락할 위험이 있는 높이 2미터 이상의 장소로 철골 등 도전성이 높은 물체에 근로자가 접촉할 우려가 있는 장소
③ 근로자가 물·땀 등으로 인하여 도전성이 높은 습윤 상태에서 작업하는 장소

01 동영상은 차량계 건설기계를 이용한 사면굴착공사를 보여주고 있다. 동영상과 같은 굴착공사에서 토석붕괴의 원인을 3가지 쓰시오.(6점)

[기사1501A/기사1602B/산기2001A/기사2003A]

차량계 건설기계를 이용해서 사면을 굴착하는 모습을 보여주고 있다.

① 사면, 법면의 경사 및 기울기의 증가   ② 절토 및 성토 높이의 증가
③ 공사에 의한 진동 및 반복 하중의 증가   ④ 지표수 및 지하수의 침투에 의한 토사 중량의 증가
⑤ 지진, 차량, 구조물의 하중작용   ⑥ 토사 및 암석의 혼합충두께

▲ 해당 답안 중 3가지 선택 기재

02 동영상은 고소작업대 위에서 용접작업을 하고 있는 모습을 보여주고 있다. 고소작업대 이동 시 준수사항을 3가지 쓰시오.(4점)

[산기1802B/산기2001A/산기2304A]

고소작업대 위에서 용접작업을 하는 작업자의 작업영상을 보여주고 있다. 해당 작업물의 작업을 끝내고 인근의 작업대상물로 이동하려는 모습이다.

① 작업대를 가장 낮게 내릴 것
② 작업자를 태우고 이동하지 말 것
③ 이동통로의 요철상태 또는 장애물의 유무 등을 확인할 것

03 동영상은 지하의 작업장에서 보통작업을 하고 있는 상황을 보여주고 있다. 다음과 같은 조건에서의 작업조도의 기준을 쓰시오.(단, 갱내 및 감광재료 취급 작업장 제외)(4점) [산기|2001A/산기|2302A]

작업자가 지하의 밀폐된 작업장에서 도장작업을 하고 있는 상황을 보여주고 있다.

① 일반작업	② 정밀작업

① 150Lux 이상 ② 300Lux 이상

04 동영상은 콘크리트 타설 및 타설 후 면마감 작업을 보여주고 있다. 콘크리트 타설작업 시 안전조치 사항을 3가지 쓰시오.(6점) [산기|1604B/산기|1801A/기사|1801C/산기|1804A/기사|1804C/기사|1901C/산기|1902A/산기|2001A/산기|2004A/기사|2004B/산기|2302A]

콘크리트 타설 현장의 모습을 보여주고 있다. 타설할 때 작업발판도 없고 난간도 없고 방망도 없으며, 작업자는 안전모 턱끈을 느슨하게 하고 있다.

① 콘크리트 타설작업 시 거푸집 붕괴의 위험이 발생할 우려가 있으면 충분한 보강조치를 할 것
② 설계도서상의 콘크리트 양생기간을 준수하여 거푸집 동바리 등을 해체할 것
③ 콘크리트를 타설하는 경우에는 편심이 발생하지 않도록 골고루 분산하여 타설할 것
④ 작업 시작 전에 거푸집 동바리 등의 변형·변위 및 지반의 침하 유무 등을 점검하고 이상이 있으면 보수할 것
⑤ 작업 중에는 거푸집 동바리 등의 변형·변위 및 침하 유무 등을 감시할 수 있는 감시자를 배치하여 이상이 있으면 작업을 중지하고 근로자를 대피시킬 것

▲ 해당 답안 중 3가지 선택 기재

05 크레인으로 교량을 인양하는 장면을 보여주고 있다. 동영상을 참고하여 크레인 작업 시의 준수사항을 3가지 쓰시오.(6점)

[기사1904C/산기2001A/산기2002A/기사2002B/산기2201A/산기2202A]

크레인으로 2줄걸이로 강교량을 인양 중이다. 신호수가 배치되어 있으며, 인양물 아래로 근로자들이 돌아다니는 모습을 보여준다. 인양물에 사람이 타고 있다.

① 인양할 하물을 바닥에서 끌어당기거나 밀어내는 작업을 하지 아니할 것
② 고정된 물체를 직접 분리·제거하는 작업을 하지 아니할 것
③ 미리 근로자의 출입을 통제하여 인양 중인 하물이 작업자의 머리 위로 통과하지 않도록 할 것
④ 인양할 하물이 보이지 아니하는 경우는 어떠한 동작도 하지 아니할 것
⑤ 유류드럼이나 가스통 등 운반 도중에 떨어져 폭발하거나 누출될 가능성이 있는 위험물 용기는 보관함에 담아 안전하게 매달아 운반할 것

▲ 해당 답안 중 3가지 선택 기재

06 동영상은 도로에서 살수차가 물을 뿌리고 있는 모습을 보여준다. 살수차의 살수 목적을 쓰시오.(4점)

[산기2001A]

도로에서 살수차가 물을 뿌리는 장면을 보여주고 있다.

• 분진의 방지

07 동영상은 공사현장을 지나다 낙하물에 다치는 재해영상이다. 낙하물로 인한 재해 방지대책을 2가지 쓰시오.
(4점)

[산기|1904B/산기|2001A/기사2003A/산기2201A/산기2304A/산기2302A]

고소에서 작업 중에 작업발판이 없어 불안해하던 작업자가 딛고선 비계에 살짝 미끄러지면서 파이프를 떨어뜨리는 사고가 발생했다. 마침 작업장 아래에 다른 작업자가 주머니에 손을 넣고 지나가다가 떨어진 파이프에 맞아 쓰러지는 사고가 발생하는 것을 보여주고 있다. 이때 작업현장에는 낙하물방지망 등 방호설비가 설치되지 않은 상태이다.

① 낙하물방지망 설치   ② 방호선반의 설치
③ 수직보호망의 설치   ④ 출입금지구역의 설정

▲ 해당 답안 중 2가지 선택 기재

08 동영상은 건설현장에서 차량계 하역운반기계를 사용하여 작업하는 장면을 보여주고 있다. 차량계 하역운반기계에 화물을 적재할 때 준수할 사항을 3가지 쓰시오.(6점)

[산기|1504A/산기|1602A/산기|1702A/기사|1804C/산기|2001A/기사|2003C/산기|2102B/산기|2104B/산기|2204B]

지게차로 화물을 이동 중에 발생한 재해상황을 보여주고 있다. 화물을 적재한 후 포크를 높이 올린 상태에서 이동 중이며, 이동 시 화물이 흔들리는 모습을 보여준다. 이후 화면에서 흔들리던 화물이 신호수에게 낙하하여 재해가 발생한다.

① 하중이 한쪽으로 치우치지 않도록 적재할 것
② 운전자의 시야를 가리지 않도록 화물을 적재할 것
③ 화물을 적재하는 경우에는 최대적재량을 초과해서는 아니 된다.
④ 구내운반차 또는 화물자동차의 경우 화물의 붕괴 또는 낙하에 의한 위험을 방지하기 위하여 화물에 로프를 거는 등 필요한 조치한다.

▲ 해당 답안 중 3가지 선택 기재

01 동영상은 머케덤 롤러를 보여주고 있다. 다짐작업 후에 쓰이는 장비로 앞·뒤에 바퀴가 하나씩 있고, 바퀴는 쇠로 되어 있는 건설기계는?(4점)

[산기1904A/기사2002B/산기2204A]

롤러를 이용해서 아스팔트를 다지고 있는 모습을 보여주고 있다.

• 탠덤롤러

02 동영상은 고층에 자재를 운반하고 돌아온 작업자의 상태를 보여주고 있다. 동영상을 보고 불안전한 상태 3가지를 쓰시오.(6점)

[산기1904A]

동영상은 작업자가 대리석 판을 들고 가설계단을 통해 올라가 작업발판에 대리석 판을 내려놓고 내려온 후 갑자기 불안해하는 모습을 보여주고 있다.

① 안전난간을 설치하지 않아 불안전하다.
② 안전대를 착용하지 않아 불안전하다.
③ 작업발판을 설치하지 않아 불안전하다.

03 동영상은 굴착작업 현장을 보여주고 있다. 풍화암 기울기 구배기준과 굴착작업 시 지반 붕괴 또는 토석에 의한 근로자 위험 발생 시 위험을 방지하기 위한 조치사항을 2가지 쓰시오.(6점)

[기사1401B/기사1601A/산기1604A/산기1702B/산기1904A]

백호의 굴착작업 현장 모습을 보여주고 있다.

가) 기울기 구배기준 : 1 : 1.0
나) 굴착작업 시 위험 방지 조치사항
　① 흙막이 지보공의 설치
　② 방호망의 설치
　③ 근로자의 출입 금지

▲ 나)의 답안 중 2가지 선택 기재

04 동영상에서 보여주는 것과 같이 가설구조물이나 개구부 등에서 추락위험을 방지하기 위해 설치하여야 하는 안전난간의 구조 및 설치요건에 맞도록 알맞은 용어나 숫자를 해당번호에 쓰시오.(4점)

[기사1704B/산기1901A/기사1902C/산기1904A/기사2001B/기사2002C/기사2004D]

작업장에 가설구조물이나 개구부 등에서 추락 위험을 방지하기 위해 설치한 안전난간의 모습을 보여주고 있다.

상부 난간대는 바닥면, 발판 또는 경사로의 표면으로부터 (①)cm 이상 (②)cm 이하에 설치할 것

① 90

② 120

05 동영상은 교량 상부에서 콘크리트 펌프카를 사용한 콘크리트 타설 작업을 보여주고 있다. 콘크리트 펌프 또는 콘크리트 펌프카 사용 시 준수사항을 3가지 쓰시오.(6점) [기사1502B/기사1601B/기사1702A/기사1804B/ 산기1901A/산기1904A/기사2001A/기사2001B/기사2002C/기사2003D/기사2101C/산기2102A/기사2102B/산기2201B/산기2304A]

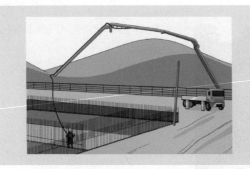

신호수가 신호를 하면서 콘크리트 타설작업이 진행 중인 상황을 보여주고 있다. 교량상부에서 콘크리트 펌프카를 사용하여 타설작업 중이다.

① 작업을 시작하기 전에 콘크리트 펌프용 비계를 점검하고 이상을 발견하였으면 즉시 보수할 것
② 건축물의 난간 등에서 작업하는 근로자가 호스의 요동·선회로 인하여 추락하는 위험을 방지하기 위하여 안전 난간 설치 등 필요한 조치를 할 것
③ 콘크리트 펌프카의 붐을 조정하는 경우에는 주변의 전선 등에 의한 위험을 예방하기 위한 적절한 조치를 할 것
④ 작업 중에 지반의 침하, 아웃트리거의 손상 등에 의하여 콘크리트 펌프카가 넘어질 우려가 있는 경우는 이를 방지하기 위한 적절한 조치를 할 것

▲ 해당 답안 중 3가지 선택 기재

06 동영상은 콘크리트 믹서 트럭의 바퀴를 물로 씻는 장면을 보여주고 있다. 이 장비의 이름과 용도를 쓰시오. (4점) [산기1904A/산기2003A/기사2001A/산기2204B/산기2301A]

공사현장에 출입하는 콘크리트 믹서 트럭이 공사현장을 떠나는 출구쪽에서 별도의 장비를 통과하는 모습을 보여준다. 해당 장비에서는 물이 분무되고 콘크리트 믹서 트럭의 바퀴에 묻은 흙 등을 씻어내는 모습을 보여준다.

① 이름 : 세륜기
② 용도 : 건설기계의 바퀴에 묻은 분진이나 토사를 제거한다.

07 사다리식 통로를 보여주고 있다. 사다리식 통로의 설치기준을 3가지 쓰시오.(6점) [산기1904A]

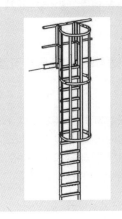

작업현장에 설치된 고정식 수직사다리를 보여주고 있다. 바닥에서부터 높이 2.5미터 되는 지점부터는 등받이울이 설치된 것을 확인할 수 있다.

① 견고한 구조로 할 것 ② 발판의 간격은 일정하게 할 것

③ 폭은 30cm 이상으로 할 것 ④ 발판과 벽과의 사이는 15cm 이상의 간격을 유지할 것

⑤ 심한 손상·부식 등이 없는 재료를 사용할 것

⑥ 사다리의 상단은 걸쳐놓은 지점으로부터 60cm 이상 올라가도록 할 것

⑦ 사다리식 통로의 길이가 10m 이상인 경우는 5m 이내마다 계단참을 설치할 것

▲ 해당 답안 중 3가지 선택 기재

08 동영상은 강관비계 설치 작업장을 보여주고 있다. 강관비계에 관한 설명에서 빈칸을 채우시오.(4점)

[기사1401A/산기1404B/기사1504C/기사1701B/기사1801B/산기1802B/산기1901A/기사1902A/산기1904A/산기2002A/기사2003D/기사2004C]

강관비계를 설치한 작업현장의 모습을 보여주고 있다.

가) 비계기둥의 간격은 띠장 방향에서는 (①) 이하, 장선(長線) 방향에서는 (②) 이하로 할 것

나) 띠장 간격은 (③) 이하로 설치할 것

다) 비계기둥 간의 적재하중은 (④)을 초과하지 않도록 할 것

① 1.85m ② 1.5m ③ 2m ④ 400kg

01 동영상은 터널공사현장과 자동경보장치를 보여주고 있다. 터널공사 시 자동경보장치의 당일 작업 시작 전 점검 및 보수사항 2가지를 쓰시오.(6점) [기사1704C/산기1801B/기사1901C/산기1904B/기사2002D/기사2004D/산기2104A]

터널공사 현장을 보여주고 있다. 터널 진입로 입구에 설치된 사각형 박스(자동경보장치)를 집중적으로 보여준 후 터널 내부를 보여준다.

① 계기의 이상유무   ② 검지기의 이상유무
③ 경보장치의 이상유무

▲ 해당 답안 중 2가지 선택 기재

02 동영상은 공사현장을 지나다 낙하물에 다치는 재해영상이다. 낙하물로 인한 재해 방지대책을 2가지 쓰시오. (4점) [산기1904B/산기2001A/기사2003A/산기2201A/산기2304A/산기2302A]

고소에서 작업 중에 작업발판이 없어 불안해하던 작업자가 딛고선 비계에 살짝 미끄러지면서 파이프를 떨어뜨리는 사고가 발생했다. 마침 작업장 아래에 다른 작업자가 주머니에 손을 넣고 지나가다가 떨어진 파이프에 맞아 쓰러지는 사고가 발생하는 것을 보여주고 있다. 이때 작업현장에는 낙하물방지망 등 방호설비가 설치되지 않은 상태이다.

① 낙하물방지망 설치   ② 방호선반의 설치
③ 수직보호망의 설치   ④ 출입금지구역의 설정

▲ 해당 답안 중 2가지 선택 기재

03 동영상은 아파트의 해체작업을 보여주고 있다. 분진방지 대책 2가지를 쓰시오.(4점)

[산기|1802A/산기|1904B/산기|2104A]

동영상은 아파트 해체작업을 보여주고 있다. 압쇄장치를 이용해서 건물의 외벽과 구조물을 뜯어내는 모습이 보인다. 먼지가 비산하고 있다.

① 물을 뿌린다.
② 방진벽을 설치한다.

04 동영상은 작업자가 맨홀 뚜껑을 열고 들어간 밀폐공간에서 질식사고가 발생한 것을 보여주고 있다. 작업에 필요한 적정 산소농도와 호흡용 보호구 1종류를 쓰시오.(5점)

[산기|1904B/산기|2201B]

작업자 3명이 흡연한 후, 그 중 2명이 맨홀 뚜껑을 열고 들어간 지하실 밀폐공간에서 방수작업 도중 작업자가 쓰러지고 시계를 자주 보여주고 있다.

가) 적정 산소농도 : 공기 중 산소농도가 18% 이상 23.5% 미만
나) 호흡용 보호구
　① 공기호흡기　　　　　　　　② 송기마스크

▲ 나)의 답안 중 1가지 선택 기재

05 동영상은 크레인을 이용하여 목재를 인양하는 작업을 보여주고 있다. 줄걸이 작업 시 준수사항 3가지를 쓰시오.(6점)

[산기1904B/산기2202A/산기2304A]

크레인을 이용하여 목재를 작업현장으로 이동시키는 작업을 수행중이다. 목재를 철사로 묶어 크레인의 훅에 철사를 걸어서 인양하려고 하고 있다.

① 와이어로프 등은 크레인의 후크 중심에 걸어야 한다.
② 인양 물체의 안정을 위하여 2줄 걸이 이상을 사용하여야 한다.
③ 밑에 있는 물체를 걸고자 할 때에는 위의 물체를 제거한 후에 행하여야 한다.
④ 매다는 각도는 60° 이내로 하여야 한다.
⑤ 근로자를 매달린 물체 위에 탑승시키지 않아야 한다.

▲ 해당 답안 중 3가지 선택 기재

06 동영상의 공사용 가설도로를 설치하는 경우 준수사항을 3가지 쓰시오.(6점)

[산기1904B/산기2003A/산기2202B/산기2301A]

동영상은 진동롤러를 이용해 작업장 진입용 가설도로를 설치하는 것을 보여주고 있다.

① 도로는 장비와 차량이 안전하게 운행할 수 있도록 견고하게 설치할 것
② 도로와 작업장이 접하여 있을 경우에는 울타리 등을 설치할 것
③ 도로는 배수를 위하여 경사지게 설치하거나 배수시설을 설치할 것
④ 차량의 속도제한 표지를 부착할 것

▲ 해당 답안 중 3가지 선택 기재

07 영상은 거푸집 동바리의 설치 잘못으로 인해 거푸집의 붕괴사고가 발생한 것을 보여주고 있다. 거푸집에 작용하는 연직방향 하중의 종류를 2가지 쓰시오.(4점) [산기1704A/산기1904B]

거푸집 동바리가 붕괴되는 재해상황을 보여주고 있다. 재해상황을 보여주기 전 거푸집 동바리 설치 작업 시 동바리의 위치가 불량한 것과 수평연결재를 설치하지 않은 것, 각 재가 파손되거나 변형된 것 등을 보여준다.

① 고정하중(거푸집의 무게)
② 충격하중(타설시의 충격 등)
③ 작업하중(타설에 필요한 자재 및 공구의 무게)

▲ 해당 답안 중 2가지 선택 기재

08 동영상에서와 같은 건설현장에서 철골작업 시 작업을 중지하여야 하는 기후조건 3가지를 쓰시오.(5점)

[기사1402A/산기1501A/산기1604B/산기1701B/산기1702B/기사1704B/ 산기1801A/산기1802B/기사1901A/산기1902B/산기1904B/기사2002E/산기2004B/산기2101B/산기2102A/산기2104A]

철골구조물 건립 공사현장을 보여주고 있다.

① 풍속이 초당 10m 이상인 경우
② 강우량이 시간당 1mm 이상인 경우
③ 강설량이 시간당 1cm 이상인 경우

01 동영상은 콘크리트 타설 작업을 보여주고 있다. 콘크리트 타설작업 시 안전조치 사항을 2가지 쓰시오.(4점)

[산기1604B/산기1801A/기사1801C/산기1804A/기사1804C/기사1901C/산기1902A/산기2001A/산기2004A/기사2004B/산기2302A]

콘크리트 타설 현장의 모습을 보여주고 있다. 타설할 때 작업발판도 없고 난간도 없고 방망도 없으며, 작업자는 안전모 턱끈을 느슨하게 하고 있다.

① 콘크리트 타설작업 시 거푸집 붕괴의 위험이 발생할 우려가 있으면 충분한 보강조치를 할 것
② 설계도서상의 콘크리트 양생기간을 준수하여 거푸집 동바리 등을 해체할 것
③ 콘크리트를 타설하는 경우에는 편심이 발생하지 않도록 골고루 분산하여 타설할 것
④ 작업 시작 전에 거푸집 동바리 등의 변형·변위 및 지반의 침하 유무 등을 점검하고 이상이 있으면 보수할 것
⑤ 작업 중에는 거푸집 동바리 등의 변형·변위 및 침하 유무 등을 감시할 수 있는 감시자를 배치하여 이상이 있으면 작업을 중지하고 근로자를 대피시킬 것

▲ 해당 답안 중 2가지 선택 기재

02 영상에서 3개의 안전대를 보여주고 있다. 그 중 3번째 안전대의 ① 명칭과 1번째 안전대가 2번째 안전대와 비교할 때 ② 장점을 쓰시오.(6점)

[산기1404A/산기1601A/산기1702A/산기1902A]

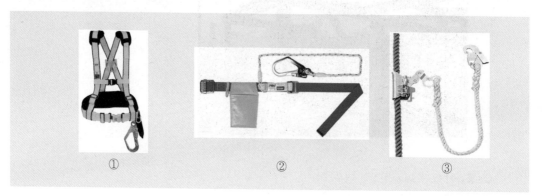

① ② ③

① 명칭 : 추락방지대
② 장점 : 추락할 때 받는 충격하중을 신체 곳곳에 분산시켜 충격을 최소화하는 장점이 있다.

03 동영상은 비계의 조립 및 해체와 관련된 영상이다. 동영상을 참조하여 비계의 조립 및 해체 시 조치사항 3가지를 쓰시오.(6점)　　[기사1401A/산기1902A/기사1902B/기사2003D]

높이가 7m 정도인 비계의 해체작업을 보여주고 있다.

① 근로자가 관리감독자의 지휘에 따라 작업하도록 할 것

② 조립·해체 또는 변경의 시기·범위 및 절차를 그 작업에 종사하는 근로자에게 주지시킬 것

③ 해당 작업을 하는 구역에는 관계 근로자가 아닌 사람의 출입을 금지할 것

④ 비, 눈, 그 밖의 기상상태의 불안정으로 날씨가 몹시 나쁜 경우에는 그 작업을 중지할 것

⑤ 재료, 기구 또는 공구 등을 올리거나 내리는 경우에는 근로자로 하여금 달줄·달포대 등을 사용하도록 할 것

▲ 해당 답안 중 3가지 선택 기재

04 동영상은 항타기 작업 중 무너지는 장면을 보여주고 있다. 무너짐 방지 방법과 관련된 조건과 관련된 대책을 쓰시오.(6점)　　[산기1602B/산기1701A/기사1701C/산기1801B/기사1802B/기사1904C/기사2002E/기사2004D/산기2104A]

연약지반에 별도의 보강작업 없이 항타작업을 진행 중에 항타기가 밀리면서 전도된 상황을 보여주고 있다.

① 아웃트리거·받침 등 지지구조물이 미끄러질 우려가 있는 경우의 조치사항을 쓰시오.

② 상단과 하단의 고정방법을 쓰시오.

③ 연약한 지반에 설치하는 경우 조치사항을 쓰시오.

① 말뚝 또는 쐐기 등을 사용하여 해당 지지구조물을 고정시킬 것

② 상단 부분은 버팀대·버팀줄로 고정하여 안정시키고, 그 하단 부분은 견고한 버팀·말뚝 또는 철골 등으로 고정시킬 것

③ 아웃트리거·받침 등 지지구조물의 침하를 방지하기 위하여 깔판·받침목 등을 사용할 것

05 동영상은 용접작업 등에 사용하는 가스의 용기들을 보여주고 있다. 가스용기를 운반하는 경우 준수사항을 4가지 쓰시오.(6점)

[기사1402B/기사1601B/기사1702A/산기1902A/산기2201A/산기2204B]

용접작업에 사용하는 가스용기들을 일렬로 세워둔 모습을 보여주고 있다.

① 밸브의 개폐는 서서히 할 것   ② 용해아세틸렌의 용기는 세워 둘 것
③ 전도의 위험이 없도록 할 것   ④ 충격을 가하지 않도록 할 것
⑤ 운반하는 경우에는 캡을 씌울 것   ⑥ 용기의 온도를 섭씨 40도 이하로 유지할 것
⑦ 용기의 부식·마모 또는 변형상태를 점검한 후 사용할 것
⑧ 사용하는 경우에는 용기의 마개에 부착되어 있는 유류 및 먼지를 제거할 것
⑨ 사용 전 또는 사용 중인 용기와 그 밖의 용기를 명확히 구별하여 보관할 것
⑩ 통풍이나 환기가 불충분한 장소, 화기를 사용하는 장소 및 그 부근, 위험물 또는 인화성 액체를 취급하는 장소 및 그 부근에서 사용하거나 설치·저장 또는 방치하지 않도록 할 것

▲ 해당 답안 중 4가지 선택 기재

06 동영상은 지하의 작업장에서 보통작업을 하고 있는 상황을 보여주고 있다. 작업조도의 기준을 쓰시오.(4점)

[산기2001A/산기2204B]

작업자가 지하의 밀폐된 작업장에서 도장작업을 하고 있는 상황을 보여주고 있다.

• 150Lux 이상

07 동영상은 작업장에 설치된 계단을 보여주고 있다. 동영상에서와 같이 작업장에 계단 및 계단참을 설치할 경우 준수하여야 하는 사항에 대하여 다음 ( )안에 알맞은 내용을 쓰시오.(4점)

[산기1401A/기사1404C/기사1501A/산기1502A/산기1504A/기사1701B/산기1701B/
기사1702A/기사1704B/기사1704C/기사1801A/기사1901C/산기1902A/기사1904B/기사2003C/기사2003E]

작업장에 설치된 가설계단을 보여주고 있다.

높이가 3m를 초과하는 계단에는 높이 (①)m 이내마다 너비 (②)m 이상의 계단참을 설치하여야 한다.

① 3

② 1.2

08 동영상은 아파트 단지 내에서 하수관로 매설작업을 수행하고 있는 전경을 보여주고 있다. 동영상을 참고하여 크레인 인양 시의 준수사항 2가지를 쓰시오.(4점) [산기1402A/산기1601A/산기1601B/산기1804A/산기1902A/산기2004A]

백호가 흄관을 1줄걸이로 인양하여 매설하고 있으며, 흄관 바로 밑에 작업 근로자가 2명이 있고 인양 중 흄관이 작업자에게 떨어져 다리가 끼인다.

① 긴 자재 인양 시 2줄걸이 한다.
② 인양작업 중 근로자의 출입을 금지한다.
③ 양중기를 이용해 인양작업을 수행한다.
④ 유도하는 사람을 배치한다.

▲ 해당 답안 중 2가지 선택 기재

01 동영상은 흙막이 지보공 설치 작업을 보여주고 있다. 흙막이 지보공 정기 점검사항 2가지를 쓰시오.(4점)

[산기1402A/산기1601B/산기1602B/기사1802A/기사1901B/
산기1901B/산기1902B/기사1904B/산기2002B/기사2003A/산기2003A/산기2004A/산기2102B/산기2204A/산기2302A]

흙막이 지보공이 설치된 작업현장을 보여주고 있다. 이틀 동안 계속된 비로 인해 지보공의 일부가 터져서 토사가 밀려든 모습이다.

① 부재의 손상·변형·부식·변위 및 탈락의 유무와 상태
② 버팀대 긴압의 정도
③ 부재의 접속부·부착부 및 교차부 상태
④ 침하의 정도

▲ 해당 답안 중 2가지 선택 기재

02 동영상에서와 같은 건설현장에서 철골작업 시 작업을 중지하여야 하는 기후조건 3가지를 쓰시오.(6점)

[기사1402A/산기1501A/산기1604B/산기1701B/산기1702B/기사1704B/
산기1801A/산기1802B/기사1901A/산기1902B/산기1904B/기사2002E/산기2004B/산기2101B/산기2102A/산기2104A]

철골구조물 건립 공사현장을 보여주고 있다.

① 풍속이 초당 10m 이상인 경우   ② 강우량이 시간당 1mm 이상인 경우
③ 강설량이 시간당 1cm 이상인 경우

03 영상은 추락방호망을 보여주고 있다. 설치기준에 대한 설명에서 빈칸을 채우시오.(6점)

[산기|1902B/산기|2004B/산기|2202B]

건설현장에 설치된 추락방호망을 보여 주고 있다.

가) 추락방호망의 설치위치는 가능하면 작업면으로부터 가까운 지점에 설치하여야 하며, 작업면으로부터 망의 설치지 점까지의 수직거리는 (①)m를 초과하지 아니할 것

나) 추락방호망은 수평으로 설치하고, 망의 처짐은 짧은 변 길이의 (②)% 이상이 되도록 할 것

다) 건축물 등의 바깥쪽으로 설치하는 경우 추락방호망의 내민 길이는 벽면으로부터 (③)m 이상 되도록 할 것

① 10   ② 12   ③ 3

04 동영상에서 말비계를 보여준다. 말비계 사용 시 작업발판의 설치기준을 3가지 쓰시오.(6점)

[산기|1501A/산기|1901A/산기|1902B]

말비계 위에서 작업자가 작업중인 모습을 보여주고 있다.

① 지주부재의 하단에는 미끄럼 방지장치를 하고, 근로자가 양쪽 끝부분에 올라서서 작업하지 않도록 할 것

② 지주부재와 수평면의 기울기를 75도 이하로 하고, 지주부재와 지주부재 사이를 고정시키는 보조부재를 설치할 것

③ 말비계의 높이가 2m를 초과하는 경우에는 작업발판의 폭을 40cm 이상으로 할 것

05 동영상은 흙막이 공법과 관련된 계측장치를 보여주고 있다. 이 공법의 명칭과 동영상에 보여준 계측기의 종류와 용도를 쓰시오.(6점)

[산기1404B/산기1601B/산기1702B/산기1902B/산기2104A]

동영상은 흙막이를 보여주면서 H형으로 된 줄이 이어져 있는 것을 보여주고, 다음 화면은 흙막이에 연결되어있던 선로에 노란색으로 되어 있는 사각형의 기계를 연달아 보여준다.

① 명칭 : 어스앵커공법

② 계측기의 종류 : 하중계

③ 계측기의 용도 : 버팀대 또는 어스앵커에 설치하여 축 하중의 변화상태를 측정하여 부재의 안정상태 파악 및 원인 규명에 이용한다.

06 동영상은 비계의 조립 및 해체와 관련된 영상이다. 비계 등의 조립 · 해체 및 변경 시 다음 물음에 답하시오. (4점)

[산기1902B]

높이가 7m 정도인 비계의 해체작업을 보여주고 있다.

가) 작업발판의 폭을 쓰시오.

나) 근로자 추락방지대책을 1가지 쓰시오.

가) 20센티미터 이상

나)① 근로자로 하여금 안전대를 착용하도록 한다.

　② 폭 20cm 이상의 발판을 설치한다.

▲ 나)의 답안 중 1가지 선택 기재

07 동영상은 리프트 재해현장을 보여주고 있다. 동영상을 참고하여 리프트가 넘어지거나 혹은 붕괴되는 원인을 2가지 쓰시오.(4점) [산기|1902B/산기|2201B]

리프트로 작업을 진행하던 중 하중을 견디지 못한 리프트가 무너져 옆 건물을 덮친 재해 현장의 모습을 보여주고 있다.

① 연약한 지반에 설치한 경우
② 최대 적재하중을 초과한 경우

08 동영상은 시스템 비계가 설치된 작업장을 보여주고 있다. 시스템 비계의 설치와 관련된 다음 설명의 빈칸을 채우시오.(4점) [산기|1902B/산기|2201A]

영상은 시스템 비계가 설치된 작업현장의 모습이다.

비계 밑단의 수직재와 받침철물은 밀착되도록 설치하고, 수직재와 받침철물의 연결부의 겹침길이는 받침철물 전체 길이의 (   ) 이상이 되도록 할 것

• 3분의 1

01 동영상은 깊이 10.5m 이상의 굴착을 하는 모습을 보여주고 있다. 이때 계측기기를 설치하여 흙막이 구조의 안전을 예측하기 위해 필요한 계측기 3가지를 쓰시오.(4점)

[산기1901A/산기2002A]

동영상은 깊이 10.5m 이상의 깊은 굴착을 하고 있는 모습을 보여주고 있다. 흙막이 구조의 안전을 측정하기 위해 계측기를 들고 계측하려고 이동하고 있다.

① 수위계   ② 경사계   ③ 하중계
④ 침하계   ⑤ 응력계

▲ 해당 답안 중 3가지 선택 기재

02 동영상에서 말비계를 보여준다. 말비계 사용 시 작업발판의 설치기준을 3가지 쓰시오.(6점)

[산기1501A/산기1901A/산기1902B]

말비계 위에서 작업자가 작업중인 모습을 보여주고 있다.

① 지주부재의 하단에는 미끄럼 방지장치를 하고, 근로자가 양쪽 끝부분에 올라서서 작업하지 않도록 할 것
② 지주부재와 수평면의 기울기를 75도 이하로 하고, 지주부재와 지주부재 사이를 고정시키는 보조부재를 설치할 것
③ 말비계의 높이가 2m를 초과하는 경우에는 작업발판의 폭을 40cm 이상으로 할 것

03 동영상은 강관비계 설치 작업장을 보여주고 있다. 강관비계에 관한 설명에서 빈칸을 채우시오.(4점)

[기사1401A/산기1404B/기사1504C/기사1701B/기사1801B/산기1802B/산기1901A/기사1902A/산기1904A/산기2002A/기사2003D/기사2004C]

강관비계를 설치한 작업현장의 모습을
보여주고 있다.

가) 비계기둥의 간격은 띠장 방향에서는 (①) 이하, 장선(長線) 방향에서는 (②) 이하로 할 것
나) 띠장 간격은 (③) 이하로 설치할 것
다) 비계기둥 간의 적재하중은 (④)을 초과하지 않도록 할 것

① 1.85m   ② 1.5m   ③ 2m   ④ 400kg

04 동영상은 교량 상부에서 콘크리트 펌프카를 사용한 콘크리트 타설 작업을 보여주고 있다. 콘크리트 펌프 또는 콘크리트 펌프카 사용 시 준수사항을 3가지 쓰시오.(6점)

[기사1502B/기사1601B/기사1702A/기사1804B/
산기1901A/산기1904A/기사2001A/기사2001B/기사2002C/기사2003D/기사2101C/산기2102A/기사2102B/산기2201B/산기2304A]

신호수가 신호를 하면서 콘크리트 타설작업이
진행 중인 상황을 보여주고 있다. 교량상부에서
콘크리트 펌프카를 사용하여 타설작업 중이다.

① 작업을 시작하기 전에 콘크리트 펌프용 비계를 점검하고 이상을 발견하였으면 즉시 보수할 것
② 건축물의 난간 등에서 작업하는 근로자가 호스의 요동·선회로 인하여 추락하는 위험을 방지하기 위하여 안전
　난간 설치 등 필요한 조치를 할 것
③ 콘크리트 펌프카의 붐을 조정하는 경우에는 주변의 전선 등에 의한 위험을 예방하기 위한 적절한 조치를 할 것
④ 작업 중에 지반의 침하, 아웃트리거의 손상 등에 의하여 콘크리트 펌프카가 넘어질 우려가 있는 경우는 이를
　방지하기 위한 적절한 조치를 할 것

▲ 해당 답안 중 3가지 선택 기재

05 동영상에서 보여주는 안전난간의 구조 및 설치요건에 대한 다음 물음의 빈칸을 채우시오.(5점)

[산기1901A/산기1904A]

작업장에 가설구조물이나 개구부 등에서 추락 위험을 방지하기 위해 설치한 안전난간의 모습을 보여주고 있다.

가) (①)는 바닥면, 발판 또는 경사로의 표면으로부터 (②)cm 이상 (③)cm 이하에 설치할 것
나) (④)는 바닥면으로부터 (⑤)cm 이상의 높이를 유지할 것

① 상부 난간대 ② 90 ③ 120
④ 발끝막이판 ⑤ 10

06 동영상은 작업자가 외부비계를 타고 올라가다 떨어지는 사고상황을 보여주고 있다. 동영상을 보고 시설이나 행동상의 위험요인 3가지를 쓰시오.(6점) [기사1404B/기사1504C/기사1601B/기사1602C/산기1604B/산기1701A/ 산기1701B/산기1702A/기사1702C/산기1704A/산기1804A/산기1804B/산기1901A/기사1901C/산기2004A/기사2004D]

작업자가 캔 음료를 먹고 있고, 리프트를 타고 다른 작업자가 올라가자, 바닥에 캔 음료를 버리고 외부비계를 타고 올라가다 떨어지는 재해가 발생했다. 이때 작업자 안전모의 턱끈이 풀려있는 상태였다.

① 비계 상에 사다리 및 비계다리 등 승강시설이 설치되어 있지 않았다.
② 추락방호망이 설치되어 있지 않았다.
③ 작업발판이 설치되어 있지 않았다.
④ 울, 손잡이 또는 충분한 강도를 가진 발판 등이 설치되지 않았다.

▲ 해당 답안 중 3가지 선택 기재

07 동영상은 거푸집 동바리의 조립 영상이다. 영상을 보고 동바리로 사용하는 파이프 서포트에 대한 질문에
답하시오.(4점)   [산기1401A/산기1401B/산기1801B/산기1901A/산기2101B/산기2104B/산기2301A]

동영상은 거푸집 동바리를 조립하고 있
는 모습을 보여주고 있다.

가) 파이프 서포트를 (①)개 이상 이어서 사용하지 않도록 할 것
나) 파이프 서포트를 이어서 사용하는 경우에는 (②)개 이상의 볼트 또는 전용철물을 사용하여 이을 것
다) 높이가 (③)m를 초과하는 경우에는 (④)m 이내마다 수평연결재를 2개 방향으로 설치할 것

① 3   ② 4   ③ 3.5   ④ 2

08 동영상은 아파트 단지 내에서 하수관로 매설작업을 수행하고 있는 전경을 보여주고 있다. 동영상을 참고하여
가) 재해형태, 나) 기인물, 다) 방지조치를 1가지 쓰시오.(5점)
   [산기1401B/산기1404B/산기1604A/산기1901A/산기2003A/산기2301A/산기2302A]

백호가 흄관을 1줄걸이로 인양하여 매
설하고 있으며, 흄관 바로 밑에 작업 근
로자가 2명이 있고 인양 중 흄관이 작업
자에게 떨어져 다리가 끼인다.

가) 재해형태 : 협착(끼임)
나) 기인물 : 백호
다) 방지조치   ① 긴 자재 인양 시 2줄걸이 한다.
             ② 인양작업 중 근로자의 출입을 금지한다.
             ③ 양중기를 이용해 인양작업을 수행한다.
             ④ 유도하는 사람을 배치한다.

▲ 다)의 답안 중 1가지 선택 기재

01 동영상은 백호를 이용한 도로작업으로 언덕 위에서 굴착한 흙을 트럭에 퍼담고 있다. 가) 풍화암 구배기준, 나) 근로자가 접근 시 위험방지대책 2가지를 쓰시오.(6점)

[산기1401A/산기1602B/산기1901B]

차량계 건설기계를 이용해서 사면을 굴착하는 모습을 보여주고 있다.

가) 풍화암 구배 : 1 : 1.0

나) 근로자 접근 시 위험방지대책

　① 작업반경 내 근로자 출입금지　　　② 신호수 배치

02 동영상은 철골구조물에 부착된 작업발판을 보여주고 있다. 다음 물음에 답하시오.(4점)

[산기1801B/산기1901B/산기2004B]

동영상은 철골구조물을 건립하는 작업현장을 보여준다. 작업자 2명이 철골구조물에 부착된 작업발판을 지적하면서 잘못 설치된 작업발판을 다시 설치할 것에 대해 논의하고 있다.

작업발판의 폭을 (①)cm 이상으로 설치하고, 발판재료간의 틈은 (②)cm 이하로 할 것

　① 40　　　　　　　　　　　　　② 3

03 영상은 작업현장에 눈이 많이 와서 쌓여있는 모습을 보여주고 있다. 폭설이나 한파가 왔을 때 작업장에서의 조치사항을 2가지 쓰시오.(4점)

[산기|1901B/산기|2101A/산기|2102B]

작업현장에 눈이 많이 와서 쌓여 작업자들이 눈을 치우는 모습을 보여주고 있다.

① 적설량이 많을 경우 가시설 및 가설구조물 위에 쌓인 눈을 제거한다.
② 혹한으로 인한 근로자의 동상 등을 방지한다.
③ 근로자가 통행하는 통로에 눈이나 얼어붙은 얼음을 제거하거나 모래나 부직포 등을 이용해 미끄럼 방지조치를 실시한다.
④ 노출된 상·하수도 관로, 제수변 등에 보온시설을 설치하여 동파 또는 동결을 방지한다.

▲ 해당 답안 중 2가지 선택 기재

04 동영상은 낙하물방지망을 보수하는 장면이다. 다음 각 물음에 답하시오.(4점)

[산기|1601B/산기|1901B/산기|2002A/산기|2004A/산기|2204B]

고소에 설치된 낙하물방지망의 한쪽 끝이 풀려 바람에 날리는 장면을 보여주고 있다. 이에 작업자가 낙하물방지망을 보수하기 위해 바람에 날리는 낙하물방지망의 매듭 부위에 접근하고 있는 장면을 보여주고 있다.

가) 낙하물방지망의 설치는 (①) 이내마다 설치한다.
나) 수평면과의 각도는 (②)를 유지한다.
다) 내민 길이는 벽면으로부터 (③) 이상으로 해야 한다.

① 10m   ② 20~30°   ③ 2m

05 동영상은 작업자가 계단이 없는 이동식 비계에 올라가다가 전기에 감전되는 재해장면을 보여주고 있다. 충전전로에 의한 감전 예방대책을 2가지 쓰시오.(4점)·

[산기1901B/기사2002B]

작업자가 이동식 비계에서 용접을 하려고 비계를 올라가다가 전기에 감전되는 사고가 발생한 장면을 보여주고 있다.

① 충전전로를 취급하는 근로자에게 그 작업에 적합한 절연용 보호구를 착용시킬 것
② 충전전로에 근접한 장소에서 전기작업을 하는 경우에는 해당 전압에 적합한 절연용 방호구를 설치할 것·
③ 고압 및 특별고압의 전로에서 전기작업을 하는 근로자에게 활선작업용 기구 및 장치를 사용하도록 할 것
④ 충전전로를 방호, 차폐하거나 절연 등의 조치를 하는 경우는 근로자의 신체가 전로와 직접 접촉하거나 도전재료, 공구 또는 기기를 통하여 간접 접촉되지 않도록 할 것

▲ 해당 답안 중 2가지 선택 기재

06 동영상은 노면 정리작업 현장을 보여주고 있다. 영상에서 보여주는 건설기계의 용도를 3가지 쓰시오.(6점)

[산기1404A/산기1601B/산기1901B]

차량계 건설기계(로더)를 이용해서 노면을 정리하는 모습을 보여준다.

① 지반고르기   ② 적재작업
③ 운반작업   ④ 하역작업

▲ 해당 답안 중 3가지 선택 기재

07 동영상은 흙막이 지보공 설치 작업을 보여주고 있다. 흙막이 지보공 정기 점검사항 3가지를 쓰시오.(6점)

[산기1402A/산기1601B/산기1602B/기사1802A/기사1901B/

산기1901B/산기1902B/기사1904B/산기2002B/기사2003A/산기2003A/산기2004A/산기2102B/산기2204A/산기2302A]

흙막이 지보공이 설치된 작업현장을 보여주고 있다. 이틀 동안 계속된 비로 인해 지보공의 일부가 터져서 토사가 밀려든 모습이다.

① 부재의 손상·변형·부식·변위 및 탈락의 유무와 상태
② 버팀대 긴압의 정도
③ 부재의 접속부·부착부 및 교차부 상태
④ 침하의 정도

▲ 해당 답안 중 3가지 선택 기재

08 영상은 가설통로를 보여주고 있다. 가설통로 설치 시 준수사항에 대한 다음 물음에 답하시오.(6점)

[산기1901B/산기2002B/산기2202A/산기2304A/산기2302A]

동영상은 아파트 공사현장의 가설 경사로를 보여주고 있다.

• 경사는 (①)도 이하로 할 것
• 경사가 (②)도를 초과하는 경우에는 미끄러지지 아니하는 구조로 할 것
• 수직갱에 가설된 통로의 길이가 15m 이상인 경우에는 (③)m 이내마다 계단참을 설치할 것

① 30   ② 15   ③ 10

01 동영상은 강교량 건설현장을 보여주고 있다. 영상을 참고하여 고소작업 시 추락재해를 방지하기 위한 안전조치 사항 2가지를 쓰시오. (단, 영상에서 제시된 추락방호망, 방호선반, 안전난간 등의 설치는 제외한다.) (4점)

[산가1601A/산기1804A/산기2101B/산기2102A]

강교량 건설현장에서 작업 중에 있던 근로자가 고소작업 중 추락하는 재해상황을 보여주고 있다.

① 작업발판 설치   ② 근로자 안전대 착용

02 영상은 아파트 공사현장을 보여주고 있다. 추락 또는 낙하재해를 방지하기 위한 설비 중 영상에 나타난 안전설비를 각각 1가지씩 쓰시오.(4점)

[산기1704A/산기1804A]

아파트 공사현장의 모습을 보여주고 있다.

가) 추락재해방지설비
   ① 작업발판   ② 추락방호망   ③ 수직형 추락방망
   ④ 울타리   ⑤ 승강설비   ⑥ 작업발판
나) 낙하재해방지설비
   ① 낙하물방지망   ② 방호선반

▲ 해당 답안 중 각각 1가지씩 선택 기재

03 동영상은 콘크리트 타설 및 타설 후 면마감 작업을 보여주고 있다. 콘크리트 타설작업 시 안전조치 사항을 3가지 쓰시오.(6점)

[산기1604B/산기1801A/기사1801C/산기1804A/기사1804C/기사1901C/산기1902A/산기2001A/산기2004A/기사2004B/산기2302A]

콘크리트 타설 현장의 모습을 보여주고 있다. 타설할 때 작업발판도 없고 난간도 없고 방망도 없으며, 작업자는 안전모 턱끈을 느슨하게 하고 있다.

① 콘크리트 타설작업 시 거푸집 붕괴의 위험이 발생할 우려가 있으면 충분한 보강조치를 할 것
② 설계도서상의 콘크리트 양생기간을 준수하여 거푸집 동바리 등을 해체할 것
③ 콘크리트를 타설하는 경우에는 편심이 발생하지 않도록 골고루 분산하여 타설할 것
④ 작업 시작 전에 거푸집 동바리 등의 변형·변위 및 지반의 침하 유무 등을 점검하고 이상이 있으면 보수할 것
⑤ 작업 중에는 거푸집 동바리 등의 변형·변위 및 침하 유무 등을 감시할 수 있는 감시자를 배치하여 이상이 있으면 작업을 중지하고 근로자를 대피시킬 것

▲ 해당 답안 중 3가지 선택 기재

04 동영상은 아파트 단지 내에서 하수관로 매설작업을 수행하고 있는 전경을 보여주고 있다. 동영상을 참고하여 크레인 인양 시의 준수사항 3가지를 쓰시오.(6점) [산기1402A/산기1601A/산기1601B/산기1804A/산기1902A/산기2004A]

백호가 흄관을 1줄걸이로 인양하여 매설하고 있으며, 흄관 바로 밑에 작업 근로자가 2명이 있고 인양 중 흄관이 작업자에게 떨어져 다리가 끼인다.

① 긴 자재 인양 시 2줄걸이 한다.
② 인양작업 중 근로자의 출입을 금지한다.
③ 양중기를 이용해 인양작업을 수행한다.
④ 유도하는 사람을 배치한다.

▲ 해당 답안 중 3가지 선택 기재

05 동영상은 차량계 건설기계를 이용한 사면굴착공사를 보여주고 있다. 동영상과 같은 사면에서의 건설기계의 전도·전락을 방지하기 위해 필요한 조치사항 3가지를 쓰시오.(6점)

[기사1401B/기사1401C/기사1402C/산기1601A/산기1602A/기사1604C/기사1701B/기사1801B/산기1804A/기사1902A]

차량계 건설기계를 이용해서 사면을 굴착하는 모습을 보여주고 있다.

① 유도하는 사람을 배치   ② 지반의 부동침하 방지
③ 갓길의 붕괴 방지   ④ 도로 폭의 유지

▲ 해당 답안 중 3가지 선택 기재

06 동영상은 작업자가 외부비계를 타고 올라가다 떨어지는 사고상황을 보여주고 있다. 동영상을 보고 시설이나 행동상의 위험요인 3가지를 쓰시오.(6점)

[기사1404B/기사1504C/기사1601B/기사1602C/산기1604B/산기1701A/
산기1701B/산기1702A/기사1702C/산기1704A/산기1804A/산기1804B/산기1901A/기사1901C/산기2004A/기사2004D]

작업자가 캔 음료를 먹고 있고, 리프트를 타고 다른 작업자가 올라가자, 바닥에 캔 음료를 버리고 외부비계를 타고 올라가다 떨어지는 재해가 발생했다. 이때 작업자 안전모의 턱끈이 풀려있는 상태였다.

① 비계 상에 사다리 및 비계다리 등 승강시설이 설치되어 있지 않았다.
② 추락방호망이 설치되어 있지 않았다.
③ 작업발판이 설치되어 있지 않았다.
④ 울, 손잡이 또는 충분한 강도를 가진 발판 등이 설치되지 않았다.

▲ 해당 답안 중 3가지 선택 기재

07 동영상은 와이어로프의 체결 과정을 보여주고 있다. 동영상에 제시된 와이어로프의 클립 체결 방법 중 가장 가) 올바른 것, 나) 그 이유를 쓰시오.(4점) [산기1404A/산기1602A/산기1704A/산기1804A]

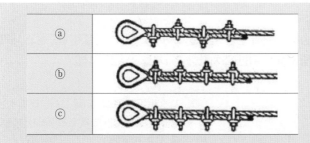

와이어로프의 클립 체결된 내역을 3가지 보여주고 있다. 해당 와이어로프의 화면에는 각 와이어로프마다 클립의 새들 위치가 서로 다른 것을 확인할 수 있다.

가) ⓑ

나) 클립의 새들(Saddle)은 와이어로프의 힘이 걸리는 쪽에 있어야 한다.

08 동영상은 목재가공용 둥근톱을 이용하여 작업을 하던 중 발생된 재해사례를 보여주고 있다. 동영상을 참고하여 다음 각 물음에 답하시오.(6점) [산기1602A/기사1802A/산기1804A/기사1904C/산기2204A]

작업자가 목장갑을 착용하고 목재를 가공하고 있다. 둥근톱장치에는 반발예방장치가 설치되어 있지 않다.

가) 동영상에 보여진 재해의 발생원인을 2가지만 쓰시오.

나) 동영상에서와 같이 전동기계·기구를 사용하여 작업을 할 때 누전차단기를 반드시 설치해야 하는 작업장소를 1가지 쓰시오.

가) 재해의 발생원인

① 회전기계 작업 중 장갑을 착용하고 작업하고 있다.

② 분할날 등 반발예방장치가 설치되지 않은 둥근톱장치를 사용해서 작업 중이다.

나) 누전차단기를 설치해야 하는 작업장소

① 대지전압이 150V를 초과하는 이동형 또는 휴대형 전기기계·기구를 사용할 때

② 물 등 도전성이 높은 액체가 있는 습윤장소에서 사용하는 저압용 전기기계·기구

③ 철판·철골 위 등 도전성이 높은 장소에서 사용하는 이동형 또는 휴대형 전기기계·기구

④ 임시배선의 전로가 설치되는 장소에서 사용하는 이동형 또는 휴대형 전기기계·기구

▲ 나)의 답안 중 1가지 선택 기재

01 동영상은 차량계 하역운반기계를 이송하기 위해 싣는 작업을 보여주고 있다. 건설기계를 싣고 내리는 작업 시 전도 또는 전락에 의한 위험을 방지하기 위한 조치사항 2가지를 쓰시오.(4점) [기사1602B/산기1804B]

지게차를 이송하기 위해 트레일러에 싣는 모습을 보여준다. 그 후 트레일러가 지게차를 싣고 이동한다.

① 싣거나 내리는 작업은 평탄하고 견고한 장소에서 할 것
② 가설대 등을 사용하는 경우에는 충분한 폭 및 강도와 적당한 경사를 확보할 것
③ 발판을 사용하는 경우에는 충분한 길이·폭 및 강도를 가진 것을 사용하고 적당한 경사를 유지하기 위하여 견고하게 설치할 것
④ 지정운전자의 성명·연락처 등을 보기 쉬운 곳에 표시하고 지정운전자 외에는 운전하지 않도록 할 것

▲ 해당 답안 중 2가지 선택 기재

02 동영상은 옥상 위에 설치된 지브 크레인의 모습을 보여주고 있다. 동영상에서와 같이 구조물 위에 크레인을 설치할 경우 구조적인 안전성을 위해 사전에 검토해야 할 사항을 3가지 쓰시오.(6점)

[산기1804B/기사2002E]

건물 외부 공사를 위해 건물 옥상에 설치된 지브 크레인을 보여주고 있다.

① 전도에 대한 안전성   ② 활동에 대한 안전성
③ 지반 지지력에 대한 안전성

03 동영상은 타워크레인 작업상황을 보여주고 있다. 해당 작업시 구비해야 할 방호장치를 2가지 쓰시오.(4점)

[산기1404B/산기1601A/산기1702B/기사1802A/기사1804A/산기1804B/기사1902B/기사1904A/기사2003C/산기2104B/산기2202B]

건설현장에서 타워크레인으로 화물을 인양하는 모습을 보여주고 있다.

① 과부하방지장치
② 권과방지장치
③ 비상정지장치 및 제동장치

▲ 해당 답안 중 2가지 선택 기재

04 동영상은 차량계 건설기계의 작업상황을 보여주고 있다. 영상에 나오는 건설기계의 명칭 및 용도 2가지를 쓰시오.(4점) [산기1402A/기사1404C/기사1601B/산기1601B/산기1701A/산기1801A/산기1804B/기사1902B/기사2003E]

차량계 건설기계를 이용해서 노면을 깎는 작업을 보여주고 있다.

가) 명칭 : 스크레이퍼
나) 용도
　① 토사의 굴착　　　② 지반 고르기　　　③ 하역작업
　④ 성토작업　　　⑤ 운반작업

▲ 나)의 답안 중 2가지 선택 기재

05 동영상은 작업자가 외부비계를 타고 올라가다 떨어지는 사고상황을 보여주고 있다. 동영상을 보고 시설이나 행동상의 위험요인 3가지를 쓰시오.(6점) [기사1404B/기사1504C/기사1601B/기사1602C/산기1604B/산기1701A/산기1701B/산기1702A/기사1702C/산기1704A/산기1804A/산기1804B/산기1901A/기사1901C/산기2004A/기사2004D]

작업자가 캔 음료를 먹고 있고, 리프트를 타고 다른 작업자가 올라가자, 바닥에 캔 음료를 버리고 외부비계를 타고 올라가다 떨어지는 재해가 발생했다. 이때 작업자 안전모의 턱끈이 풀려있는 상태였다.

① 비계 상에 사다리 및 비계다리 등 승강시설이 설치되어 있지 않았다.
② 추락방호망이 설치되어 있지 않았다.
③ 작업발판이 설치되어 있지 않았다.
④ 울, 손잡이 또는 충분한 강도를 가진 발판 등이 설치되지 않았다.

▲ 해당 답안 중 3가지 선택 기재

06 동영상은 상수도관 매설작업 현장을 보여주고 있다. 용접작업 중인 근로자들이 착용하고 있는 보호구의 종류 3가지와 교류아크용접장치의 방호장치를 쓰시오.(4점) [기사1604C/기사1801A/산기1804B/기사1902C/기사2002B]

동영상은 상수도관 매설현장이다. 한쪽에서는 근로자들이 배관을 용접하고 있고, 한쪽에서는 펌프를 이용해서 물을 빼는 작업을 진행중에 있다. 용접기에 별도의 방호장치가 부착되어 있지 않으며, 작업자는 별도의 보호구를 착용하지 않은 상태에서 작업 중이다.

가) 용접용 보호구
　① 용접용 보안면　　　　　② 용접용 장갑
　② 용접용 앞치마　　　　　④ 용접용 안전화
나) 교류아크용접장치의 방호장치 : 자동전격방지장치

▲ 가)의 답안 중 3가지 선택 기재

07 동영상은 굴착작업을 보여주고 있다. 지반의 붕괴 및 낙석으로부터의 근로자 위험을 방지하기 위한 조치사항을 3가지 쓰시오.(6점) [기사1401B/산기1402A/기사1501B/기사1702B/기사1702C/기사1801C/산기1804B/기사1901C/기사2001C]

백호의 굴착작업 현장 모습을 보여주고 있다. 관로 터파기, 관 부설 및 되메우기 작업 중이다. 관로 위에 계측기를 보여주고 있다. 흄관을 백호로 인양 중, 관로 위에 여러사람들이 모여 있으며, 터파기 장소 옆에 토사가 적재되어있다.

① 흙막이 지보공 설치   ② 방호망 설치
③ 근로자 출입금지

08 동영상은 이동식 비계를 이용한 작업 중 추락재해가 발생하는 것을 보여준다. 이동식 비계의 올바른 설치 기준을 3가지 쓰시오.(6점) [기사1404B/기사1602C/기사1604B/산기1604B/산기1702A/기사1801B/산기1801B/기사1802A/기사1802B/산기1804B/기사1904B/기사2001A/기사2002B/산기2202A]

이동식 비계를 이용해서 거푸집 설치작업을 진행중인 모습을 보여준다. 비계를 고정하지 않아 흔들리다 작업자가 바닥으로 추락하는 재해가 발생한다.

① 승강용 사다리는 견고하게 설치할 것
② 비계의 최상부에서 작업을 하는 경우에는 안전난간을 설치할 것
③ 작업발판의 최대적재하중은 250킬로그램을 초과하지 않도록 할 것
④ 작업발판은 항상 수평을 유지하고 작업발판 위에서 안전난간을 딛고 작업을 하거나 받침대 또는 사다리를 사용하여 작업하지 않도록 할 것
⑤ 이동식 비계의 바퀴에는 뜻밖의 갑작스러운 이동 또는 전도를 방지하기 위하여 브레이크·쐐기 등으로 바퀴를 고정시킨 다음 비계의 일부를 견고한 시설물에 고정하거나 아웃트리거(outrigger, 전도방지용 지지대)를 설치하는 등 필요한 조치를 할 것

▲ 해당 답안 중 3가지 선택 기재

01 동영상은 잔골재를 밀고 있는 건설기계의 작업현장을 보여주고 있다. 동영상에 나오는 건설기계의 명칭과 용도를 2가지 쓰시오.(4점) [기사1501C/산기1504B/기사1602B/산기1701B/기사1801B/산기1802A/산기2004B/기사2004C/산기2101A]

차량계 건설기계를 이용해서 땅을 고르는 모습을 보여준다.

가) 건설기계의 명칭 : 모터그레이더

나) 용도 :　① 정지작업　　　　　　② 땅고르기

　　　　　③ 측구굴착

▲ 나)의 답안 중 2가지 선택 기재

02 동영상은 지하실 밀폐공간에서 방수작업 도중 작업자가 쓰러지는 장면을 보여준다. 산소결핍기준과 재해방지를 전용 보호구 2가지를 쓰시오.(4점) [산기1802A]

영상은 지하실 밀폐공간에서 방수작업을 하던 작업자가 쓰러지는 모습을 보여준다.

가) 산소결핍기준 : 공기 중 산소농도가 18% 미만인 경우

나) 전용 보호구 :　① 공기호흡기　　　　② 송기마스크

03 동영상은 아파트의 해체작업을 보여주고 있다. 분진방지 대책 2가지를 쓰시오.(4점)

[산기1802A/산기1904B/산기2104A]

동영상은 아파트 해체작업을 보여주고 있다. 압쇄장치를 이용해서 건물의 외벽과 구조물을 뜯어내는 모습이 보인다. 먼지가 비산하고 있다.

① 물을 뿌린다.　　　　　② 방진벽을 설치한다.

04 동영상은 비계의 조립, 해체, 변경작업을 하는 중 강관자재가 떨어져 밑에 있던 근로자가 놀라는 장면이다. 재해예방을 위한 준수사항을 3가지 쓰시오.(6점)

[기사1401A/기사15Q1A/기사1602B/산기1701B/산기1702B/기사1702C/산기1802A/기사2004B]

동영상은 비계 조립, 해체, 변경작업을 하는 모습을 보여주고 있다. 작업발판 없이 비계에서 비계를 해체중이다. 안전모의 턱끈이 풀린 작업자가 아래쪽에 지나가고 있다. 비계를 해체한 작업자가 해체된 비계발판을 아래로 집어던지자 아래쪽 작업자가 놀라는 모습을 보여준다.

① 근로자가 관리감독자의 지휘에 따라 작업하도록 할 것
② 작업반경 내 출입금지구역을 설정하여 근로자의 출입을 금지한다.
③ 작업근로자에게 안전모 등 개인보호구를 착용시킨다.
④ 해체한 비계를 아래로 내릴 때는 달줄 또는 달포대를 사용한다.
⑤ 작업발판을 설치한다.
⑥ 안전대 부착설비를 설치하고 안전대를 착용한다.

▲ 해당 답안 중 3가지 선택 기재

05 동영상은 프리캐스트(PCS) 콘크리트 작업과정을 보여주고 있다. 영상을 참고하여 프리캐스트 콘크리트의 장점을 2가지 쓰시오.(4점)

[산기1404A/산기1601A/산기1604A/기사1801B/산기1802A/기사2003B/기사2004D]

벽, 바닥 등을 구성하는 콘크리트 부재를 공장에서 적당한 크기로 만드는 과정을 보여주고 있다. 특별히 4번 화면의 모습을 집중적으로 보여준다.

❹번 과정

〈제작과정〉

① 탈형
② 거푸집제작(박지제도포)
③ 철근 배근 및 조립
④ 수중양생
⑤ 콘크리트 타설
⑥ 선 부착품 설치(인서트, 전기부품 등) – 철근 거치

① 양질의 부재를 경제적으로 생산할 수 있다.
② 기계화작업으로 공기 단축이 가능하다.
③ 기상과 관계없이 작업이 가능하며, 특히 한랭기의 시공 시 유리하다.

▲ 해당 답안 중 2가지 선택 기재

06 동영상은 노천 굴착작업 현장을 보여주고 있다. 굴착작업 시 지반에 따른 굴착면의 기울기 기준과 관련된 다음 내용에 빈칸을 채우시오.(6점)

[산기1802A/기사2002A]

백호가 노천을 굴착하고 있다. 작업 중 옆에 쌓아두었던 부석이 굴러와 작업자가 다칠뻔한 장면을 보여주고 있다.

구분	지반의 종류	기울기
암반	풍화암	①
	연암	②
	경암	③

① 1 : 1.0   ② 1 : 1.0   ③ 1 : 0.5

07 동영상은 달비계 작업현장을 보여주고 있다. 달비계에 사용하는 권상용 와이어로프의 사용제한 조건을 3가지 쓰시오.(6점) [산기1404B/기사1502A/산기1604B/산기1702B/산기1802A/기사1804C/기사2001C/산기2004A/기사2004C/산기2101A]

달비계를 이용해 건물 외벽의 도장작업을 진행하는 모습을 보여주고 있다.

① 이음매가 있는 것
② 와이어로프의 한꼬임에서 끊어진 소선의 수가 10% 이상인 것
③ 지름의 감소가 공칭지름의 7%를 초과한 것
④ 심하게 변형 또는 부식된 것
⑤ 꼬인 것
⑥ 열과 전기충격에 의해 손상된 것

▲ 해당 답안 중 3가지 선택 기재

08 동영상은 비계의 조립작업을 보여주고 있다. 비계를 조립·해체하거나 변경한 후에 그 비계에서 작업을 하는 경우 해당 작업을 시작하기 전에 점검 및 보수해야 할 사항을 3가지 쓰시오.(6점) [산기1802A]

이동식 비계를 이용해서 거푸집 설치작업을 진행 중인 모습을 보여준다. 비계의 설치가 끝난 후 점검을 하지 않은 상태에서 비계 위에 올라가 작업을 하다 작업자가 바닥으로 추락하는 재해가 발생한다.

① 발판 재료의 손상 여부 및 부착 또는 걸림 상태
② 해당 비계의 연결부 또는 접속부의 풀림 상태
③ 연결 재료 및 연결 철물의 손상 또는 부식 상태
④ 손잡이의 탈락 여부
⑤ 기둥의 침하, 변형, 변위 또는 흔들림 상태
⑥ 로프의 부착 상태 및 매단 장치의 흔들림 상태

▲ 해당 답안 중 3가지 선택 기재

01 동영상은 고소작업대 위에서 용접작업을 하고 있는 모습을 보여주고 있다. 고소작업대 이동 시 준수사항을 3가지 쓰시오.(6점)

[산기1802B/산기2001A/산기2304A]

고소작업대 위에서 용접작업을 하는 작업자의 작업영상을 보여주고 있다. 해당 작업물의 작업을 끝내고 인근의 작업대상물로 이동하려는 모습이다.

① 작업대를 가장 낮게 내릴 것
② 작업자를 태우고 이동하지 말 것
③ 이동통로의 요철상태 또는 장애물의 유무 등을 확인할 것

02 동영상에서와 같은 건설현장에서 철골작업 시 작업을 중지하여야 하는 기후조건 3가지를 쓰시오.(6점)

[기사1402A/산기1501A/산기1604B/산기1701B/산기1702B/기사1704B/
산기1801A/산기1802B/기사1901A/산기1902B/산기1904B/기사2002E/산기2004B/산기2101B/산기2102A/산기2104A]

철골구조물 건립 공사현장을 보여주고 있다.

① 풍속이 초당 10m 이상인 경우
② 강우량이 시간당 1mm 이상인 경우
③ 강설량이 시간당 1cm 이상인 경우

03 동영상은 흙막이 공법 중 타이로드 공법을 보여준다. 흙막이 공사 시 재해예방을 위한 안전대책 2가지를 쓰시오.(4점)

[기사1401B/기사1604C/산기1802B]

굴착부 주변에 흙막이 벽을 만든 후 와이어로프나 강봉을 적용하는 버팀목 대신 굴착부 밖에 묻어 볼트를 체결하는 과정을 보여주고 있다.

① 흙막이 지보공의 재료로 변형 부식되거나 심하게 손상된 것을 사용해서는 아니 된다.
② 흙막이 지보공을 조립하는 경우 미리 조립도를 작성하여 그 조립도에 따라 조립하도록 한다.
③ 설계도서에 따른 계측을 하고 계측 분석 결과 토압의 증가 등 이상한 점을 발견한 경우에는 즉시 보강조치를 하여야 한다.

▲ 해당 답안 중 2가지 선택 기재

04 동영상은 강관비계 설치 작업장을 보여주고 있다. 강관비계에 관한 설명에서 빈칸을 채우시오.(4점)

[기사1401A/산기1404B/기사1504C/기사1701B/기사1801B/산기1802B/산기1901A/기사1902A/산기1904A/산기2002A/기사2003D/기사2004C]

강관비계를 설치한 작업현장의 모습을 보여주고 있다.

가) 비계기둥의 간격은 띠장 방향에서는 (①) 이하, 장선(長線) 방향에서는 (②) 이하로 할 것
나) 띠장 간격은 (③) 이하로 설치할 것
다) 비계기둥 간의 적재하중은 (④)을 초과하지 않도록 할 것

① 1.85m   ② 1.5m   ③ 2m   ④ 400kg

05 동영상은 작업발판 위에서 구두를 신고 도장작업을 하며 옆으로 이동하다 추락하는 재해를 보여주고 있다. 작업 중 불안전한 요소 3가지를 쓰시오.(4점)   [기사1504A/기사1702A/산기1704A/기사2001A]

동영상은 구두를 신고 도장작업을 하며 도장부위에 해당하는 위만 바라보면서 옆으로 이동하다 추락하는 재해상황을 보여주고 있다.

① 작업발판의 설치 불량   ② 관리감독의 소홀
③ 작업방법 및 자세 불량   ④ 안전대 미착용

▲ 해당 답안 중 3가지 선택 기재

06 동영상은 터널현장에서의 공정 중 한 가지를 찍은 것이다. 동영상을 참고하여 다음 각 물음에 답하시오.(6점)   [기사1401C/기사1402C/기사1601A/기사1604B/기사1701C/산기1802B/기사1804B/기사2001A]

어두운 터널 안으로 차량이 들어가고 터널 현장의 울퉁불퉁한 모습이 보인다. 근로자가 차량의 기능을 점검한 후 터널 외벽에 압축공기를 이용해서 콘크리트를 분무타설을 한다.

가) 동영상에서 작업하고 있는 공정의 명칭을 쓰시오.
나) 터널굴착작업 시의 작업계획서 내 포함사항을 3가지 쓰시오.

가) 숏크리트 타설 공정
나) ① 굴착의 방법
    ② 터널지보공 및 복공의 시공방법과 용수의 처리방법
    ③ 환기 또는 조명시설을 처리할 때에 그 방법

07 동영상은 타워크레인 작업 중 발생한 재해상황을 보여주고 있다. 동영상을 보고 재해의 발생원인으로 추정되는 사항을 3가지 쓰시오.(6점)

[산기1604B/산기1701A/산기1802B]

타워크레인이 화물을 1줄걸이로 인양해서 올리고 있고, 하부에 근로자가 안전모 턱끈을 매지 않은 채 양중작업을 보지 못하고 지나가고 있는 중에 화물이 탈락하면서 낙하하여 근로자와 충돌하였다.

① 화물 인양 시 1줄걸이로 인양함으로써 화물이 무게중심을 잃고 낙하했다.
② 작업 반경 내 출입금지구역에 근로자가 출입하였다.
③ 작업자가 안전모를 안전하게 착용하지 않았다.
④ 신호수를 배치하지 않았다.

▲ 해당 답안 중 3가지 선택 기재

08 동영상은 도로의 다짐작업을 하는 모습을 보여주고 있다. 영상에 보이는 가) 장비명과 나) 주요작업 2가지를 쓰시오.(4점)

[산기1802B]

차량계 건설기계를 이용하여 작업장 진입로의 노면을 다지는 모습을 보여주고 있다.

가) 장비명 : 타이어 롤러
나) 주요 작업
　　① 다짐작업　　　　　　② 성토부 전압
　　③ 아스콘 전압

▲ 나)의 답안 중 2가지 선택 기재

01 동영상에서와 같은 건설현장에서 철골작업 시 작업을 중지하여야 하는 기후조건 3가지를 쓰시오.(6점)

[기사1402A/산기1501A/산기1604B/산기1701B/산기1702B/기사1704B/
산기1801A/산기1802B/기사1901A/산기1902B/산기1904B/기사2002E/산기2004B/산기2101B/산기2102A/산기2104A]

철골구조물 건립 공사현장을 보여주고
있다.

① 풍속이 초당 10m 이상인 경우
② 강우량이 시간당 1mm 이상인 경우
③ 강설량이 시간당 1cm 이상인 경우

02 동영상은 굴삭기를 이용하여 굴착한 흙을 덤프트럭으로 운반하는 작업을 하고 있다. 동영상을 통해서 확인가능한 작업 시 위험요소 2가지를 쓰시오.(4점)

[산기1801A]

백호로 굴착한 흙을 덤프트럭에 싣고 있는
작업을 보여주고 있다. 별도의 유도자가 없
으며, 주변에 장애물들이 널려 있다. 한눈에
보기에도 너무 많은 흙과 돌을 실어 덮개가
닫히지도 않는다. 싣고 난 후 빠져나가는데
먼지 등으로 앞을 볼 수가 없는 상황이다.

① 유도하는 사람이 배치되지 않았으며, 장애물을 제거하지 않고 작업에 임했다.
② 적재적량 상차가 이뤄지지 않았으며, 상차 후 덮개를 덮지 않고 운행했다.
③ 작업장 출입 시 살수 실시 및 운행속도 제한 의무를 지키지 않았다.
④ 작업현장 내 관계자 외 출입을 통제하지 않았다.

▲ 해당 답안 중 2가지 선택 기재

03 동영상은 원심력 철근콘크리트 말뚝을 시공하는 현장을 보여준다. 말뚝의 항타공법 종류 3가지, 콘크리트 말뚝의 장점 2가지, 단점 2가지를 쓰시오.(6점)

[산기1501A/산기1604A/산기1801A]

영상은 원심력 철근콘크리트 말뚝을 시공하는 현장의 모습을 보여주고 있다.

가) 타입공법 :   ① 타격관입공법   ② 진동공법
　　　　　　　　 ③ 압입공법   ④ 프리보링공법

나) 장점 :   ① 내구성이 크고, 입수하기가 비교적 쉽다.
　　　　　 ② 재질이 균일하여 신뢰성이 있다.
　　　　　 ③ 길이 15m 이하인 경우에는 경제적이다.
　　　　　 ④ 강도가 커서 지지말뚝으로 적합하다.

다) 단점 :   ① 말뚝 시공 시 항타로 인해 말뚝본체에 균열이 생기기 쉽다.
　　　　　 ② 말뚝 이음에 대한 신뢰성이 낮다.

▲ 해당 답안 중 가)는 3가지, 나)는 2가지 선택 기재

04 동영상은 교류아크용접 작업 중 발생한 재해상황을 보여주고 있다. 교류아크용접장치의 방호장치를 쓰시오.
(4점)

[산기1801A]

동영상은 상수도관 매설현장이다. 한쪽에서는 근로자들이 배관을 용접하고 있고, 한쪽에서는 펌프를 이용해서 물을 빼는 작업을 진행중에 있다. 용접기에 별도의 방호장치가 부착되어 있지 않으며, 작업자는 별도의 보호구를 착용하지 않은 상태에서 작업 중이다.

• 자동전격방지장치

05 동영상은 노면 정리작업 현장을 보여주고 있다. 건설기계의 명칭과 해당 기계를 사용하여 작업할 때 작업계획서 작성에 포함되어야 할 사항 2가지를 쓰시오.(6점)　　[기사1401B/기사1502A/산기1801A/기사1804C/기사2001B]

차량계 건설기계를 이용하여 작업장 진입로의 노면을 정리하고 있는 모습을 보여주고 있다.

가) 건설기계의 명칭 : 로더
나) 작업계획서 포함사항
　　① 사용하는 차량계 건설기계의 종류 및 성능
　　② 차량계 건설기계의 운행경로
　　③ 차량계 건설기계에 의한 작업방법

　▲ 나)의 답안 중 2가지 선택 기재

06 동영상은 2m 이상의 작업장소에 부착된 작업발판을 보여주고 있다. 작업발판의 설치기준 3가지를 쓰시오. (6점)　　[산기1801A/산기2202B]

동영상은 철골구조물을 건립하는 작업현장의 모습이다. 철골구조물에 부착된 작업발판을 집중적으로 보여준다.

① 발판재료는 작업할 때의 하중을 견딜 수 있도록 견고한 것으로 할 것
② 작업발판의 폭은 40센티미터 이상으로 하고, 발판재료 간의 틈은 3센티미터 이하로 할 것
③ 추락의 위험이 있는 장소에는 안전난간을 설치할 것
④ 작업발판의 지지물은 하중에 의하여 파괴될 우려가 없는 것을 사용할 것
⑤ 작업발판재료는 뒤집히거나 떨어지지 않도록 둘 이상의 지지물에 연결하거나 고정시킬 것
⑥ 작업발판을 작업에 따라 이동시킬 경우는 위험방지에 필요한 조치를 할 것

　▲ 해당 답안 중 3가지 선택 기재

07 동영상은 콘크리트 타설 및 타설 후 면마감 작업을 보여주고 있다. 콘크리트 타설작업 시 안전조치 사항을 2가지 쓰시오.(4점)

[산기1604B/산기1801A/기사1801C/산기1804A/기사1804C/기사1901C/산기1902A/산기2001A/산기2004A/기사2004B/산기2302A]

콘크리트 타설 현장의 모습을 보여주고 있다. 타설할 때 작업발판도 없고 난간도 없고 방망도 없으며, 작업자는 안전모 턱끈을 느슨하게 하고 있다.

① 콘크리트 타설작업 시 거푸집 붕괴의 위험이 발생할 우려가 있으면 충분한 보강조치를 할 것
② 설계도서상의 콘크리트 양생기간을 준수하여 거푸집 동바리 등을 해체할 것
③ 콘크리트를 타설하는 경우에는 편심이 발생하지 않도록 골고루 분산하여 타설할 것
④ 작업 시작 전에 거푸집 동바리 등의 변형·변위 및 지반의 침하 유무 등을 점검하고 이상이 있으면 보수할 것
⑤ 작업 중에는 거푸집 동바리 등의 변형·변위 및 침하 유무 등을 감시할 수 있는 감시자를 배치하여 이상이 있으면 작업을 중지하고 근로자를 대피시킬 것

▲ 해당 답안 중 2가지 선택 기재

08 동영상은 아파트 신축현장의 낙하물방지망을 보여주고 있다. 낙하물방지망 혹은 방호선반 설치 시 준수해야 할 사항을 2가지 쓰시오.(4점)

[산기1801A/산기2201A]

아파트 신축현장에 설치된 낙하물방지망을 보여주고 있다.

① 높이 10미터 이내마다 설치하고, 내민 길이는 벽면으로부터 2미터 이상으로 할 것
② 수평면과의 각도는 20도 이상 30도 이하를 유지할 것

01 동영상은 철골구조물에 부착된 작업발판을 보여주고 있다. 다음 물음에 답하시오.(4점)

[산기1801B/산기1901B/산기2004B]

동영상은 철골구조물을 건립하는 작업현장을 보여준다. 작업자 2명이 철골구조물에 부착된 작업발판을 지적하면서 잘못 설치된 작업발판을 다시 설치할 것에 대해 논의하고 있다.

가) 작업발판의 폭을 (①)cm 이상으로 설치한다.
나) 발판재료간의 틈은 (②)cm 이하로 설치한다.
다) 추락의 위험이 있는 곳에는 높이 (③)cm 이상 (④)cm 이하의 손잡이 또는 철책을 설치하여야 한다.

① 40 　　　　② 3 　　　　③ 90 　　　　④ 120

02 동영상에서는 DMF작업장에서 유해물질 작업을 하고 있는 모습을 보여주고 있다. DMF 등 유해물질 취급 시 취급 근로자가 쉽게 볼 수 있는 장소에 게시 또는 비치해야할 사항을 3가지 쓰시오.(6점) [산기1801B]

DMF작업장에서 한 작업자가 방독마스크, 안전장갑, 보호복 등을 착용하지 않은 채 유해물질 DMF 작업을 하고 있는 것을 보여주고 있다.

① 관리대상 유해물질의 명칭 　　　② 인체에 미치는 영향
③ 취급상 주의사항 　　　　　　　④ 착용하여야 할 보호구
⑤ 응급조치와 긴급 방재 요령

▲ 해당 답안 중 3가지 선택 기재

03 동영상은 항타기 작업 중 무너지는 장면을 보여주고 있다. 무너짐 방지 방법 2가지를 쓰시오.(4점)

[산기1701A/기사1701C/산기1801B/기사1802B/기사1904C/기사2002E/기사2004D/산기2104A]

연약지반에 별도의 보강작업 없이 항타
작업을 진행 중에 항타기가 밀리면서
전도된 상황을 보여주고 있다.

① 연약한 지반에 설치하는 경우에는 아웃트리거·받침 등 지지구조물의 침하를 방지하기 위하여 깔판·받침목
   등을 사용할 것
② 시설 또는 가설물 등에 설치하는 경우에는 그 내력을 확인하고 내력이 부족하면 그 내력을 보강할 것
③ 아웃트리거·받침 등 지지구조물이 미끄러질 우려가 있는 경우에는 말뚝 또는 쐐기 등을 사용하여 해당 지지구
   조물을 고정시킬 것
④ 궤도 또는 차로 이동하는 항타기 또는 항발기에 대해서는 불시에 이동하는 것을 방지하기 위하여 레일 클램프
   (rail clamp) 및 쐐기 등으로 고정시킬 것
⑤ 상단 부분은 버팀대·버팀줄로 고정하여 안정시키고, 그 하단 부분은 견고한 버팀·말뚝 또는 철골 등으로 고정
   시킬 것

▲ 해당 답안 중 2가지 선택 기재

04 동영상은 목재가공용 둥근톱을 이용하여 작업을 하던 중 발생된 재해사례를 보여주고 있다. 동영상의 장치를
사용할 때 설치해야 할 방호장치 2가지를 쓰시오.(4점) [산기1801B/기사2002B/기사2002D/산기2101A/산기2202A]

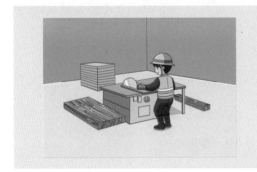

작업자가 목장갑을 착용하고 목재를 가
공하고 있다. 둥근톱장치에는 반발예
방장치가 설치되어 있지 않다.

① 분할날 등 반발예방장치
② 톱날접촉예방장치

05 동영상은 이동식 크레인을 이용하여 타워크레인을 해체하는 중 무너진 사고장면을 보여주고 있다. 해체작업 시 실시하여야 할 안전조치를 2가지 쓰시오.(4점) <small>[산기1402B/산기1602B/산기1801B]</small>

이동식 크레인을 이용하여 타워크레인 의 해체작업을 보여주고 있다. 해체작 업 중 타워크레인이 무너지는 사고가 발생한다.

① 작업순서를 정하고 그 순서에 따라 작업을 할 것
② 작업을 할 구역에 관계 근로자가 아닌 사람의 출입을 금지하고 그 취지를 보기 쉬운 곳에 표시할 것
③ 비, 눈, 그 밖에 기상상태의 불안정으로 날씨가 몹시 나쁜 경우에는 그 작업을 중지시킬 것
④ 작업장소는 안전한 작업이 이루어질 수 있도록 충분한 공간을 확보하고 장애물이 없도록 할 것
⑤ 들어 올리거나 내리는 기자재는 균형을 유지하면서 작업을 하도록 할 것
⑥ 크레인의 성능, 사용조건 등에 따라 충분한 응력을 갖는 구조로 기초를 설치하고 침하 등이 일어나지 않도록 할 것
⑦ 규격품인 조립용 볼트를 사용하고 대칭되는 곳을 차례로 결합하고 분해할 것

▲ 해당 답안 중 2가지 선택 기재

06 동영상은 터널공사현장과 자동경보장치를 보여주고 있다. 터널공사 시 자동경보장치의 당일 작업 시작 전 점검 및 보수사항 2가지를 쓰시오.(6점) <small>[기사1704C/산기1801B/기사1901C/산기1904B/기사2002D/기사2004D/산기2104A]</small>

터널공사 현장을 보여주고 있다. 터널 진입로 입구에 설치된 사각형 박스(자 동경보장치)를 집중적으로 보여준 후 터널 내부를 보여준다.

① 계기의 이상유무   ② 검지기의 이상유무
③ 경보장치의 이상유무

▲ 해당 답안 중 2가지 선택 기재

07 동영상은 거푸집 동바리의 조립 영상이다. 영상을 보고 동바리로 사용하는 파이프 서포트에 대한 질문에 답하시오.(6점)

[산기1401A/산기1401B/산기1801B/산기1901A/산기2101B/산기2104B/산기2301A]

동영상은 거푸집 동바리를 조립하고 있는 모습을 보여주고 있다.

가) 파이프 서포트를 (①)개 이상 이어서 사용하지 않도록 할 것

나) 파이프 서포트를 이어서 사용하는 경우에는 (②)개 이상의 볼트 또는 (③)을 사용하여 이을 것

다) 높이가 (④)m를 초과하는 경우에는 (⑤)m 이내마다 수평연결재를 2개 방향으로 설치하고, 수평연결재의 (⑥)를 방지할 것

① 3   ② 4   ③ 전용철물

④ 3.5   ⑤ 2   ⑥ 변위

08 동영상은 이동식 비계를 이용한 작업 중 추락재해가 발생하는 것을 보여준다. 이동식 비계의 올바른 설치 기준을 3가지 쓰시오.(6점)

[기사1404B/기사1602C/기사1604B/산기1604B/산기1702A/ 기사1801B/산기1801B/기사1802A/기사1802B/산기1804B/기사1904B/기사2001A/기사2002B/산기2202A/산기2301A/산기2304A]

이동식 비계를 이용해서 거푸집 설치작업을 진행중인 모습을 보여준다. 비계를 고정하지 않아 흔들리다 작업자가 바닥으로 추락하는 재해가 발생한다.

① 승강용 사다리는 견고하게 설치할 것

② 비계의 최상부에서 작업을 하는 경우에는 안전난간을 설치할 것

③ 작업발판의 최대적재하중은 250킬로그램을 초과하지 않도록 할 것

④ 작업발판은 항상 수평을 유지하고 작업발판 위에서 안전난간을 딛고 작업을 하거나 받침대 또는 사다리를 사용하여 작업하지 않도록 할 것

⑤ 이동식 비계의 바퀴에는 뜻밖의 갑작스러운 이동 또는 전도를 방지하기 위하여 브레이크·쐐기 등으로 바퀴를 고정시킨 다음 비계의 일부를 견고한 시설물에 고정하거나 아웃트리거(outrigger, 전도방지용 지지대)를 설치하는 등 필요한 조치를 할 것

▲ 해당 답안 중 3가지 선택 기재

01 굴착기계로 터널을 굴착하면서 흙을 버리는 장면을 보여주는 동영상이다. 장비의 이름과 해당 공법의 적용이 곤란한 지반 2가지를 쓰시오.(6점)

[산기1401B/산기1504A/산기1602A/산기1702A/산기1704A]

영상은 터널굴착작업 현장을 보여주고 있다. 굴착 후 나온 흙을 버리는 장면을 보여주고 있다.

가) 명칭 : T.B.M(Tunnel Boring Machine) 공법
나) 적용 곤란 지반
　① 지하수위가 높은 모래 자갈층 지반　② 유해가스의 발생가능 지역
　③ 전석층 또는 토사와 암반의 경계부

▲ 나)의 답안 중 2가지 선택 기재

02 영상은 거푸집 동바리의 설치 잘못으로 인해 거푸집의 붕괴사고가 발생한 것을 보여주고 있다. 거푸집에 작용하는 연직방향 하중의 종류를 3가지 쓰시오.(6점)

[산기1704A/산기1904B]

거푸집 동바리가 붕괴되는 재해상황을 보여주고 있다. 재해상황을 보여주기 전 거푸집 동바리 설치 작업 시 동바리의 위치가 불량한 것과 수평연결재를 설치하지 않은 것, 각 재가 파손되거나 변형된 것 등을 보여준다.

① 고정하중(거푸집의 무게)　　　② 충격하중(타설시의 충격 등)
③ 작업하중(타설에 필요한 자재 및 공구의 무게)

03 영동영상은 준설작업을 하고 있는 모습을 보여주고 있다. 기계의 명칭과 용도 2가지를 쓰시오.(4점)

[산기1404A/산기1502A/산기1602A/기사1702B/산기1704A]

크레인형 굴착기계를 이용해서 준설작업을 하는 모습을 보여준다.

가) 명칭 : 크램셸
나) 용도 : ① 호퍼작업   ② 수중굴착   ③ 깊은 범위의 굴착
          ④ 모래의 굴착   ⑤ 준설

▲ 나)의 답안 중 2가지 선택 기재

04 동영상은 작업발판 위에서 구두를 신고 도장작업을 하며 옆으로 이동하다 추락하는 재해를 보여주고 있다. 작업 중 불안전한 요소 3가지를 쓰시오.(6점)

[기사1504A/기사1702A/산기1704A/기사2001A]

동영상은 구두를 신고 도장작업을 하며 도장부위에 해당하는 위만 바라보면서 옆으로 이동하다 추락하는 재해상황을 보여주고 있다.

① 작업발판의 설치 불량   ② 관리감독의 소홀
③ 작업방법 및 자세 불량   ④ 안전대 미착용

▲ 해당 답안 중 3가지 선택 기재

05 동영상은 작업자가 외부비계를 타고 올라가다 떨어지는 사고상황을 보여주고 있다. 동영상을 보고 시설이나 행동상의 위험요인 3가지를 쓰시오.(6점) [기사1404B/기사1504C/기사1601B/기사1602C/산기1604B/산기1701A/ 산기1701B/산기1702A/기사1702C/산기1704A/산기1804A/산기1804B/산기1901A/기사1901C/산기2004A/기사2004D]

작업자가 캔 음료를 먹고 있고, 리프트를 타고 다른 작업자가 올라가자, 바닥에 캔 음료를 버리고 외부비계를 타고 올라가다 떨어지는 재해가 발생했다. 이때 작업자 안전모의 턱끈이 풀려있는 상태였다.

① 비계 상에 사다리 및 비계다리 등 승강시설이 설치되어 있지 않았다.
② 추락방호망이 설치되어 있지 않았다.
③ 작업발판이 설치되어 있지 않았다.
④ 울, 손잡이 또는 충분한 강도를 가진 발판 등이 설치되지 않았다.

▲ 해당 답안 중 3가지 선택 기재

06 동영상은 현재 개통 중인 서해대교의 공사현장이다. 시공순서와 교량형식을 쓰시오.(4점) [산기1401A/기사1402B/기사1504B/산기1602B/기사1701A/기사1702B/산기1704A]

지금은 개통된 서해대교의 마지막 공사현장의 모습을 보여주고 있다.

① 시공순서 : 우물통 기초 → 주탑시공 → 케이블 설치 → 상판 아스팔트 타설
② 교량형식 : 사장교

07 동영상은 와이어로프의 체결 과정을 보여주고 있다. 동영상에 제시된 와이어로프의 클립 체결 방법 중 가장 가) 올바른 것, 나) 그 이유를 쓰시오.(4점) [산기1404A/산기1602A/산기1704A]

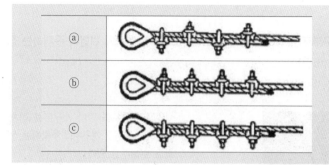

와이어로프의 클립 체결된 내역을 3가지 보여주고 있다. 해당 와이어로프의 화면에는 각 와이어로프마다 클립의 새들 위치가 서로 다른 것을 확인할 수 있다.

가) ⓑ

나) 클립의 새들(Saddle)은 와이어로프의 힘이 걸리는 쪽에 있어야 한다.

08 영상은 아파트 공사현장을 보여주고 있다. 추락 또는 낙하재해를 방지하기 위한 설비 중 영상에 나타난 안전설비를 각각 1가지씩 쓰시오.(4점) [산기1704A/산기1804A]

아파트 공사현장의 모습을 보여주고 있다.

가) 추락재해방지설비

① 작업발판   ② 추락방호망   ③ 수직형 추락방망

④ 울타리   ⑤ 승강설비   ⑥ 작업발판

나) 낙하재해방지설비

① 낙하물방지망   ② 방호선반

▲ 해당 답안 중 각각 1가지씩 선택 기재

01 동영상은 작업자가 통로를 걷다 개구부로 추락하는 상황을 보여주고 있다. 추락의 위험이 존재하는 장소에서의 안전 조치사항 3가지를 쓰시오.(6점)

[기사1401C/산기1402A/산기1402B/산기1504B/기사1504C/
기사1602B/산기1701B/산기1702A/기사1804B/산기2002B/기사2004C/산기2101A/기사2204A/산기2204A]

작업자가 통로를 걷다 개구부를 미처 확인하지 못하여 개구부로 추락하는 상황을 보여주고 있다.
해당 개구부에는 별도의 방호장치가 설치되지 않은 상태이다.

① 안전난간을 설치한다.　② 추락방호망을 설치한다.
③ 울타리를 설치한다.　④ 수직형 추락방망을 설치한다.
⑤ 덮개를 뒤집히거나 떨어지지 않도록 설치한다.
⑥ 어두울 때도 알아볼 수 있도록 개구부임을 표시한다.
⑦ 추락방호망 설치가 곤란한 경우 작업자에게 안전대를 착용하게 하는 등 추락방지 조치를 한다.

▲ 해당 답안 중 3가지 선택 기재

02 영상에서 3개의 안전대를 보여주고 있다. 그 중 3번째 안전대의 ① 명칭과 1번째 안전대가 2번째 안전대와 비교할 때 ② 장점을 쓰시오.(4점)

[산기1404A/산기1601A/산기1702A/산기1902A]

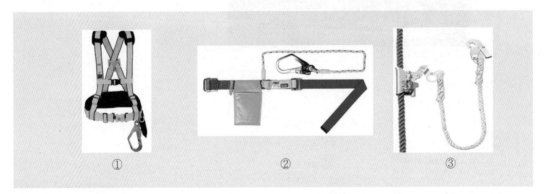

①　　　　　　　　②　　　　　　　　③

① 명칭 : 추락방지대
② 장점 : 추락할 때 받는 충격하중을 신체 곳곳에 분산시켜 충격을 최소화하는 장점이 있다.

03 동영상은 지게차가 판넬을 들고 신호수에 신호에 따라 운반하다가 화물이 신호수에게 낙하하는 장면이다. 이에 따른 사고원인을 2가지 쓰시오.(4점)

[산기1504A/산기1602A/산기1702A/기사1804C/산기2001A/기사2003C/산기2102B/산기2104B/산기2204B]

지게차로 화물을 이동 중에 발생한 재해상황을 보여주고 있다. 화물을 적재한 후 포크를 높이 올린 상태에서 이동 중이며, 이동 시 화물이 흔들리는 모습을 보여준다. 이후 화면에서 흔들리던 화물이 신호수에게 낙하하여 재해가 발생한다.

① 하중이 한쪽으로 치우치지 않도록 적재할 것
② 운전자의 시야를 가리지 않도록 화물을 적재할 것
③ 화물을 적재하는 경우에는 최대적재량을 초과해서는 아니 된다.
④ 구내운반차 또는 화물자동차의 경우 화물의 붕괴 또는 낙하에 의한 위험을 방지하기 위하여 화물에 로프를 거는 등 필요한 조치한다.

▲ 해당 답안 중 2가지 선택 기재

04 동영상은 철골공사 작업 시에 이용되는 작업발판을 만드는 비계로서 상하이동을 할 수 없는 구조이다. 영상을 참고하여 다음 각 물음에 답하시오.(6점)

[산기1501B/산기1702A/기사2003E]

철골작업 시 주로 이용하는 비계의 모습을 보여주고 있다. 높이가 고정되어 있으며 작업자의 발판역할을 하는 비계이다.

① 비계의 명칭을 쓰시오.
② 비계의 하중에 대한 최소 안전계수를 쓰시오.
③ 철근을 사용할 때 최소의 공칭지름을 쓰시오.
④ 비계를 매다는 철선(소성철선)의 호칭치수를 쓰시오.

① 달대비계 　　② 8 이상 　　③ 19mm 　　④ #8

05 동영상은 이동식 비계를 이용한 작업 중 추락재해가 발생하는 것을 보여준다. 이동식 비계의 올바른 설치 기준을 3가지 쓰시오.(6점)

[기사1404B/기사1602C/기사1604B/산기1604B/산기1702A/
기사1801B/산기1801B/기사1802A/기사1802B/산기1804B/기사1904B/기사2001A/기사2002B/산기2202A/산기2301A/산기2304A]

이동식 비계를 이용해서 거푸집 설치작업을 진행중인 모습을 보여준다. 비계를 고정하지 않아 흔들리다 작업자가 바닥으로 추락하는 재해가 발생한다.

① 승강용 사다리는 견고하게 설치할 것
② 비계의 최상부에서 작업을 하는 경우에는 안전난간을 설치할 것
③ 작업발판의 최대적재하중은 250킬로그램을 초과하지 않도록 할 것
④ 작업발판은 항상 수평을 유지하고 작업발판 위에서 안전난간을 딛고 작업을 하거나 받침대 또는 사다리를 사용하여 작업하지 않도록 할 것
⑤ 이동식 비계의 바퀴에는 뜻밖의 갑작스러운 이동 또는 전도를 방지하기 위하여 브레이크·쐐기 등으로 바퀴를 고정시킨 다음 비계의 일부를 견고한 시설물에 고정하거나 아웃트리거(outrigger, 전도방지용 지지대)를 설치하는 등 필요한 조치를 할 것

▲ 해당 답안 중 3가지 선택 기재

06 동영상은 철근 거푸집을 조립하고 있는 장면을 보여준다. 거푸집 조립순서를 쓰시오.(4점)

[산기1404B/산기1702A]

영상은 콘크리트 타설 전에 철근 거푸집을 조립하고 있는 모습을 보여주고 있다.

| ① 내측 기둥 | ② 큰 보 | ③ 외측기둥 | ④ 작은 보 | ⑤ 슬래브 |

• ① → ③ → ② → ④ → ⑤

07 동영상은 작업자가 외부비계를 타고 올라가다 떨어지는 사고상황을 보여주고 있다. 동영상을 보고 시설이나
행동상의 위험요인 3가지를 쓰시오.(6점) [기사1404B/기사1504C/기사1601B/기사1602C/산기1604B/산기1701A/
산기1701B/산기1702A/기사1702C/산기1704A/산기1804A/산기1804B/산기1901A/기사1901C/산기2004A/기사2004D]

작업자가 캔 음료를 먹고 있고, 리프트
를 타고 다른 작업자가 올라가자, 바닥
에 캔 음료를 버리고 외부비계를 타고
올라가다 떨어지는 재해가 발생했다.
이때 작업자 안전모의 턱끈이 풀려있는
상태였다.

① 비계 상에 사다리 및 비계다리 등 승강시설이 설치되어 있지 않았다.
② 추락방호망이 설치되어 있지 않았다.
③ 작업발판이 설치되어 있지 않았다.
④ 울, 손잡이 또는 충분한 강도를 가진 발판 등이 설치되지 않았다.

▲ 해당 답안 중 3가지 선택 기재

08 굴착기계로 터널을 굴착하면서 흙을 버리는 장면을 보여주는 동영상이다. 장비의 이름과 해당 공법의 적용이
곤란한 지반 2가지를 쓰시오.(4점) [산기1401B/산기1504A/산기1602A/산기1702A/산기1704A]

영상은 터널굴착작업 현장을 보여주고
있다. 굴착 후 나온 흙을 버리는 장면을
보여주고 있다.

가) 명칭 : T.B.M(Tunnel Boring Machine) 공법
나) 적용 곤란 지반
    ① 지하수위가 높은 모래 자갈층 지반
    ② 유해가스의 발생가능 지역
    ③ 전석층 또는 토사와 암반의 경계부

▲ 나)의 답안 중 2가지 선택 기재

01 동영상은 4~5층 아파트 시공현장 외부벽체 거푸집을 보여준다. 가) 거푸집 명칭, 나) 장점 3가지를 쓰시오. (4점)

[기사1504A/산기1601B/기사1701C/산기1702B/기사1704A]

동일 모듈로 구성된 아파트 건설현장을 보여주고 있다. 대형화, 단순화된 거푸집을 한번에 설치 및 해체하는 모습을 보여주고 있다.

가) 갱폼

나) ① 공기단축과 인건비 절약 　② 미장공사 생략 가능

　③ 가설비계공사를 하지 않아도 됨 　④ 타워크레인 등 시공장비에 의해 한번에 설치 가능

▲ 나)의 답안 중 3가지 선택 기재

02 동영상은 타워크레인 작업상황을 보여주고 있다. 해당 작업을 진행하는데 있어서 구비해야 할 방호장치를 2가지 쓰시오.(4점)

[산기1404B/산기1601A/산기1702B/기사1802A/기사1804A/산기1804B/기사1902B/기사1904A/기사2003C/산기2104B/산기2202B]

건설현장에서 타워크레인으로 화물을 인양하는 모습을 보여주고 있다.

① 과부하방지장치 　② 권과방지장치 　③ 비상정지장치 및 제동장치

▲ 해당 답안 중 2가지 선택 기재

03 동영상은 흙막이 공법과 관련된 계측장치를 보여주고 있다. 이 공법의 명칭과 동영상에 보여준 계측기의 종류와 용도를 쓰시오.(6점) [산기1404B/산기1601B/산기1702B/산기1902B/산기2104A]

동영상은 흙막이를 보여주면서 H형으로 된 줄이 이어져 있는 것을 보여주고, 다음 화면은 흙막이에 연결되어있던 선로에 노란색으로 되어 있는 사각형의 기계를 연달아 보여준다.

① 명칭 : 어스앵커공법

② 계측기의 종류 : 하중계

③ 계측기의 용도 : 버팀대 또는 어스앵커에 설치하여 축 하중의 변화상태를 측정하여 부재의 안정상태 파악 및 원인 규명에 이용한다.

04 동영상은 항타작업 현장을 보여주고 있다. 항타작업에 사용하는 권상용 와이어로프의 사용제한 조건을 3가지 쓰시오.(6점) [산기1404B/기사1502A/산기1604B/산기1702B/산기1802A/기사1804C/기사2001C/산기2004A/기사2004C/산기2101A]

동영상은 전신주를 심기 위해 항타작업을 진행중인 모습을 보여주고 있다.

① 이음매가 있는 것

② 와이어로프의 한꼬임에서 끊어진 소선의 수가 10% 이상인 것

③ 지름의 감소가 공칭지름의 7%를 초과한 것

④ 심하게 변형 또는 부식된 것

⑤ 꼬인 것

⑥ 열과 전기충격에 의해 손상된 것

▲ 해당 답안 중 3가지 선택 기재

05 동영상은 상수도관을 매설하기 위하여 노천굴착작업을 하는 모습을 보여주고 있다. 이와 같은 굴착작업 시 각 지반에 따라 굴착면의 기울기 기준을 다르게 하는데 다음 표의 빈칸에 각 지반의 종류에 따른 기울기 기준과 굴착면 암석 붕괴로 인한 근로자 위험방지대책 2가지를 쓰시오.(6점)

[기사1401B/기사1601A/산기1604A/산기1702B/산기1904A]

백호가 노천을 굴착하고 있다. 작업 중 옆에 쌓아두었던 부석이 굴러와 작업자가 다칠뻔한 장면을 보여주고 있다.

구분	지반의 종류	기울기
암반	풍화암	①
	연암	②
	경암	③

가) 기울기 기준 :　　 ① 1:1.0　　　　 ② 1:1.0　　　　 ③ 1:0.5

나) 위험방지대책

　① 흙막이 지보공의 설치　　　　 ② 방호망의 설치

　③ 근로자의 출입 금지

▲ 나)의 답안 중 2가지 선택 기재

06 동영상은 교량가설 공법을 보여주고 있다. 이와 같은 공법의 명칭을 쓰시오.(4점)

[산기1404A/산기1602B/산기1702B]

동영상은 교량의 가설현장을 보여주고 있다. 1번 화면은 현장의 전경, 2번 화면은 추진코, 3번 화면은 PC슬래브 제작장, 4번 화면은 반력대, 5번 화면은 추진잭, 6번 화면은 슬래브 탈락방지시설 등을 보여주고 있다.

● I.L.M(Incremental Launching Method, 압출공법)

07 동영상은 비계의 조립, 해체, 변경작업을 하는 중 강관자재가 떨어져 밑에 있던 근로자가 놀라는 장면이다. 재해예방을 위한 준수사항을 2가지 쓰시오.(4점)

[기사1401A/기사1501A/기사1602B/산기1701B/산기1702B/기사1702C/산기1802A/기사2004B]

동영상은 비계 조립, 해체, 변경작업을 하는 모습을 보여주고 있다. 작업발판 없이 비계에서 비계를 해체중이다. 안전모의 턱끈이 풀린 작업자가 아래쪽에 지나가고 있다. 비계를 해체한 작업자가 해체된 비계발판을 아래로 집어던지자 아래쪽 작업자가 놀라는 모습을 보여준다.

① 근로자가 관리감독자의 지휘에 따라 작업하도록 할 것
② 작업반경 내 출입금지구역을 설정하여 근로자의 출입을 금지한다.
③ 작업근로자에게 안전모 등 개인보호구를 착용시킨다.
④ 해체한 비계를 아래로 내릴 때는 달줄 또는 달포대를 사용한다.
⑤ 작업발판을 설치한다.
⑥ 안전대 부착설비를 설치하고 안전대를 착용한다.

▲ 해당 답안 중 2가지 선택 기재

08 동영상에서와 같은 건설현장에서 철골작업 시 작업을 중지하여야 하는 기후조건 3가지를 쓰시오.(6점)

[기사1402A/산기1501A/산기1604B/산기1701B/산기1702B/기사1704B/산기1801A/산기1802B/기사1901A/산기1902B/산기1904B/기사2002E/산기2004B/산기2101B/산기2102A/산기2104A]

철골구조물 건립 공사현장을 보여주고 있다.

① 풍속이 초당 10m 이상인 경우   ② 강우량이 시간당 1mm 이상인 경우
③ 강설량이 시간당 1cm 이상인 경우

01 동영상은 철조망 안쪽에 변압기(=임시배전반) 설치장소의 충전부에 접촉하여 감전사고가 발생한 것을 보여주고 있다. 간접접촉 예방대책 3가지를 쓰시오.(6점)   [기사1401B/기사1404B/산기1501A/기사1502B/산기1504B/ 기사1601A/기사1601C/산기1602A/산기1604B/산기1701A/기사1702C/기사1704B/기사1804A/기사2001B/산기2204B]

동영상은 건설현장의 한쪽에 마련된 임시 배전반이 설치된 장소를 보여주고 있다. 새로운 장비의 설치를 위해서 일부 근로자가 임시배전반이 보관된 철조망 안으로 들어가서 변압기를 옮기다가 노출된 충전부에 접촉하여 감전재해가 발생하는 모습을 보여주고 있다.

① 충전부가 노출되지 않도록 폐쇄형 외함이 있는 구조로 할 것
② 충전부에 충분한 절연효과가 있는 방호망이나 절연덮개를 설치할 것
③ 충전부는 내구성이 있는 절연물로 완전히 덮어 감쌀 것
④ 발전소·변전소 및 개폐소 등 구획된 장소로서 관계 근로자가 아닌 사람의 출입이 금지되는 장소에 충전부를 설치하고, 위험표시 등의 방법으로 방호를 강화할 것
⑤ 전주 위 및 철탑 위 등 격리된 장소로서 관계 근로자가 아닌 사람이 접근할 우려가 없는 장소에 충전부를 설치할 것

▲ 해당 답안 중 3가지 선택 기재

02 동영상은 차량계 건설기계를 보여주고 있다. 해당 차량이 수송하는 내용물의 내용에 대한 다음 물음에 답을 쓰시오.(4점)   [산기1504A/산기1701A]

콘크리트 공장에서부터 작업현장까지 콘크리트를 실어나르는 트럭의 모습을 보여주고 있다. 차량 뒷부분의 드럼은 운행중에도 계속 회전하고 있다.

시멘트 + 물 + (,   )

• 자갈, 모래

03 동영상은 차량계 건설기계의 작업상황을 보여주고 있다. 영상에 나오는 건설기계의 명칭 및 용도 3가지를 쓰시오.(6점) [산기1402A/기사1404C/기사1601B/산기1601B/산기1701A/기사1801A/산기1804B/기사1902B/기사2003E]

차량계 건설기계를 이용해서 노면을 깎는 작업을 보여주고 있다.

가) 명칭 : 스크레이퍼

나) 용도 : ① 토사의 굴착 및 운반　　② 지반 고르기　　　③ 하역작업
　　　　　④ 성토작업　　　　　　　⑤ 운반작업

▲ 나)의 답안 중 3가지 선택 기재

04 동영상은 항타기 작업 중 무너지는 장면을 보여주고 있다. 무너짐 방지 방법 3가지를 쓰시오.(6점) [산기1701A/기사1701C/산기1801B/기사1802B/기사1904C/기사2002E/기사2004D/산기2104A]

연약지반에 별도의 보강작업 없이 항타 작업을 진행 중에 항타기가 밀리면서 전도된 상황을 보여주고 있다.

① 연약한 지반에 설치하는 경우에는 아웃트리거·받침 등 지지구조물의 침하를 방지하기 위하여 깔판·받침목 등을 사용할 것
② 시설 또는 가설물 등에 설치하는 경우에는 그 내력을 확인하고 내력이 부족하면 그 내력을 보강할 것
③ 아웃트리거·받침 등 지지구조물이 미끄러질 우려가 있는 경우에는 말뚝 또는 쐐기 등을 사용하여 해당 지지구 조물을 고정시킬 것
④ 궤도 또는 차로 이동하는 항타기 또는 항발기에 대해서는 불시에 이동하는 것을 방지하기 위하여 레일 클램프 (rail clamp) 및 쐐기 등으로 고정시킬 것
⑤ 상단 부분은 버팀대·버팀줄로 고정하여 안정시키고, 그 하단 부분은 견고한 버팀·말뚝 또는 철골 등으로 고정 시킬 것

▲ 해당 답안 중 3가지 선택 기재

05 동영상은 외부비계를 타고 올라가다 발생한 사고를 보여준다. 안전대책 2가지를 쓰시오.(4점)

[기사1501B/산기1701A/기사2004A]

작업자가 캔 음료를 먹고 있고, 리프트를 타고 다른 작업자가 올라가자, 바닥에 캔 음료를 버리고 외부비계를 타고 올라가다 떨어지는 재해가 발생했다. 이때 작업자 안전모의 턱끈이 풀려있는 상태였다.

① 작업발판을 설치한다.
② 추락방호망을 설치한다.
③ 비계 상에 사다리 및 비계다리 등 승강시설을 설치한다.
④ 울, 손잡이 또는 충분한 강도를 가진 발판 등을 설치한다.

▲ 해당 답안 중 2가지 선택 기재

06 동영상은 비계에서 작업 중 발생한 재해영상이다. 동영상에서 위험요인 2가지를 찾아 쓰시오.(4점)

[산기1504B/산기1701A/기사1901B]

비계에서 작업을 하고 있던 근로자가 파이프를 순간 놓쳐 밑에 작업하고 있던 근로자에게 떨어지는 영상으로 밑에 작업자는 주머니에 손을 넣고 돌아다닌다.

① 작업현장 내 관계자 외 출입을 통제하지 않았다.
② 작업장 근로자가 안전모 등 개인보호구를 착용하지 않았다.
③ 관리감독자의 지휘에 따라 작업하지 않았다.
④ 낙하물방지망 및 안전난간을 설치하지 않았다.

▲ 해당 답안 중 2가지 선택 기재

07 동영상은 작업자가 외부비계를 타고 올라가다 떨어지는 사고상황을 보여주고 있다. 동영상을 보고 시설이나 행동상의 위험요인 3가지를 쓰시오.(6점) [기사1404B/기사1504C/기사1601B/기사1602C/산기1604B/산기1701A/ 산기1701B/산기1702A/기사1702C/산기1704A/산기1804A/산기1804B/산기1901A/기사1901C/산기2004A/기사2004D]

작업자가 캔 음료를 먹고 있고, 리프트를 타고 다른 작업자가 올라가자, 바닥에 캔 음료를 버리고 외부비계를 타고 올라가다 떨어지는 재해가 발생했다. 이때 작업자 안전모의 턱끈이 풀려있는 상태였다.

① 비계 상에 사다리 및 비계다리 등 승강시설이 설치되어 있지 않았다.
② 추락방호망이 설치되어 있지 않았다.
③ 작업발판이 설치되어 있지 않았다.
④ 울, 손잡이 또는 충분한 강도를 가진 발판 등이 설치되지 않았다.

▲ 해당 답안 중 3가지 선택 기재

08 동영상은 타워크레인 작업 중 발생한 재해상황을 보여주고 있다. 동영상을 보고 재해의 발생원인으로 추정되는 사항을 2가지 쓰시오.(4점) [산기1604B/산기1701A/산기1802B]

타워크레인이 화물을 1줄걸이로 인양해서 올리고 있고, 하부에 근로자가 안전모 턱끈을 매지 않은 채 양중작업을 보지 못하고 지나가고 있는 중에 화물이 탈락하면서 낙하하여 근로자와 충돌하였다.

① 화물 인양 시 1줄걸이로 인양함으로써 화물이 무게중심을 잃고 낙하했다.
② 작업 반경 내 출입금지구역에 근로자가 출입하였다.
③ 작업자가 안전모를 안전하게 착용하지 않았다.
④ 신호수를 배치하지 않았다.

▲ 해당 답안 중 2가지 선택 기재

01 굴착기계로 터널을 굴착하면서 흙을 버리는 장면을 보여준다. 장비의 이름과 터널굴착 작업계획에 포함되어야 하는 사항 3가지를 쓰시오.(6점) [기사1501C/기사1701B/산기1701B/기사1801A/기사1802B/기사1902B/기사1904A/기사2002A]

영상은 터널굴착작업 현장을 보여주고 있다. 굴착 후 나온 흙을 버리는 장면을 보여주고 있다.

가) 명칭 : T.B.M(Tunnel Boring Machine)
나) 작업계획서 포함사항
　① 굴착의 방법
　② 터널지보공 및 복공의 시공방법과 용수의 처리방법
　③ 환기 또는 조명시설을 처리할 때에 그 방법

02 동영상은 노천 굴착작업 현장을 보여주고 있다. 굴착작업 시 지반에 따른 굴착면의 기울기 기준과 관련된 다음 내용에 빈칸을 채우시오.(4점) [기사2002A]

백호가 노천을 굴착하고 있다. 작업 중 옆에 쌓아두었던 부석이 굴러와 작업자가 다칠뻔한 장면을 보여주고 있다.

구분	지반의 종류	기울기
암반	풍화암	①
	연암	②
	경암	③

① 1 : 1.0　　　　② 1 : 1.0　　　　③ 1 : 0.5

03 동영상에서와 같이 작업장에 계단 및 계단참을 설치할 경우 준수하여야 하는 사항에 대하여 다음 ( )안에 알맞은 내용을 쓰시오.(6점) [산기1401A/기사1404C/기사1501A/산기1502A/산기1504A/기사1701B/산기1701B/ 기사1702A/기사1704B/기사1704C/기사1801A/기사1901C/산기1902A/기사1904B/기사2003C/기사2003E]

작업장에 설치된 가설계단을 보여주고 있다.

가) 계단 및 계단참을 설치할 때에는 매 제곱미터 당 (①)kg 이상의 하중을 견딜 수 있는 강도를 가진 구조로 설치하여야 하며, 안전율은 (②) 이상으로 하여야 한다.

나) 계단을 설치할 때에는 그 폭을 (③)m 이상으로 하여야 한다.

다) 높이가 3m를 초과하는 계단에는 높이 (④)m 이내마다 진행방향으로 길이 (⑤)m 이상의 계단참을 설치하여야 한다.

라) 계단을 설치하는 경우 바닥면으로부터 높이 (⑥)미터 이내의 공간에 장애물이 없도록 하여야 한다.

① 500   ② 4   ③ 1
④ 3   ⑤ 1.2   ⑥ 2

04 동영상은 작업자가 외부비계를 타고 올라가다 떨어지는 사고상황을 보여주고 있다. 동영상을 보고 시설이나 행동상의 위험요인 2가지를 쓰시오.(4점) [기사1404B/기사1504C/기사1601B/기사1602C/산기1604B/산기1701A/ 산기1701B/산기1702A/기사1702C/산기1704A/산기1804A/산기1804B/산기1901A/기사1901C/산기2004A/기사2004D]

작업자가 캔 음료를 먹고 있고, 리프트를 타고 다른 작업자가 올라가자, 바닥에 캔 음료를 버리고 외부비계를 타고 올라가다 떨어지는 재해가 발생했다. 이때 작업자 안전모의 턱끈이 풀려있는 상태였다.

① 비계 상에 사다리 및 비계다리 등 승강시설이 설치되어 있지 않았다.

② 추락방호망이 설치되어 있지 않았다.

③ 작업발판이 설치되어 있지 않았다.

④ 울, 손잡이 또는 충분한 강도를 가진 발판 등이 설치되지 않았다.

▲ 해당 답안 중 2가지 선택 기재

05 동영상은 비계의 조립, 해체, 변경작업을 하는 모습을 보여준다.. 재해예방을 위한 준수사항을 2가지 쓰시오.
(4점)

[기사1401A/기사1501A/기사1602B/산기1701B/산기1702B/기사1702C/산기1802A/기사2004B]

동영상은 비계 조립, 해체, 변경작업을 하는 모습을 보여주고 있다. 작업발판 없이 비계에서 비계를 해체중이다. 안전모의 턱끈이 풀린 작업자가 아래쪽에 지나가고 있다. 비계를 해체한 작업자가 해체된 비계발판을 아래로 집어던지자 아래쪽 작업자가 놀라는 모습을 보여준다.

① 근로자가 관리감독자의 지휘에 따라 작업하도록 할 것
② 작업반경 내 출입금지구역을 설정하여 근로자의 출입을 금지한다.
③ 작업근로자에게 안전모 등 개인보호구를 착용시킨다.
④ 해체한 비계를 아래로 내릴 때는 달줄 또는 달포대를 사용한다.
⑤ 작업발판을 설치한다.
⑥ 안전대 부착설비를 설치하고 안전대를 착용한다.

▲ 해당 답안 중 2가지 선택 기재

06 동영상에서와 같은 건설현장에서 철골작업 시 작업을 중지하여야 하는 기후조건 3가지를 쓰시오.(6점)

[기사1402A/산기1501A/산기1604B/산기1701B/산기1702B/기사1704B/
산기1801A/산기1802B/기사1901A/산기1902B/산기1904B/기사2002E/산기2004B/산기2101B/산기2102A/산기2104A]

철골구조물 건립 공사현장을 보여주고 있다.

① 풍속이 초당 10m 이상인 경우   ② 강우량이 시간당 1mm 이상인 경우
③ 강설량이 시간당 1cm 이상인 경우

07 동영상은 작업자가 통로를 걷다 개구부로 추락하는 상황을 보여주고 있다. 추락의 위험이 존재하는 장소에서의 안전 조치사항 3가지를 쓰시오.(6점) [기사1401C/산기1402A/산기1402B/산기1504B/기사1504C/기사1602B/산기1701B/산기1702A/기사1804B/산기2002B/기사2004C/산기2101A]

작업자가 통로를 걷다 개구부를 미처 확인하지 못하여 개구부로 추락하는 상황을 보여주고 있다.
해당 개구부에는 별도의 방호장치가 설치되지 않은 상태이다.

① 안전난간을 설치한다. ② 추락방호망을 설치한다.
③ 울타리를 설치한다. ④ 수직형 추락방망을 설치한다.
⑤ 덮개를 뒤집히거나 떨어지지 않도록 설치한다.
⑥ 어두울 때도 알아볼 수 있도록 개구부임을 표시한다.
⑦ 추락방호망 설치가 곤란한 경우 작업자에게 안전대를 착용하게 하는 등 추락방지 조치를 한다.

▲ 해당 답안 중 3가지 선택 기재

08 동영상은 잔골재를 밀고 있는 건설기계의 작업현장을 보여주고 있다. 동영상에 나오는 건설기계의 명칭과 용도를 3가지 쓰시오.(4점) [기사1501C/산기1504B/기사1602B/산기1701B/기사1801B/산기1802A/산기2004B/기사2004C/산기2101A]

차량계 건설기계를 이용해서 땅을 고르는 모습을 보여준다.

가) 건설기계의 명칭 : 모터그레이더
나) 용도 : ① 정지작업 ② 땅고르기 ③ 측구굴착

MEMO

MEMO

MEMO